建筑施工现场专业人员技能与实操丛书

机 械 员

杨 杰 主编

中 国 计 划 出 版 社

图书在版编目（CIP）数据

机械员 / 杨杰主编. -- 北京 : 中国计划出版社，2016.5
（建筑施工现场专业人员技能与实操丛书）
ISBN 978-7-5182-0376-5

Ⅰ. ①机… Ⅱ. ①杨… Ⅲ. ①建筑机械 Ⅳ. ①TU6

中国版本图书馆CIP数据核字(2016)第047978号

建筑施工现场专业人员技能与实操丛书
机械员
杨 杰 主编

中国计划出版社出版
网址：www.jhpress.com
地址：北京市西城区木樨地北里甲11号国宏大厦C座3层
邮政编码：100038 电话：(010) 63906433（发行部）
新华书店北京发行所发行
北京天宇星印刷厂印刷

787mm×1092mm 1/16 22.5印张 538千字
2016年5月第1版 2016年5月第1次印刷
印数 1—3000册

ISBN 978-7-5182-0376-5
定价：60.00元

《机械员》编委会

主　编： 杨　杰

参　编： 牟瑛娜　周　永　沈　璐　周东旭
苏　建　隋红军　马广东　张明慧
蒋传龙　王　帅　张　进　褚丽丽
周　默　杨　柳　孙德弟　元心仪
宋立音　刘美玲　赵子仪　刘凯旋

前　言

随着工程施工机械化程度的不断提高，建筑工程机械成为施工企业的重要生产力。各种工程机械的广泛应用，不仅加快了工程施工进度，而且提高了施工质量。然而，工程机械在使用过程中，受到各种因素的影响，制约着工程机械使用性能的发挥。如何做好工程机械的管理维护、故障的预防、使机械设备保持完好是当前建筑施工企业面临的主要问题之一。建筑企业在经营中，只要做好机械设备的维护，提高机械设备的利用率，使机械设备总是处于良好的工作状态，才能保证安全生产、增强企业竞争能力和提高经济效益。为了提高机械员专业技术水平，加强科学施工与工程管理，确保工程质量和安全生产，我们组织编写了这本书。

本书根据《建筑与市政工程施工现场专业人员职业标准》JGJ/T 250—2011、《建筑机械使用安全技术规程》JGJ 33—2012、《起重机设计规范》GB/T 3811—2008 等标准编写，主要内容包括机械员专业基础知识、机械设备前期管理、机械设备安全使用管理、建筑机械的成本管理、施工机械设备评估与信息化管理、常用施工机械设备、建筑起重及运输机械、常用装修机械。本书内容丰富、通俗易懂，针对性、实用性强，既可供机械人员及相关工程技术和管理人员参考使用，也可作为建筑施工企业机械员岗位培训教材。

由于作者的学识和经验所限，虽编者尽心尽力，但书中仍难免存在疏漏或未尽之处，敬请有关专家和读者予以批评指正。

编　者

2015 年 11 月

目　　录

1 机械员专业基础知识

1.1 工程力学基础

1.1.1 静力学的基本概念

1. 基本概念

(1) 刚体。在外力的作用下，其形状、大小始终保持不变的物体。刚体是静力学中对物体进行分析所简化的力学模型。

(2) 力。力是物体之间相互的机械作用。

力使物体的运动状态发生改变的效应称为外效应，而使物体发生变形的效应称为内效应。静力学只考虑外效应。

力的三要素包括力的大小、方向、作用位置。改变力的三要素中的任一要素，也就改变了力对物体的作用效应。

力是矢量，用一带箭头的线段来表示，见图 1-1，其单位为牛顿（N）或千牛顿（kN）。

力分为分布力 q 和集中力 F，见图 1-2。

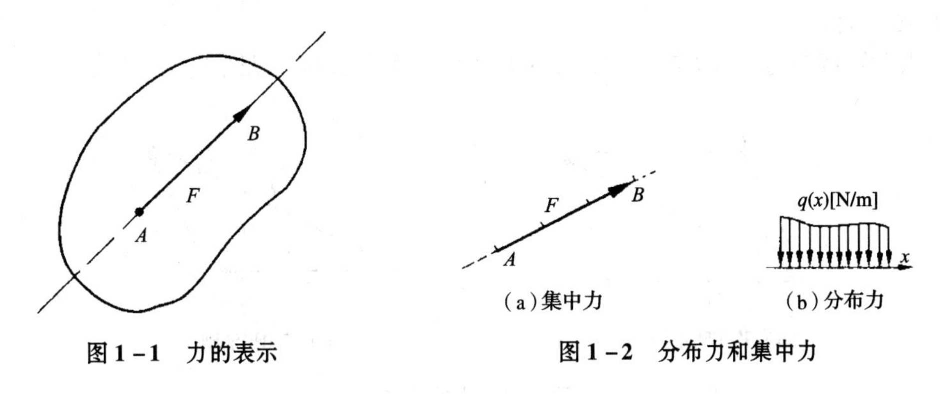

图 1-1 力的表示

图 1-2 分布力和集中力

(3) 力系。同时作用于一个物体上一群力称为力系。分为平面力系和空间力系。

1) 平面力系：即各力的作用线均在同一个平面内。

①汇交力系：力的作用线汇交于一点，见图 1-3。

②平行力系：力的作用线相互平行，见图 1-4。

③一般力系：力的作用线既不完全汇交，又不完全平行。

2) 空间力系：各力的作用线不全在同一平面内的力系，称为空间力系。

(4) 平衡。物体相对于地球处于静止或匀速直线运动的状态。

静力学是研究物体在力系作用下处于平衡的规律。

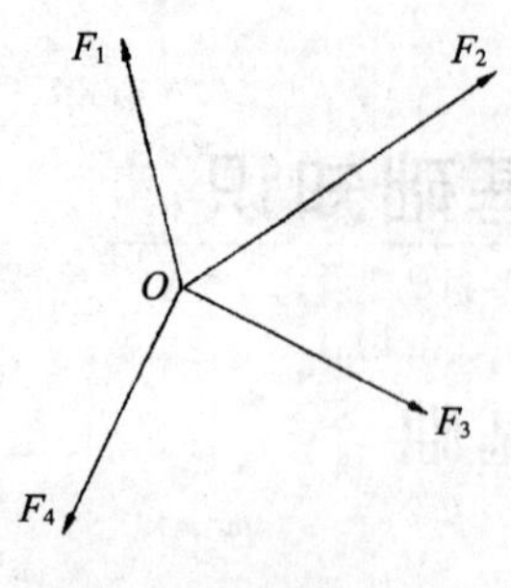

图 1-3 平面汇交力系

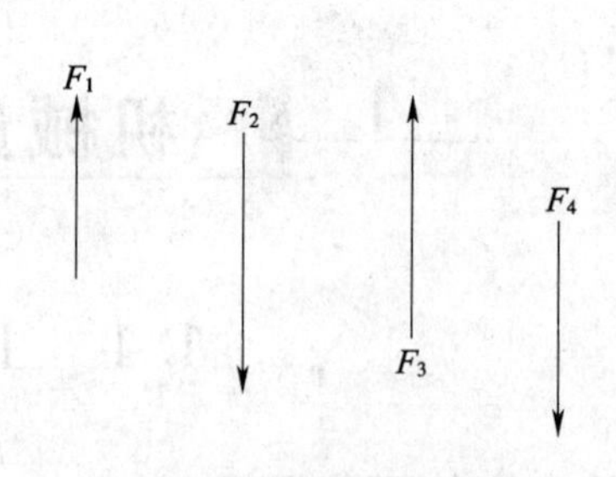

图 1-4 平面平行力系

（5）静力学公理。

1）二力平衡公理：作用于同一刚体上的两个力成平衡的必要与充分条件是：力的大小相等，方向相反，作用在同一直线上，见图 1-5。

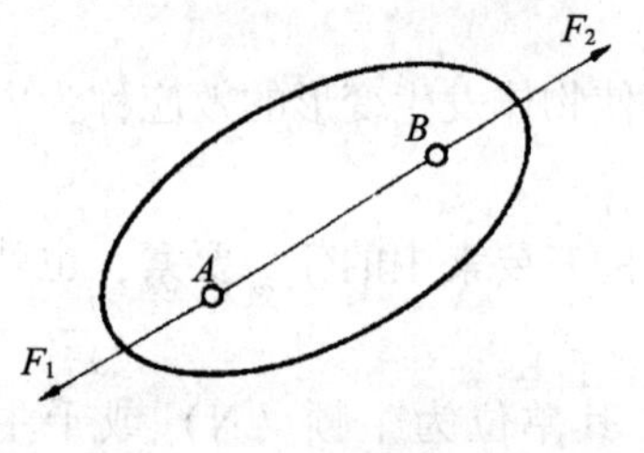

图 1-5 二力平衡条件

可以表示为：$F_1 = F_2$。

在两个力作用下处于平衡的杆件，称二力杆件。

2）加减平衡力系公理：可以在作用于刚体的任何一个力系上加上或去掉几个互成平衡的力，而不改变原力系对刚体的作用效果。

3）力的平行四边形法则：作用于物体上任一点的两个力可合成为作用于同一点的一个力，即合力，$F_R = F_1 + F_2$。合力的矢是由原两力的矢为邻边而作出的力平行四边形的对角矢来表示，见图 1-6（a）。

在求共点两个力的合力时，我们常采用力的三角形法则，见图 1-6（b）。

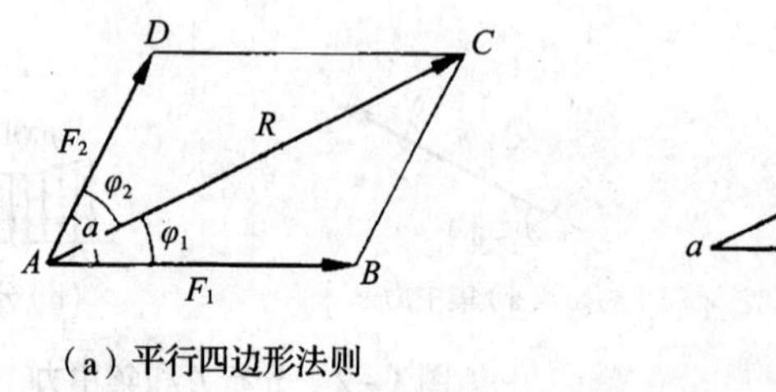

（a）平行四边形法则

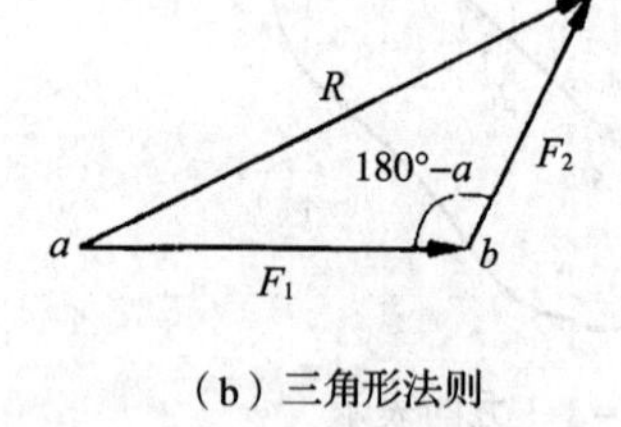

（b）三角形法则

图 1-6 力的合成

推理出三力平衡汇交定理，见图 1-7。刚体受同一平面内互不平行的三个力作用而平衡时，则此三力的作用线必汇交于一点。

4）作用与反作用公理：任何两个物体相互作用的力，总是大小相等，作用线相同，但指向相反，并同时分别作用于这两个物体上。如图 1-8 所示的 N 和 N' 为一对作用力与反作用力。

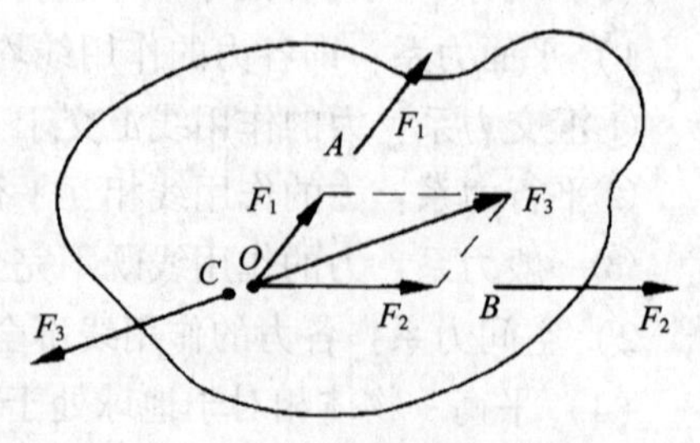

图 1-7 三力平衡汇交定理

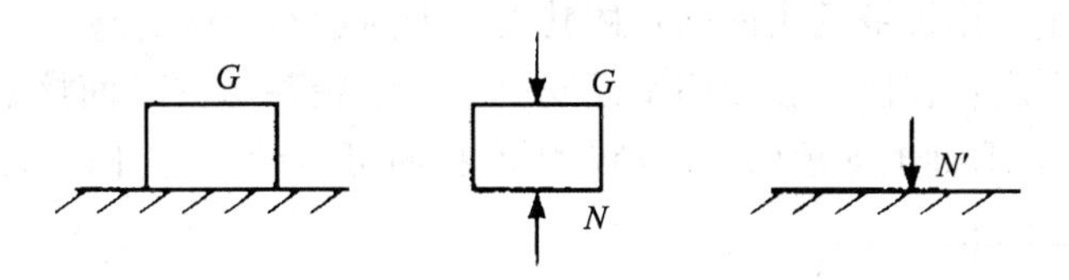

图1-8　作用力与反作用力

2. 约束与约束反力

对物体运动起限制作用的周围物体称为该物体的约束。如桌子放地板上，地板限制了桌子的向下运动，因此地板是桌子的约束。

约束对物体的作用力称为约束反力。

约束反力的方向总是与约束所能阻碍的物体运动或运动趋势的方向相反，它的作用点就在约束与被约束的物体的接触点。

把能使物体主动产生运动或运动趋势的力称为主动力，如重力、风力、水压力等。通常主动力是已知的，约束反力是未知的，它不仅与主动力的情况有关，同时也与约束类型有关。下面介绍常见的几种约束类型及其约束反力。

（1）柔性约束。绳索、链条、皮带等属于柔索约束。柔索的约束反力作用于接触点，方向沿柔索的中心线而背离物体，其约束为拉力。图1-9所示的皮带对带轮的拉力 F 为约束反力。

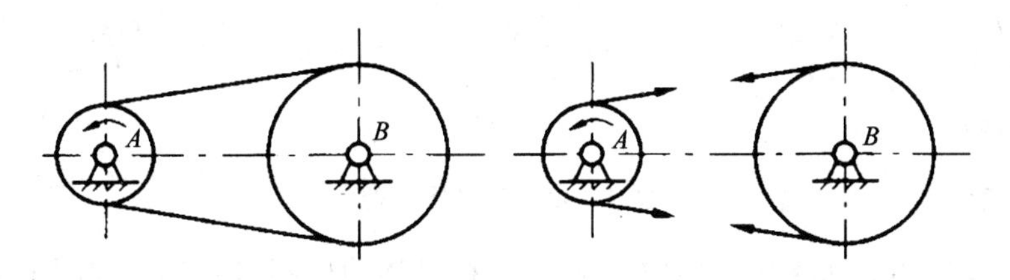

图1-9　皮带约束

（2）光滑接触面约束。光滑接触面的约束反力作用于接触点；沿接触面的公法线指向物体，见图1-10。

（3）铰链约束。两带孔的构件套在圆轴（销钉）上即为铰链约束。用铰链约束的物体只能绕接触点发生相对转动。

1）中间铰链约束：用中间铰链约束的两物体都能绕接触点发生相对转动。其约束反力用过铰链中心两个大小未知的正交分力来表示，见图1-11。

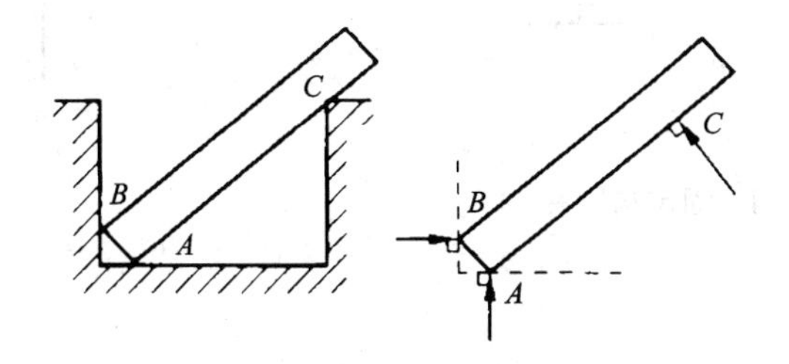

图1-10　光滑接触面约束

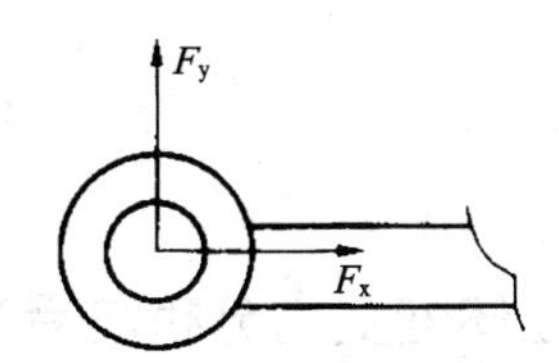

图1-11　中间铰链约束

2）固定铰支座：用铰链约束的两物体其中一个固定不动作支座。

3）活动铰链支座：在固定铰支座下面安放若干滚轮并与支承面接触，则构成活动铰链支座。其约束反力垂直于支承面，过销钉中心指向可假设，见图 1－12。

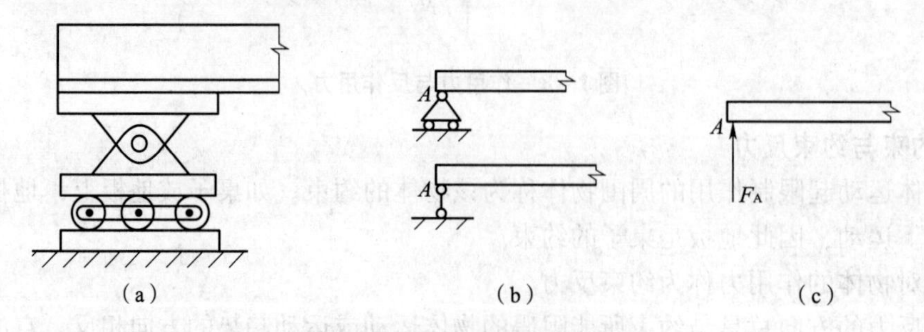

图 1－12　活动铰链支座

在桥梁、屋架等工程结构中经常采用这种约束。

（4）二力杆约束。两端以铰链与其他物体连接、中间不受力且不计自重的刚性直杆称为二力杆，见图 1－13（a）。二力杆的约束反力沿着杆件两端中心连线方向，或为拉力或为压力，见图 1－13（c）。

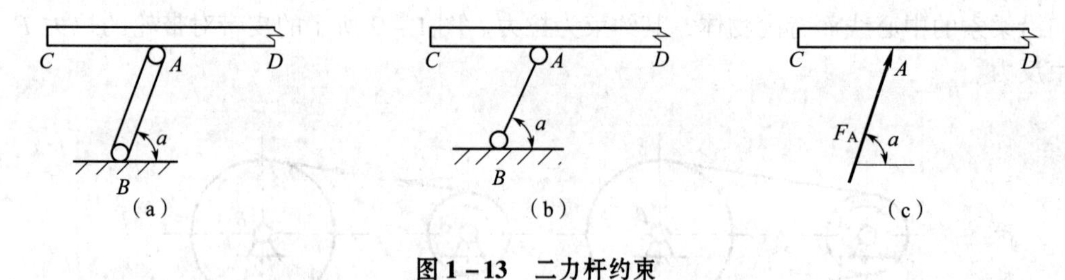

图 1－13　二力杆约束

（5）固定端约束。被约束的物体即不允许相对移动也不可转动，如图 1－14（a）所示。

固定端的约束反力，一般用两个正交分力和一个约束反力偶来代替，见图 1－14（d）。

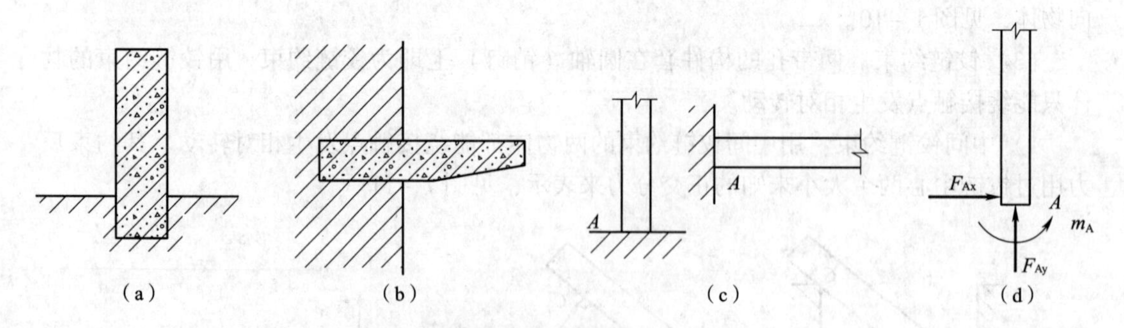

图 1－14　固定端约束

1.1.2　物体的受力分析与受力图

静力学问题大多是受一定约束的刚体的平衡问题，解决此类问题的关键是找出主动力与约束反力之间的关系。因此，必须对物体的受力情况做全面的分析，它是力学计算的前提和关键。

物体的受力分析包含下列两个步骤：

（1）把该物体从与它相联系的周围物体中分离出来，解除全部约束，称为取分离体（take free body）。

（2）在分离体上画出全部主动力和约束反力，这称为画受力图。

1.1.3 简单力系

1. 平面汇交力系合成与平衡的几何法

平面汇交力系是指各力的作用线位于同一平面内并且汇交于同一点的力系。如图 1－15（a）所示建筑现场起吊钢筋混凝土梁时，作用于梁上的力有梁的重力 W、绳索、对梁的拉力 F_{TA} 和 F_{TB}，见图 1－15（b），这三个力的作用线都在同一个直立平面内且汇交于 C 点，故该力系是一个平面汇交力系。

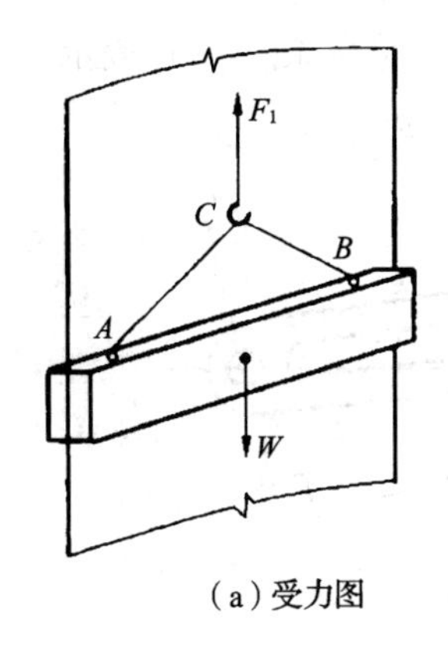

（a）受力图

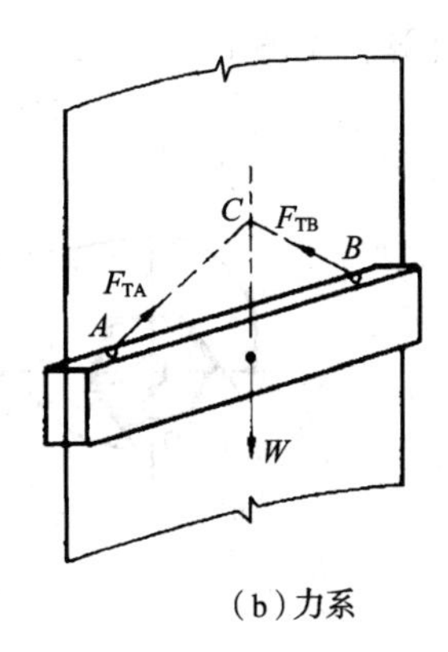

（b）力系

图 1－15 平面汇交力系

（1）平面汇交力系合成的几何法，用平行四边形法则或力三角形法则求两个共点力的合力。当物体受到如图 1－16（a）所示由 F_1、F_2、F_3、$\cdots F_n$ 所组成的平面汇交力系作用时，我们可以连续采用力三角形法则得到如图 1－16（b）所示的几何图形：先将 F_1、F_2 合成为 F_{R1}，再将 F_{R1}、F_3 合成为 F_{R2}，依此类推，最后得到整个力系的合力 F_R。当我们省去中间过程后，得到的几何图形如图 1－16（c）所示。这是一个由力系中各分力和合力所构成的多边形，即称为力多边形。

$$F_R = F_1 + F_2 + F_3 + \cdots + F_n = \sum F \qquad (1-1)$$

（2）平面汇交力系平衡的几何法条件，平面汇交力系的合成结果，是作用线通过力系汇交点的一个合力。如果力系平衡，则力系的合力必定等于零，即由各分力构成的力多边形必定自行封闭（没有缺口）。平面汇交力系平衡的几何条件是：该力系的力多边形自行封闭。其矢量表达式为 $\sum \vec{F} = 0$。用几何法解平面汇交力系的平衡问题时，要求应用制图工具并按一定的比例先画出力多边形中已知力的各边，后画未知力的边，构成封闭的力多边形，再按作力多边形时相同的比例在力多边形中量取未知力的大小。

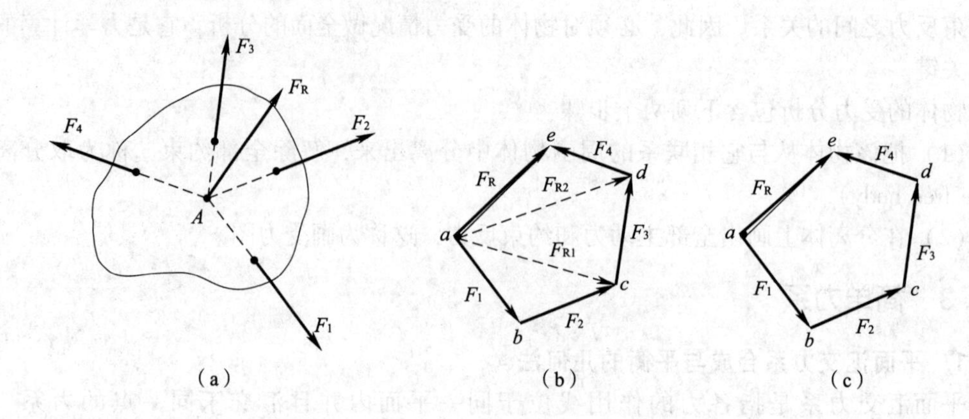

图 1－16 汇交力系合成的几何法

2．力矩

（1）力使物体绕某点转动的力学效应，称为力对该点之矩。

（2）力矩计算：见图 1－17，力 F 对 O 点之矩以符号 $M_O(F)$ 表示，即

$$M_O(F) = \pm F \cdot d \tag{1-2}$$

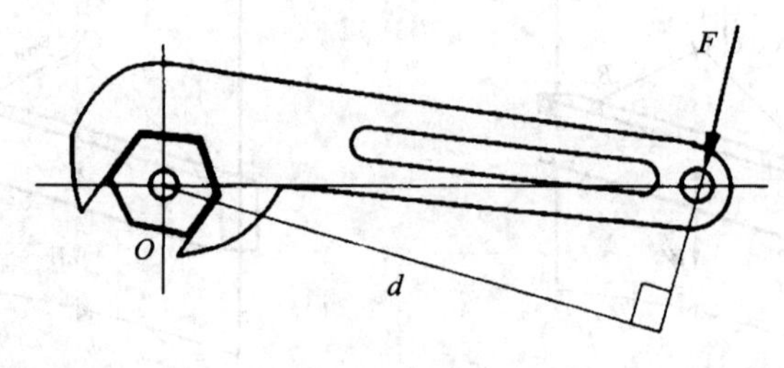

图 1－17 力矩

力矩是一个代数量，其正负号规定如下：力使物体绕矩心逆时针方向转动时，力矩为正，反之为负。

在国际单位制中，力矩的单位是牛顿·米（N·m）或千牛顿·米（kN·m）。

（3）力矩的性质：

1）力对点之矩，不仅取决于力的大小，还与矩心的位置有关。

2）力的大小等于零或其作用线通过矩心时，力矩等于零。

（4）合力矩定理：平面汇交力系的合力对其平面内任一点的矩等于所有各分力对同一点之矩的代数和，如图 1－18 所示。

$$M_A(F) = M_A(F_x) + M_A(F_y) \tag{1-3}$$

3．力偶

（1）力偶的概念。一对等值、反向而不共线的平行力称为力偶，见图 1－19。

两个力作用线之间的垂直距离称为力偶臂，两个力作用线所决定的平面称为力偶的作用面。

（2）力偶矩。把力偶对物体转动效应的量度称为力偶矩，用 m 或 $m(F, F')$ 表示，$m = \pm F \cdot d$。

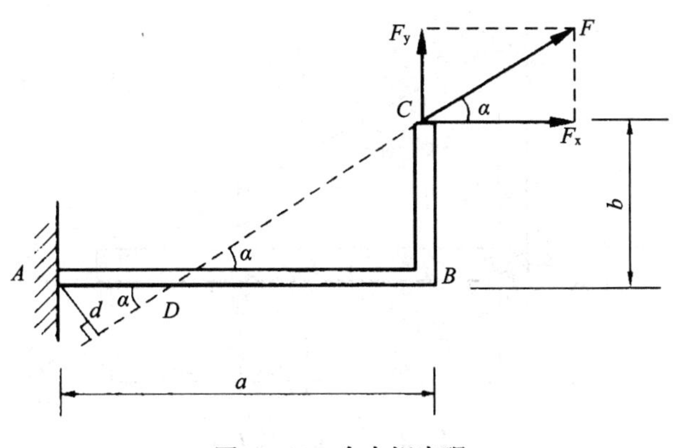

图 1－18 合力矩定理

通常规定：力偶使物体逆时针方向转动时，力偶矩为正，反之为负。

在国际单位制中，力偶矩的单位是牛顿·米（N·m）或千牛顿·米（kN·m）。

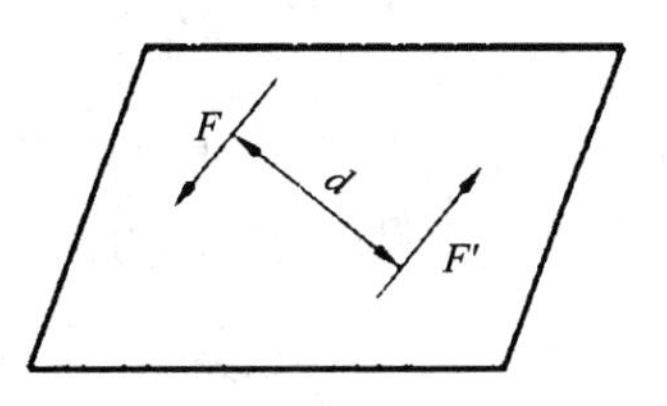

图 1－19 力偶

（3）力偶的性质。

1）力偶既无合力，也不能和一个力平衡，力偶只能用力偶来平衡。

2）力偶对其作用面内任一点之矩恒为常数，且等于力偶矩，与矩心的位置无关。

3）只要保持力偶矩的大小和转向不变，可以同时改变力偶中力的大小和力偶臂的长短，而不改变其对刚体的作用效果。

力偶即用带箭头的弧线表示，箭头表示力偶的转向，m 表示力偶矩的大小，见图 1－20。

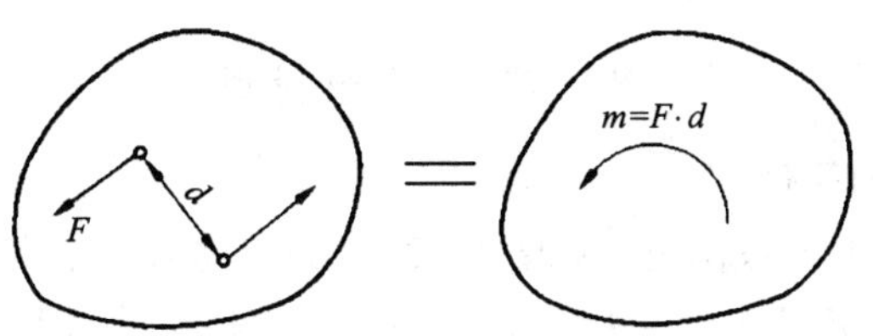

图 1－20 力偶的表示

（4）平面力偶系的简化与平衡。

1）在同一平面内由若干个力偶所组成的力偶系称为平面力偶系。平面力偶系的简化结果为一合力偶，合力偶矩等于各分力偶矩的代数和。

即

$$M = m_1 + m_2 + \cdots + m_n = \sum m \quad (1-4)$$

2）平面力偶系平衡的充要条件是合力偶矩等于零，$\sum m = 0$。

1.1.4 平面任意力系

各力作用线在同一平面内且任意分布的力系称为平面任意力系。图 1－21 的简易起重机，其梁 AB 所受的力系为平面任意力系。

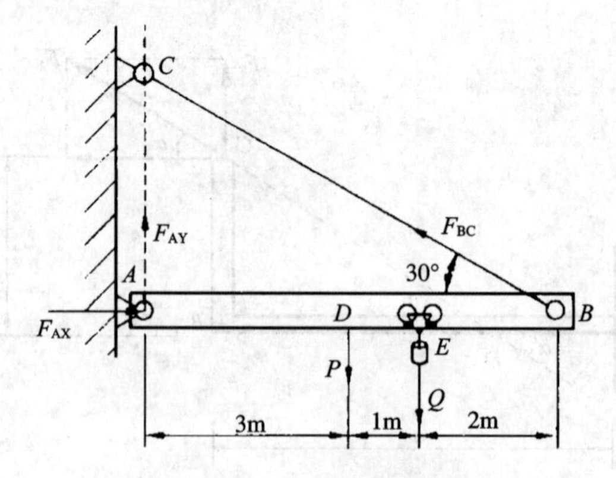

图 1-21 平面任意力系

1. 力的平移定理

力的平移定理：作用于刚体上的力可以平行移动到刚体上的任意一指定点，但必须同时在该力与指定点所决定的平面内附加一力偶，其力偶矩等于原力对指定点之矩。见图 1-22，附加力偶的力偶矩为：$m = F \cdot d = m_B(F)$。

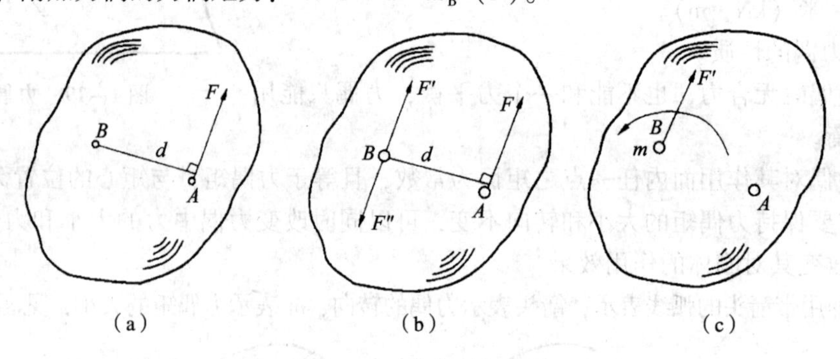

图 1-22 力的平移定理

2. 平面任意力系的简化

设刚体受到平面任意力系作用，见图 1-23（a）。将各力依次平移至 O 点，得到汇交于 O 点的平面汇交力系 F_1'、F_2'、$\cdots F_n'$，此外还应附加相应的力偶，构成附加力偶系 m_{O1}、m_{O2}、$\cdots m_{On}$，见图 1-23（b）。

所得平面汇交力系可以合成为一个力 F_R：

$$F_R = F_1' + F_2' + \cdots + F_n' = F_1 + F_2 + \cdots + F_n = \sum F \quad (1-5)$$

主矢 F_R 的大小与方向可用解析法求得。按图 1-23（b）所选定的坐标系 O_{xy}，有：

$$F_{Rx} = F_{1x} + F_{2x} + \cdots + F_{nx} = \sum F_x \quad (1-6)$$

$$F_{Ry} = F_{1y} + F_{2y} + \cdots + F_{ny} = \sum F_y \quad (1-7)$$

主矢 F_R 的大小和方向由下式确定：

$$F_R = \sqrt{F_{RX}{}^2 + F_{Ry}{}^2} = \sqrt{(\sum F_X)^2 + (\sum F_y)^2} \quad (1-8)$$

$$\alpha = \tan^{-1}\left|\frac{\sum F_y}{\sum F_x}\right| \quad (1-9)$$

其中 α 为主矢 R' 与 x 轴正向间所夹的锐角。

各附加力偶的力偶矩分别等于原力系中各力对简化中心 O 之矩。

所得附加力偶系可以合成为合力偶，其力偶矩可用符号 M_0 表示，它等于各附加力偶矩 m_{O1}、m_{O2}、$\cdots m$ 的代数和，即设刚体受到平面任意力系作用，见图 1－24（a）。将各力依次平移至 O 点，得到汇交于 O 点的平面汇交力系。此外，还应附加相应的力偶，构成附加力偶矩 m_{O1}、m_{O2}、$\cdots m_{On}$ 的代数和，即

$$M_O = m_{O1} + m_{O2} + \cdots + m_{On} = m_O(F_1) + m_O(F_2) + \cdots + m_O(F_n) = \sum m_O(F) \quad (1-10)$$

原力系中各力对简化中心之矩的代数和称为原力系对简化中心的主矩。

由上述分析我们得到如下结论：平面任意力系向作用面内任一点简化，可得一个力和一个力偶，见图 1－23（c）。这个力的作用线过简化中心，其力矢等于原力系的主矢；这个力偶的矩等于原力系对简化中心的主矩。

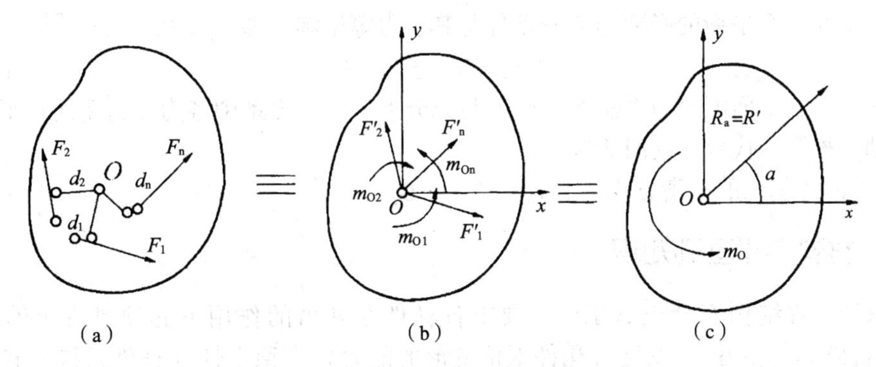

图 1－23　平面任意力系的简化

3．平面力系的平衡方程及应用

（1）平面任意力系的平衡方程。平面任意力系平衡的充分必要条件是：力系的主矢和主矩同时为零。

即 $F_R=0$，$M_O=0$

用解析式表示可得：

$$\left.\begin{aligned} \sum F_x &= 0 \\ \sum F_y &= 0 \\ \sum m_O(F) &= 0 \end{aligned}\right\} \quad (1-11)$$

上式为平面任意力系的平衡方程。平面任意力系平衡的充分与必要条件可解析地表达为：力系中各力在其作用面内两相交轴上的投影的代数和分别等于零，同时力系中各力对其作用面内任一点之矩的代数和也等于零。

平面任意力系的二矩式平衡方程形式如下：

$$\left.\begin{aligned} \sum F_x &= 0\ (\text{或 } F_y = 0) \\ \sum m_A(F) &= 0 \\ \sum m_B(F) &= 0 \end{aligned}\right\} \quad (1-12)$$

其中矩心 A、B 两点的连线不能与 x 轴垂直。

应用时可根据问题的具体情况，选择适当形式的平衡方程。

(2) 平面特殊力系的平衡方程。

1) 平面平行力系的平衡方程:

$$\left.\begin{array}{l}\sum F_x=0\ (\text{或}\sum F_y=0)\\ \sum m_O\ (F)\ =0\end{array}\right\} \tag{1-13}$$

或

$$\left.\begin{array}{l}\sum m_A\ (F)\ =0\\ \sum m_B\ (F)\ =0\end{array}\right\} \tag{1-14}$$

其中两个矩心 A、B 的连线不能与各力作用线平行。

平面平行力系有两个独立的平衡方程，可以求解两个未知量。

2) 平面汇交力系的平衡方程:

平面汇交力系平衡的必要与充分条件是其合力等于零，即 $F_R=0$。

$$\sum F_x=0,\ \sum F_y=0 \tag{1-15}$$

上式表明，平面汇交力系平衡的必要与充分条件是：力系中各力在力系所在平面内两个相交轴上投影的代数和同时为零。

3) 平面力偶系的平衡方程：$\sum m_O\ (F)\ =0$。 (1-16)

1.1.5 材料力学基础知识

为保证工程结构安全正常工作，要求各杆件在外力的作用下必须具有足够的强度（构件抵抗破坏的能力）、刚度（构件抵抗变形的能力）和稳定性（杆件保持原有平衡状态的能力）。

杆件受到的其他构件的作用，统称为杆件的外力。外力包括主动力以及约束反力（被动力）。

本章只简单介绍杆件在外力作用下的四种基本变形：轴向拉伸与压缩、剪切、扭转、平面弯曲。

1. 轴向拉伸与压缩

(1) 轴向拉伸与压缩的概念。

受力特点：杆件受到沿杆件轴线方向的外力作用，见图 1-24 (a)。

变形特点：杆沿轴线方向伸长或缩短。

产生轴向拉伸与压缩变形的杆件称为拉压杆。图 1-24 (a) 所示屋架中的弦杆、图 1-24 (b) 所示牵引桥的拉索等均为拉压杆。

(2) 轴向拉压杆的内力。为了分析拉压杆的强度和变形，首先需要了解杆的内力情况，采用截面法研究杆的内力。

截面法：将杆件假想地沿某一横截面切开，去掉一部分，保留另一部分，同时在该截面上用内力表示去掉部分对保留部分的作用，建立保留部分的静力平衡方程求出内力。

如图 1-25 (a) 所示为一受拉杆，求 $m-m$ 截面上的内力。

在 $m-m$ 处假想用截面把杆件切开，取左段为研究对象，见图 1-25 (b)，为求截面 $m-m$ 处的内力 F_N，建立平衡方程：

由 $\sum F_x=0$、$F_N-P=0$ 解得 $F_N=P$。

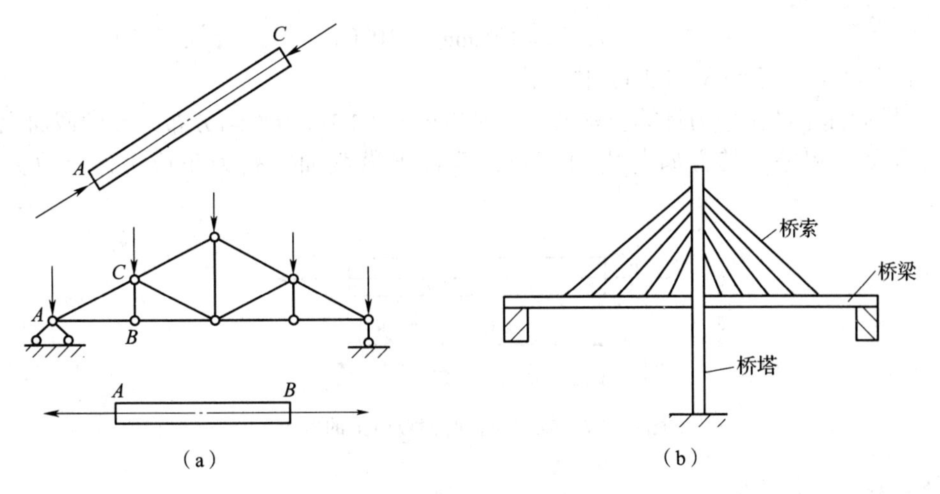

图 1-24 轴向拉伸与压缩的实例

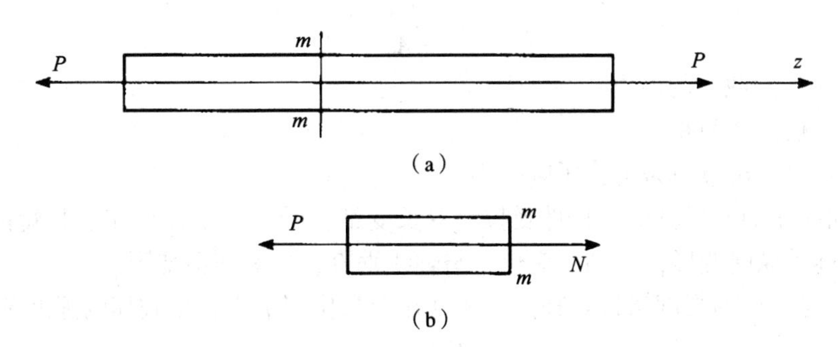

图 1-25 截面法求内力

(3) 横截面上的应力。

1) 应力：单位横截面上的内力。如图 1-26 (a) 所示，p 为 O 点处的应力：

$$p \xlongequal{\Delta A \to 0} \lim \frac{\Delta F_R}{\Delta A} \tag{1-17}$$

将应力 p 分解为垂直于截面的分量 σ 和相切于截面的分量 τ，其中 σ 称为正应力，τ 称为切应力，见图 1-26 (b)。

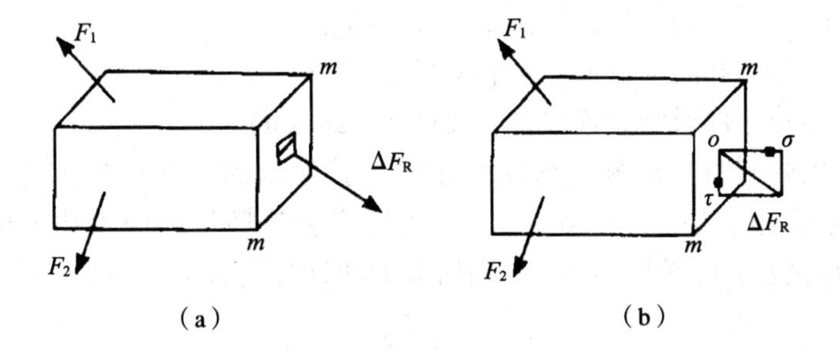

图 1-26 应力

2) 在国际单位制中，应力的单位为帕斯卡 (Pa) 或兆帕 (MPa)。

$$1\text{Pa} = 1\text{N/m}^2$$

$$1\text{MPa} = 1\text{N/mm}^2 = 10^6\text{Pa}$$

工程上经常采用兆帕（MPa）作单位。

3）横截面上的正应力计算：轴向拉压时横截面上的应力均匀分布，即横截面上各点处的应力大小相等，其方向与内力一致，垂直于横截面，故为正应力，应力分布见图1-27。

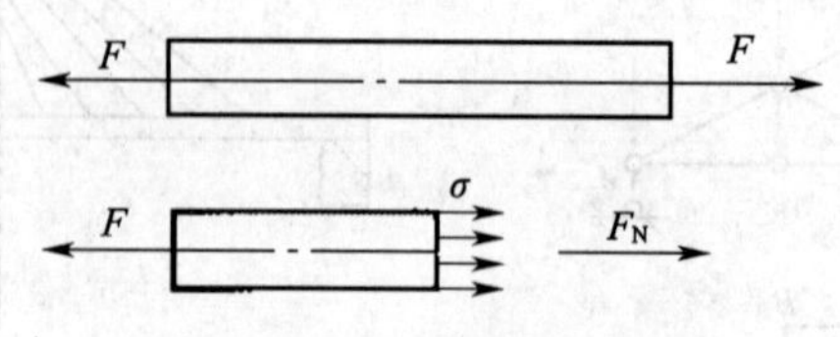

图1-27 轴向拉伸时横截面上的应力

横截面上的正应力：

$$\sigma = \frac{F_N}{A} \tag{1-18}$$

式中：F_N——该横截面的内力；

A——横截面面积。

正负号规定：拉应力为正，压应力为负。

4）轴向拉压的变形分析：杆件受拉会变长变细，受压会变短变粗。长短的变化，沿轴线方向，称为纵向变形；粗细的变化，与轴线垂直，称为横向变形。

5）轴向拉压杆的强度条件：轴向拉压杆在力的作用下不发生破坏的强度条件。

$$\sigma = \frac{F_N}{A} \leqslant [\sigma] \tag{1-19}$$

式中：σ——最大工作应力；

$[\sigma]$——材料的许用应力；

F_N——压力；

A——杆件受力面积。

2. 剪切

（1）剪切与挤压的概念。受力特点：杆件受到垂直杆件轴线方向的一组等值、反向、作用线相距极近的平行力的作用，见图1-28（b）。

变形特点：二力之间的横截面产生相对的错动。

产生剪切变形的杆件通常为连接件，见图1-28（a）。

（2）剪切的实用计算。构件受剪切作用时，其剪切面上将产生内力——剪力，与剪力F_Q对应，剪切面上有切应力τ存在。“实用计算法”假设切应力均匀地分布在剪切面上。设剪切面的面积为A，剪力为F_Q，则切应力的计算公式为：

$$\tau = \frac{F_Q}{A} \tag{1-20}$$

为了保证构件工作时不发生剪切破坏，必须满足剪切强度条件：

$$\tau = \frac{F_Q}{A} \leqslant [\tau] \tag{1-21}$$

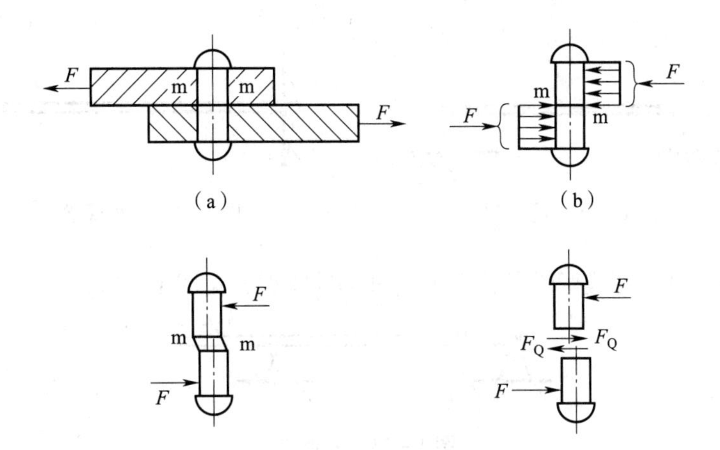

图 1－28　剪切的受力特点

式中：［τ］——材料的许用剪应力。

3．圆轴扭转

扭转的受力特点：杆件两端受到一对大小相等、转向相反、作用面与轴线垂直的力偶作用，见图 1－29。

扭转的变形特点：相邻横截面绕杆轴产生相对旋转变形，见图 1－29。

产生扭转变形的杆件多为传动轴。

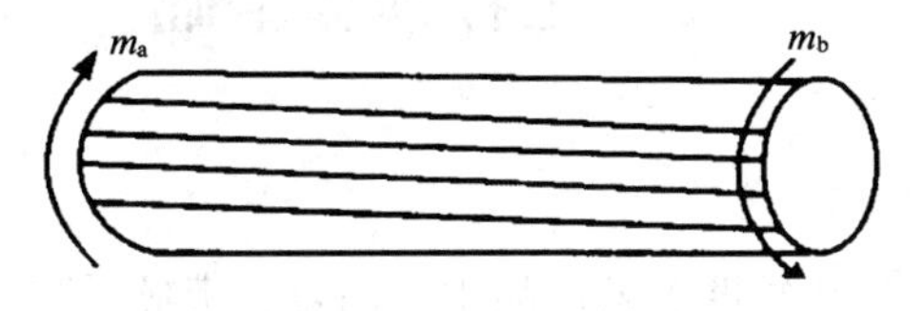

图 1－29　扭转的受力特点

4．平面弯曲

（1）平面弯曲的概念。弯曲是工程实际中最常见的一种基本变形，例如火车轮轴等，见图 1－30。

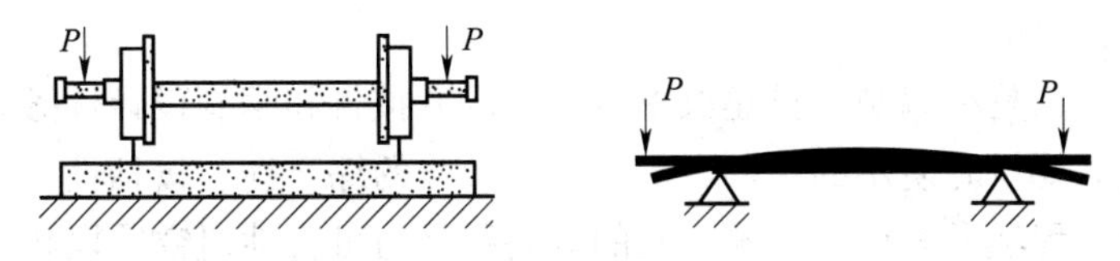

图 1－30　平面弯曲的受力特点

平面弯曲的受力特点：在通过杆轴线的平面内，受到力偶或垂直于轴线的外力（横向力）作用。

弯曲的变形特点：杆的轴线被弯成一条曲线。

在外力作用下产生弯曲变形或以弯曲变形为主的杆件称为梁。

（2）梁的类型。根据梁的支座情况可以将梁分为三种类型：

1）简支梁：其一端为固定铰支座，另一端活动铰支座，见图 1－31。

2）悬臂梁：其一端为固定支座，另一端为自由端，见图 1－32。

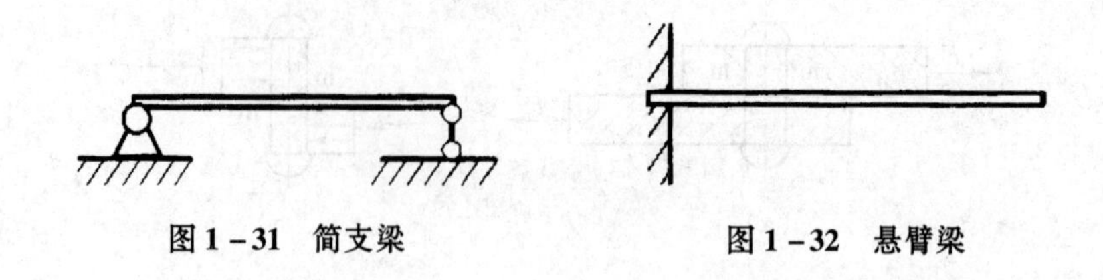

图1－31　简支梁　　　　图1－32　悬臂梁

3）外伸梁：其一端或两端伸出支座之外的简支梁，见图1－33。

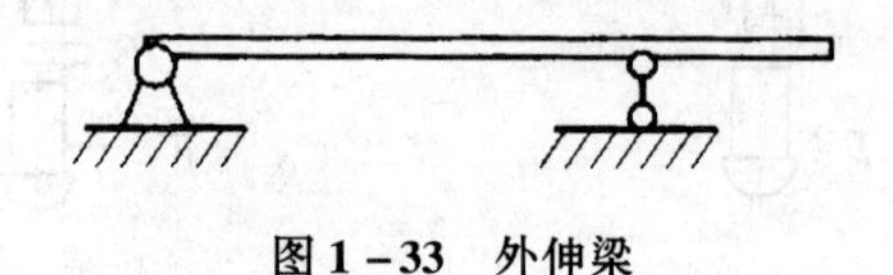

图1－33　外伸梁

5. 压杆稳定

对于细而长的轴向压杆，仅满足强度要求是不够的。因为细长压杆常常会由于丧失保持直线状态的能力而导致破坏，即杆件在轴向压力的作用下会由直变弯以致折断。

失稳即压杆丧失保持原有直线平衡状态的能力而被破坏的现象。解决压杆稳定问题的关键是确定临界力，确保压杆上的轴向压力小于临界力。

1.2　工程预算基础

1.2.1　定额

定额，即人为规定的标准额度。就产品生产而言，定额反映生产成果与生产要素之间的数量关系。在某产品的生产过程中，定额反映在现有的社会生产水平条件下，为完成一定计量单位质量合格的产品，所必须消耗一定数量的人工、材料、机械台班的数量标准。

建设工程定额是一个大家族，定额的类型主要有：投资估算指标、概算指标、概算定额、预算定额、施工定额、劳动定额、材料消耗定额、机械台班使用定额、工期定额。

1. 投资估算指标

投资估算指标，是在编制项目建议书可行性研究报告和编制设计任务书阶段进行投资估算、计算投资需要量时使用的一种定额，具有较强的综合性、概括性，一般以独立的单项工程或完整的工程项目为计算对象。它的概略程度与可行性研究阶段相适应。其主要作用是为项目决策和投资控制提供依据，是一种扩大的技术经济指标。投资估算指标是确定和控制建设项目全过程各项投资支出的技术经济指标。其范围涉及建设前期、建设实施期和竣工验收交付使用期等各个阶段的费用支出，内容因行业不同而各异，通常可分为建设项目综合指标、单项工程指标和单位工程指标三个层次。建设项目综合指标通常以项目的综合生产能力单位投资表示。单项工程指标通常以单项工程生产能力单位投资表示。单位工程指标按专业性质的不同采用不同的方法表示。

2. 概算指标

概算指标是指以某一通用设计的标准预算为基础，按照$100m^2$为计量单位的人工、材料和机械消耗数量的标准。概算指标较概算定额更综合扩大，它是编制初步设计概算的依据。

（1）概算指标的作用。

1）概算指标是编制初步设计概算，确定概算造价的依据。

2）是设计单位进行设计方案的技术经济分析，衡量设计水平，考核基本建设投资效果的依据。

3）概算指标是编制投资估算指标的依据。

（2）概算指标的编制原则。

1）按平均水平确定概算指标的原则。

2）概算指标的内容和表现形式，要贯彻简明适用的原则。

3）概算指标的编制依据，必须具有代表性。

（3）概算指标的内容。概算指标比概算定额更加综合扩大，其主要内容包括下述五部分：

1）总说明：说明概算指标的编制依据、适用范围、使用方法等。

2）示意图：说明工程的结构形式。工业项目中还应表示出吊车规格等技术参数。

3）结构特征：详细说明主要工程的结构形式、层高、层数和建筑面积等。

4）经济指标：说明该项目每100m^2或每座构筑物的造价指标，以及其中土建、水暖、电器照明等单位工程的相应造价。

5）分部分项工程构造内容及工程量指标：说明该工程项目各分部分项工程的构造、内容，相应计量单位的工程量指标，以及人工、材料消耗指标。

3．概算定额

概算定额是在预算定额基础上根据有代表性的通用设计图和标准图等资料，以主要工序为准，综合相关的工序，进行综合、扩大和合并而成的定额。其以扩大的分部分项工程为对象编制，是确定建设项目投资额的依据，编制扩大初步设计概算的依据。概算定额的分类情况如下：

（1）按定额的编制程序和用途分。

（2）按定额反映的物质消耗内容分。

（3）按照投资的费用性质分。

（4）按照专业性质分。

（5）按管理权限分。

4．预算定额

预算定额是指在正常的施工条件下，完成一定计量单位的分项工程或结构构件所需人工、材料、机械台班消耗及以价值货币表现的数量标准。预算定额是在编制施工图预算时，计算工程造价和计算工程中劳动量、机械台班、材料需要量而使用的一种定额。它以工程中的分项工程，即在施工图纸上和工程实体上都可以区别开的产品为测定对象，其内容包括人工、材料及机械台班使用量三个部分，经过计价后编制成为建筑安装工程单位估价表（手册）。它是编制施工图预算（设计预算）的依据，也是编制概算定额、估算指标的基础。预算定额在施工企业内部被广泛用于编制施工组织计划，编制工程材料预算，确定工程价款，考核企业内部各类经济指标等方面。所以预算定额是用途最广的一种定额。预算定额主要以施工定额中的劳动定额部分为基础，经汇列、综合、归并而成。

预算定额是一种计价性的定额。在工程委托承包的情况下，它是确定工程造价的评分依据。在招标承包的情况下，它是计算标底和确定报价的主要依据。因此预算定额在工程建设定额中占有很重要的地位。从编制程序看，施工定额是预算定额的编制基础，而预算定额则是概算定额或估算指标的编制基础。可以说预算定额在计价定额中是基础性定额。

（1）预算定额的主要作用。

1）预算定额是编制施工图预算，确定和控制项目投资、建筑安装工程造价的基础。

2）预算定额是对设计方案进行技术经济比较，进行技术经济分析的依据。

3）预算定额是编制施工组织设计的依据。

4）预算定额是工程结算的依据。

5）预算定额是施工企业进行经济活动分析的依据。

6）预算定额是编制概算定额及估算指标的基础。

7）预算定额是合理编制标底、投标的基础。

（2）预算定额的构成要素主要包括：项目名称、单位、人工消耗量、材料消耗量、机械台班消耗量、定额基价。实质是定额项目表的构成。

1）项目名称：预算定额的项目名称又称定额子目名称。定额子目是构成工程实体或有助于构成工程实体的最小组成部分。通常按工程部位或工种材料划分。一个单位工程预算可由几十个到上百个定额子目构成。

2）工料机消耗量：工料机消耗量是预算定额的主要内容。消耗量是完成单位产品（一个单位定额子目）的规定数量。消耗量反映了本地区该项目的社会必要劳动消耗量。

3）定额基价：定额基价又称工程单价，是上述定额子目中工料机消耗量的货币表现。

$$\text{定额基价} = \text{工日数} \times \text{工日单价} + \Sigma\ (\text{材料用量} \times \text{材料单价}) + \Sigma\ (\text{机械台班用量} \times \text{台班单价}) \qquad (1-22)$$

5. 施工定额

施工定额，是施工企业（建筑安装企业）为组织生产和加强管理在企业内部使用的一种定额，属于企业生产定额的性质。它是建筑安装工人在合理的劳动组织或工人小组在正常施工条件下，为完成单位合格产品，所需劳动、机械、材料消耗的数量标准。它是由劳动定额、机械定额和材料定额三个相对独立的部分组成的。施工定额是施工企业内部经济核算的依据，也是编制预算定额的基础。为适应组织生产和管理的需要，施工定额的项目划分很细，是工程建设定额中分项最细、定额子目最多的一种定额，也是工程建设定额中的基础性定额。在预算定额的编制过程中，施工定额的劳动、机械、材料消耗的数量标准，是计算预算定额中劳动、机械、材料消耗数量标准的重要依据。

施工定额在企业管理工作中的基础作用主要表现在以下几个方面：

1）施工定额是企业计划管理的依据。施工定额在企业计划管理方面的作用，表现在它既是企业编制施工组织设计的依据，又是企业编制施工作业计划的依据。

施工组织设计是指导拟建工程进行施工准备和施工生产的技术经济文件，其基本任务是根据招标文件及合同协议的规定，确定出经济合理的施工方案，在人力和物力、时间和空间、技术和组织上对拟建工程做出最佳安排。

施工作业计划则是根据企业的施工计划、拟建工程施工组织设计和现场实际情况编制的，它是以实现企业施工计划为目的的具体执行计划，也是队、组进行施工的依据。因此，施工组织设计和施工作业计划是企业计划管理中不可缺少的环节。这些计划的编制必须依据施工定额。

2）施工定额是组织和指挥施工生产的有效工具。企业组织和指挥施工队、组进行施工，是按照作业计划通过下达施工任务书和限额领料单来实现的。

3）施工定额是计算工人劳动报酬的依据。

4）施工定额是企业激励工人的目标条件。

5）施工定额有利于推广先进技术。

6）施工定额是编制施工预算，加强企业成本管理和经济核算的基础。

7）施工定额是编制工程建设定额体系的基础。

6. 工期定额

工期定额是为各类工程规定施工期限的定额天数。包括建设工期定额和施工工期定额两个层次。

建设工期是指建设项目或独立的单项工程在建设过程中所耗用的时间总量，通常以月数或天数表示。它从开工建设时算起，到全部建成投产或交付使用时停止。但不包括因决策失误而停（缓）建所延误的时间。施工工期通常是指单项工程或单位工程从开工到完工所经历的时间。施工工期是建设工期中的一部分。如单位工程施工工期，是指从正式开工起至完成承包工程全部设计内容并达到国家验收标准的全部有效天数。

建设工期是评价投资效果的重要指标，直接标志着建设速度的快慢。在工期定额中，已经考虑了季节性施工因素对工期的影响、地区性特点对工期的影响、工程结构和规模对工期的影响；工程用途对工期的影响，以及施工技术与管理水平对工期的影响。所以工期定额是评价工程建设速度、编制施工计划、签订承包合同、评价全优工程的可靠依据。可见编制和完善工期定额是很有积极意义的。

建筑安装工程工期定额是根据国家建筑工程质量检验评定标准施工及验收规范有关规定，结合各施工条件，本着平均、经济合理的原则制定的。工期定额是编制施工组织设计、安排施工计划和考核施工工期的依据，是编制招标标底，投标标书和签订建筑安装工程合同的重要依据。

施工工期有日历工期及有效工期之分。二者的区别在于日历工期不扣除法定节假日、休息日，而有效工期扣除法定节假日、休息日。

7. 定额的特点

（1）科学性。

（2）权威性。

（3）群众性。

（4）统一性。

（5）稳定性。

（6）时效性。

8．建筑工程定额的作用

（1）建筑工程定额是招标活动中编制标底标价的重要依据。建筑工程定额是招标活动中确定建筑工程分项工程综合单价的依据。在建设工程计价工作中，根据设计文件结合施工方法，应用相应建筑工程定额规定的人工、材料、施工机械台班消耗量标准，计算确定工程施工项目中人工、材料、机械设备的需用量，按照人工、材料、机械单价和管理费用及利润标准来确定分项工程的综合单价。

（2）建筑工程定额是施工企业组织和管理施工的重要依据。为了更好地组织和管理工程建设施工生产，必须编制施工进度计划。在编制计划和组织管理施工生产中，要以各种定额来作为计算人工、材料和机械需用量的依据。

（3）建筑工程定额是施工企业和项目部实行经济责任制的重要依据。工程建设改革的突破口是承包责任制。施工企业对外通过投标承揽工程任务，编制投标报价；工程施工项目部进行进度计划和进度控制，进行成本计划和成本控制，均以建筑工程定额为依据。

（4）建筑工程定额是总结先进生产方法的手段。建筑工程定额是一定条件下，通过对施工生产过程的观察、分析综合制定的。它比较科学地反映出生产技术和劳动组织的先进合理程度，因此我们可以以建筑工程消耗量定额的标定方法为手段，对同一工程产品在同一施工操作条件下的不同生产方式进行观察、分析和总结从而得出一套比较完整的先进生产方法。

（5）建筑工程定额是评定优选工程设计方案的依据。以工程定额为依据来确定一项工程设计的技术经济指标，通过对设计方案技术经济指标的比较，确定该工程设计是否经济。

1.2.2 工程计价方法及特征

1．建筑工程计价方法

（1）计价。计价是指计算建筑工程造价。建筑工程造价即建设工程产品的价格。建筑工程产品的价格由成本、利润及税金组成，这与一般工业产品是相同的。但两者的价格确定方法大不相同，一般工业产品的价格是批量价格，大范围甚至全国是一个价。而建筑工程的价格则不能这样，每一栋房屋建筑都必须单独定价，这是由建筑产品的特点所决定的。

建筑产品有建设地点的固定性、施工的流动性、产品的单件性，施工周期长、涉及部门广等特点，每个建筑产品都必须单独设计和独立施工才能完成，即使利用同一套图纸，也会因建设地点、时间、地质和地貌构造、各地消费水平等的不同，人工、材料的单价不同，以及各地收费计取标准的不同等诸多因素影响，从而带来建筑产品价格的不同。所以，建筑产品价格必须由特殊的定价方式来确定，那就是每个建筑产品必须单独定价。当然，在市场经济的条件下，施工企业的管理水平不同、竞争获取中标的目的不同，也会影响到建筑产品价格高低，建筑产品的价格最终是由市场竞争形成。

（2）计价模式。由于建筑产品价格的特殊性，与一般工业产品价格的计价方法相比，采取了特殊的计价模式及其方法，即按定额计价模式和按工程量清单计价模式。

1）定额计价模式：按定额计价这种模式，是在我国计划经济向市场经济转型时期，所采用的行之有效的计价模式。

按定额计价的基本方法是“单位估价法”，即根据国家或地方颁布的统一预算定额规定的消耗量及其单价，以及配套的取费标准和材料预算价格，先计算出相应的工程数量，套用相应的定额单价计算出定额直接费用，再在直接费用的基础上计算各种相关费用及利润和税金，最后汇总形成建筑产品的造价。

预算定额是国家或地方统一颁布的，视为地方经济法规，必须严格遵照执行。一般概念上讲不管谁来计算，由于计算依据相同，只要不出现计算错误，其计算结果是相同的。

按定额计价模式确定建筑工程造价，由于有预算定额规范消耗量，有各种文件规定人工、材料、机械单价及各种取费标准，在一定程度上防止了高估冒算和压级压价，体现了工程造价的规范性、统一性和合理性。但对市场的竞争起到了抑制作用，不利于促进施工企业改进技术、加强管理、提高劳动效率和市场竞争力，现在提出了另一种计价模式——工程量清单计价模式。

2）工程量清单计价模式：按工程量清单计价这种模式，是在2003年提出的一种工程造价确定模式。这种计价模式是国家统一项目编码、项目名称、计量单位和工程量计算规则（四统一），由各施工企业在投标报价时根据企业自身情况自主报价，在招投标过程中经过竞争形成建筑产品价格。

工程量清单计价模式的实施，实质上是建立了一种强有力而行之有效的竞争机制，由于施工企业在投标竞争中必须报出合理低价才能中标，所以对促进施工企业改进技术、加强管理、提高劳动效率和市场竞争力会起到积极的推动作用。

按工程量清单计价模式的造价计算方法是“综合单价”法，即招标方给出工程量清单，投标方根据工程量清单组合分部分项工程的综合单价，并计算出分部分项工程的费用，再计算出税金，最后汇总成总造价。

3）工程量清单计价的意义：工程量清单计价是工程造价改革的产物，是规范建设市场秩序，适应社会主义市场经济发展的需要；它有利于工程造价的政府管理职能转变，有利于促进建设市场有序竞争和企业健康发展，更是加入世界贸易组织，融入世界大市场的需要。

4）清单计价原则：工程量清单计价应遵循公平、合法、诚实信用的原则。

5）招标标底及投标报价的编制：

①招标标底：设有标底或预算控制价（拦标价）的招标工程，标底或预算控制价由招标人或受其委托具有相应资质的工程造价咨询机构及招标代理机构编制。

标底或预算控制价的编制应按照当地建设行政主管部门发布的消耗量定额、市场价格信息，依据工程量清单、施工图纸、施工现场实际情况、合理的施工手段和招标文件的有关要求等进行编制。

②投标标价：投标标价由投标人或其委托的具有相应资质的工程造价咨询机构编制。

投标标价由投标人依据招标文件中的工程量清单，招标文件的有关要求，施工现场实际情况，结合投标人自身技术和管理水平、经营状况、机械配备，制定出施工组织设计以及本企业编制的企业定额（或参考当地建设行政主管部门发布的消耗量定额），市场价格信息进行编制。投标人的投标报价由投标人自主确定。

6）工程量清单计价依据及程序：

①工程量清单的计价依据是计价时不可缺少的重要资料，内容包括：工程量清单、消耗量定额、计价规范、招标文件、施工图纸及图纸答疑、施工组织设计及材料预算价格及费用标准等。

②工程量清单是由招标人提供的，供投标人计价的工程量资料，其内容包括：工程量清单封面、填表须知、总说明、分部分项工程量清单、措施项目清单、其他项目清单零星工作项目表。工程量清单是计价的基础资料。

③定额包括消耗量定额和企业定额。

消耗量定额，是由当地建设行政主管部门根据合理的施工组织设计，按照正常施工条件下制定的，生产一个规定计量单位工程合格产品所需人工、材料、机械台班的社会平均消耗量。主要供编制标底使用，这个消耗量标准也可提供施工企业在投标报价时参考。

企业定额，是施工企业根据本企业的施工技术和管理水平，以及有关工程造价资料制定的，供本企业使用的人工、材料、机械台班消耗量定额。企业定额是本企业投标报价时的重要依据。

定额是编制招标标底或投标标价组合分部分项工程综合单价时，确定人工、材料、机械消耗量的依据。目前，绝大部分施工企业还没有本企业自己的消耗量定额，可参考当地建设行政主管部门编制的消耗量定额，并结合企业自身的具体情况，进行投标报价。

④建设工程工程量清单计价规范是采用工程量清单计价时，必须遵守执行的强制性标准。计价规范是编制工程量清单和工程量清单计价的重要依据。

⑤招标文件的具体要求是工程量清单计价的前提条件，只有清楚地了解招标文件的具体要求，如招标范围、内容、施工现场条件等，才能正确计价。

⑥施工图纸及图纸答疑，是编制工程量清单的依据，也是计价的重要依据。

⑦施工组织设计或施工方案，是计算施工技术措施费用的依据。如降水、土方施工、钢筋混凝土构件支撑、垂直运输机械、脚手架施工措施费用等，均需根据施工组织设计或施工方案计算。

⑧材料预算价格即材料单价，材料费占工程造价的比重高达60%左右，材料预算价格的确定非常重要。材料预算价格应在调查研究的基础上根据市场确定。

费用标准包括管理费费率、措施费费率等，管理费、措施费（部分）是根据直接工程费（指人工费、材料费和机械费之和）或人工费乘以一定费率计算的，所以费率的大小直接影响最终的工程造价。费用比例系数的测算应根据企业自身具体情况而定。

2. 工程造价的计价特征

（1）计价的单价性。

（2）计价的多次性。

（3）造价的组合性。

（4）方法的多样性。

（5）依据的复杂性。

1.2.3 建筑安装工程费用

1. 建筑安装工程费组成及计算方法

我国现行建筑安装工程费用，按照费用性质划分为直接费、间接费、利润和税金四部分。

(1) 直接费。直接费由直接工程费和措施费两部分组成。

1) 直接工程费是指施工过程中耗费的构成工程实体的各项费用。其内容包括：人工费、材料费和施工机械使用费。

①人工费：即直接从事建筑安装工程施工的生产工人开支的各项费用。其内容包括：

a. 基本工资：发放给生产工人的基本工资。

b. 工资性补贴：按照规定标准发放的物价补贴，煤、燃气补贴，交通补贴，住房补贴，流动施工津贴等。

c. 生产工人辅助工资：生产工人年有效施工天数以外非作业天数的工资，其中包括职工学习、培训期间的工资，调动工作、探亲、休假期间的工资，因气候影响的停工工资，女工哺乳期间的工资，病假在六个月以内的工资及产、婚、丧假期的工资。

d. 职工福利费：按规定标准计提的职工福利费。

e. 生产工人劳动保护费：按照规定标准发放的劳动保护用品的购置费及修理费，徒工服装补贴，防暑降温费，在有碍身体健康环境中施工的保健费用等。

②材料费：施工过程中耗费的构成工程实体的原材料、辅助材料、构配件、零件、半成品的费用。其内容包括：

a. 材料原价：材料购买价。

b. 材料运杂费：材料自来源地运至工地仓库或指定堆放地点所发生的全部费用。

c. 运输损耗费：材料在运输装卸过程当中不可避免的损耗。

d. 采购及保管费：为组织采购、供应和保管材料过程中所需的各项费用。其内容包括：采购费、仓储费、工地保管费、仓储损耗。

e. 检验试验费：对建筑材料、构件和建筑安装物进行一般鉴定、检查所发生的费用，包括自设实验室进行试验所耗用的材料和化学药品等费用。不包括新结构、新材料的试验费及建设单位对具有出厂合格证明的材料进行检验，对构件做破坏性试验及其他特殊要求检验试验的费用。

③施工机械使用费：施工机械作业所发生的机械使用费以及机械安拆费和场外运费。施工机械使用费的内容包括：

a. 折旧费：施工机械在规定的使用年限内，陆续收回其原值及购置资金的时间价值。

b. 大修理费：施工机械按规定的大修理间隔台班进行必要的大修理，恢复其正常功能所需的费用。

c. 经常修理费：施工机械除大修理之外的各级保养和临时故障排除所需的费用。包括为保障机械正常运转所需替换设备与随机配备工具附具的摊销和维护的费用，机械运转中日常保养所需润滑与擦拭的材料费用及机械停滞期间的维护和保养费用等。

d. 安拆费及场外运费：安拆费是指施工机械在现场进行安装与拆卸所需的人工、材料、机械和试运转费用以及机械辅助设施的折旧、搭设、拆除等费用；场外运费是指施工机械整体或分体自停放地点运至施工现场或由一施工地点运至另一施工地点的运输、装卸、辅助材料及架线等费用。

e. 人工费：机上司机（司炉）和其他操作人员的人工费及上述人员在施工机械规定的年工作台班之外的人工费。

f. 燃料动力费：施工机械在运转作业中所消耗的固体燃料（煤、木柴）、液体燃料（汽油、柴油）及水、电等费用。

g. 养路费及车船使用税：施工机械按照国家和有关部门规定应缴纳的养路费、车船使用税、保险费及年检费等。

2）措施费是指为完成工程项目施工，发生于该工程施工前和施工过程中非工程实体项目的费用。其内容包括：

①环境保护费：施工现场为达到环保部门要求所需要的各项费用。

②文明施工费：施工现场文明施工所需要的各项费用。

③安全施工费：施工现场安全施工所需要的各项费用。

④临时设施费：施工企业为进行建筑工程施工所必须搭设的供生活和生产使用的临时建筑物、构筑物和其他临时设施费用等。

临时设施包括临时宿舍、文化福利及公用事业房屋与构筑物，仓库、办公室、加工厂及规定范围内的道路、水、电、管线等临时设施和小型临时设施。

临时设施费用包括临时设施的搭设、维修、拆除费或摊销费。

⑤夜间施工费：因夜间施工所发生的夜间施工降效、夜班补助费、夜间施工照明设备摊销及照明用电等费用。

⑥二次搬运费：因施工场地狭小等特殊情况而发生的二次搬运费用。

⑦混凝土及钢筋混凝土模板及支架费：混凝土施工过程中所需的各种钢模板、木模板、支架等的支、拆、运输费用及模板、支架的摊销（或租赁）费用。

⑧脚手架费：施工需要的各种脚手架搭、拆、运输费用及脚手架的摊销（或租赁）费用。

⑨已完工程及设备保护费：竣工验收之前，对已完工程及设备进行保护所需费用。

⑩施工排水费及降水费：为了确保工程在正常条件下施工，采取各种排水、降水措施所发生的各种费用。

（2）间接费。间接费由规费和企业管理费组成。

1）规费是指政府和有关权力部门规定必须缴纳的费用（简称规费）。其内容包括：

①工程排污费：施工现场按规定缴纳的工程排污费。

②工程定额测定费：按照规定支付工程造价（定额）管理部门的定额测定费。

③社会保障费：企业按照规定标准为职工缴纳的社会保险费。

④养老保险费：企业按照规定标准为职工缴纳的基本养老保险费。

⑤失业保险费：企业按照国家规定标准为职工缴纳的失业保险费。

⑥医疗保险费：企业按照规定标准为职工缴纳的基本医疗保险费。

⑦住房公积金：企业按照规定标准为职工缴纳的住房公积金。

⑧危险作业意外伤害保险：按照建筑法规定，企业为从事危险作业的建筑安装施工人员支付的意外伤害保险费。

2）企业管理费：建筑安装企业组织施工生产和经营管理所需费用。其内容包括：

①管理人员工资：管理人员的基本工资、工资性补贴、职工福利费、劳动保护费等。

②办公费：企业管理办公用的文具、纸张、账表、邮电、印刷、书报、会议、水电和集体取暖（包括现场临时宿舍取暖）用煤等费用。

③差旅交通费：职工因公出差、调动工作的差旅费、住勤补助费，市内交通费及误餐补助费，职工探亲路费，劳动力招募费，职工离退休、退职一次性路费，工伤人员就医路费，工地转移费以及管理部门使用的交通工具的油料、燃料、养路费及牌照费。

④固定资产使用费：管理和试验部门及附属生产单位使用的属于固定资产的房屋、设备仪器等的折旧、大修、维修和租赁费。

⑤工具用具使用费：管理使用的不属于固定资产的生产工具、器具、家具、交通工具和检验、试验、测绘、消防用具等的购置、维修和摊销费。

⑥劳动保险费：企业支付离退休职工的异地安家补助费、职工退职金、六个月以上的病假人员工资、职工死亡丧葬补助费、抚恤费、按照规定支付给离休干部的各项经费。

⑦工会经费：企业按照职工工资总额计提的工会经费。

⑧职工教育经费：企业为职工学习先进技术和提高文化水平，按照职工工资总额计提的费用。

⑨财产保险费：施工管理用财产、车辆保险。

⑩财务费：企业为筹集资金而发生的各种费用。

⑪税金：企业按照规定缴纳的房产税、车船使用税、土地使用税、印花税等。

⑫其他：包括技术转让费、技术开发费、业务招待费、广告费、绿化费、公证费、法律顾问费、审计费、咨询费等。

（3）利润。即施工企业完成所承包工程获得的赢利。

（4）税金。即国家税法规定的应计入建筑安装工程造价的营业税、城市维护建设税及教育费附加。

2. 工程量清单计价费用组成

根据《建设工程工程量清单计价规范》的规定，建筑安装工程费用按计价程序划分，由分部分项工程费用、措施费、其他项目费、规费、税金五部分组成。

（1）分部分项工程费用。分部分项工程费采用综合单价计算，综合单价应当由完成工程量清单中一个规定计量单位项目所需的人工费、材料费、施工机械使用费、管理费和利润组成，并考虑风险因素。

1）人工费是指直接从事建筑安装工程施工的生产工人开支的各项费用。

2）材料费是指施工过程中耗费的构成工程实体的原材料、辅助材料、零件、构配件、半成品的费用。

3）施工机械使用费是指施工机械作业所发生的费用。

4）企业管理费是指建筑安装企业组织施工生产及经营管理所需费用。

5）利润是指按企业经营管理水平和市场的竞争能力，完成工程量清单中各个分项工程应获得并计入清单项目中的利润。分部分项工程费中，还应当考虑风险因素。风险费用是指投标企业在确定综合单价时，应当考虑的物价调整以及其他风险因素所发生的费用。

（2）措施费。措施费是指施工企业为完成工程项目施工，发生于该工程施工前和施工过程中生产、生活、安全等方面的非工程实体费用。

（3）其他项目费。包括招标人部分费用和投标人部分费用。它是招标过程中出现的费用。

1）招标人部分费用：主要包括预留金、材料购置费及分包工程费等内容。

①预留金：招标人在工程招标范围内为可能发生的工程变更而预备的金额。其主要内容包括设计变更和价格调整等费用。

②材料购置费：招标人供应材料的费用，即"甲方供料"。该费用不进入分部分项工程费。

③分包工程费：招标人按国家规定准予分包的工程费用（例如地基处理、幕墙、自动消防、电梯、锅炉等需要特殊资质的工程项目）。该费用不进入分部分项工程费。

2）投标人部分费用：

①总承包服务费：投标人配合协调招标人工程分包和材料采购所发生的费用。

对于工程分包，总包单位应当计算分包工程的配合协调费；对于招标人采购材料，总包单位应计算其材料采购发生的费用（如材料的卸车和市内短途运输以及工地保管费等）。

②零星工作项目费：施工过程中应招标人要求，而发生的不是以物计量和定价的零星项目所发生的费用。零星工作费在工程竣工结算时按实际完成的工程量所需费用结算。

③其他。

（4）规费。政府和有关权力部门规定必须缴纳的费用（简称规费）。内容包括：工程排污费、工程定额测定费、社会保障费、住房公积金、危险作业意外伤害保险等。

（5）税金。国家税法规定的应计入建筑工程造价的营业税、城市维护建设税及教育费附加。

显然，建筑工程费用的组成从不同的角度分析而有所不同。根据费用性质的不同建筑工程费用由直接费、间接费、利润及税金四部分组成，根据清单计价程序的需要建筑工程费用由分部分项工程费、措施费、其他项目费、规费及税金五部分组成。

3．工程类别划分标准及费率

工程类别划分标准是确定工程施工难易程度、计取有关费用的依据，同时也是企业编制投标报价的参考。建筑工程的工程类别按照工业建筑工程、装饰工程、民用建筑工程、构筑物工程、单独土石方工程、桩基础工程等划分为若干类别。

（1）类别划分。

1）工业建筑工程是指从事物质生产和直接为物质生产服务的建筑工程。通常包括：生产（加工、储运）车间、实验车间、仓库、民用锅炉房和其他生产用建筑物。

2）装饰工程是指建筑物主体结构完成后，在主体结构表面进行抹灰、镶贴、铺挂面层等，以达到建筑设计效果的装饰工程。

3）民用建筑工程是指直接用于满足人们物质和文化生活需要的非生产性建筑物。通常包括：住宅及各类公用建筑工程。

科研单位独立的实验室、化验室按民用建筑工程确定工程类别。

4）构筑物工程是指工业与民用建筑配套且独立于工业与民用建筑工程的构筑物，或独立具有其功能的构筑物。通常包括烟囱、水塔、仓类、池类等。

5）桩基础工程是指天然地基上的浅基础不能满足建筑物和构筑物的稳定要求，而采用的一种深基础。主要包括各种现浇和预制混凝土桩及其他桩基。

6）单独土石方工程是指建筑物、构筑物、市政设施等基础土石方以外的，且单独编制概预算的土石方工程。包括土石方的挖、填、运等。

（2）使用说明。

1）工程类别的确定，以单位工程为划分对象。

2）与建筑物配套使用的零星项目，例如化粪池、检查井等，按照其相应建筑物的类别确定工程类别。其他附属项目，例如围墙、院内挡土墙、庭院道路、室外管沟架、按建筑工程Ⅲ类标准确定类别。

3）建筑物、构筑物高度，自设计室外地坪算起，至屋面檐口高度。高出屋面的电梯间、水箱间、塔楼等不计算高度。建筑物的面积，按照建筑面积计算规则的规定计算。建筑物的跨度，按照设计图示尺寸标注的轴线跨度计算。

4）非工业建筑的钢结构工程，参照工业建筑工程的钢结构工程确定工程类别。

5）居住建筑的附墙轻型框架结构，按照砖混结构的工程类别套用；但设计层数大于18层，或建筑面积大于12000m^2时，按照居住建筑其他结构的Ⅰ类工程套用。

6）工业建筑的设备基础，单体混凝土体积大于1000m^3，按照构筑物Ⅰ类工程计算；单体混凝土体积大于600m^3小于或等于1000m^3，按照构筑物Ⅱ类工程计算；单体混凝土体积小于或等于600m^3且大于50m^3按照构筑物Ⅲ类工程计算；小于或等于50m^3的设备基础，按照相应建筑物或构筑物的工程类别进行确定。

7）同一建筑物结构形式不同时，按照建筑面积大的结构形式确定工程类别。

8）新建建筑工程中的装饰工程，按照下列规定确定其工程类别：

①每平方米建筑面积装饰计费价格合计在100元以上的，为Ⅰ类工程。

②每平方米建筑面积装饰计费价格合计在50元以上、100元以下的，为Ⅱ类工程。

③每平方米建筑面积装饰计费价格合计在50元以下的，为Ⅲ类工程。

④每平方米建筑面积装饰计费价格计算：先计算出全部装饰工程量（包括外墙装饰），套用价目表中相应项目的计费价格，合计后除以被装饰建筑物的建筑面积。

⑤单独外墙装饰，每平方米外墙装饰面积装饰计费价格在50元以上的为Ⅰ类工程；每平方米装饰计费价格在50元以下、20元以上的为Ⅱ类工程；每平方米装饰计费价格在20元以下的为Ⅲ类工程。

⑥单独招牌、灯箱、美术字为Ⅲ类工程。

9）工程类别划分标准中有两个指标者，在确定类别时需满足其中一个指标。

（3）建筑工程费率取值见表1－1。

表1－1 建筑工程费率表（%）

费用名称＼类别＼工程名称	工业、民用建筑工程			装饰工程			构筑物工程			桩基础工程			大型土石方工程		
	Ⅰ	Ⅱ	Ⅲ	Ⅰ	Ⅱ	Ⅲ	Ⅰ	Ⅱ	Ⅲ	Ⅰ	Ⅱ	Ⅲ	Ⅰ	Ⅱ	Ⅲ
施工管理费	8.5	7.3	4.2	16.5	14.0	8.0	6.6	5.8	4.0	5.5	4.4	3.3	12	9.0	6.5
措施费	3.7	3.4	2.9	7.2	6.6	5.7	3.2	2.9	2.5	2.5	2.3	2.1	4.8	3.9	3.4
安全文明设施费	1.3	1.0	0.8	2.6	2.1	1.7	1.1	0.9	0.7	1.0	0.8	0.6	1.3	1.0	0.8
利润	5.7	3.7	1.5	9.9	6.3	2.5	5.1	3.3	1.4	4.5	3.0	1.2	9.0	5.9	2.5
税金 市区	3.41														
税金 县城、城镇	3.35														
税金 市县镇以外	3.22														

（4）建筑工程类别划分标准参见表1－2。

表1－2 建筑工程类别划分标准

工程名称				单位	工程类别		
					Ⅰ	Ⅱ	Ⅲ
工业建筑工程	钢结构		跨度	m	>30	>18	≤18
			建筑面积	m^2	>16000	>10000	≤10000
	其他结构	单层	跨度	m	>24	>18	≤18
			建筑面积	m^2	>10000	>6000	≤6000
		多层	檐高	m	>50	>30	≤30
			建筑面积	m^2	>16000	>6000	≤6000
民用建筑工程	公用建筑	砖混结构	檐高	m	—	30<檐高<50	≤30
			建筑面积	m^2	—	6000<面积<10000	≤6000
		其他结构	檐高	m	>50	>30	≤30
			建筑面积	m^2	>12000	>8000	≤8000
	居住建筑	砖混结构	层数	层	—	8<层数<12	≤8
			建筑面积	m^2	—	8000<面积<12000	≤8000
		其他结构	层数	层	>17	>8	≤8
			建筑面积	m^2	>12000	>8000	≤8000

续表 1－2

工程名称			单位	工程类别		
				Ⅰ	Ⅱ	Ⅲ
构筑物工程	烟囱	混凝土结构高度 砖结构高度	m m	＞100 ＞60	＞60 ＞40	≤60 ≤40
	水塔	高度 容积	m m^3	＞60 ＞100	＞40 ＞60	≤40 ≤60
	筒仓	高度 容积（单体）	m m^3	＞35 ＞2500	＞20 ＞1500	≤20 ≤1500
	贮池	容积 （单体）	m^3	＞3000	＞1500	≤1500
单独土石方工程		单独挖、 填土石方	m^3	＞15000	＞10000	5000＜体积 ≤10000
桩基础工程		桩长	m	＞30	＞12	≤12

4. 建筑工程费用计算程序

（1）熟悉施工图纸及相关资料，了解现场情况。在编制工程量清单前，先要熟悉施工图纸，以及图纸答疑、地质勘探报告，到工程建设地点了解现场实际情况，以便正确编制工程量清单。熟悉施工图纸及相关资料便于列制分部分项工程项目名称，了解现场以便列制施工措施项目名称。

（2）编制工程量清单。工程量清单包括封面、总说明、填表须知、分部分项工程量清单、措施项目清单、其他项目清单、零星工作项目清单共七部分。

工程量清单是由招标人或其委托人，按照施工图纸、招标文件、计价规范，以及现场实际情况，经过精心计算编制而成的。

（3）计算综合单价。计算综合单价是指标底编制人（指的是招标人或其委托人）或标价编制人（指投标人），根据工程量清单、招标文件、消耗量定额或企业定额、施工组织设计、施工图纸、材料预算价格等资料，计算分项工程的单价。

综合单价的内容包括人工费、材料费、机械费、管理费、利润共五个部分。

（4）计算分部分项工程费。在综合单价计算完成后，根据工程量清单及综合单价，计算分部分项工程费用。

（5）计算措施费。措施费包括环境保护费、文明施工费、安全施工费、临时设施费、夜间施工费、二次搬运费、大型机械进出场及安拆费、混凝土及钢筋混凝土模板费、脚手架费、施工排水降水费、垂直运输机械费等内容，根据工程量清单提供的措施项目计算。

（6）计算其他项目费。其他项目费由招标人部分和投标人部分的内容组成。根据工程量清单列出的内容计算。

(7) 计算单位工程费。前面各项内容计算完成之后，将整个单位工程费包括的内容汇总起来，形成整个单位工程费。在汇总单位工程费前，要计算各种规费及该单位工程的税金。单位工程费内容包括分部分项工程费、措施项目费、其他项目费、规费和税金五部分，这五部分之和即单位工程费。

(8) 计算单项工程费。在各单位工程费计算完成后，将属同一单项工程的各单位工程费进行汇总，形成该单项工程的总费用。

(9) 计算工程项目总价。各单项工程费计算完成后，将各单项工程费汇总，形成整个项目的总价。

1.2.4 建筑面积及主要基数的计算

1. 建筑面积的计算规则

《建筑工程建筑面积计算规范》GB/T 50353—2013 适用于新建、扩建、改建的工业与民用建筑工程的面积计算。计算建筑面积的具体规定如下：

(1) 建筑物的建筑面积应按自然层外墙结构外围水平面积之和计算。结构层高在 2.20m 及以上的，应计算全面积；结构层高在 2.20m 以下的，应计算 1/2 面积。

(2) 建筑物内设有局部楼层时，对于局部楼层的二层及以上楼层，有围护结构的应按其围护结构外围水平面积计算，无围护结构的应按其结构底板水平面积计算。结构层高在 2.20m 及以上的，应计算全面积；结构层高在 2.20m 以下的，应计算 1/2 面积。

(3) 形成建筑空间的坡屋顶，结构净高在 2.10m 及以上的部位应计算全面积；结构净高在 1.20m 及以上至 2.10m 以下的部位应计算 1/2 面积；结构净高在 1.20m 以下的部位不应计算建筑面积。

(4) 场馆看台下的建筑空间，结构净高在 2.10m 及以上的部位应计算全面积；结构净高在 1.20m 及以上至 2.10m 以下的部位应计算 1/2 面积；结构净高在 1.20m 以下的部位不应计算建筑面积。室内单独设置的有围护设施的悬挑看台，应按看台结构底板水平投影面积计算建筑面积。有顶盖无围护结构的场馆看台应按其顶盖水平投影面积的 1/2 计算面积。

(5) 地下室、半地下室应按其结构外围水平面积计算。结构层高在 2.20m 及以上的，应计算全面积；结构层高在 2.20m 以下的，应计算 1/2 面积。

(6) 出入口外墙外侧坡道有顶盖的部位，应按其外墙结构外围水平面积的 1/2 计算面积。

(7) 建筑物架空层及坡地建筑物吊脚架空层，应按其顶板水平投影计算建筑面积。结构层高在 2.20m 及以上的，应计算全面积；结构层高在 2.20m 以下的，应计算 1/2 面积。

(8) 建筑物的门厅、大厅应按一层计算建筑面积，门厅、大厅内设置的走廊应按走廊结构底板水平投影面积计算建筑面积。结构层高在 2.20m 及以上的，应计算全面积；结构层高在 2.20m 以下的，应计算 1/2 面积。

(9) 建筑物间的架空走廊，有顶盖和围护设施的，应按其围护结构外围水平面积计算全面积；无围护结构、有围护设施的，应按其结构底板水平投影面积计算1/2面积。

（10）立体书库、立体仓库、立体车库，有围护结构的，应按其围护结构外围水平面积计算建筑面积；无围护结构、有围护设施的，应按其结构底板水平投影面积计算建筑面积。无结构层的应按一层计算，有结构层的应按其结构层面积分别计算。结构层高在2.20m及以上的，应计算全面积；结构层高在2.20m以下的，应计算1/2面积。

（11）有围护结构的舞台灯光控制室，应按其围护结构外围水平面积计算。结构层高在2.20m及以上的，应计算全面积；结构层高在2.20m以下的，应计算1/2面积。

（12）附属在建筑物外墙的落地橱窗，应按其围护结构外围水平面积计算。结构层高在2.20m及以上的，应计算全面积；结构层高在2.20m以下的，应计算1/2面积。

（13）窗台与室内楼地面高差在0.45m以下且结构净高在2.10m及以上的凸（飘）窗，应按其围护结构外围水平面积计算1/2面积。

（14）有围护设施的室外走廊（挑廊），应按其结构底板水平投影面积计算1/2面积；有围护设施（或柱）的檐廊，应按其围护设施（或柱）外围水平面积计算1/2面积。

（15）门斗应按其围护结构外围水平面积计算建筑面积。结构层高在2.20m及以上的，应计算全面积；结构层高在2.20m以下的，应计算1/2面积。

（16）门廊应按其顶板的水平投影面积的1/2计算建筑面积；有柱雨篷应按其结构板水平投影面积的1/2计算建筑面积；无柱雨篷的结构外边线至外墙结构外边线的宽度在2.10m及以上的，应按雨篷结构板的水平投影面积的1/2计算建筑面积。

（17）设在建筑物顶部的、有围护结构的楼梯间、水箱间、电梯机房等，结构层高在2.20m及以上的应计算全面积；结构层高在2.20m以下的，应计算1/2面积。

（18）围护结构不垂直于水平面的楼层，应按其底板面的外墙外围水平面积计算。结构净高在2.10m及以上的部位，应计算全面积；结构净高在1.20m及以上至2.10m以下的部位，应计算1/2面积；结构净高在1.20m以下的部位，不应计算建筑面积。

（19）建筑物的室内楼梯、电梯井、提物井、管道井、通风排气竖井、烟道，应并入建筑物的自然层计算建筑面积。有顶盖的采光井应按一层计算面积，结构净高在2.10m及以上的，应计算全面积；结构净高在2.10m以下的，应计算1/2面积。

（20）室外楼梯应并入所依附建筑物自然层，并应按其水平投影面积的1/2计算建筑面积。

（21）在主体结构内的阳台，应按其结构外围水平面积计算全面积；在主体结构外的阳台，应按其结构底板水平投影面积计算1/2面积。

（22）有顶盖无围护结构的车棚、货棚、站台、加油站、收费站等，应按其顶盖水平投影面积的1/2计算建筑面积。

（23）以幕墙作为围护结构的建筑物，应按幕墙外边线计算建筑面积。

（24）建筑物的外墙外保温层，应按其保温材料的水平截面积计算，并计入自然层建筑面积。

（25）与室内相通的变形缝，应按其自然层合并在建筑物建筑面积内计算。对于高低联跨的建筑物，当高低跨内部连通时，其变形缝应计算在低跨面积内。

（26）对于建筑物内的设备层、管道层、避难层等有结构层的楼层，结构层高在

2.20m 及以上的，应计算全面积；结构层高在 2.20m 以下的，应计算 1/2 面积。

(27) 下列项目不应计算建筑面积：

1) 与建筑物内不相连通的建筑部件。

2) 骑楼、过街楼底层的开放公共空间和建筑物通道。

3) 舞台及后台悬挂幕布和布景的天桥、挑台等。

4) 露台、露天游泳池、花架、屋顶的水箱及装饰性结构构件。

5) 建筑物内的操作平台、上料平台、安装箱和罐体的平台。

6) 勒脚、附墙柱、垛、台阶、墙面抹灰、装饰面、镶贴块料面层、装饰性幕墙，主体结构外的空调室外机搁板（箱）、构件、配件，挑出宽度在 2.10m 以下的无柱雨篷和顶盖高度达到或超过两个楼层的无柱雨篷。

7) 窗台与室内地而高差在 0.45m 以下且结构净高在 2.10m 以下的凸（飘）窗，窗台与室内地面高差在 0.45m 及以上的凸（飘）窗。

8) 室外爬梯、室外专用消防钢楼梯。

9) 无围护结构的观光电梯。

10) 建筑物以外的地下人防通道，独立的烟囱、烟道、地沟、油（水）罐、气柜、水塔、贮油（水）池、贮仓、栈桥等构筑物。

2. 建筑面积计算的作用

(1) 建筑面积是一项重要的技术经济指标。

(2) 建筑面积是计算结构工程量或用于确定某些费用指标的基础。

(3) 建筑面积作为结构工程量的计算基础，不仅重要，而且也是一项需要细心计算和认真对待的工作，任何粗心大意都会造成计算上的错误，不但会造成结构工程量计算上的偏差，还会直接影响概预算造价的准确性，造成人力、物力和国家建设资金的浪费。

(4) 建筑面积与使用面积、结构面积、辅助面积之间存在着一定的比例关系。设计人员在进行建筑或结构设计时，都应在计算建筑面积的基础上再分别计算出结构面积、有效面积及诸如土地利用系数、平面系数等经济技术指标。有了建筑面积，才有可能计量单位建筑面积的技术经济指标。

(5) 建筑面积的计算对于建筑施工企业实行内部经济承包责任制、投标报价、编制施工组织设计、配备施工力量、成本核算及物资供应等，都具有重要的意义。

3. 建筑基数的计算

利用统筹计算法中“三线一面”基数中的各层主墙内建筑面积减去各种厚度的内外墙净长线乘以墙厚度，就很简便而准确地求出了各层楼地面面积。

建筑基数的“线”和“面”指的是长度和面积，常用的基数为“三线一面”，“三线”是指建筑物的外墙中心线、外墙外边线和内墙净长线；“一面”是指建筑物的底层建筑面积。

(1) 外墙中心线是指围绕建筑物的外墙中心线长度之和，利用外墙中心线可以计算外墙基槽、外墙基础垫层、外墙基础、外墙体积、外墙圈梁、外墙基防潮层等。

(2) 内墙净长线是指建筑物内隔墙的长度之和，利用内墙净长线可以计算内墙基槽、内墙基础垫层、内墙基础、内墙体积、内墙圈梁、内墙基防潮层等。

(3) 外墙外边线是指围绕建筑物外墙外边的长度之和，利用外墙外边线可以计算人工平整场地、墙角排水坡、墙角明沟（暗沟）、外墙脚手架、挑檐等。

(4) 建筑底层面积可以计算人工平整场地、室内回填土、地面垫层、地面面积、顶棚面抹灰、屋面防水卷材等。

1.2.5 机械台班费用

1. 机械台班的费用构成

(1) 施工机械台班费用组成。

1) 折旧费。

2) 大修理费。

3) 经常修理费。

4) 安拆费及场外运费。

5) 机械管理费。

6) 养路费及车船使用税。

7) 人工费。

8) 燃料动力费。

(2) 单独计算的项目的有关说明。

1) 塔式起重机基础及轨道安装拆卸项目中以直线型为准。其中枕木和轨道的消耗量为摊销量。

2) 固定基础不包括打桩。

3) 下列轨道和固定式基础可以根据机械使用说明书的要求计算其轨道使用的摊销量和固定基础的费用组成：

①轨道与枕木之间增加其他型钢和板材的轨道；

②自升式塔式起重机行走轨道；

③不带配重的自升式塔式起重机固定基础；

④施工电梯的基础；

⑤混凝土搅拌站的基础。

4) 机械场外运输为25km以内的机械进出场费用，包括机械的回程费用。

5) 自升式塔式起重机安装拆卸和场外运输项目是按照塔高50m以内制定的，塔高为50m以上时，可按照塔高50m以内的消耗量乘以表1-3中的系数。

表1-3 系 数

项 目	安装拆卸系数	场外运输系数
塔高100m以内	1.48	1.40
塔高150m以内	2.04	1.80
塔高200m以内	2.68	2.20

6）未列项目的部分特大型机械的一次进出场、安装拆卸项目可按照实际发生的消耗量计算。

（3）其他情况说明。

1）每台班按照8小时工作制计算。

2）盾构掘进机机械台班费用组成中未包括场外运费、安拆费、人工、燃料动力的消耗。顶管设备台班费用组成中未包括人工的消耗。

2．机械台班定额及机械台班数量的计算

（1）机械台班定额编制。

1）拟定正常施工条件：主要是拟定工作地点的合理组织和合理的工人编制。

2）确定机械纯工作一小时的正常生产率。以循环作业机械为例：

①计算机械循环一次的正常延续时间：

$$\text{机械一次循环的正常延续时间} = \sum（\text{循环各组成部分正常延续时间}）-\text{交叠时间} \quad (1-23)$$

②计算机械纯工作一小时的循环次数：

$$\text{机械纯工作一小时循环次数} = 60 \times 60\ (\text{s}) / \text{一次循环的正常延续时间} \quad (1-24)$$

③计算机械纯工作一小时的正常生产率：

$$\text{机械纯工作一小时正常生产率} = \text{机械纯工作一小时循环次数} \times \text{一次循环生产的产品数量} \quad (1-25)$$

注：连续工作机械纯工作一小时正常生产率 = 工作时间内生产的产品数量/工作时间

3）确定机械的正常利用系数：

$$\text{施工机械的正常利用系数} = \text{班内纯工作时间}/\text{工作班的延续时间} \quad (1-26)$$

4）计算机械台班定额：

$$\text{施工机械台班产量定额} = \text{机械纯工作一小时正常生产率} \times \text{工作班延续时间} \times \text{机械正常利用系数} \quad (1-27)$$

$$\text{施工机械时间定额} = 1/\text{机械台班产量定额} \quad (1-28)$$

（2）机械台班单价确定。

1）机械台班单价概念：即在单位工作台班中为机械正常运转所分摊和支出的各项费用。

2）机械台班单价构成：

①第一类费用：折旧费、大修理费、经常修理费、安拆费及场外运费。

②第二类费用：人工费、燃料动力费、养路及车船使用税。

3）机械台班单价确定

①折旧费：

$$\text{台班折旧费} = \frac{[\text{机械预算价格} \times（1-\text{残值率}）+\text{货款利息}]}{\text{耐用总台班}} \quad (1-29)$$

$$\text{机械预算价格} = \text{原价} \times（1+\text{购置附加费率}）+\text{运杂费} \quad (1-30)$$

$$\text{货款利息系数} = 1 + (n+l) \times l \quad (1-31)$$

式中：n——折旧年限；

l——年贷款利率。

$$耐用总台班 = 折旧年限 \times 年工作台班 = 大修间隔台班 \times 大修同期 \quad (1-32)$$

②大修理费：

$$台班大修理费 = \frac{[一次大修理费 \times (大修周期 - 1)]}{耐用总台班} \quad (1-33)$$

③经常修理费：

$$经常修理费 = 台班大修理费 \times 经常修理费系数 \quad (1-34)$$

④安拆费及场外运输费。

⑤燃料动力费。

⑥机上人工费。

⑦养路费及车船使用税。

1.3 机械制图与识图基础

1.3.1 机械图的一般规定

1. 图纸幅面及格式

（1）图纸幅面指图纸宽度与长度组成的图面。图纸幅面及图框尺寸应符合表1－4的规定。

表1－4 基本幅面及图框尺寸（mm）

幅面代号	A0	A1	A2	A3	A4
$B \times L$	841×1189	594×841	420×594	297×420	210×297
e	20		10		
c	10			5	
a	25				

（2）图框。在图纸上用粗实线画出，基本幅面的图框尺寸见表1－4和图1－34。

（3）标题栏。绘图时必须在每张图纸的右下角画出标题栏，见图1－34，用来填写图名、图号以及设计人、制图人等的签名和日期。

2. 比例

图样的比例是指图形尺寸与实物相对应的线性尺寸之比，如1∶5即表示将实物尺寸缩小5倍进行绘制。常用比例见表1－5。

3. 图线

机件的图样是用各种不同粗细和型式的图线画成的，不同的线型有不同的用途。图样中常用图线的形式及应用见表1－6。

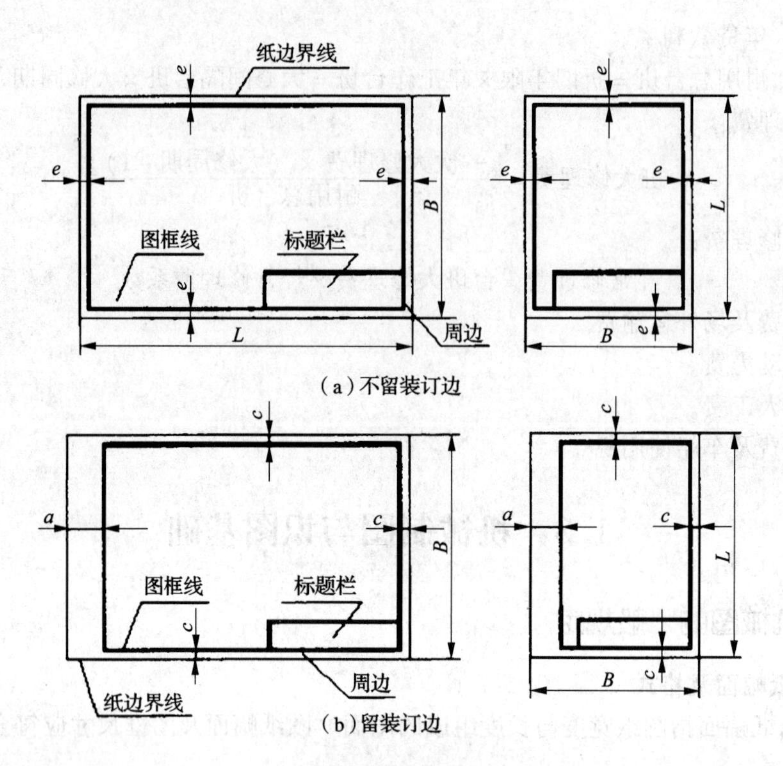

图 1－34 图纸的格式

表 1－5 图样常用比例

种　类	比　例		
原值比例（比值为 1 的比例）	1:1		
放大比例（比值 >1 的比例）	5:1 5×10^n:1	 2×10^n:1	2:1 1×10^n:1
缩小比例（比值 <1 的比例）	1:2 1:2×10^n	1:5 1:5×10^n	1:10 1:1×10^n

表 1－6 线型及应用

图线名称	图线型式	图线宽度	主要用处
粗实线	————	b	可见轮廓线
细实线	————	约 $b/2$	尺寸线，尺寸界线，剖面线，重合断面的轮廓线，过渡线
波浪线	～～～～	约 $b/2$	断裂处的边界线，视图与剖视的分界线

续表 1-6

图线名称	图线型式	图线宽度	主要用处
双折线	—⌇——⌇—	约 $b/2$	断裂处的边界线
细虚线	- - - - - - - - -	约 $b/2$	不可见轮廓线
粗虚线	- - - - - - - - -	b	允许表面处理的表示线，如热处理
细点画线	—·——·—	约 $b/2$	轴线，对称中心线，孔系分布的中心线
粗点画线	—·——·—	b	限定范围表示线
细双点线	—··——··—	约 $b/2$	粗邻辅助零件的轮廓线，极限位置的轮廓线

4. 尺寸标注

（1）尺寸标注的基本规定。

1）机件的真实大小应以图样上所注的尺寸数值为依据，与图形的大小及绘图的准确度无关。

2）图样中的尺寸凡以毫米为单位时，不需要标注其计量单位的代号或名称；若采取其他单位，则必须标注。

3）机件的每一尺寸，在图样上一般只标注一次，并应标注在反映该结构最清晰的图形上。

（2）尺寸的组成及标注规定。

一个完整的尺寸包括：尺寸界线、尺寸线、尺寸数字及表示尺寸终端的箭头或斜线，见图 1-35。

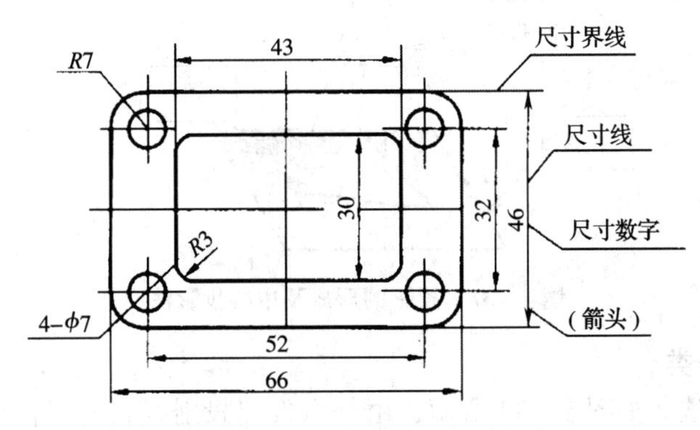

图 1-35　尺寸的组成及标注规定

1）尺寸界线：用细实线绘制；可由图形的轮廓线、轴线或对称中心线处引出，也可以直接利用这些线作为尺寸界线；尺寸界线一般应与尺寸线垂直。

2）尺寸线：必须用细实线绘制；不能画在其他图线的延长线上；线性尺寸的尺寸线应与所标注尺寸线段平行。

3）尺寸数字：线性尺寸的数字通常注写在尺寸线的上方或中断处；尺寸数字不允许被任何图线所通过，否则，需将图线断开或引出标注。

线性尺寸数字的注写方向为：水平方向的尺寸数字字头向上，垂直方向的尺寸数字字头向左，倾斜方向的尺寸数字字头偏向斜上方。

圆心角大于180°时，要标注圆的直径，且尺寸数字前加“ϕ”；圆心角小于或等于180°时，要标注圆的半径，且尺寸数字前加“ϕ”；标注球面直径或半径尺寸时，应在符号 ϕ 或 R 前再加符号“S”。见图 1－36。

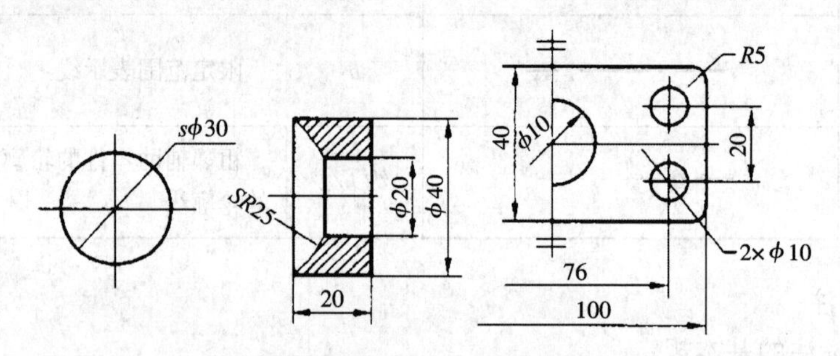

图 1－36 直径和半径的标注方法

1.3.2 投影与三视图

1. 投影的概念

物体在投影面上的射影形成一个由图线组成的图形，这个图形称为物体在平面上的投影。投影体系的组成，见图 1－37。

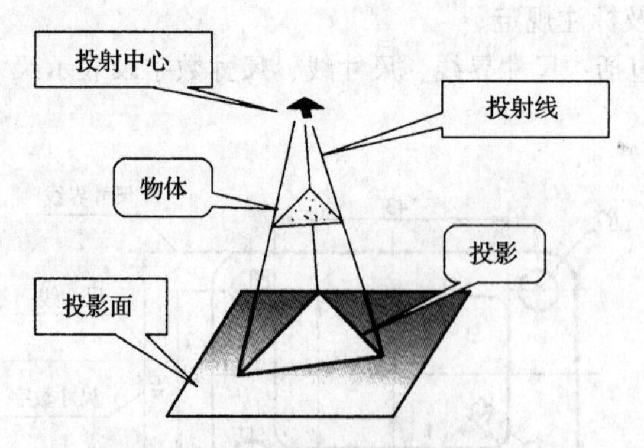

图 1－37 投影的形成及中心投影法

2. 投影法的分类

（1）中心投影法。如图 1－37 所示，由一点发出投射线投射形体所得到的投影，称为中心投影法。

（2）平行投影法。如图1－38、图1－39所示，用一组相互平行的投射线投射形体所得到的投影，称为平行投影法。

平行投影法可分为两种：

1）正投影法：投射线垂直于投影面，见图1－38。

2）斜投影法：投射线倾斜于投影面，见图1－39。

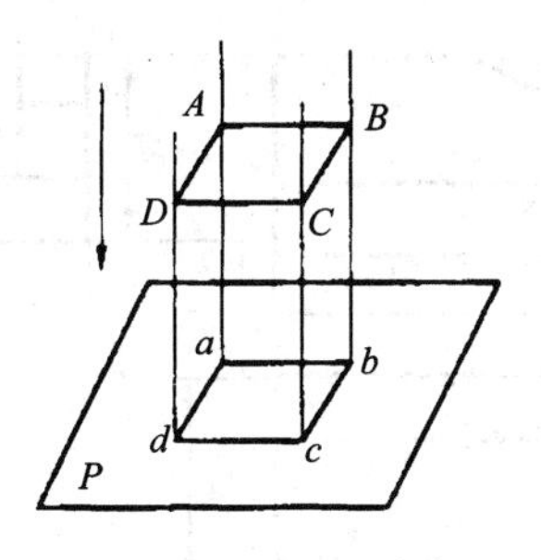

图1－38 正投影法

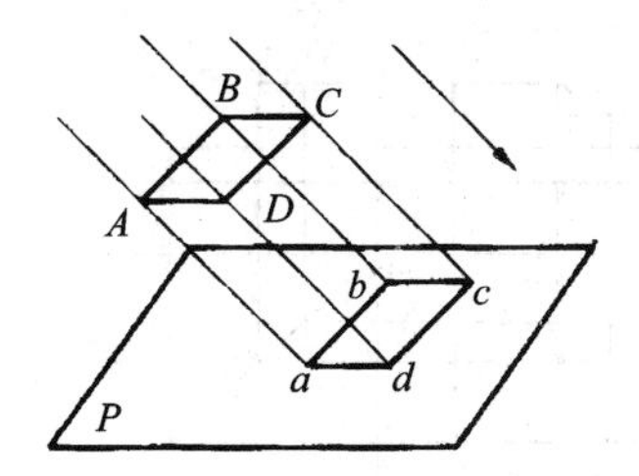

图1－39 斜投影法

用正投影法确定空间几何形体在平面上的投影，能正确反映其几何形状和大小，作图也简便，所以正投影法在工程制图中得到广泛应用。

3. 直线和平面的正投影特性

（1）积聚性。垂直于投影面的直线，其投影积聚为一点；垂直于投影面的平面，其投影积聚为一条直线。

（2）显实性。平行于投影面的直线，其投影反映实长；平行于投影面的平面，其投影反映实形。

（3）类似性。倾斜于投影面的直线，其投影比实长短；倾斜于投影面的平面，其投影仍为平面，但投影比实形小。

4. 三视图

（1）三投影面体系的建立。如图1－40，三投影面体系由三个相互垂直的投影面组成，分别是正面V，水平面H，侧平面W。

两投影面的交线为投影轴，分别是：X代表长度方向，Y代表宽度方向，Z代表高度方向。

（2）三面投影的形成。如图1－40，把物体正放在三投影面体系中，按正投影法向各投影面投影，即可得到物体的正面投影、水平面投影、侧面投影。水平投影为俯视图；正面投影为主视图；侧面投影为左视图。

俯视图相当于观看者面对H面，从上向下观看物体时所得到的视图；主视图是面对V面，从前向后观看时所得到的视图；左视图是面对W面，从左向右观看时所得到的视图。

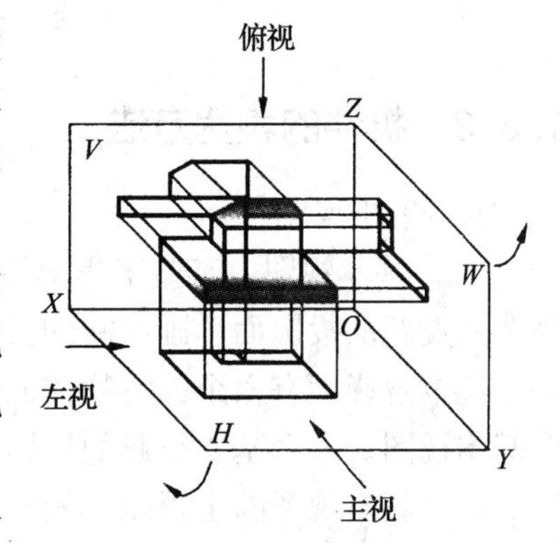

图1－40 三面投影的形成

（3）三面投影的展开。为了看图方便，要将三个相互垂直的投影面展开在同一个平面上，展开方法如图

1-40，规定 V 面保持不动，H 面向下向后绕 OX 轴旋转 90°，W 面向右向后绕 OZ 轴旋转 90°，展开后的三面投影图如图 1-41 所示。

（4）三视图之间的对应关系。

1）视图间的“三等”关系，主视图反映物体的长度（X）、高度（Z）；俯视图反映物体的长（X）、宽（Y）；左视图反映物体的高（Z）、宽（Y），见图 1-42。

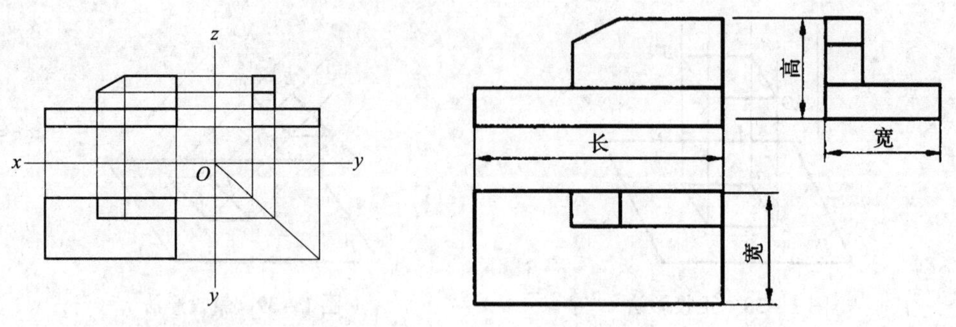

图 1-41　展开后的三面投影图　　　　图 1-42　三视图之间的对应关系

由此得出三视图之间存在“三等”关系：主视图与俯视图长对正（等长）；主视图与左视图高平齐（等高）；俯视图与左视图宽相等（等宽）。

2）视图与物体的方位关系，见图 1-43，主视图反映物体的上下、左右的相互关系；俯视图反映了物体的左右、前后的相互关系；左视图反映了物体的上下、前后的相互关系。

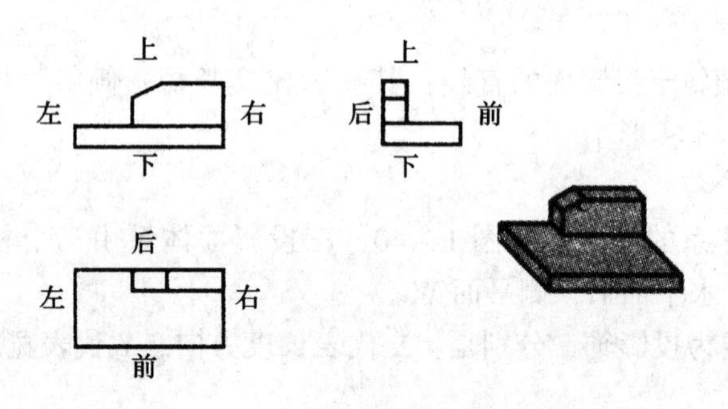

图 1-43　视图与物体的方位关系

1.3.3　机件的表达方法

1. 视图

（1）基本视图。某些工程形体，当画出三视图后还不能完整和清晰地表达其形状时，则要增设新的投影面，画出新的投影面的视图来表达。

基本投影面有六个，将物体放在投影体系当中，分别向六个基本投影面投射，得到六个基本视图。六个基本投影面连同相应的六个基本视图一起展开，方法见图 1-44。

六个基本视图除主视图、俯视图、左视图外，还有右视图、仰视图、后视图，其排列位置见图 1-45。

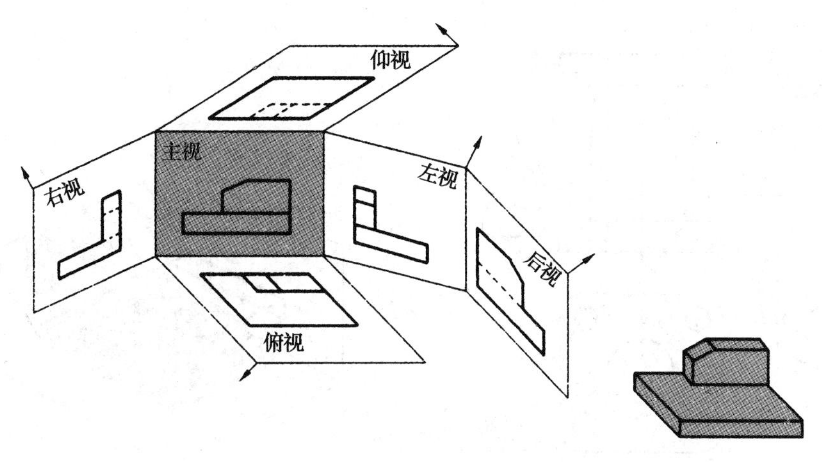

图 1－44 六个基本视图的展开方法

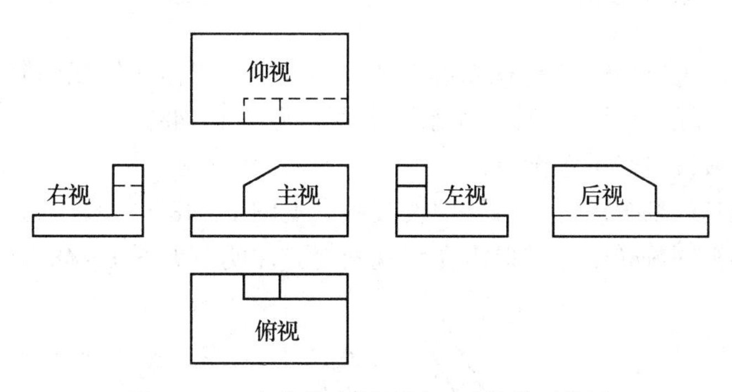

图 1－45 六个基本视图展开后的排列位置

右视图为从右向左投影所得的视图。

仰视图为从下向上投影所得的视图。

后视图为从后向前投影所得的视图。

六个基本视图之间仍符合“长对正、高平齐、宽相等”的投影规律。

若六个基本视图不能按图 1－45 的标准位置配置时，应在视图的上方标注视图的名称“×向”，在相应视图的附近用箭头指明投射方向，并标注与视图名称相同的字母，如图 1－46 所示的 C 视图。

（2）局部视图。

1）将机件的某一部分向基本投影面投影所得的视图称为局部视图，如图 1－46 所示的 A 视图、B 视图。

2）在局部视图的上方应标注出视图的名称“×向”，在相应的视图附近，用箭头指明投影方向，并注上与视图名称相同的字母，见图 1－46。

3）局部视图的断裂边界用波浪线表示，如图 1－46 所示的 A 视图、B 视图。

（3）斜视图。

1）将机件的倾斜部分向不平行于基本投影面的平面投射所得到的视图，称为斜视图，见图 1－47。

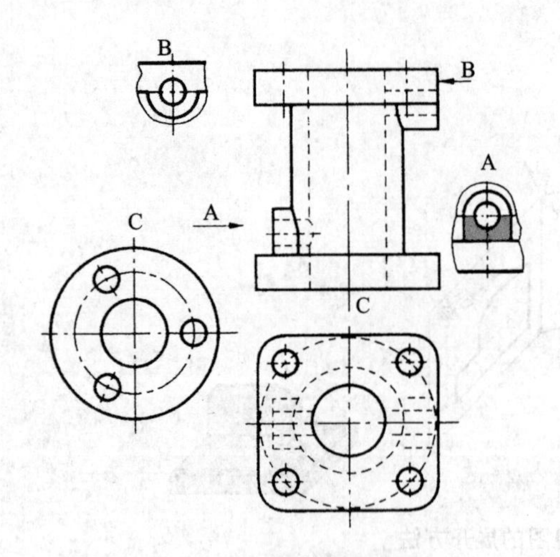

图 1-46　不按标准位置配置示例

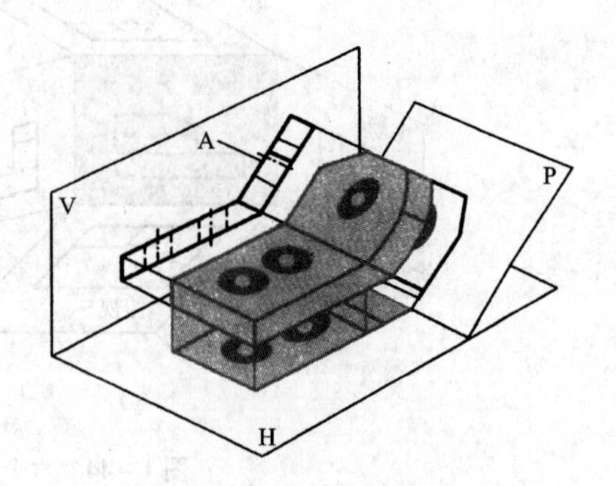

图 1-47　斜视图的形成

2）在斜视图的上方应标注出视图的名称“×向”，在相应的视图附近，用箭头指明投影方向，注上同样的字母，字母一律水平书写，见图 1-48。

3）斜视图一般按投影关系配置。

4）与视图的其他部分断开，边界用波浪线，见图 1-48。

5）允许将斜视图旋转配置，但需在斜视图上方注明，见图 1-48。

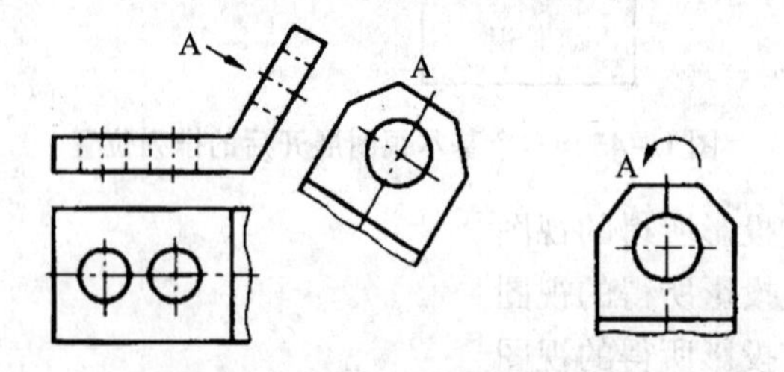

图 1-48　斜视图的配置及标注

2．剖面图

物体的内部结构（如孔、槽等）在视图上用虚线表示，当内部结构复杂时，视图中就会出现较多的虚线，给看图带来不便。国家制图标准中可用剖面图解决上述问题。

（1）剖面图的形成。假想用剖切平面将物体剖开，将处在观察者与剖切平面之间的部分移去，而将其余部分向投影面投影所得的图形，称为剖视图，见图 1-49（a）。

剖切面一般应通过物体上孔的轴线、槽的对称面等位置。

（2）剖面图画法及标注。

1）剖切面与实体接触部分的轮廓线用粗实线画出，且应画出材料图例；未剖到，但沿投影方向可见的部分用中实线绘制，见图 1-49（b）。

2）剖面图的标注，见图 1-49（b）。

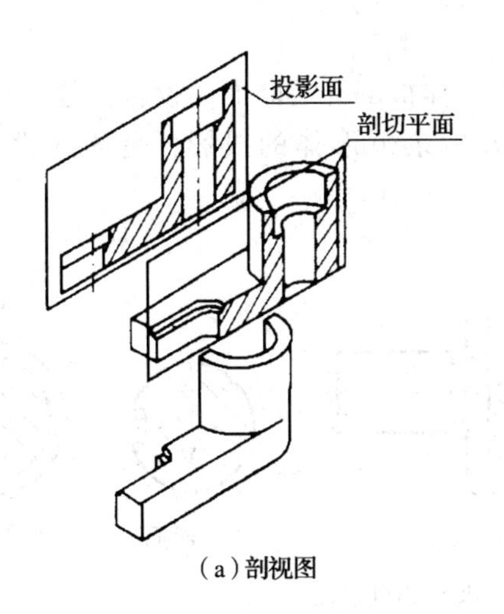

(a)剖视图

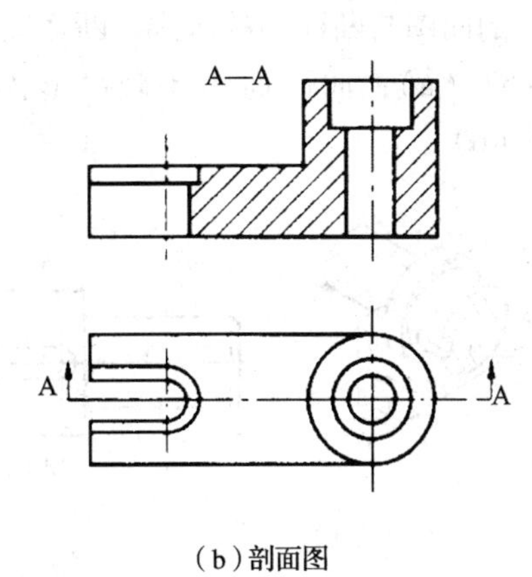

(b)剖面图

图 1－49 剖面图的形成及画法

(3) 剖面图的分类。

1) 全剖视图：用剖切面将整个物体完全剖开所得的剖视图，见图 1－49（b)。全剖视图适用于外形比较简单的物体。

2) 半剖面图：当物体左右对称或前后对称，而外形又比较复杂时，可以画出由半个外形正投影图和半个剖面图拼成的图形，以同时表示物体的外形和内部构造。这种剖面图称为半剖视图，见图 1－50。

3) 局部剖视图：用剖切平面局部地剖开物体所得的平面称为剖视图。局部剖视图用波浪线作为剖与不剖的分界线，见图 1－51。

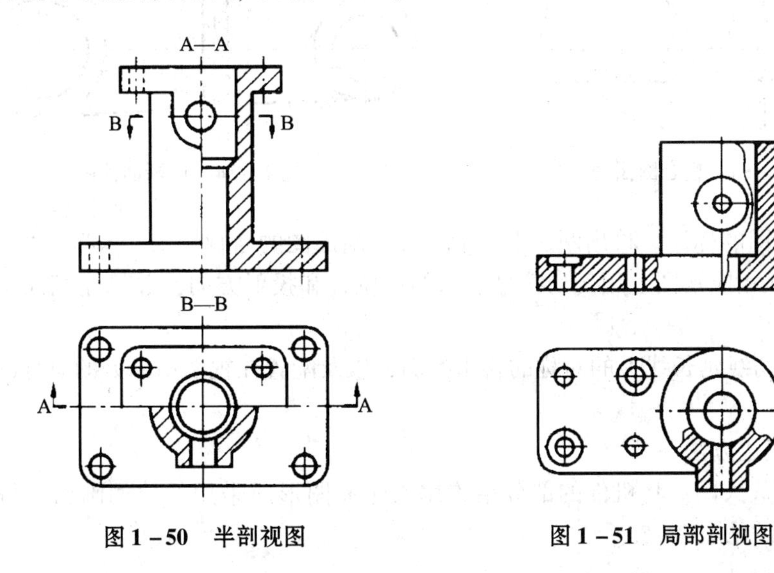

图 1－50 半剖视图　　图 1－51 局部剖视图

3. 断面图

(1) 断面图的形成。假想用剖切平面将形体的某处切断，画出该剖切平面与形体接触部分的图形，这个图形称为断面图，见图 1－52（a)。断面图用来表达物体的断面形状。

（2）剖面图与断面图的区别。断面图只画出形体被剖开后断面的投影，是面的投影，见图 1 - 52（a）；而剖面图要画出形体被剖开后余下形体的投影，是体的投影，见图 1 - 52（b）。

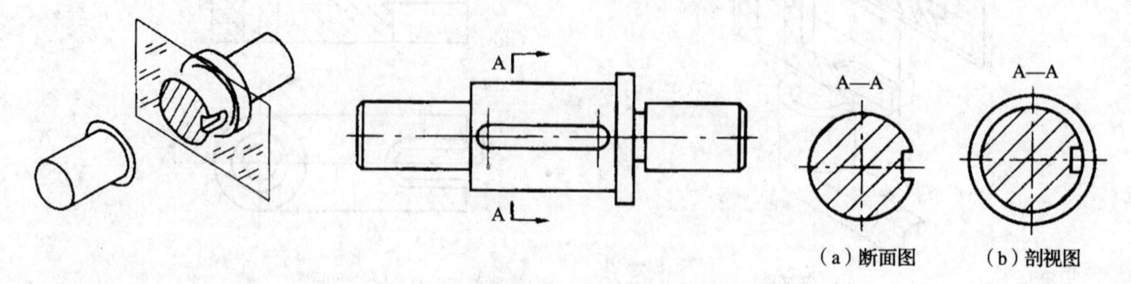

图 1 - 52 断面图的形成及移出断面图

（3）断面图的种类。

1）移出断面图：画在视图外的断面图，见图 1 - 52（a）。

2）重合断面图：画在视图内的断面图，见图 1 - 53。

3）中断断面图：直接画在杆件断开处的断面图，见图 1 - 54。

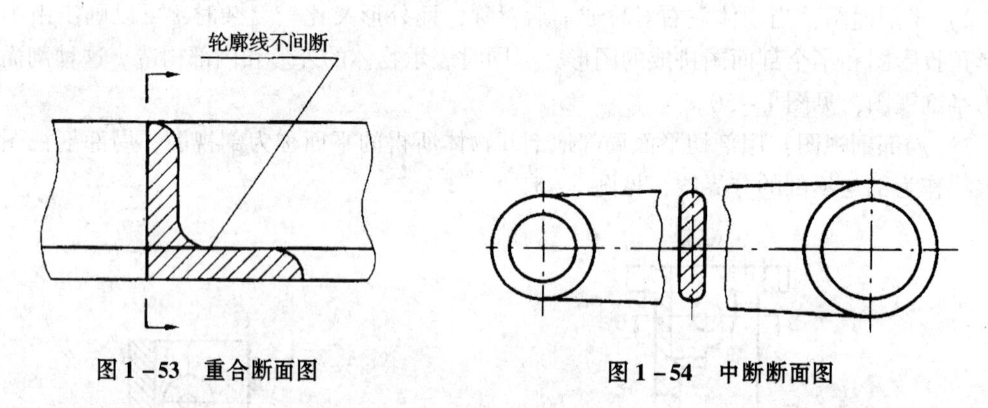

图 1 - 53 重合断面图　　**图 1 - 54 中断断面图**

（4）断面图的标注。移出断面图一般应标注断面图的名称“×—×”（“×”为大写拉丁字母），在相应视图上用剖切符号表示剖切位置和投射方向，并标注相同字母。见图 1 - 52（a）。

配置在剖切线延长线上的对称的移出断面，以及配置在视图中断处的对称的移出断面均不必标注。

4. 其他表达方法

（1）局部放大图。将机件的部分结构用大于原图形所采用的比例画出所得图形，称为局部放大图，见图 1 - 55。

（2）简化画法。

1）对称图形的简化画法：对称的图形可以只画一半，但要加上对称符号，对称符号用一对平行的短细实线表示，其长度为 6 ~ 10mm，见图 1 - 56（b）。若视图有两条对称线，可只画图形的 1/4，并画出对称符号，见图 1 - 56（c）。

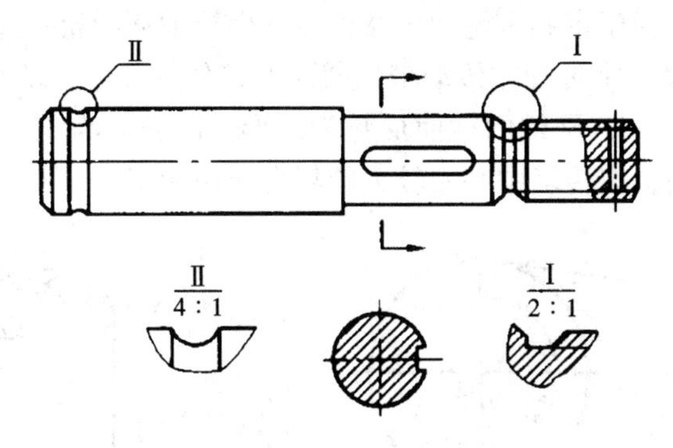

图1－55　局部放大图

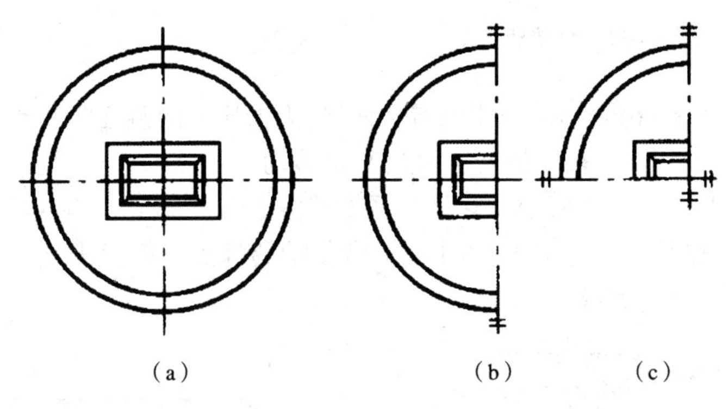

图1－56　对称图形的简化画法

2）相同要素的简化画法：如果图上有多个完全相同而连续排列的构造要素，可以仅在排列的两端或适当位置画出其中一两个要素的完整形状，然后画出其余要素的中心线或中心线交点，以确定它们的位置，见图1－57。

3）折断简化画法：轴、杆类较长的机件，当沿长度方向形状相同或按一定规律变化时，允许断开画出，见图1－58。

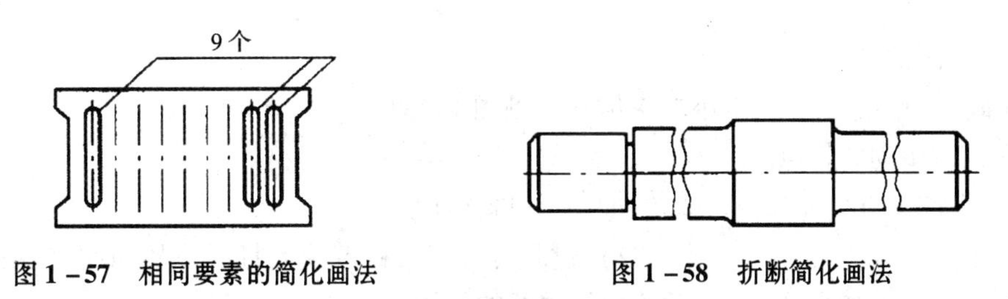

图1－57　相同要素的简化画法　　图1－58　折断简化画法

1.4　机械传动与机械零部件

1.4.1　常用机械传动

1. 带传动

（1）带传动的原理。如图1－59所示，带传动是由主动轮1、从动轮2及传动带3组成，当主动轮转动时，由于带和带轮间的摩擦力，便拖动从动轮一起转动，并传递动力。

(2) 带传动的类型。带传动按传动带的截面形状分，可分为以下几类。

1) 平带：见图1-60，平带的截面形状为矩形，内表面为工作面。平带传动，结构简单，带轮也容易制造，在传动中心距较大的场合应用较多。

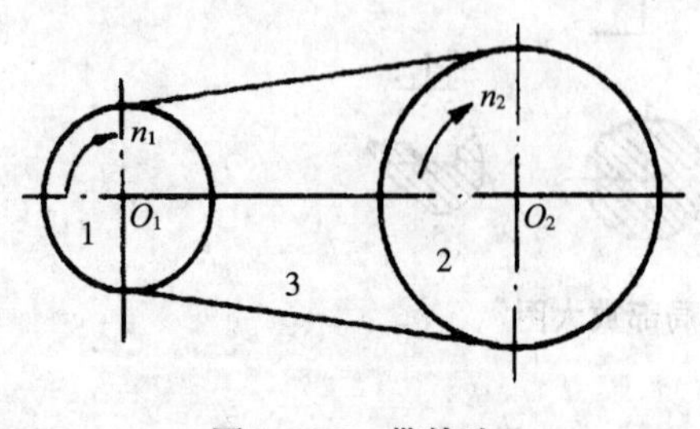

图1-59 带传动

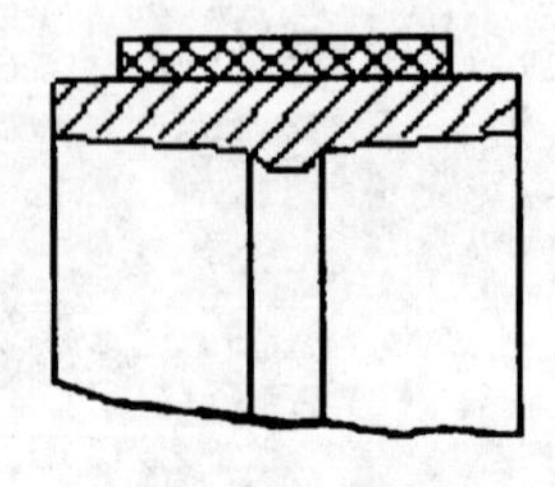

图1-60 平带

2) V带：如图1-61所示，V带的截面形状为梯形，两侧面为工作表面。在同样的张紧力下，V带传递的功率较平带大，因此V带传动应用最广。

3) 多楔带：如图1-62所示，它是在平带基体上由多根V带组成的传动带。可传递很大的功率。多楔带传动兼有平带传动和V带传动的优点，摩擦力大，主要用于传递大功率而结构要求紧凑的场合。

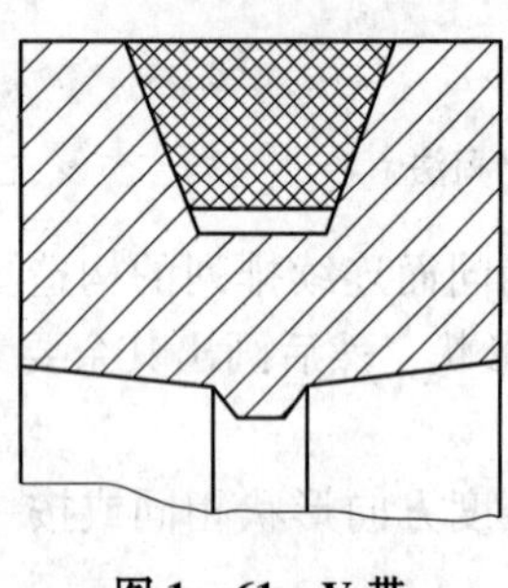

图1-61 V带

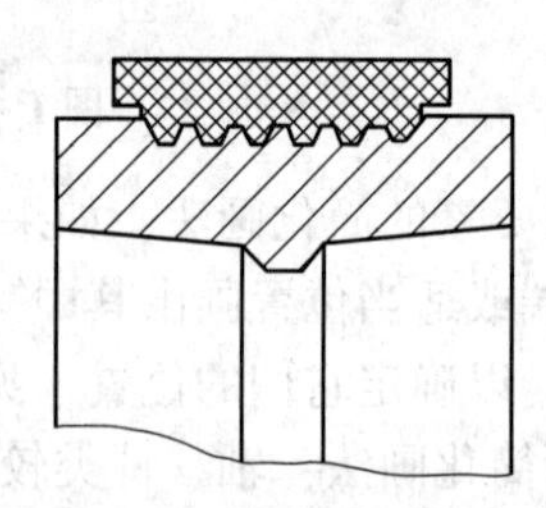

图1-62 多楔带

4) 圆形带

横截面为圆形，只用于小功率传动。见图1-63。

(3) 带传动的特点。

1) 弹性带可缓冲吸振，故传动平稳，噪声小。

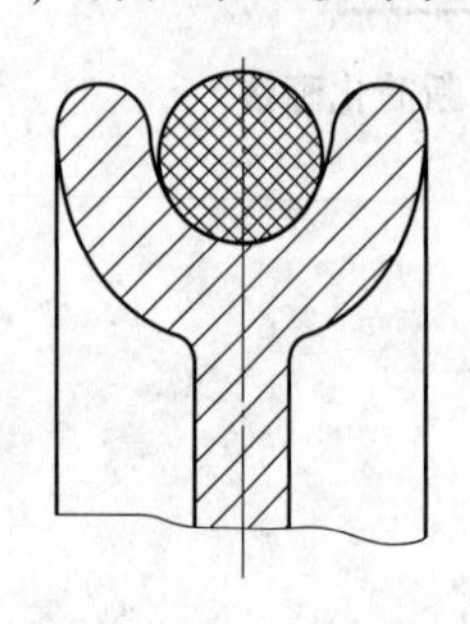

图1-63 圆形带

2) 过载时，带会在带轮上打滑，从而起到保护其他传动件免受损坏的作用。

3) 带传动的中心距较大，结构简单，制造、安装和维护较方便，且成本低廉。

4) 由于带与带轮之间存在弹性滑动，导致速度损失，传动比不稳定，且传动效率较低。

5) 带为非金属元件，故不宜用在酸、碱等恶劣工作环境下。

2. 链传动

(1) 链传动的原理。链传动是以链条为中间传动件的啮合传动。如图 1-64 所示，链传动由主动链轮 1、从动链轮 2 和绕在链轮上、并与链轮啮合的链条 3 组成。

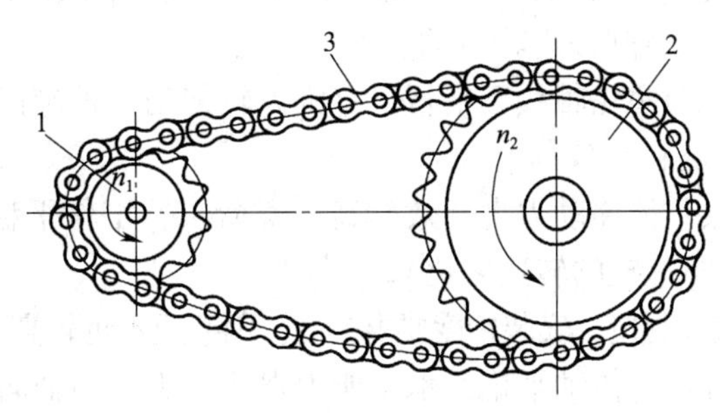

图 1-64 链传动

1—主动链轮；2—从动链轮；3—链条

(2) 链传动的类型。按照用途不同，链可分为起重链、牵引链和传动链三大类。起重链主要用于起重机械中提起重物，其工作速度 $v \leqslant 0.25\text{m/s}$；牵引链主要用于链式输送机中移动重物，其工作速度 $v \leqslant 4\text{m/s}$；传动链用于一般机械中传递运动和动力，通常工作速度 $v \leqslant 15\text{m/s}$。

传动链有齿形链和滚子链两种。齿形链是利用特定齿形的链片和链轮相啮合来实现传动的，如图 1-65 所示。齿形链传动平稳，噪声很小，故又称无声链传动。齿形链允许的工作速度可达 40m/s，但制造成本高，质量大，故多用于高速或运动精度要求较高的场合。

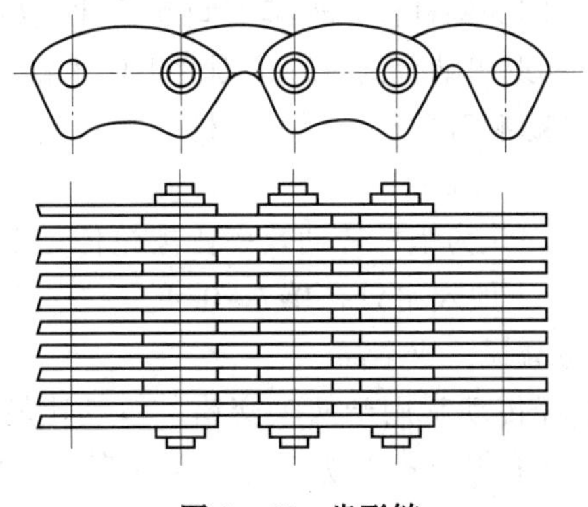

图 1-65 齿形链

(3) 链传动的特点。

1) 和带传动相比，链传动能保持平均传动比不变，传动效率高，张紧力小，因此作用在轴上的压力较小，能在低速重载和高温条件下及尘土飞扬的不良环境中工作。

2) 和齿轮传动相比，链传动可用于中心距较大的场合且制造精度较低。

3) 只能传递平行轴之间的同向运动，不能保持恒定的瞬时传动比，运动平稳性差，工作时有噪声。

通常链传动传递的功率 $P \leqslant 100\text{kW}$，中心距 $a \leqslant 5 \sim 6\text{m}$，传动比 $i \leqslant 8$，线速度 $v \leqslant 15\text{m/s}$，广泛应用于农业机械、建筑工程机械、轻纺机械、石油机械等各种机械传动中。

3. 齿轮传动

（1）齿轮传动的原理。齿轮传动是利用两齿轮相互啮合传递动力和运动的机械传动。

（2）齿轮传动的类型。按两轴位置分：

1）平面齿轮传动（圆柱齿轮传动）：圆柱齿轮传动按齿的形状有直齿圆柱齿轮传动（有外啮合、内啮合）、斜齿圆柱齿轮传动、人字齿轮传动。

2）空间齿轮传动：即两轮轴线不平行，有锥齿轮传动、螺旋齿轮传动等。

（3）齿轮传动的特点。

1）齿轮传动的优点：传递动力大、效率高；寿命长，工作平稳，可靠性高；能保证恒定的传动比（传动比即两轮的转速之比）。

2）齿轮传动的缺点：制造、安装精度要求较高，因而成本也较高；不宜做远距离传动。

3）斜齿轮的传动特点：传动平稳，承载能力强，产生附加轴向分力。

4. 蜗杆传动

蜗杆传动是在空间交错的两轴间传递运动和动力的一种传动，两轴线间的夹角可为任意值，常用的为90°。蜗杆传动用于在交错轴间传递运动和动力。

（1）蜗杆传动特点。

1）传动比大，结构紧凑。蜗杆头数用 Z_1 表示（一般 $Z_1=1\sim4$），涡轮齿数用22表示。从传动比公式 $I=Z_2/Z_1$ 可以看出，当 $Z_1=1$，即蜗杆为单头，蜗杆须转 Z_2 转涡轮才转一转，因而可得到很大传动比，一般在动力传动中，取传动比 $I=10\sim80$；在分度机构中，I 可达1000。这样大的传动比如用齿轮传动，则需要采取多级传动才行，所以蜗杆传动结构紧凑，体积小、质量轻。

2）传动平稳，无噪声。因为蜗杆齿是连续不间断的螺旋齿，它与涡轮齿啮合时是连续不断的，蜗杆齿没有进入和退出啮合的过程，因此工作平稳，冲击、震动、噪声小。

3）具有自锁性。蜗杆的螺旋升角很小时，蜗杆只能带动涡轮传动，而涡轮不能带动蜗杆转动。

4）蜗杆传动效率低，一般认为蜗杆传动效率比齿轮传动低。尤其是具有自锁性的蜗杆传动，其效率在0.5以下，一般效率只有0.7～0.9。

5）发热量大，齿面容易磨损，成本高。

（2）蜗杆传动应用。蜗杆传动常用于两轴交错、传动比较大、传递功率不太大或间歇工作的场合。蜗杆传动当要求传递较大功率时，为提高传动效率，常取 $Z_1=2\sim4$。此外，由于当 γ_1 较小时传动具有自锁性，故常用在卷扬机等起重机械中，起安全保护作用。它还广泛应用在机床、汽车、仪器、冶金机械及其他机器或设备中，其原因是因为使用轮轴运动可以减少力的消耗，从而大力推广。

1.4.2 连接

1. 可拆连接

（1）螺纹连接。

1）螺纹连接的主要类型及特点：

①普通螺栓连接：见图1-66（a），这种连接的特点是螺栓杆与孔之间有间隙，杆与

孔的加工精度要求低，装拆方便。主要用于被连接件不太厚的场合。

②铰制孔螺栓连接：见图1－66（b），铰制孔螺栓连接的孔与杆间无间隙，依靠螺栓光杆部分承受剪切和挤压来传递横向载荷的，这种连接对螺栓的加工精度要求高，成本高。适用于连接件需承受较大横向载荷的场合。

③双头螺柱连接：见图1－66（c），将两头都有螺纹的螺柱一端旋紧在被连接件的螺纹孔内，另一端穿过另一被连接件的孔，放上垫圈，拧上螺母，从而将两连接件联成一体。拆卸时，只需拧下螺母，取走上面的连接件，这种连接用于被连接件之一较厚或因结构需要采用盲孔的连接。

④螺钉连接：见图1－66（d），这种连接将螺钉直接拧入被连接件的螺纹孔中，不用螺母。常用于被连接件之一较厚，且不经常装拆的场合。

⑤紧定螺钉连接：它是利用紧定螺钉旋入被连接件之一的螺纹孔中，并以其末端顶紧另一零件，以固定两零件的相互位置。这种连接可传递不大的力和转矩，多用于轴与轴上的连接。

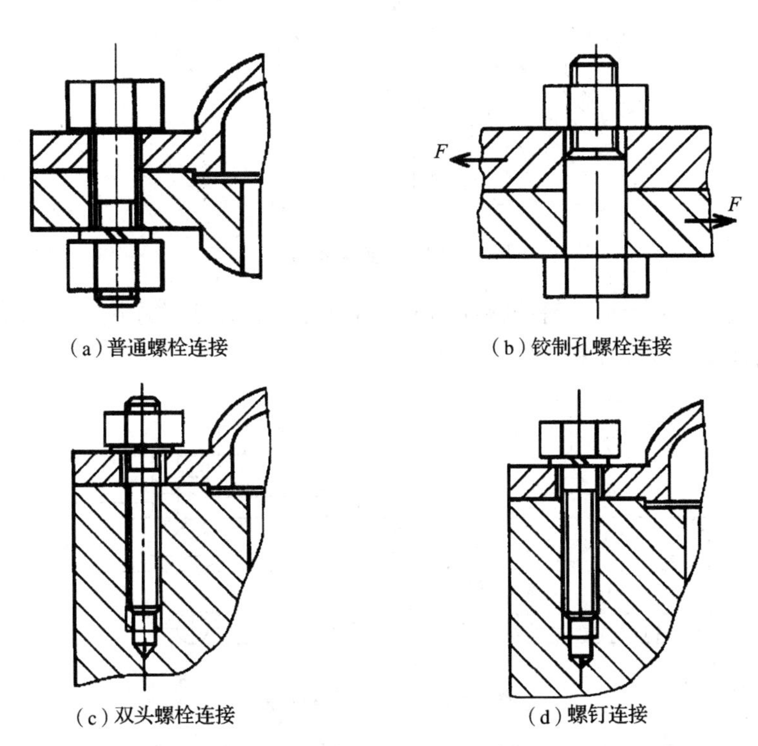

图1－66　螺纹连接的类型

2）螺纹连接零件的标注方法：

螺栓 M10×60：表示公称直径为10mm、公称长度为60mm的六角头螺栓。

螺母 M10：表示公称直径为10mm的六角螺母。

3）螺纹连接的防松：螺纹连接有自锁性，但当有冲击、振动、变载作用时，连接会松动，所以要防松。防松的方法有：

①摩擦防松：双螺母对顶防松、弹簧垫圈防松、自锁螺母防松。

②机械防松：止动垫圈防松、串联钢丝防松、开口销与开槽螺母防松。

③永久防松：焊接、胶接等。

（2）键连接。键连接主要用于轴与轴上传动零件（如联轴器、齿轮等）的周向固定，并传递运动和转矩。键连接分平键、楔键、半圆键和花键连接等，以平键连接最为常用。

1）平键连接分为普通平键连接和导向平键连接。

①普通平键连接：见图1－67，工作时靠键与键槽侧面的挤压来传递转矩，因此键的两侧面为工作面。这种连接的对中性好，装拆方便，应用广泛，如减速器中的齿轮、联轴器与轴的连接均采用平键。

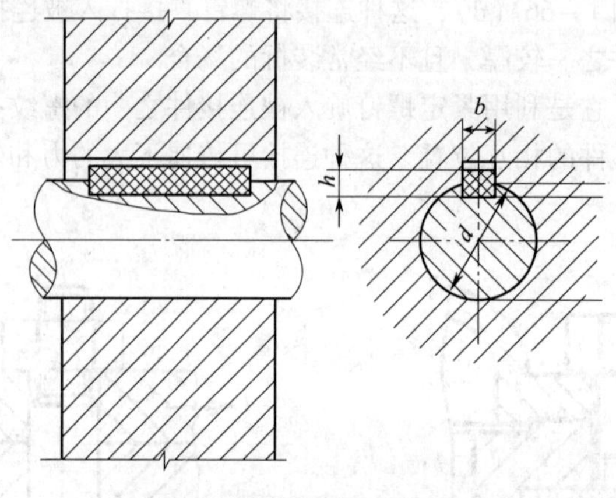

图1－67 普通平键连接

②导向平键连接：导向平键连接如图1－68所示，适用于动连接，即传动零件需沿轴做轴向移动的连接，如变速箱中的滑移齿轮。

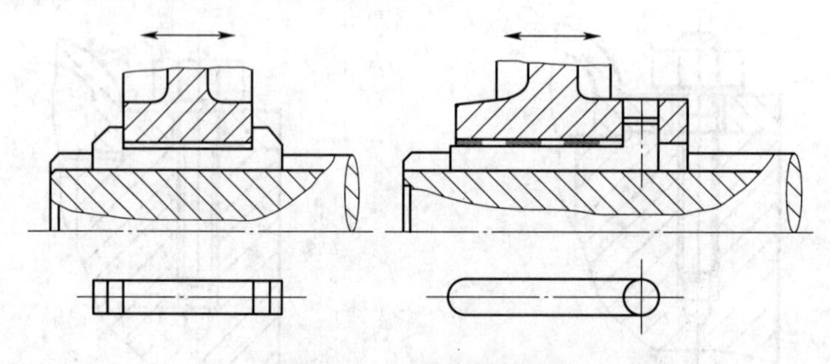

图1－68 导向平键连接

2）楔键连接：图1－69为楔键连接，工作时依靠键的上、下底面与键槽挤紧产生的摩擦力来传递转矩。这种连接用于某些农业机械和建筑机械中。

3）花键连接：键两侧是工作面，靠键齿侧面间的挤压传递转矩。其对中性、导向性好，承载力大，但成本高。用于载荷大且对中性要求高的机械中。

4）半圆键连接：图1－70为半圆键连接，工作时靠键与键槽侧面的挤压来传递转矩，因此键的两侧面为工作面。键在轴上键槽中能绕其圆心转动，用于锥形轴端。

（3）销连接。销连接在机械中起定位作用，并可传递不大的载荷。销的种类见图1－71。

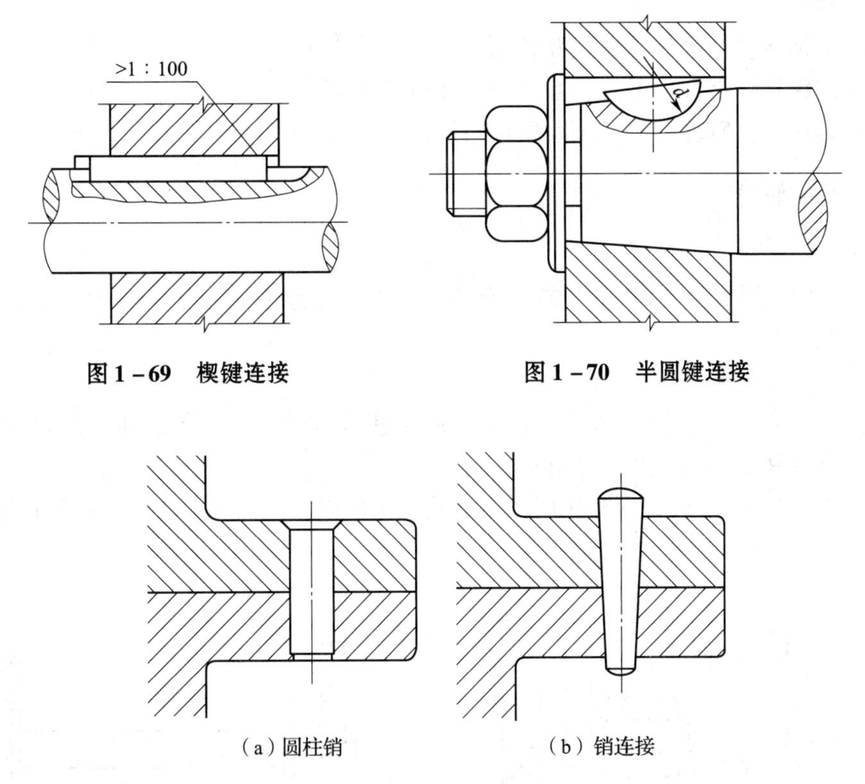

图 1－69 楔键连接

图 1－70 半圆键连接

（a）圆柱销

（b）销连接

图 1－71 销连接

2．不可拆连接

（1）焊接。焊接具有结构简单、节省材料、接头强度高、气密性好、生产效率高、成本低等优点，但焊后容易产生焊接应力和变形。

焊接广泛应用于机械制造、建筑结构、桥梁、管道、石油化工、航空航天等各个领域。如建筑结构及桥梁中钢筋的连接、船体制造、汽车车身制造、锅炉和压力容器制造、机械中的箱体及机架等均采用焊接。

（2）胶接。胶接是用胶黏剂直接把被连接件连接在一起且具有一定强度的连接。利用胶黏剂凝固后出现的黏附力来传递载荷。

胶接的特点是重量轻、材料的利用率高、成本低；有良好的密封性、绝缘性和防腐性等，但抗剥离、抗弯曲、抗冲击及抗振动性能差；耐老化性能差；且胶黏剂对温度变化敏感，影响胶接强度等。

胶接广泛应用于木质结构、塑料制品等。随着新型胶黏剂的发展，胶接在金属构件的连接中也日渐增多。在机械制造中常用的胶黏剂是：环氧树脂胶黏剂、酚醛乙烯胶黏剂、聚氨酯等。

（3）铆钉连接。见图 1－72，铆接是将铆钉穿过被连接件的预制孔中经铆合而成的连接方式。铆接的连接强度高（如武汉长江大桥的箱形格构大梁），密封性能好；但拆卸不方便、制孔精度高。

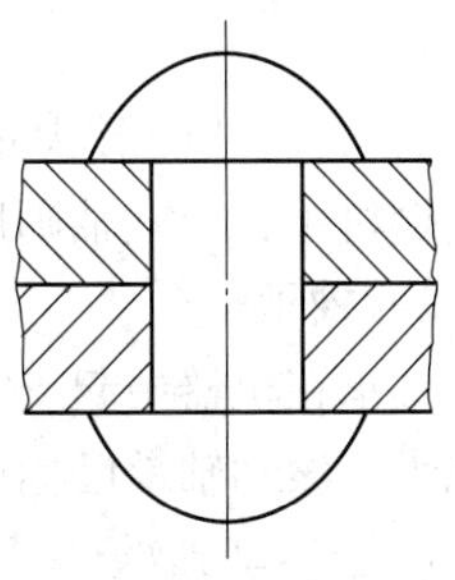

图 1－72 铆接

铆接分类：

1）活动铆接：结合件可以相互转动，如剪刀、钳子。

2）固定铆接：结合件不能相互活动，如桥梁建筑。

3）密缝铆接：铆缝严密，不漏气体与液体。

1.4.3 轴及轴承

1. 轴

轴是用来支承转动零件，如齿轮、带轮等，并传递运动和动力。

（1）轴的分类。

1）按受力特点分：

①转轴：在工作时既受弯矩作用，又受扭矩作用，如带轮轴、齿轮轴等，见图1－73，机械中的多数轴均属于转轴。

②心轴：在工作时只受弯矩作用，不承受扭矩作用，如图1－74火车的车轮轴等。

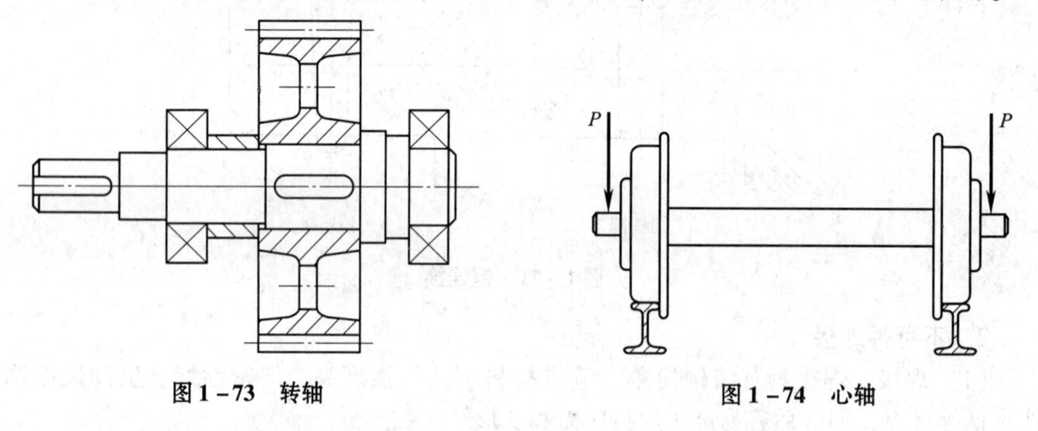

图1－73 转轴　　图1－74 心轴

③传动轴：只承受扭矩作用而不承受弯矩作用，如图1－75汽车的传动轴。

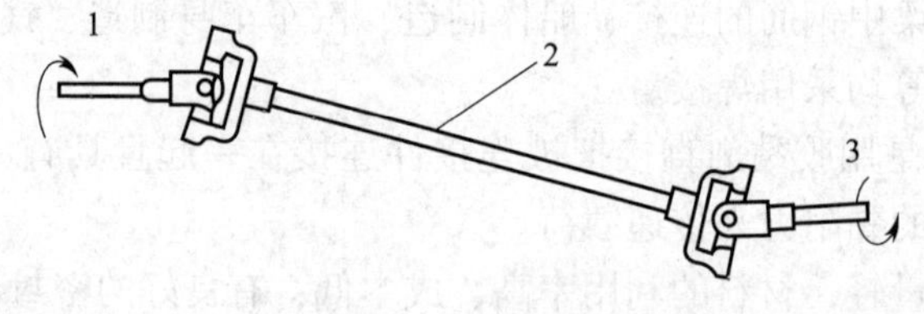

图1－75 传动轴

1—发动机；2—传动轴；3—后桥

2）按轴线的形状分：可分为直轴（图1－73）、曲轴和软轴（图1－76）。曲轴常用于内燃机中，而软轴则用于振捣器等机器中。

2. 轴承

轴承在机器中起支承轴的作用，根据其工作表面摩擦性质的不同，分为滚动轴承和滑动轴承，滚动轴承已标准化。

（1）滚动轴承。

1）滚动轴承的构造：如图1－77所示，滚动轴承由外圈、内圈、滚动体、保持架组成。使用时，外圈装在轴承座孔内，内圈装在轴颈上，通常内圈随轴转动，而外圈静止，保持架的作用是把滚动体均匀分开。滚动体是滚动轴承的主体，它的大小、数量和形状与轴承的承载能力密切相关。图 1－78 列出了各种滚动体的形状。

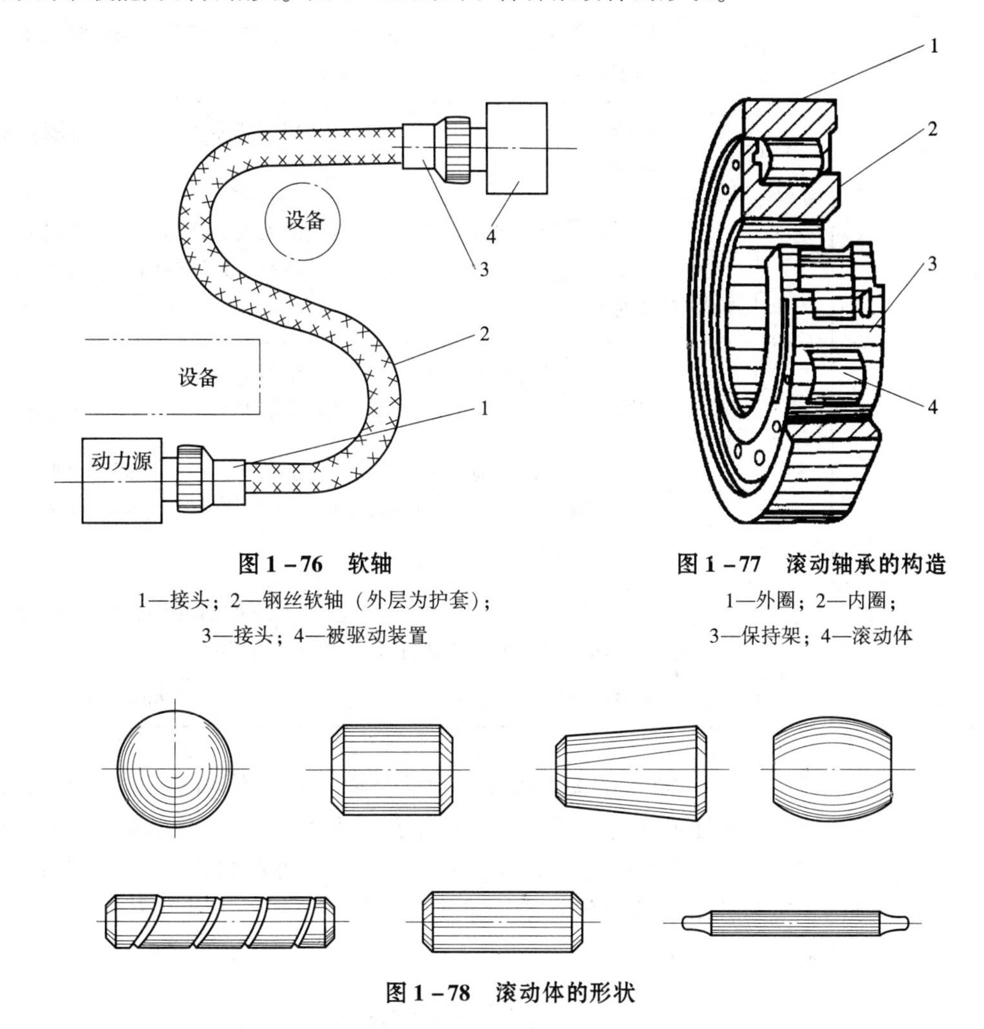

图 1－76 软轴

1—接头；2—钢丝软轴（外层为护套）；
3—接头；4—被驱动装置

图 1－77 滚动轴承的构造

1—外圈；2—内圈；
3—保持架；4—滚动体

图 1－78 滚动体的形状

2）滚动轴承的主要类型和特点：

①按承受载荷的方向分：

a. 向心轴承，主要承受径向载荷。

b. 推力轴承，只能承受轴向载荷。

c. 向心推力轴承，能同时承受径向和轴向载荷。

②按滚动体的形状分：

a. 球轴承：其滚动体为球形，球轴承的承载力小，但极限转速高。

b. 滚子轴承：其滚动体的形状有圆柱形、圆锥形、鼓形等。滚子轴承的承载力大，但极限转速较低。

常用滚动轴承的类型、代号、特点及适用范围见表 1－7。

表1-7 常用滚动轴承的类型、特点及适用范围

轴承类型	类型代号	性能特点
调心球轴承	1	调心性能好，允许内、外圈轴线相对偏斜。可承受径向载荷及不大的轴向载荷，不宜承受纯轴向载荷
调心滚子轴承	2	性能与调心球轴承相似，但具有较高承载能力。允许内外圈轴相对偏斜
圆锥滚子轴承	3	能同时承受径向和轴向载荷，承载能力大。这类轴承内外圈可分离，安装方便。在径向载荷作用下，将产生附加轴向力，因此一般都成对使用
推力球轴承	5	只能承受轴向载荷。安装时轴线必须与轴承座底面垂直。在工作时应保持一定的轴向载荷。双向推力球轴承能承受双向轴向载荷
深沟球轴承	6	主要承受径向载荷，也可承受一定的轴向载荷，摩擦阻力小。在转速较高而不宜采用推力球轴承时，可用来承受纯轴向载荷。价廉，应用广泛
角接触球轴承	7	能同时承受径向和轴向载荷，并可以承受纯轴向载荷。在承受径向载荷时，将产生附加轴向力，一般成对使用
圆柱滚子轴承	N	能承受较大径向载荷。内、外圈分离，不能承受轴向载荷

3）滚动轴承的代号：滚动轴承的类型很多，而各类轴承又有不同的结构、尺寸，为便于组织生产和选用，国家标准规定了滚动轴承的代号。滚动轴承的代号由基本代号、前置代号和后置代号构成，其排列顺序见表1-8。基本代号表示轴承的类型、结构和尺寸，是轴承代号的基础。滚动轴承的基本代号由轴承类型代号、尺寸系列代号和内径代号构成。下面主要介绍基本代号的含义。

表1-8 滚动轴承代号的排列顺序

<table>
<tr><td>前置代号</td><td colspan="4">基本代号</td><td>后置代号</td></tr>
<tr><td>□</td><td rowspan="2">×（□）</td><td colspan="2">××</td><td>××</td><td>□或加×</td></tr>
<tr><td rowspan="2">成套轴承的
分部件代号</td><td colspan="2">尺寸系列代号</td><td rowspan="2">内径代号</td><td rowspan="2">内部结构改变、
公差等级及其他</td></tr>
<tr><td>类型代号</td><td>宽（高）度
系列代号</td><td>直径系列代号</td></tr>
</table>

注：□—字母；×—数字。

①类型代号：类型代号是基本代号左起的第一位，用数字或字母表示。代号为“0”（双列角接触球轴承）则省略。

②尺寸系列代号：尺寸系列代号由轴承的宽度系列代号（基本代号左起第二位）和

直径系列代号（基本代号左起第三位）组合而成。

直径系列是指同一内径的轴承有不同的外径和宽度，从而适应各种不同工况的要求。向心轴承的常用直径系列代号为：特轻（0、1）、轻（2）、中（3）、重（4）、特重（5）。

宽度系列表示同一内径和外径的轴承有各种不同的宽度。向心轴承的宽度系列代号常用的有窄（0）、正常（1）、宽（2）等。除圆锥滚子轴承外，当代号为“0”时可省略。

③内径代号：内径代号为基本代号左起第四位和第五位数字，表示轴承公称内径尺寸，按表1－9的规定标注。

表1－9　滚动轴承的内径代号

内径代号	00	01	02	03	04～99
轴承内径（mm）	10	12	15	17	数字×5

注：内径<10mm和>495mm的轴承内径代号另有规定。

（2）滑动轴承

1）滑动轴承的组成：滑动轴承主要由轴承座和轴瓦组成。

2）滑动轴承的分类：滑动轴承的类型按受力方向分为承受径向力的向心滑动轴承受轴向力的推力滑动轴承、既能承受径向力又能承受轴向力的向心推力滑动轴承。向心滑动轴承应用最广。

①整体式向心滑动轴承：它由轴承座、轴瓦组成。其优点是结构简单，但轴颈只能从端部装拆，因此安装检修困难，且轴承工作表面磨损后无法调整轴承的间隙，必须更换新轴瓦，只用于轻载、低速或间歇工作的机械，如卷扬机。

②剖分式向心滑动轴承：剖分式向心滑动轴承由轴承座、轴承盖、剖分的上、下轴瓦及螺栓等组成。剖分面间放有调整垫片，以便在轴瓦磨损后通过减少垫片来调整轴瓦和轴颈间的间隙。这种轴承克服了整体式轴承的缺点、装拆方便，故应用广泛。

③调心式向心滑动轴承：当轴颈较长或轴的刚性较差时，造成轴颈与轴瓦的局部接触，使轴瓦局部磨损严重，这时可采用调心式向心滑动轴承。

1.4.4　联轴器、离合器、制动器

1. 联轴器

联轴器是用来连接不同机器（或部件）的两轴，使它们一起回转并传递转矩。按结构特点不同，联轴器可分为刚性联轴器和弹性联轴器两大类。

（1）刚性联轴器。此类联轴器中全部零件都是刚性的，在传递载荷时，不能缓冲吸振。

1）固定式刚性联轴器：凸缘联轴器是固定式刚性联轴器中应用最广的一种，见图1－79，由两个分别装在两轴端部的凸缘盘和连接它们的螺栓所组成。两凸缘盘的端部有对中止口，以保证两轴对中。凸缘联轴器结构简单，能传递较大的转矩。但要求两轴对中性好，且不能缓冲减振。

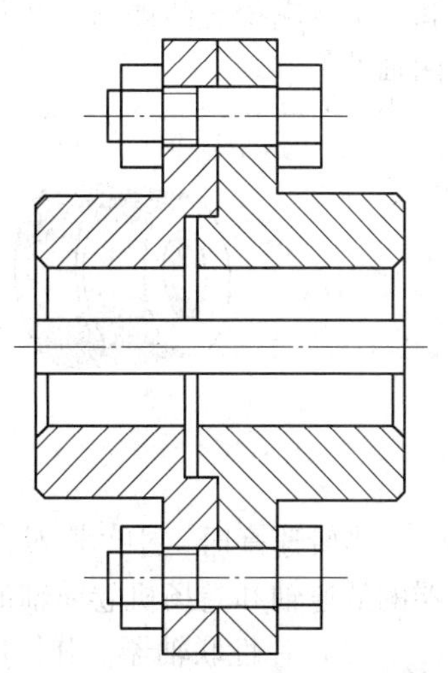

图1－79　凸缘联轴器

2）可移式刚性联轴器：可移式刚性联轴器允许被连接的两轴发生一定的相对位移。可移式刚性联轴器又分万向联轴器和十字滑块联轴器。

①万向联轴器：单个万向联轴器的构造见图1-80，它由两个叉形零件和一个十字形连接件等组成。两轴间的交角最大可达45°，但主动轴等速转动时，从动轴的角速度不稳定。为克服这一缺点，万向联轴器可成对使用，见图1-81。

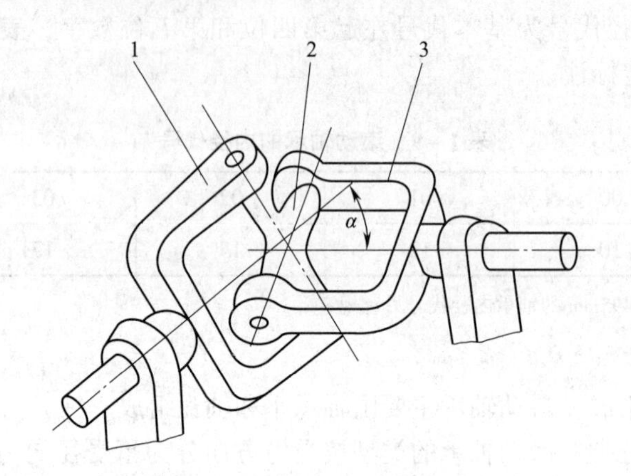

图1-80 单个万向联轴器

1—叉形零件；2—十字形连接件；3—叉形零件

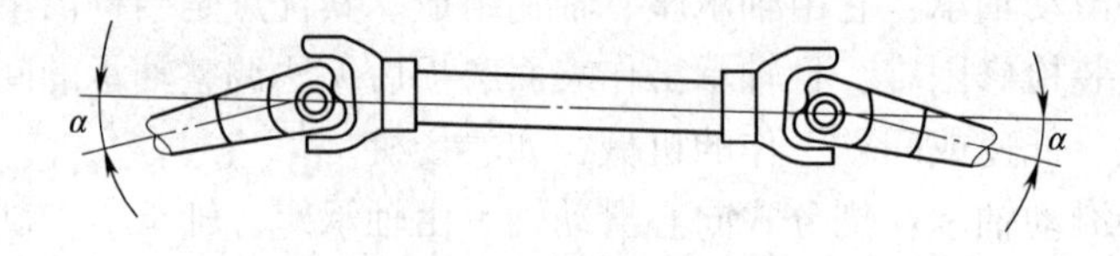

图1-81 双万向联轴器

万向联轴器结构简单，工作可靠，在汽车等设备上有广泛的应用。

②十字滑块联轴器：见图1-82，十字滑块联轴器是由两个端面开有凹槽的半联轴器和一个两端都有凸榫的中间圆盘组成。工作时，中间圆盘的凸榫可在凹槽中滑动，以补偿两轴的位移。

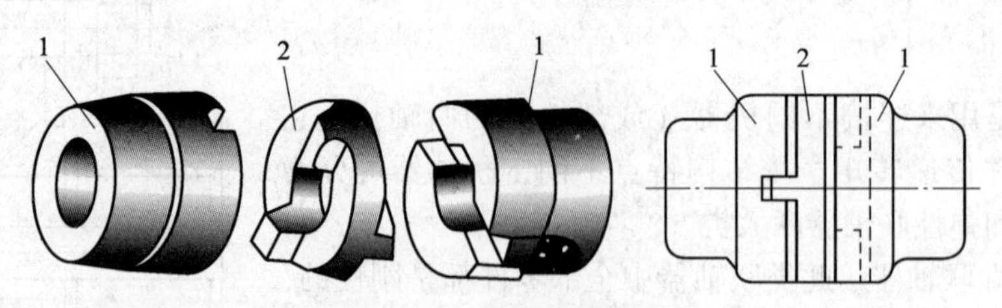

图1-82 十字滑块联轴器

1—半联轴器；2—中间圆盘

当转速高时，中间圆盘产生动载荷，所以只适用于低速、冲击载荷小的场合。如减速器的低速轴和卷扬机卷筒轴的连接。

（2）弹性联轴器。弹性联轴器中有弹性元件，因此不仅可以补偿两轴位移，而且有较好的缓冲和吸振能力。

1）弹性套柱销联轴器：由弹性橡胶圈、柱销和两个半联轴器组成。弹性套柱销联轴器适用于启动频繁的高速轴连接，如电动机轴和减速箱轴的连接。

2）尼龙柱销联轴器：尼龙柱销联轴器和弹性套柱销联轴器相似，只是用尼龙柱销代替了橡胶圈和钢制柱销，其性能及用途与弹性套柱销联轴器相同。现已常用尼龙柱销联轴器来代替弹性套柱销联轴器。

2．离合器

用离合器连接的两轴，在机器运转时可随时接合和分离。

离合器的类型很多，按接合的原理分嵌入式离合器和摩擦式离合器。

（1）嵌入式离合器。嵌入式离合器是依靠齿的嵌合来传递转矩的，分牙嵌离合器和齿轮离合器。

1）牙嵌离合器：牙嵌离合器是由两个端面上有牙的套筒所组成。一个套筒固定在主动轴上，另一个套筒则用导向键或花键与从动轴相连接，利用操纵机构使其沿轴向移动来实现接合与分离。

牙嵌离合器结构简单，但接合时有冲击，为避免齿被打坏，只能在低速或停车状态下接合。适用于主、从动轴严格同步的高精度机床。

2）齿轮离合器：齿轮离合器由一个内齿套和一个外齿套所组成。齿轮离合器除具有牙嵌离合器的特点外，其传递转矩的能力更大。

（2）摩擦式离合器。摩擦式离合器是利用接触面间产生的摩擦力传递转矩的。摩擦离合器可分单片式和多片式等。

1）多片式摩擦离合器适用的载荷范围大，所以多片式摩擦离合器广泛应用于汽车、摩托车、起重机等设备中。

2）单片式摩擦离合器见图 1 - 83，操纵滑环，使从动盘左移并压紧主动盘，两圆盘间产生摩擦力，离合器接合。当从动盘向右移动，离合器分离。

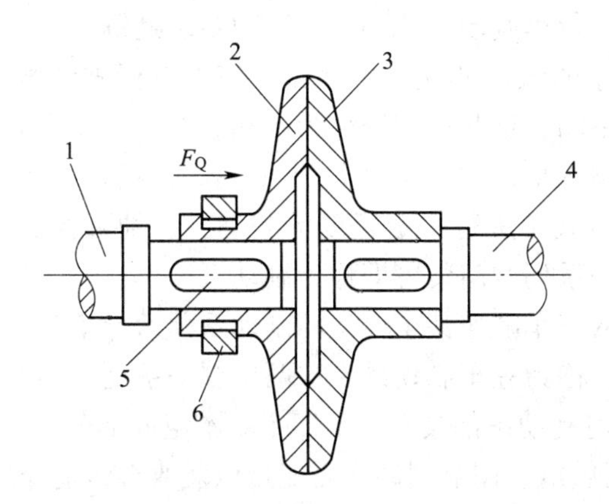

图 1 - 83　单片式摩擦离合器

1—从动轴；2—从动盘；3—主动盘；4—主动轴；5—导向平键；6—滑环

3．制动器

制动器是具有使运动部件（或运动机械）减速、停止或保持停止状态等功能的装置，是使机械中的运动件停止或减速的机械零件。俗称刹车、闸。制动器主要由制架、制动件和操纵装置等组成。有些制动器还装有制动件间隙的自动调整装置。为了减小制动力矩和结构尺寸，制动器通常装在设备的高速轴上，但对安全性要求较高的大型设备（如矿井提升机、电梯等）则应装在靠近设备工作部分的低速轴上。

制动器分两大类，起重机用制动器和汽车制动器。汽车制动器又分为行车制动器（脚刹），驻车制动器（手刹）。在行车过程中，一般都采用行车制动（脚刹），便于在前进的过程中减速停车，不单是使汽车保持不动。若行车制动失灵时才采用驻车制动。当车停稳后，就要使用驻车制动（手刹），防止车辆前滑和后溜。停车后一般除使用驻车制动外，上坡要将挡位挂在一挡（防止后溜），下坡要将挡位挂在倒挡（防止前滑）。

使机械运转部件停止或减速所必须施加的阻力矩称为制动力矩。制动力矩是设计、选用制动器的依据，其大小由机械的型式和工作要求决定。制动器上所用摩擦材料（制动件）的性能直接影响制动过程，而影响其性能的主要因素为工作温度和温升速度。摩擦材料应具备高而稳定的摩擦系数和良好的耐磨性。摩擦材料分金属和非金属两类。前者常用的有铸铁、钢、青铜和粉末冶金摩擦材料等，后者有皮革、橡胶、木材和石棉等。

起重机用制动器对于起重机来说既是工作装置，又是安全装置，制动器在起升机构中，是将提升或下降的货物能平稳的停止在需要的高度，或者控制提升或下降的速度；在运行或变幅等机构中，制动器能够让机构平稳的停止在需要的位置。

（1）按制动件的结构形式分为外抱块式制动器、内张蹄式制动器、带式制动器、盘式制动器等。

（2）按制动件所处工作状态分为常闭式制动器（常处于紧闸状态，需施加外力方可解除制动）和常开式制动器（常处于松闸状态，需施加外力方可制动）。

（3）按操纵方式分为人力、液压、气压和电磁力操纵的制动器。

（4）按制动系统的作用分为行车制动系统、驻车制动系统、应急制动系统及辅助制动系统等。

上述各制动系统中，行车制动系统和驻车制动系统是每一辆汽车都必须具备的。

（1）功用。使行驶中的汽车减速甚至停车，使下坡行驶的汽车的速度保持稳定，以及使已停驶的汽车保持不动，这些作用统称为制动。汽车上装设的一系列专门装置，以便驾驶员能根据道路和交通等情况，借以使外界（主要是路面）在汽车某些部分（主要是车轮）施加一定的力，对汽车进行一定程度的制动，这种可控制的对汽车进行制动的外力称为制动力；这样的一系列专门装置即称为制动系。

这种用以使行驶中的汽车减速甚至停车的制动系称为行车制动系；用以使已停驶的汽车驻留原地不动的装置，称为驻车制动系。这两个制动系是每辆汽车必须具备的。

（2）组成部分。任何制动系都具有以下四个基本组成部分。

1）供能装置，包括供给、调节制动所需能量以及改善传能介质状态的各种部件。

2）控制装置，包括产生制动动作和控制制动效果的各种部件。

3）传动装置，包括将制动能量传输到制动器的各个部件。

4）制动器，产生阻碍车辆的运动或运动趋势的力（制动力）的部件，其中包括辅助制动系中的缓速装置。

2 机械设备前期管理

2.1 机械设备的规划决策

2.1.1 机械设备前期管理的内容

机械设备购置所追求的目标是实现建设企业自身装备结构的合理性，其内容包括如下几点：

（1）装备规划和机械购置计划的调研、制订、可行性论证及决策。

（2）装备投资计划及费用预算的编制与实施程序的确定。

（3）自制设备的设计方案选择和制造管理。

（4）外购机械的选型、订货及合同管理。

（5）机械的到货检查、安装、试运转、验收及投产使用。

（6）机械走合期使用的情况的分析、评价和信息反馈等。

2.1.2 机械设备规划的依据

机械设备规划是根据企业经营方针和目标，考虑到今后的生产发展、新产品开发、节约能源及安全环保等方面的需要，本着依靠技术进步与保持一定的设备技术储备的精神，通过调查研究，进行技术经济分析，并结合企业现有设备能力和资金来源，综合平衡而制订的企业中、长期及短期设备投资计划。它是企业长期经营规划的组成部分，也是企业设备前期管理工作的首要环节。要认真地进行技术经济分析和论证，以避免投资的盲目性，影响经济效益。年度机械购置计划的编制依据主要有：

（1）企业近期生产发展的要求和技术装备规划。

（2）本年度企业承担施工任务的实物工程量、工程进度以及工程的施工技术特点。

（3）企业承担的建筑体系、施工工艺和施工机械化的发展前景规划。

（4）年内机械设备的报废更新情况，安全、环境保护的要求。

（5）充分发挥现有机械效能后的施工生产能力。

（6）机械购置资金的来源情况。

（7）社会施工机械租赁业的发展前景与出租率情况。

（8）施工机械年台班、年产量定额与技术装备定额。

2.1.3 机械设备购置计划的编制程序

1. 准备阶段

由主管业务部门提出申请，搜集资料，摸清情况，掌握有关装备原则，澄清任务，测算工作量。

2. 平衡阶段

编制机械购置计划草案，并会同相关部门进行核算，在充分发挥机械效能的前提下，力求施工任务与施工能力相平衡，机械费用与其他经济指标相平衡。

3. 选择论证阶段

机械购置计划所列的机械品种、规格、型号等均要经过认真地选择论证，选择最优方案，报领导决策。

4. 确定实施阶段

年度机械购置计划由企业机械管理部门编制，经生产、技术、计划及财务等部门进行会审，并经企业领导批准，必要时报企业上级主管部门审批，企业有关业务管理部门实施。

2.1.4 机械设备的购置申请

（1）根据企业发展与施工工程的需要，需增添或更新设备时，由公司设备管理部门填写机械设备购置申请审批表，经生产副总经理审核后，报总经理办公会审批，由机械管理部门负责购置。

（2）需自行添置机械设备的单位，由各单位设备负责人写出申请报告，经各单位领导批准后方可自行购买。

（3）机械设备的选型与采购，必须对设备的安全可靠性、节能性、生产能力、可维修性、耐用性、经济性、配套性、售后服务及环境等因素进行综合论证，择优选用。

（4）购置进口设备时，必须经主管经理审核，总经理批准，委托外贸部门与外商联系，公司机械管理部门和主管经理应当参与对进口机械设备的质量、价格、售后服务、安全性及外商的资质和信誉度进行评估、论证工作，以决定进口设备的型号、规格与生产厂家。

（5）当进口机械设备所需的易损件或备件，在国内尚无供应渠道或不能替代生产时，应当在引进主机的同时，适当地订购部分易损、易耗配件以备急需用。

（6）公司各单位在购置机械设备后，应当将机械设备购入申请（审批）表、发票，购置合同、开箱检验单、原始资料登记等复印件交设备管理员验收、建档，统一办理新增固定资产手续。

（7）各单位、施工项目部所自购的设备经验收合格后，要填写相关机械设备记录报公司机械管理部门建档。

机械设备购置计划申报表见表2－1。

表2－1 机械设备购置计划申报表

序号	机械名称	规格	厂家	数量	单价	使用项目	备注

2.2 机械设备选型

2.2.1 设备选型的基本原则

设备选型即从多种可以满足相同需要的不同型号、规格的设备中，经过技术经济的分析评价，选择最佳方案以做出购买决策。合理选择设备，可使有限的资金发挥最大的经济效益。设备选择的目的是为了给施工生产选择最优的机械设备，使其在技术上先进，经济上合理，获得最佳的经济效益。

设备选型应遵循的原则有：

1. 生产上适用

所选购的设备应当与本企业扩大生产规模或开发新产品，施工生产等需求相适应。

2. 技术上先进

在满足生产需要的前提下，要求其性能指标保持先进水平，以提高产品质量，延长其技术寿命，不能片面追求技术上的先进，也要防止购置技术已属落后的机型。

3. 经济上合理

即要求设备购置价格合理，购置费的降低能减轻机械使用成本，在使用过程中能耗、维护费用低，且回收期较短。

设备选型首先应当考虑的是生产上适用，只有生产上适用的设备才能发挥其投资效果；其次是技术上先进，技术上先进必须以生产适用为前提，以获得最大经济效益为目的；最后，将生产上适用、技术上先进与经济上合理统一起来。

2.2.2 设备选型考虑的主要因素

1. 生产率

设备的生产率通常用设备单位时间（分、时、班、年）的产品产量来表示，设备生产率要与企业的经营方针、工厂的规划、生产计划、技术力量、运输能力、劳动力、动力及原材料供应等相适应，不能盲目要求生产率越高越好。

2. 工艺性

机械设备选型要符合产品工艺的技术要求，一般将设备满足生产工艺要求的能力叫工艺性。

3. 设备的维修性

维修性是指机械设备是否容易维修的性能，它要求机械设备结构简单合理、易于拆装、易于检查，零部件要通用化和标准化，并具有互换性。对设备的维修性一般可从以下几方面衡量。

（1）设备的技术图纸、资料齐全。

（2）结构设计合理。设备结构的总体布局应当符合可达性原则，各零部件和结构应易于接近，便于检查与维修。

（3）结构的简单性。在符合使用要求的前提下，设备的结构应力求简单，需维修的零部件数量越小越好，拆卸较容易，并且能迅速更换易损件。

（4）标准化、组合化原则。设备应尽量采用标准零部件和元器件，容易被拆成几个独立的零部件，并且不需要特殊手段即可装配成整机。

（5）结构先进。设备应尽量采用参数自动调整、磨损自动补偿和预防措施自动化原理来设计。

（6）状态监测与故障诊断能力。可以利用设备上的仪器、仪表、传感器及配套仪器来检测设备有关部位的温度、压力、电流、电压、振动频率、消耗功率、效率、自动检测成品及设备输出参数动态等，以判断设备的技术状态和故障部位。

（7）提供特殊工具和仪器、适量的备件或有方便的供应渠道。

4. 设备的安全可靠性与操作性

（1）设备的安全可靠性。安全可靠性是设备对生产安全的保障性能，即设备应具有必要的安全防护设计与装置，并且能够生产出高质量的产品，完成高质量的工程，能够避免在操作不当时发生重大事故。

（2）设备的操作性。设备的操作性属于人机工程学范畴内容，总的要求是方便、可靠、安全，符合人机工程学原理。

5. 设备的环保与节能性

工业、交通运输业和建筑业等行业企业设备的环保性，一般是指其噪声振动和有害物质排放等对周围环境的影响程度。在设备选型时必须要求其噪声、振动频率和有害物排放等控制在国家和地区标准的规定范围内。在选型时，其所选购的设备应符合国家《节约能源法》规定的各项标准要求。

6. 设备的配套性与灵活性

成套性是指机械设备配套的性能；灵活性是指机械设备有广泛应用程度的性能。机械设备灵活性的具体要求：机械设备应体积小、重量轻、机动灵活，能够适应不同的工作条件与工作环境，具备多种功能（一机多用）。

7. 设备的经济性

影响设备经济性的主要因素：初期投资，对产品的适应性，生产效率，耐久性，能源与原材料消耗，维护修理费用等。设备的初期投资主要是指购置费、运输与保险费、安装费、辅助设施费、培训费、相关税费等。在选购设备时，不能简单寻求价格便宜而降低其他影响因素的评价标准，特别是要充分考虑停机损失、维修、备件与能源消耗等项费用，以及各项管理费。

2.2.3 设备选型的经济评价

机械设备的评价是指机械设备在选购阶段的经济评价。设备投资项目对企业经营情况有着长期的影响，其投资也须经过若干年后才能收回，所以进行技术经济评价与决策时，必须考虑投资额的时间价值。常用的设备投资评价方法有投资回收期法、净现值法、贴现投资收益法、内部报酬率法、设备寿命周期费用评价法等。具体方法是通过几个方案的分析和比较，选择最优的方案。下面介绍两种常用的设备评价方法。

1. 投资回收期法

$$\text{设备投资回收期(年)} = \frac{\text{设备投资费用(元)}}{\text{采用新设备后年利润(元/年)}} \tag{2-1}$$

从式中可知，设备投资回收期越短，投资效果就越好。由于科学技术的发展，机械设备的更新速度加快，对设备投资回收期要求也相应缩短。

2. 费用效率分析法（又叫寿命周期费用法）

$$设备费用效率 = \frac{生产效率}{寿命周期费用} \tag{2-2}$$

式中：生产效率——设备每天完成的生产量；

寿命周期费用——设备寿命周期中费用的总和，它包括设备的原始费用（原值）和维持费用（人员工资、能源及材料的消耗费用、保修费、养路费、保险费及各种税金等）。

费用效率分析法可以在同样的费用支出下，进行效率比较，也可以在同样的效率下，进行费用比较。

2.3 机械设备采购管理

2.3.1 机械设备的招标

确定设备的选型方案后，就要协助采购部门进行设备的采购。对于国家规定必须招标的进口机电设备，地方政府、行业主管部门规定必须招标的机电设备以及企业自行规定招标的机电设备，企业应当招标采购。设备的招标投标，与其他货物、工程、服务项目的各类招标投标一样，要求公正性、公开性及公平性，使投标人有均等的投标机会，使招标人有充分的选择机会。设备的招标采购形式大体有三种，即竞争性招标、有限竞争性招标与谈判性招标。

2.3.2 机械设备的订货

1. 订货程序

根据确定选型后的购置计划，首先进行市场货源调查，参加设备订货会议及向制造厂家（或供应商）联系、询价及了解供货情况，收集各种报价和供货可能做出评价选择，与制造厂家对某些细节进行磋商，经双方谈判达成协议（或采用招标办法），最后签订订货合同或订货协议，并由双方签章后生效。

2. 订货合同及管理

设备订货合同是供需双方在达成一致协议后，经双方签章具有法律效用的文件，其注意事项有：

（1）合同的签订应当以洽商结果和往来函电为依据，双方加盖合同章后生效。

（2）合同应当明确表达供需双方的意见，文字要准确，内容必须完整，包括供、收货单位双方的通信地址、结算银行全称、货物到达站及运输方式、交货期、产品名称、规格型号、数量、产品的技术标准与包装标准、质量保证以及双方需要在合同中明确规定的事项、违约处理方法和罚金、赔款金额、签订日期等，都不要漏掉或误写。

（3）合同应当符合国家经济法令政策和规定，要明确双方互相承担的责任。

（4）合同应当考虑可能发生的各种变动因素，例如质量验收标准、价格、交货期、交货地点，并应有防止措施和违章罚款的规定。

在合同正文中不能详细说明的事项，一般可以附件形式作为补充。附件是合同的组成部分，与合同正文有同等法律效用，附件也要双方均签章。对于大型、特殊高精度或价格高的设备订货，合同应提出到生产厂的现场监督、参加验收试车，并要求生产厂负责售后的技术服务工作。合同签订后，有关解释、澄清合同内容的往来函电，也应当视为合同的组成部分。

企业应当做好设备订货合同的管理。订货合同一经签订就受法律保护，订货双方均应受法律制约，都必须信守合同。合同要进行登记，建立台账和档案，合同的文本、附件、往来函电、预付款单据等都应当集中管理，这样便于查阅，也是双方发生争议时的仲裁依据。乙方应当按合同规定交货，甲乙双方应经常交流合同执行情况，对到期未交货要及时查询。

3. 进口机械订购

订购进口机械时，首先应当作好可行性研究，按照有关规定，申请进口许可证。在签订合同时应具体细致，不得含糊。合同条款要符合我国的有关规定，并参照国际条例注明双方的权利和义务，明确验收项目和检验标准。对结构复杂、安装技术要求高的机械，应在合同内注明由卖方负责免费安装及售后技术服务项目。保修期通常从到货之日算起，应争取以安装调试完毕投产之日算起。

另外，进口机械常用、易损配件及备品，如国内无供应渠道或不能生产，应适当订购一部分易耗、易损配件，以备需求。

2.4 机械设备的验收

设备到货后，需凭托收合同及装箱单，进行开箱检查，验收合格后，办理相应的入库手续。

1. 设备到货期

验收订货设备应当按期到达指定地点，不允许任意变更尤其是从国外订购的设备，影响设备到货期执行的因素多，双方必须按照合同要求履行验收事项。

2. 设备开箱检查

设备开箱检查应由设备采购部门、设备主管部门、组织安装部门、技术部门及使用部门参加。如系进口设备，应有商检部门人员参加。开箱检查主要内容有：

(1) 到货时，检查箱号、件数及外包装有无损伤和锈蚀；如果属裸露设备（部件），则要检查其刮碰等伤痕及油迹、海水侵蚀等损伤情况。

(2) 检查有无因装卸或运输保管等方面的原因而导致设备残损。如果发现有残损现象，则应当保持原状，进行拍照或录像，请在检验现场的有关人员共同查看，并办理索赔现场签证事项。

(3) 根据合同核定发票、运单，核对（订货清单）设备型号、规格、零件、部件、工具、附件、备件等是否与合同相符，同时做好清点记录。

(4) 设备随机技术资料（图纸、使用与保养说明书、合格证与备件目录等）、随机配件、专用工具、监测和诊断仪器、润滑油料与通信器材等，是否与合同内容相符。

(5) 凡是属于未清洗过的滑动面，均严禁移动，以防磨损。

(6) 不需要安装的附件、工具、备件等应妥善装箱保管，待设备安装完工后一并移交使用单位。

(7) 应核对设备基础图和电气线路图与设备实际情况是否相符；检查地脚螺钉孔等有关尺寸及地脚螺钉、垫铁是否符合要求；核对电源接线口的位置及有关参数是否与说明书相符。

(8) 检查后应做出详细检查记录，填写设备开箱检查验收单。

2.5 机械设备的技术试验

凡是新购机械或经过大修、改装、改造及重新安装的机械，在投产使用前，必须进行检查、鉴定和试运转（技术试验），以测定机械的各项技术性能与工作性能。未经技术试验或虽经试验尚未取得合格签证前，不得投入使用。

1. 技术试验的内容

(1) 新购或自制机械必须有出厂合格证和使用说明书。

(2) 大修或重新组装的机械必须有大修质量检验记录或重新组装检查记录。

(3) 改装或改造的机械必须有改装或改造的技术文件、图纸和上级批准文件，以及改装改造后的质量检验记录。

2. 技术试验的程序

技术试验的程序分为：试验前检查→无负荷试验→额定负荷试验→超负荷试验。试验必须按顺序进行，在上一步试验未经确认合格前，不得进行下一步试验。

3. 技术试验的要求

(1) 技术试验后，要对试验过程中发生的情况或问题，进行认真的分析和处理，以便做出是否合格和能否交付使用的决定。

(2) 试验合格后，应当按照《技术试验记录表》所列项目逐项填写，由参加试验人员共同签字，并经单位技术负责人审查签证。技术试验记录表一式两份，一份交付使用单位，一份归存技术档案。

2.6 机械设备的档案技术资料

(1) 机械技术档案主要是指机械自购入（或自制）开始直到报废为止整个过程中的历史技术资料，能够系统地反映机械物质形态运动的变化情况，是机械管理不可缺少的基础工作与科学依据，应由专人负责管理。

(2) 机械技术档案由企业机械管理部门建立和管理。

(3) A、B类机械设备在使用同时必须建立设备使用登记书，主要记录设备使用状况和交接班情况，由机长负责运转的情况登记。应建立设备使用登记书的设备主要有：塔式起重机、外用施工电梯、混凝土搅拌站（楼）、混凝土输送泵等。

（4）公司机械管理部门负责A、B类机械设备的申请、验收、使用、维修、租赁、安全、报废等管理工作。做好统一编号、统一标识。

（5）机械设备的台账与卡片是反映机械设备分布情况的原始记录，应当建立专门账、卡档案，达到账、卡、物三项符合。

（6）各部门应当指定专门人员负责对所使用的机械设备的技术档案管理，做好编目归档工作，办理相关技术档案的整理、复制、翻阅和借阅工作，并及时为生产提供设备的技术性能依据。

（7）对于已批准报废的机械设备，其技术档案和使用登记书等均应保管，定期编制销毁。

（8）机械履历书是一种单机档案形式，应由机械使用单位建立和管理，作为掌握机械使用情况，进行科学管理的依据。

2.7 机械设备的初期管理

设备使用初期管理主要是指设备经安装试验合格后投入使用到稳定生产的这一段时间的管理工作，通常为半年左右（内燃机要经过初期走合的特殊过程）。

1. 初期管理的内容

（1）机械在初期使用过程中调整试车，降低机械载荷，平稳操作，加强维护保养，使其达到原设计预期的功能。

（2）操作工人使用维护能力的技术培训工作。

（3）对设备使用初期的运转状态变化进行观察，做好各项原始记录，包括运转台时，作业条件，使用范围、零部件磨损及故障记录等。

（4）对典型故障和零部件失效情况进行研究，并提出改善措施和对策。

（5）在机械初期使用结束时，对使用初期的费用与效果进行技术经济分析，机械管理部门应当根据各项记录填写机械初期使用鉴定书。

（6）由于内燃机械具有结构复杂、转速高、受力大等特点，所以新购或经过大修、重新安装的机械，在投入施工生产的初期，应当经过运行磨合，使各相配机件的摩擦表面逐渐达到良好的磨合，从而避免部分配合零件由于过度摩擦而发热膨胀形成黏附性磨损，以致造成拉伤、烧毁等损坏性事故。

2. 机械使用初期的信息反馈

（1）属于设计、制造和产品质量上的问题，应向设计、制造单位进行信息反馈。

（2）属于安装、调试上的问题，应向安装、试验单位进行信息反馈。

（3）属于需要采取维修对策的，应向机械维修部门进行信息反馈。

（4）属于机械规划、采购方面的问题，应向规划、采购部门进行信息反馈。

3 机械设备安全使用管理

3.1 设备使用管理

3.1.1 施工机械的选用与正确使用

1. 施工机械的工作参数

（1）工作容量。施工机械的工作容量一般以机械装置的尺寸、作用力（功率）和工作速度来表示。例如挖掘机和铲运机的斗容量，推土机的铲刀尺寸等。

（2）生产率。施工机械的生产率主要是指单位时间（小时、台班、月年）机械完成的工程数量。生产率的表示可分以下三种：

1）理论生产率：机械在设计标准条件下，连续不停工作时的生产率。通常来说，机械技术说明书上的生产率就是理论生产率，是选择机械的一项主要参数。施工机械的理论生产率按下式计算：

$$Q_L = 60A \tag{3-1}$$

式中：Q_L——机械每小时的理论生产率；

A——机械一分钟内所完成的工作量。

2）技术生产率：机械在具体施工条件下，连续工作的生产率，考虑了工作对象的性质和状态以及机械能力发挥的程度等因素。这种生产率是可以争取达到的生产率，按下列公式计算：

$$Q_w = 60AK_w \tag{3-2}$$

式中：Q_w——机械每小时的生产率；

K_w——工作内容及工作条件的影响系数，不同机械所含项目不同。

3）实际生产率：机械在具体施工条件下，考虑了施工组织及生产时间的损失等因素后的生产率。按下列公式计算：

$$Q_z = 60AK_wk_b \tag{3-3}$$

式中：Q_z——机械每小时的生产率；

k_b——机械生产时间利用系数。

（3）动力。动力是驱动各类施工机械进行工作的原动力。

（4）工作性能参数。施工机械的主要参数，通常列在机械的说明书上，选择、计算和运用机械时可参照查用。

2. 施工机械需要量

施工机械需要数量是根据工程量、计划时段内的台班数、机械的利用率与生产率来确定的，可用下列公式计算：

$$N = P/(WQ\kappa_B) \tag{3-4}$$

式中：N——需要机械的台数；

P——计划时段内应完成的工程量（m^3）；

W——计划时段内的制度台班数；

Q——机械的台班生产率（m^3/台班）；

κ_B——机械的利用率。

对于施工工期长的大型工程，一般以年为计划时段。对于小型和工期短的工程，或特定在某一时段内完成的工程，一般根据实际需要选取计划时段。机械的台班生产率可以根据现场实测确定，或者在类似工程中使用的经验确定。机械的生产率亦可以根据制造厂家推荐的资料，但须持谨慎态度。对于受气候影响较大的土石方、基础等施工工程，设备利用率和生产率随季节改变而不同。

3. 施工机械的选用

（1）编制机械使用计划。根据施工组织设计编制机械使用计划。编制时，应当采用分析、统筹、预测等方法，计算机械施工的工程量和施工进度，作为选择调配机械类型、台数的依据，以尽量避免大机小用，早要迟用，既要保证施工需要，又要不使机械停置，或不能充分发挥其效率。

（2）通过经济分析选用机械。建筑工程配备的施工机械，不仅有机种上的选用，还包括机型、规格上的选择。在满足施工生产要求的前提下，对不同类型的机械施工方案，从经济性进行分析比较，即将几种不同的方案，计算单位实物工程量的成本费，取其最小者为经济最佳方案。对于同类型的机械施工方案，如果其规格和型号不相同，也可以进行分析比较，按经济性择优选用。

（3）机械的合理组合。机械施工是多台机械的联合作业，合理地组合与配套，才能够最大限度地发挥每台机械的效能。机械的组合应符合下列原则：

1）尽量减少机械组合的机种类，机械组合的机种数越多，其作业效率会越低，影响作业的概率就会越多，如组合机械中有一种机械发生故障，将影响整个组合作业。

2）机械组合要配套和系列化。

3）选择机械能力相适应的组合。

4）组合机械应尽量简化机型，以便于维修和管理。

5）尽量选用具有多种作业装置的机械，以利于一机多用，提高机械利用率。

4. 施工机械的正确使用

（1）技术合理。技术合理就是按照机械性能、使用说明书、操作规程以及正确使用机械的各项技术要求使用机械。

（2）经济合理。就是在机械性能允许范围内，能够充分发挥机械的效能，以较低的消耗，获得较高的经济效益。根据技术合理和经济合理的要求，机械的正确使用主要应达到以下三个标志：

1）经济性。当机械使用已经达到高效率时，还应当考虑经济性的要求。使用管理的经济性，要求在可能的条件下，使单位实物工程量的机械使用费成本最低。

2）高效率。机械使用应当使其生产能力得以充分发挥。在综合机械化组合中，至少应使其主要机械的生产能力得以充分发挥。机械如果长期处于低效运行状态，那就是不合理使用的主要表现。

3）机械非正常损耗防护。机械正确使用追求的高效率和经济性应当建立在不发生非正常损耗的基础上，否则就不是正确使用，而是拼机械，吃老本。机械非正常损耗是指由于使用不当而导致机械早期磨损、事故损坏以及各种使机械技术性能受到损害或缩短机械使用寿命等现象。

3.1.2 施工机械使用管理制度

1. 施工机械的“三定”责任制度

“三定”制度是指在机械设备使用中定人、定机、定岗位责任的制度。将机械设备使用、维护、保养等各环节的要求均落实到具体人，确保正确使用设备和落实日常维护保养工作的有效进行，是合理使用机械的基础。“三定”制度的主要内容包括坚持人机固定的原则，实行机长负责制和贯彻岗位责任制。

（1）“三定”制的主要形式。

根据机械类型的不同和施工的需要，定人定机有以下三种形式：

1）单人操作的机械，实行专机专责制，其操作人员承担机长职责。

2）对单机多班作业或多人操作，也是实行定人、定机制，也应组成机组，实行机组负责制，其机组长即为机长。

3）班组共同使用的机械以及一些不宜固定操作人员的中、小型机械设备，应当指定专人或小组负责保管和保养，限定具有操作资格的人员进行操作，实行班组长领导下的分工负责制。

（2）“三定”制度的主要作用。

“三定”制度的主要作用有：

1）有利于熟练掌握操作技术和全面了解机械设备的性能、特点，便于预防和及时排除机械故障，避免发生事故，充分发挥机械设备的效能。

2）有利于保持机械设备良好的技术状况，有利于落实奖罚制度。

3）便于做好企业定编定员工作，有利于加强劳动管理。

4）有利于原始资料的积累，便于提高各种原始资料的准确性、完整性与连续性，便于对资料的统计、分析及研究。

5）便于推广单机经济核算工作与设备竞赛活动的开展。

（3）“三定”制的管理。

1）定人定机机械操作人员的配备应当由机械使用单位选定，报机械主管部门备案；重点机械的机长，要经设备主管部门审查，分管机械的领导批准。

2）机长或机组长确定后，应当由机械建制单位任命，并应保持相对稳定，不要轻易更换。

3）企业内部调动机械时，大型机械原则上做到人随机调，重点机械则应当人随机调。

（4）岗位责任制。岗位责任制就是明确每个人的工作岗位和每个岗位所承担的责任的制度。设备岗位责任制要规定操作工人的基本职责、基本权利、应知应会的基本要求和考核奖励方法。每个人具体分管的工作，必须用文字明确规定，并定期检查，以作评比条件。岗位责任制是使用管理制度中普遍采用的一种形式，具体见表3－1。

表3－1 岗位责任制

项目	内 容
操作人员岗位责任制	1. 设备操作者必须遵守“定人定机、凭证操作”制度，严格按“设备操作维护规程”、“四项要求”、“五项纪律”规定正确使用与精心维护设备。 2. 实行日常检点，认真记录，做到班前正确润滑设备，班中注意运转情况，班后清扫擦拭设备，保持清洁，涂油防锈。 3. 在做到“三好”的要求下，练好“四会”的基本功，搞好日常维护和定期维护工作；配合维修工人检查修理自己操作的设备；保管好设备附件和工具，并参加设备修后验收工作。 4. 认真执行交接班制度和填写好交接班及运行记录。 5. 设备发生事故时应立即切断电源，保持现场，及时向生产工长和车间机械员（师）报告，听候处理。分析事故时应如实说明经过。对违反操作规程等造成的事故，应负直接责任。 操作者天天使用设备，对自己所使用的设备特性最了解、状况最清楚，要使设备在使用期内充分发挥效能，必须依靠广大的操作人员。所以，推行全员参与管理，不断提高操作人员的思想素质和技术业务素质，调动广大员工的积极性应是设备管理的工作重点
机长责任制	机长是不脱产的操作人员，除履行操作人员职责外，还应做到： 1. 组织并督促检查全组人员对机械的正确使用、保养和保管，保证完成施工生产任务； 2. 检查并汇总各项原始记录及报表，及时准确上报。组织机组人员进行单机核算； 3. 组织并检查交接班制度执行情况； 4. 组织本机组人员的技术业务学习，并对他们的技术考核提出意见； 5. 组织好本机组内部及兄弟机组之间的团结协作和竞赛。 拥有机械的班组长，也应履行上述职责

2. 施工机械的凭证操作制度

为加强对施工机械使用和操作人员的管理，保障机械合理使用，安全运转，机械设备操作者应当由经专业培训考试合格取得操作证者担任，操作人员应当持证上岗。

（1）建筑起重设备特种作业人员按照相关规定要求，进行培训考核和取证；工程机械、混凝土机械、电焊机、电工及其他专人操作的专用机械等作业人员由主管部门培训颁发的操作证。

（2）技术考核方法主要是现场实际操作，同时进行基础理论考核。考核内容主要是熟悉本机种的操作技术，懂得本机种的技术性能、构造、工作原理和操作、保养规程，以

及进行低级保养和故障排除。

（3）操作证根据审验要求进行审验，未经审验或审验不合格者，不得继续操作机械。

（4）机械操作人员应当随身携带操作证以备随时检查，如出现违反操作规程而造成事故，除了按情节进行处理外，并对其操作证暂时收回或长期撤销。

（5）严禁无证操作机械，更不能违章操作，对违章指挥者有权拒绝。学员或学习人员应当在有操作证的指导师傅在场指挥下，方能操作机械设备，指导师傅应当对其实习人员的操作负责。

（6）凡属国家规定的交通、劳动及其主管部门负责考核发证的司炉证、驾驶证、起重工证、电焊工证及电工证等，一律由主管部门按照规定办理，公司不再另发操作证。

3. 施工机械的交接制度

（1）机械设备调拨的交接。

1）机械设备调拨时，调出单位应当保证机械设备技术状况的完好，不得拆换机械零件，并将机械的随机工具，机械履历书和交接技术档案一并交接。

2）当遇特殊情况，附件不全或技术状况很差的设备，交接双方先协商取得一致后，按照双方协商的结果交接，并将机械状况和存在的问题、双方协商解决的意见等报上级主管部门核备。

3）机械设备调拨交接时，原机械驾驶员向双方交底，原则上规定机械操作人员随机调动，遇不能随机调动的驾驶员应当将机械附件、机械技术状况、原始记录及技术资料做出书面交接。

4）机械交接时，必须填写交接单，对机械状况和有关资料逐项填写，最后由双方经办人和单位负责人签字，作为转移固定资产与有关资料转移的凭证。机械交接单一式四份。

（2）新机械交接。

1）按机械验收、试运转规定办理。

2）交接手续同机械设备调拨的交接。

（3）机械使用中的班组人员交接。

连续生产的设备或不允许中途停机者，可以在运行中交班，交班人应当将设备运行中发现的问题详细记录在“交接班记录簿”上，并主动向接班人介绍设备运行情况，双方当面检查，交接完毕在记录簿上签字。如果不能当面交接，交班人可做好日常维护工作，使设备处于安全状态，填好交班记录交有关负责人签字代接。接班人如果发现设备异常现象，记录不清、情况不明和设备未按规定维护时可拒绝接班。交接记录应当交机械管理部门存档，机械管理部门应及时检查交接制度执行情况。由于交接不清或未办交接的造成机械事故，按照机械事故处理办法对当事人双方进行处理。

4. 机械设备调动制度

（1）机械设备调动。机械调动是指公司下属单位之间固定资产管理、使用、责任、义务权限变动，产权仍归属公司所有。机械调动工作的运作一般由公司决定，项目执行，具体实施是：

1）公司物资设备部根据公司生产会议或公司领导的决定，向调出单位下达机械设备调令，一式四份，调出、调入、物资设备部及财务部各一份。

2）必须保证调出设备应该具备的机械状况及技术性能。

3）调动设备的技术资料、专用工具、随机附件等应当向调入单位交代清楚，并填写机械交接单，一式两份，存档备查。

4）调出单位为该设备购进的专用配件，可以有偿转给调入单位，调入单位在无特殊原因的条件下必须接收。

5）由于失保失修造成的调动设备技术状况低下，资值不符，调出单位应当给予修复后才能调出。如果调出单位确有困难，双方可本着互尊互让互利的原则，确定修复的项目、部位、费用，并由调出单位一次性付给调入单位，再由调入单位负责修复。

6）对于机械设备严重资值不符、双方不能达成协议的，一般由公司组成鉴定小组裁决。

7）调动发生后，调出单位机械、财务部门方可消账消卡。

8）调入单位需实行的相关程序：主动与调出单位联系调动事宜；支付调动运输费及有关间接费用；办理设备随机操作人员的人事调动手续；机械、财务部门建账建卡；负责将完善的调度令相关文件返还给公司物资设备部；调入、调出单位有不统一的意见，一般由公司仲裁。

（2）固定资产的转移。

1）在办完对公司以外的机械交接手续后，调出单位填“固定资产调拨单”转公司机械设备部门一份，再转入调入单位。公司物资设备部及时消除台账、财务科消除财务账。

2）本公司项目之间机械设备调动手续办妥后，公司及项目机械部门只做台账及财务账增减工作。

3）凡是调出公司以外的机械设备均要填写“固定资产调拨单”。

5. 施工机械的监督检查制度

（1）公司设备管理和质安部门（或委派的监察）检查人员，每季进行一次综合检查，在特殊时段还应当进行专项检查，检查机械管理制度和各项技术规定的贯彻执行情况，以保证机械设备的正确使用、安全运行。

（2）监督检查工作内容。

1）积极宣传有关机械设备管理的规章制度、标准、规范，并且监督各项目施工中的贯彻执行。

2）对机械设备操作人员、管理人员进行违章的检查，对违章作业、瞎指挥、不遵守操作规程及带病运转的机械设备及时进行纠正。

3）参与机械事故调查分析，并且提出改进意见，对事故的真实性提出怀疑时，有权进行复查。

4）向企业主管部门领导反映机械设备管理、使用中存在的问题和提出改进意见。

5）监督检查不遵守规程、规范使用机械设备的人和事，经过劝阻制止无效时，有权令其停止作业并开出整改通知单；如违章单位或违章人员未按“整改通知单”的规定期内解决提出的问题，应当按规定依据情节轻重处以罚款或停机整改。

6）各级领导对监督检查员正确使用职权应大力支持和协助，经监督检查员提出“整改通知单”后拒不改正，而又造成事故的单位和个人，除按事故进行处理之外，应当追究拒改者的责任，应视事故损失的情况给予罚款或行政处分，甚至追究刑事责任。

(3) 检查方法。

1) 进行检查机械设备时，采用听、看、查、问、试五种形式，以达到了解情况的目的。

2) 进行检查每台机械时，对照标准进行衡量。如不够标准，则按规定扣分记入表内。

3) 查管理工作时，除检查实际情况外，还要查阅各种任务单等原始记录和统计资料是否完整、准确、全面了解各种制度的落实情况。

4) 在检查中发现一般常见性问题，应当当场提出要求改正，较为严重的问题，填写“机械检查整改通知单”，通知管理单位限期改正，并将改进情况向检查单位做出书面报告。

5) 检查结束时，应当将“机械安全检查记录表”进行整理，分别存入技术档案内，作为使用和维修的参考。

6) 检查结束后，应当做出书面总结，向所属单位通报检查情况，以促进管理水平的提高。

3.2 设备的维护保养

3.2.1 机械设备的维护保养

1. 例行保养

例行保养属于正常使用管理工作，不占用机械设备的运转时间。由操作人员在机械运转过程中或停机前、后进行。例行保养的内容主要有：保持机械清洁，检查运转情况，防止机械腐蚀，按技术要求添加润滑剂，紧固松动的螺栓，调整各部位不正常的行程和间隙等。

2. 强制保养

强制保养是隔一定周期停工进行的保养。强制保养的内容是按一定周期分级进行的。保养周期依据各类机械设备的磨损规律、作业条件、操作维修水平以及经济四个主要因素确定。起重机、挖掘机等大型建筑机械应当进行一至四级保养；汽车、空气压缩机等应当进行一至三级保养；其他一般机械设备只进行一二级保养。一级保养和中小型机械的二级保养通常由机长带领机械操作人员在现场进行，必要时机修人员参加；三四级保养通常应由机修工进行。

3. 特殊情况下的几种保养

(1) 试运转保养是指新机或大修后的机械，在投入使用初期进行的一种磨合性保养。内容是加强检查了解机械的磨合情况。由于这段时间又称为磨合期，所以这一次保养又称磨合保养。

(2) 换季保养是指建筑机械每年入夏或入冬前进行的一种适应性换油保养，通常在五月初或十月上旬进行。

(3) 停用保养是指工程结束后，机械暂时停用，但又不进行封存的一种整理、维护性保养。其作业内容以清洁、整容、配套及防腐为重点，具体内容根据机型、机况、当地气候与实际情况确定。

（4）封存保养是指为减轻自然气候对机械的侵蚀，保持机况完好所采取的防护措施。在封存期间，需有专人保管和定期保养。启用前应当作一次启用检查和保养。封存保养的内容应根据机型、机况和实际情况而定。封存机械通常应放于机库，短期临时封存应用苫布遮护。

3.2.2 机械设备保养质量的检验与登记

建筑机械技术保养完毕后，技术人员、技工和司机，应当对机械各处进行细致、认真的检查。通过试车鉴定保养质量和整机技术性能，解决试车中发现的问题，提高保养质量和速度。

为了总结保养经验，提高各级技术保养质量，机械操作者（或驾驶员）应当将日期、保养级别、技工姓名、换油部位和使用主要配件规格等记录备案，以备考查保养质量。

3.3 机械事故的预防与处理

3.3.1 机械事故的分类

机械事故是指由于使用、保养、修理不当，保管不善或其他原因，引起的机械非正常损坏或损失，并造成机械技术性能下降，使用寿命缩短。机械事故的分类见表3－2。

表3－2 机械事故的分类

序号	分类方式		说明
1	按机械事故的性质分类	责任事故	1. 因养护不良、驾驶操作不当，造成翻、倒、撞、坠、断、扭、烧、裂等情况，引起机械设备的损坏； 2. 修理质量差，未经严格检验出厂后发生。如因配合不当而烧坏轴和轴承等，发动机、变速器等装配不当而损坏轴承等； 3. 不属于正常磨损的机件损坏； 4. 因操作不当造成的间接损失，如起重机摔坏起吊物件等； 5. 丢失重要的随机附件等
		非责任事故	1. 因突然发生的自然灾害，如台风、地震、山洪、雪崩等而造成的机械损坏者； 2. 属于原厂制造质量低劣而发生的机件损坏，经鉴定属实者
2	按机械损坏程度和损失价值分类		根据机械损坏程度和损失价值进行分类。《全民所有制施工企业机械设备管理规定》将机械事故分为一般事故、大事故、重大事故三类： 1. 一般事故：机械直接损失价值在1000～5000元者； 2. 大事故：机械直接损失价值在5000～20000元者； 3. 重大事故：机械直接损失价值在20000元以上者； 直接损失价值的计算，按机械损坏后修复至原正常状态时所需的工、料费用

3.3.2 机械事故的预防

1. 预防机械事故的基本措施

（1）加强思想教育，开展安全教育，使机械人员牢固树立“安全第一”的思想。

（2）各级领导要将安全生产当作大事来抓，深入基层，抓事故苗头，掌握预防事故的规律，宣传爱机、爱车的好人好事，树立先进典型。

（3）机械工人必须经过专业培训，懂得机械技术性能，操作规程、保养规程，掌握操作技术。经考试合格后方可驾驶操纵机械。

（4）机械驾驶操作人员必须严格遵守安全技术操作规程和其他有关安全生产的规定，机动车驾驶员除应遵守安全技术操作规程外，还要严格遵守交通法规。非机动车驾驶员不准驾驶机动车，非机械驾驶员不准操纵机械。

（5）定期开展安全工作检查，形成一个安全意义大家讲，事故苗头大家抓，安全措施大家定的局面，将事故消灭在萌芽中。

2. 机械的防冻、防洪、防火工作

做好机械的防冻、防洪、防火工作，具体内容见表3－3。

表3－3 机械的防冻、防洪、防火工作

项目	具体内容
机械防冻	1. 在每年冰冻前的15～20d，要布置和组织一次检查机械的防冻工作，进行防冻教育，解决防冻设备，落实防冻措施。特别是对停置不用的设备，要逐台进行检查，放净发动机积水，同时加以遮盖，防止雨雪溶水渗入，并挂上“水已放净”的木牌； 2. 驾驶员在冬季驾驶机械和车辆，必须严格按机械防冻的规定办理，不准将机车的放水工作交给他人； 3. 加用防冻液的机车，在加用前要检查防冻液的质量，确认质量可靠后方可加用； 4. 机械调运时，必须将机内和积水放净，以免在运输过程中冻坏机械
机械防洪	1. 每年雨季到来前一个月，对于在河下作业、水上作业和在低洼地施工或存放的机械，都要在汛期到来之前进行一次全面的检查，采取有效措施，防止机械被洪水冲毁； 2. 在雨季开始前，对于露天存放的停用机械，要上盖下垫，防止雨水进入而锈蚀损坏
机械防火	1. 机械驾驶员必须严格遵守防火规定，做到提高警惕、消灭明火，发现问题及时解决； 2. 存放机械的场地内要配备消防设施，禁止无关人员入内； 3. 机械车辆的停放，必须排列整齐，留出足够的通道，禁止乱停乱放，以防发生火灾时堵塞道路

3.3.3 机械事故的处理

1. 机械事故的调查

机械事故发生后，操作人员应当立即停机，保持事故现场，并向单位领导和机械主管人员报告。单位领导和机械主管人员应当会同有关人员立即前往事故现场。如果涉及人身伤亡或有扩大事故损失等情况，应当首先组织抢救。对已发生的事故，当事单位领导要组织有关人员进行现场检查与周密调查，听取当事人和旁证人的申述，记录事故发生的有关情况及造成后果，作为分析事故的依据。

2. 机械事故的分析

机械事故处理的关键在于正确地分析事故原因，事故分析的要求主要有以下几点：

（1）要重视并及时进行事故分析。分析工作进行得越早，原始数据越多，分析事故原因的根据就越充分。要保存好分析的原始证据。

（2）当需拆卸发生事故机械的部件时，要避免使零件再产生新的损伤或变形等情况发生。

（3）分析事故应以损坏的实物和现场实际情况为主要依据，进行科学的检查、化验，对多方面的因素和数据仔细分析判断，不得盲目推测，主观臆断。

（4）分析事故时，除注意发生事故部位外，还要详细了解周围环境，多访问有关人员，以便得出真实情况。

（5）机械事故一般是多种因素造成的，在分析时必须从多方面进行，确有科学根据时才能作出结论，避免由于结论片面而引起不良后果。

（6）根据分析结果，填写故事报告单，确定事故原因、性质、责任者、损失价值、造成后果与事故等级等，并提出处理意见和改进措施。

3. 机械事故处理的原则和方法

（1）机械事故发生后，如果有人员受伤，应当迅速抢救受伤人员，在不妨碍抢救人员的条件下，注意保留现场，并迅速报告领导和上级主管部门，进行妥善处理。

（2）事故不论大小均应如实上报，并填写事故报告单（见表3－4）报公司存查。

表3－4 机械事故报告单

报送单位： 填报日期： 年 月 日

机械名称		规格		管理编号	
使用单位		事故时间		事故地点	
事故责任者		职称		等级	
事故经过原因：					
损失情况：					
基层处理意见：					
公司处理（审批）意见：					
上级审批意见：					
备注					

单位主管： 填表人：

（3）事故发生后，肇事单位必须认真对待，并按“二不放过”的原则进行教育。

（4）在处理机械事故过程中，对肇事者的处理，一般贯彻“教育为主、处罚为辅”的原则。根据情节轻重和态度好坏，初犯或屡犯给予不同的处分或罚金。

（5）在机械事故处理完成后，应将事故的详细情况记入机械档案（见表3－5）。

表3－5 机械事故报表

报送单位： 填报日期： 年 月 日

事故时间	事故地点	肇事人	事故原因	经济损失	处理情况

单位主管： 填表人：

4 建筑机械的成本管理

4.1 施工机械的资产管理

4.1.1 固定资产的分类与折旧

企业的固定资产是固定资金的实物状态。生产用固定资产能在生产过程中长期使用而不改变原有的实物形态，随着它的本身在生产过程中的磨损程度，逐渐有部分以折旧形式将其价值转移到所生产的产品成本中。在实现价值转移时，其实物状态一般并不发生明显的变化，所以称为固定资产。

1. 施工企业固定资产的划分原则

（1）耐用年限在1年以上；非生产经营的设备、物品，耐用年限超过2年的。

（2）单位价值在2000元以上。

不同时具备以上两个条件的，为低值易耗品。

（3）有些劳动资料，单位价值虽然低于规定标准，但是企业的主要劳动资料，也列作固定资产。

（4）凡是与机械设备配套成台的动力机械（发电机、电动机），应当按主机成台管理；凡作为检修更换、更新、待配套需要购置的，不论功率大小、价值多少，均应当作为备品、备件处理。

2. 固定资产分类

（1）按经济用途分类，可分为生产用固定资产和非生产用固定资产。

（2）按使用情况分类，可分为使用中的固定资产、未使用的固定资产、不需用的固定资产、封存的固定资产和租出的固定资产。

（3）按资产所属关系分类，可分为国有固定资产、企业固定资产、不同经济所有制的固定资产和租入固定资产。

（4）按资产的结构特征分类，可分为房屋及建筑物、施工机械、运输设备、生产设备和其他固定资产。

3. 固定资产的折旧

（1）折旧年限。机械折旧年限是指机械投资的回收期限。

（2）计算折旧的方法。根据国务院对大型建筑施工机械折旧的规定，应当按每班折旧额和实际工作台班计算提取；专业运输车辆根据单位里程折旧额和实际行驶里程计算、提取；其余按平均年限计算、提取折旧。

1）平均年限法（直线折旧法）。此种方法是指在机械使用年限内，平均地分摊继续的折旧费用，计算公式为：

$$\text{年折旧额}=\frac{\text{原值}-\text{残值}}{\text{折旧年限}}=\frac{\text{原值}(1-\text{残值率})}{\text{折旧年限}} \qquad (4-1)$$

$$月折旧额=\frac{年折旧额}{12} \tag{4-2}$$

式中：原值——指机械设备的原始价值，包括机械设备的购置费、安装费和运费等；

残值——指机械设备失去使用价值报废后的残余价值；

残值率——指残值占原值的比率。根据建设部门的有关规定，大型机械残值率为5%，运输机为6%，其他机械为4%。

在实际工作中，一般先确定折旧率，再根据折旧率计算折旧额，其计算公式为：

$$年折旧率=\frac{年折旧额}{原值}\times 100\% \tag{4-3}$$

$$月折旧率=\frac{年折旧额}{12\times 原值}\times 100\% \tag{4-4}$$

2）工作量法。对于某些价值高又不经常使用的大型机械，采用工作时间（或工作台班）计算折旧；运输机械采用行驶里程计算折旧。

①按工作时间计算折旧：

$$每小时(每台班)折旧额=\frac{原值-残值}{折旧年限内总工作时间(总台班定额)} \tag{4-5}$$

②按行驶里程计算折旧：

$$每公里折旧额=\frac{原值-残值}{车辆总行驶里程定额} \tag{4-6}$$

3）快速折旧法。常用的有以下几种方法：

①年限总额法（年序数总额法）。此种方法的折旧率是以折旧年限序数的总和为分母，以各年的序数分子组成为序列分数数列，数列中最大者为第一年的折旧率，然后按顺序逐年减少，其计算公式为：

$$Z_t=\frac{n+1-t}{\sum_{t=1}^{n}t}(S_0-S_t) \tag{4-7}$$

式中：Z_t——第 t 年折旧（第一年 t 为1，最末年 t 为 n）；

n——预计固定资产使用年限；

S_0——固定资产原值；

S_t——固定资产预计残值。

②余额递减法。此种方法是指计提折旧额时以尚待折旧的机械净值作为该次机械折旧的基数；折旧率固定不变。因此，机械折旧额是逐年递减的。

4. 大修基金

大修基金提取额和提取率的计算公式为：

$$年大修基金提取额=\frac{每次大修费用\times 使用年限内大修次数}{使用年限} \tag{4-8}$$

$$年大修基金提取率=\frac{年大修基金提取额}{原值}\times 100\% \tag{4-9}$$

$$月大修基金提取率=\frac{年大修基金提取额}{12\times 原值}\times 100\% \tag{4-10}$$

大修基金可以分类综合提取，在提取折旧的同时提取大修基金，运输设备按综合折旧率100%计算，其余设备按照综合折旧率的50%计算。

机械设备的大修必须预先编制计划，大修基金必须专款专用。

4.1.2 机械设备的基础管理

1. 施工机械的编号

施工机械编号时，应注意以下几点：

(1) 机械统一编号应当按照企业机械管理部门在机械验收转入固定资产时统一编排，编号一经确定，不得任意改变。

(2) 报废或调出本系统的机械，其编号应当立即作废，不得继续使用。

(3) 机械的主机和附机、附件均应当采用同一编号。

(4) 编号标志的位置。大型机械设备可以在主机机体指定的明显位置喷涂单位名单及统一编号，其所用字体及格式应统一。小型和固定安装机械可以采用统一式样的金属标牌固定于机体上。

2. 施工机械基础资料

(1) 机械登记卡片。机械登记卡片是反映机械主要情况的基础资料，其内容主要包括：正面是机械各项自然情况，例如机械和动力的厂型、规格，主要技术性能，附属设备及替换设备等情况；反面是机械主要动态情况，例如机械运转、修理、改装、机长变更及事故等记录。

机械登记卡片应当由产权单位机械管理部门建立，一机一卡，按机械的分类顺序排列，由专人负责管理，及时填写和登记。本卡片应随机转移，报废时随报废申请表送审。

本卡的填写要求，除了表格及时填写外，“运转工时”栏，每半年统计一次填入栏内，具体填写内容见表4-1及表4-2。

表4-1 机车车辆登记卡

<table>
<tr><td>名称</td><td></td><td>规格</td><td></td><td>管理编号</td><td></td></tr>
<tr><td rowspan="2">厂牌</td><td rowspan="2"></td><td>应用日期</td><td></td><td>质量（kg）</td><td></td></tr>
<tr><td>出厂日期</td><td></td><td>长×宽×高（mm）</td><td></td></tr>
<tr><td rowspan="2">底盘</td><td>厂牌</td><td>型式</td><td>功率（kW）</td><td>号码</td><td>出厂日期</td></tr>
<tr><td></td><td></td><td></td><td></td><td></td></tr>
<tr><td>主机</td><td></td><td></td><td></td><td></td><td></td></tr>
<tr><td>副机</td><td></td><td></td><td></td><td></td><td></td></tr>
<tr><td>电机</td><td></td><td></td><td></td><td></td><td></td></tr>
<tr><td rowspan="5">附属设备</td><td>名称</td><td>规格</td><td>号码</td><td>单位</td><td>数量</td></tr>
<tr><td></td><td></td><td></td><td></td><td></td></tr>
<tr><td></td><td></td><td></td><td></td><td></td></tr>
<tr><td></td><td></td><td></td><td></td><td></td></tr>
<tr><td></td><td></td><td></td><td></td><td></td></tr>
</table>

续表 4－1

<table>
<tr><td>名称</td><td></td><td colspan="2">规格</td><td colspan="2"></td><td colspan="2">管理编号</td><td colspan="2"></td></tr>
<tr><td colspan="2">前轮</td><td rowspan="3">规格</td><td></td><td rowspan="3">气缸</td><td></td><td rowspan="3">数量</td><td></td><td rowspan="3">备胎</td><td></td></tr>
<tr><td colspan="2">中轮</td><td></td><td></td><td></td><td></td></tr>
<tr><td colspan="2">后轮</td><td></td><td></td><td></td><td></td></tr>
<tr><td>来源</td><td></td><td colspan="2" rowspan="5">移动
调拨
记录</td><td colspan="2">日期</td><td colspan="2">调入</td><td colspan="2">调出</td></tr>
<tr><td>计入日期</td><td></td><td colspan="2"></td><td colspan="2"></td><td colspan="2"></td></tr>
<tr><td>原值</td><td></td><td colspan="2"></td><td colspan="2"></td><td colspan="2"></td></tr>
<tr><td>净值</td><td></td><td colspan="2"></td><td colspan="2"></td><td colspan="2"></td></tr>
<tr><td>折旧年限</td><td></td><td colspan="2"></td><td colspan="2"></td><td colspan="2"></td></tr>
<tr><td rowspan="3">更新时间</td><td>时间</td><td colspan="2"></td><td colspan="4">更新改装内容</td><td colspan="2">价值</td></tr>
<tr><td></td><td colspan="2"></td><td colspan="2"></td><td colspan="2"></td><td colspan="2"></td></tr>
<tr><td></td><td colspan="2"></td><td colspan="2"></td><td colspan="2"></td><td colspan="2"></td></tr>
</table>

填写日期： 年 月 日

表 4－2 运 转 统 计 （每半年汇总填一次）

<table>
<tr><td colspan="2">记载日期</td><td>运转工时</td><td>累计工时</td><td>记载日期</td><td>运转工时</td><td>累计工时</td></tr>
<tr><td colspan="2"></td><td></td><td></td><td></td><td></td><td></td></tr>
<tr><td colspan="2"></td><td></td><td></td><td></td><td></td><td></td></tr>
<tr><td colspan="2"></td><td></td><td></td><td></td><td></td><td></td></tr>
<tr><td rowspan="4">大修理记录</td><td>进厂日期</td><td>出厂日期</td><td>承修单位</td><td>进厂日期</td><td>出厂日期</td><td>承修单位</td></tr>
<tr><td></td><td></td><td></td><td></td><td></td><td></td></tr>
<tr><td></td><td></td><td></td><td></td><td></td><td></td></tr>
<tr><td></td><td></td><td></td><td></td><td></td><td></td></tr>
<tr><td rowspan="4">事故记录</td><td>时间</td><td>地点</td><td colspan="3">损失和处理情况</td><td>肇事人</td></tr>
<tr><td></td><td></td><td></td><td></td><td></td><td></td></tr>
<tr><td></td><td></td><td></td><td></td><td></td><td></td></tr>
<tr><td></td><td></td><td></td><td></td><td></td><td></td></tr>
</table>

（2）机械台账。机械台账是掌握企业机械资产状况，反映企业各类机械的拥有量、机械分布和其变动情况的主要依据。机械台账以《机械分类及编号目录》为依据，按类组代号分页，按机械的编号顺序排列，其内容主要是机械的静态情况，由企业机械管理部门建立和管理，作为掌握机械基本情况的基础资料。机械台账应填写的表格见表 4－3～表 4－5。

表 4－3 机械设备台账

类别：

序号	管理编号	名称	型号规格	制造厂	出厂日期	出厂号码	底盘号码	来源	调入日期	原值(元)	净值(元)	动力部分					调出		备注
												名称	制造	型号	功率(kW)	号码	日期	接收单位	

表 4－4 机械车辆使用情况月报表

共 页第 页

序号	分类	管理编号	机械名称	技术规格	制度台日	质量情况		运转情况		利用率	行驶里程		完成情况		燃油消耗		备注
						完好台日	完好率（%）	实作台日	实作台时		重驶里程	空驶里程	定额产量	实作台班	汽油	柴油	

表 4－5 机械车辆单机完好、利用率统计台账

机械名称：

管理编号：

年	月	制度台日	完好台日	完好率（%）	实作台日	利用率（%）	加班台日数	实作台时		台班或行驶里程		油料消耗（kg）		维修情况		
								本月	累计	本月	累计	本月	累计	大修	中修	小修

1）机械原始记录的种类。包括机械使用记录和汽车使用记录。机械使用记录是施工机械运转的记录，由驾驶操作人员填写，月末上报机械部门；汽车使用记录是运输车辆的原始记录，由操作人员填写，月末上报机械部门。机械原始记录的填写应符合下列要求：

①机械原始记录均按规定的表格，不得各搞一套，这样既便于机械统计需要，又避免造成混乱。

②机械原始记录要求驾驶操作人员按照实际工作小时填写准确及时完整，不得有虚假，机械运转工时按实际运转工时填写。

③机械驾驶人员的原始记录填写好坏，应当与奖励制度结合起来，并作为评奖条件之一。

2）机械统计报表的种类。

①机械使用情况月报，本表为反映机械使用情况的报表，应由机械部门根据机械使用原始记录按月汇总统计上报。

②施工单位机械设备实有及利用情况（季、年报表）。

③机械技术装备情况（年报），本表是反映各单位机械化装备程度的综合考核指标。

④机械保修情况（月、季、年）报表，本表为反映机械保修性能情况的报表，应由机械部门每月汇总上报。

4.1.3 机械设备的库存管理与报废

1. 机械设备的库存管理

（1）机械保管。

1）机械仓库一般建立在交通方便、地势较高、易于排水的地方，仓库地面应当坚实平坦；要有完善的防火安全措施和通风条件，并配备起重设备。根据机械类型及存放保管的不同要求，建立露天仓库、棚式仓库与室内仓库等，各类仓库不宜距离过远，以便于管理。

2）机械存放时，应当根据其构造、重量、体积、包装等情况，选择相应的仓库，对不宜日晒雨淋而受风沙与温度变化影响较小的机械，例如汽车、内燃机、空压机和一些装箱的机电设备，可以存放在棚式仓库。对受日晒雨淋和灰沙侵入易受损害、体积较小、搬运方便的设备，例如加工机床、小型机械、电气设备、工具、仪表及机械的备品配件和橡胶制品、皮革制品等应储存在室内仓库。

（2）出入库管理。

1）机械入库应当凭机械管理部门的机械入库单，并核对机械型号、规格、名称等是否相符，认真清点随机附件、备品配件、工具及技术资料，经点收无误签认后，将其中一联通知单退机械管理部门以示接收入库，并且及时登记建立库存卡片。

2）机械出库应当凭机械管理部门的机械出库单办理出库手续。原随机附件、工具、备品配件及技术资料等要随机交给领用单位，并办理签证。

3）仓库管理人员对库存机械应当定期清点，年终盘点，对账核物，做到账物相符，并将盘点结果造表报送机械管理部门。

(3) 库存机械保养。

库存机械保养的内容主要包括：清除机体上的尘土与水分；检查零件有无锈蚀现象，封存油是否变质，干燥剂是否失效，必要时进行更换；检查并排除漏水、漏油现象；有条件时，使机械原地运转几分钟，并使工作装置动作，以清除相对运动零件配合表面的锈蚀，改善润滑状况与改变受压位置；电动机械根据情况进行通电检查；选择干燥天气进行机械保养，并打开库房门窗和机械的门窗进行通气。

2. 机械设备的调拨

列入固定资产的设备进行调拨时，应当按分级管理原则办理报批手续。设备调拨通常可分为有偿调拨与无偿调拨两种。有偿调拨可以按设备质量情况，由调出单位与调入单位双方协商定价，按有关规定办理有偿调拨手续。无偿调拨由于企业生产产品转产或合并等原因，经报企业主管领导部门及财政部门批准后，可以办理设备固定资产调拨手续。

企业外调设备通常均应是闲置多余的设备，企业调出设备时，所有附件、专用备件和使用说明书等，均应随机一并移交给调入单位。由于设备调拨是产权变动的一种形式，因此在进行设备调拨时应当办理相应的资产评估和验证确认手续。

3. 机械设备的封存与处理

(1) 机械设备的封存。闲置设备是指过去已安装验收、投产使用而目前因生产和工艺上暂时不需用的设备。企业应当设法将闲置设备及早利用起来，确实不需用的要及时处理或进入调剂市场。凡停用3个月以上的设备，由使用部门提出设备封存申请单，经批准后，通知财务部门暂时停止该设备折旧。封存的设备应当切断电源，进行认真保养，上防锈油，盖（套）上防护罩，通常是就地封存。这样能够使企业中一部分暂时不用的设备减缓其损耗的速度和程度，同时达到减少维修费用，降低生产成本的目的。已封存的设备，应当有明显的封存标志，并指定专人负责保管、检查。对封存闲置设备必须加强维护和管理，尤其应当注意附机、附件的完整性。封存后需要重新使用时，应由设备使用部门提出，并报设备管理部门办理启封手续。封存机械明细表见表4-6。

表4-6 封存机械明细表

填报单位：　　　　　　　　　　　　　　　　　　年　　月　　日

序号	机械编号	机械名称	规格型号	技术状况	封存时间	封存地点	备注

单位主管　　　　　　　　　　　　机械部门　　　　　　　　　　　　制表

（2）闲置机械的处理。凡是封存1年以上的设备，在考虑企业发展情况以后，确认是不需要的设备，应当填报闲置设备明细表，并报上级主管部门，参加多余设备的调剂利用。有关闲置设备调剂工作应当按照国务院生产办公室《企业闲置设备调剂利用管理办法》办理，做好闲置设备的处理工作。积极开展闲置设备处理是设备部门一项经常性的重要工作，主要要求有：

1）企业闲置机械是指除了在用、备用、维修、改装等必需的机械外，其他连续停用1年以上不用或新购验收后2年以上不能投产的机械。

2）企业对闲置机械应当妥善保管，防止丢失或损坏。

3）企业处理闲置机械时，应当建立审批程序和监督管理制度，并报上级机械管理部门备案。

4）企业处理闲置机械的收益，应当用于机械更新和机械改造。专款专用，不准挪用。

5）严禁将国家明文规定的淘汰、不许扩散和转让的机械，作为闲置机械进行处理。

4. 机械设备的报废

机械设备的报废是指由于长期使用，机械逐渐磨损而丧失生产能力或者由于自然灾害或事故造成的损坏等原因，使其丧失使用价值，达到无法修复或者经修理虽能恢复精度，但经济上不如更换新设备合算时，应当及时进行报废处理，办理报废手续。

（1）设备报废条件。企业对属于下列情况之一的设备，应当按报废处理：

1）主要结构或主要部件已损坏，预计大修后技术性能低劣仍不能满足生产使用要求、保证安全生产和产品质量的设备。

2）意外情况设备严重损坏，在技术上无条件修复，大修虽能恢复精度，但不如更新更为经济的设备，修理费超过原值的50%。

3）设备老化、技术性能落后、耗能高、效率低、经济效益差的设备。

4）严重污染环境，危害人身安全与健康，无修复、改造价值的设备。

5）对于非标准的专用机械，由于工程项目停建或者任务变更，本单位不适用，其他单位也不适用。

6）属于淘汰机型或国家规定强制报废的设备。

（2）机械设备报废的基本原则。折旧费已提完，使用年限已到。对于未达到使用年限，折旧费未提完的设备，应从严掌握。特别是年代近的产品，通常不应提出报废申请。

（3）设备报废的审批程序。机械设备的报废应当由使用单位提出报废申请，阐明报废理由，送交设备部门初步审查，并组织专业人员进行技术鉴定和价值评估，符合报废条件的方可报废，由设备管理部门审核后，由使用部门填写“设备报废申请单”（见表4-7），连同报废鉴定书，送交主管领导（总工程师）批准。批复下达后方可执行。严防不办理报废手续，任意报废设备的做法。

（4）报废设备处理。

1）一般报废设备应从生产现场拆除，使其不良影响减少到最小限度。同时做好报废设备的处理工作，做到物尽其用。

表 4－7 机械设备报废申请表

填报单位： 年 月 日

管理编号		机械名称		规格	
厂牌		发动号		底盘号	
出厂年月		规定使用年限		已使用年限	
机械原值		已提折旧		机械残值	
报废净值		停放地点		报废审批权限	
设备现状及报废原因					
“三结合”小组及领导鉴定意见	审批签章				
总公司审批意见	审批签章				
部门审批意见	审批签章				
备注					

2）通常情况下，报废设备只能拆除后留用可利用的部分零部件，不应再作价外调，以免落后、陈旧、淘汰的设备再次投入社会使用。

3）由于发展新产品或工艺进步的需要，某些设备在本企业不宜使用，但尚可提供给其他企业使用，在将这些设备作报废（属于提前报废）处理时，应当向上级主管部门和国有资产管理部门提出申请，核准后予以报废。

4）因固定资产折旧年限已到而批准报废的工程机械，可以根据工程的需要和机械技术状况的好坏，在保证安全生产的前提下留用，也可以进行整机转让。

5）已经公司批准报废的车辆，原则上将车上交到指定回收公司进行回收，注销牌照，暂时留用的车辆，必须根据车管部门的规定按期年审。

6）报废留用的车辆、机械都应当建立相应的台账，做到账物相符。

7）设备报废后，设备部门应当将批准的设备报废单送交财会部门注销账卡。

8）企业转让和报废设备所得的收益，上交企业财务，此项款必须用于设备更新和改造。

4.2 建筑机械的经济管理

4.2.1 机械寿命周期费用

1. 机械的寿命

机械寿命一般指机械从交付使用，直到不能使用以致报废所经过的时间，根据不同的计算依据，分为物质寿命、技术寿命和经济寿命。

(1) 机械的物质寿命又称自然寿命或物理寿命，是指机械从开始使用直到报废为止的整个时间阶段，也称使用寿命，与机械维护保养的好坏有关，并可通过修理来延长。

(2) 机械的技术寿命，是指机械开始使用，到因技术落后被淘汰所经过的时间，与技术进步有关，要延长机械的技术寿命，就必须用新技术对机械加以改造。

(3) 机械的经济寿命又称价值寿命，指机械从开始使用到创造最佳经济效益所经过的时间，是从经济的角度选择机械最合理的使用年限，机械的经济寿命期满后，如不进行改造或更新，就会加大机械使用成本，影响企业经济效益。

2. 机械寿命周期费用组成

机械寿命周期费用是在其全寿命周期内，为购置和维持其正常运行所支付的全部费用，它包括与该机械有关的研究开发、设计制造、安装调试、使用维修、一直到报废为止所发生的一切费用总和。机械寿命周期费用由其设置费（原始费）和维持费（使用费）两大部分组成。

$$\text{寿命周期费用} = \text{设置费} + \text{维持费} \tag{4-11}$$

在机械的整个寿命周期费用内，从各个阶段费用发生的情况来分析，在通常情况下，机械从规划到设计、制造，其所支出的费用是递增的，到安装调试后开始逐渐下降，其后运转阶段的费用支出则保持一定的水平。但到运转阶段的后期，机械逐渐劣化，修理费用增加，维持费上升，上升到一定程度，机械寿命终止，机械就需要改造或更新，机械的寿命周期也到此完结。

4.2.2 施工机械定额管理

1. 机械主要定额

技术经济定额是企业在一定生产技术条件下，对人力、物力与财力的消耗规定的数量标准。有关机械设备技术经济定额的种类和内容如下：

(1) 产量定额。产量定额按计算时间区分为台班产量定额、年台班定额和年产量定额。

1) 台班产量定额指机械设备按规格型号，根据生产对象和生产条件的不同，在一个台班中所应完成的产量数额。

2) 年台班定额是机械设备在一年中应该完成的工作台班数。它根据机械使用条件和生产班次的不同而分别制定。

3) 年产量定额是各种机械在一年中应完成的产量数额。其数量为台班产量定额与年台班定额之积。

(2) 油料消耗定额。油料消耗定额是指内燃机械在单位运行时间中消耗的燃料和润滑油的限额。一般按机型、道路条件、气候条件和工作对象等确定。润滑油消耗定额按燃油消耗定额的比例制定，一般按燃油消耗定额的 2% ~3% 计算。油料消耗定额还应包括保养修理用油定额，应根据机型和保养级别而定。

(3) 轮胎消耗定额。轮胎消耗定额是指新轮胎使用到翻新或翻新轮胎使用到报废所应达到的使用期限数额（以 km 计）。按轮胎的厂牌、规格、型号等分别制定。

(4) 随机工具、附具消耗定额。随机工具、附具消耗定额是指为做好主要机械设备的经常性维修、保养必须配备的随机工具、附具的限额。

(5) 替换部件消耗定额。替换部件消耗定额是指机械的替换部件，如蓄电池、钢丝绳、胶管等的使用消耗限额。一般换算成耐用班台数额或每台班的摊销金额。

(6) 大修理间隔期定额。大修理间隔期定额是新机到大修，或本次大修到下一次大修应达到的使用间隔期限额（以台班数计）。它是评价机械使用和保养、修理质量的综合指标，应分机型制定，对于新机械和老机械采取相应的增减系数。新机械第一次大修间隔期应按一般定额时间增加10% ~20%。

(7) 保养、修理工时定额。保养、修理工时定额指完成各类保养和修理作业的工时限额，是衡量维修单位（班组）和维修上的实际工效，作为超产计奖的依据，并可供确定定员时参考。分别按机械保养和修理类别制定：为计算方便，常以大修理工时定额为基础，乘以各类保养、修理的换算系数，即为各类保养、修理的工时定额。

(8) 保养、修理费用定额。保养、修理费用定额包括保养和修理过程中所消耗的全部费用的限额，是综合考核机械保养、修理费用的指标。保养、修理费用定额应按机械类型、新旧程度、工作条件等因素分别制定。并可相应制定大修配件、辅助材料等包干费用和大修喷漆费用等单项定额。

(9) 保养、修理停修期定额。保养、修理停修期定额指机械进行保养、修理时允许占用的时间，是保证机械完好率的定额。

(10) 机械操作、维修人员配备定额。机械操作、维修人员配备定额指每台机械设备的操作、维修人员限定的名额。

(11) 机械设备台班费用定额。机械设备台班费用定额是指使用一个台班的某台机械设备所耗用费用的限额。它是将机械设备的价值和使用、维修过程中所发生的各项费用科学地转移到生产成本中的一种表现形式，是机械使用的计费依据，也是施工企业实行经济核算、单机或班组核算的依据。

上述机械设备技术经济定额由行业主管部门制定。企业在执行上级定额的基础上，可以制定一些分项定额。

2. 施工机械台班定额

施工机械使用费是根据施工中耗用的机械台班数量与机械台班单价确定的。施工机械台班耗用量按照预算定额规定计算；施工机械台班单价是指一台施工机械，在正常运转条件下一个工作班中所发生的全部费用，每台班按照8小时工作制计算。施工机械台班单价由七项费用组成，包括折旧费、大（中）修理费、经常修理费、安拆费及场外运费、机械人工费、燃料动力费、养路费及车船使用税。

(1) 折旧费。折旧费是指施工机械在规定使用期限内，陆续收回其原值及购置资金的时间价值。其计算公式为：

$$台班折旧费=\frac{机械预算价格\times(1-残值率)\times时间价值系数}{耐用总台班} \tag{4-12}$$

1) 机械预算价格：

①国产机械的预算价格：国产机械预算价格按照机械原值、供销部门手续费和一次运杂费以及车辆购置税之和计算。

②进口机械的预算价格：进口机械的预算价格按照机械原值、关税、增值税、消费税、外贸手续费和国内运杂费、财务费、车辆购置税之和计算。

2）残值率：机械报废时，回收的残值占机械原值的百分比。残值率按照目前有关规定执行：运输机械为2%，掘进机械为5%，特大型机械为3%，中小型机械为4%。

3）时间价值系数：购置施工机械的资金在施工生产过程中随着时间的推移而产生的单位增值。

$$时间价值系数=1+\frac{年折旧率+1}{2}\times年折现率 \tag{4-13}$$

其中年折现率应按照编制期银行年贷款利率确定。

4）耐用总台班：施工机械从开始投入使用至报废前使用的总台班数，应按施工机械的技术指标及寿命期等相关参数确定。机械耐用总台班的计算公式为：

$$耐用总台班=折旧年限\times年工作台班-大修间隔台班\times大修周期 \tag{4-14}$$

年工作台班是根据有关部门对各类主要机械最近3年的统计资料分析确定。

大修间隔台班主要是指机械自投入使用起至第一次大修止或自上一次大修后投入使用起至下一次大修止，应达到的使用台班数。

（2）大（中）修理费。大修理费主要是指机械设备按规定的大修间隔台班进行必要的大（中）修理，以恢复机械正常技术性能所需的费用。台班大修理费是机械使用期限内全部大修理费之和在台班费用中的分摊额，它取决于一次大修理费用、大修理次数和耐用总台班的数量。其计算公式为：

$$台班大修理费=\frac{一次大修理费\times寿命期内大修理次数}{耐用总台班数} \tag{4-15}$$

（3）经常修理费。经常修理费是指施工机械除大修理以外的各级保养和临时故障排除所需的费用。一般包括为保障机械正常运转所需替换与随机配备工具、附具的摊销和维护费用，机械运转及日常保养所需润滑与擦拭的材料费用及机械停滞期间的维护和保养费用等。分摊到台班费中，即为台班经修费。

1）各级保养一次费用。分别是指机械在各个使用周期内为保证机械处于完好状况，必须按规定的各级保养间隔周期，保养范围和内容进行的一、二、三级保养或定期保养所消耗的工时、配件、辅料、油燃料等费用。

2）寿命期各级保养总次数。分别是指一、二、三级保养或定期保养在寿命期内各个使用周期中保养次数之和。

3）临时故障排除费。指机械除规定的大修理及各级保养外，临时故障所需费用以及机械在工作日以外的保养维护所需润滑擦拭材料费，按各级保养（不包括例保辅料费）费用之和的3%计算。

4）替换设备及工具、附具台班摊销费。主要是指轮胎、电缆、蓄电池、运输皮带、钢丝绳、胶皮管、履带板等消耗性部件和按规定随机配备的全套工具、附具的台班摊销费用。

5）例保辅料费。即机械日常保养所需润滑擦拭材料的费用。

（4）安拆费及场外运费。安拆费是指施工机械在现场进行安装与拆卸所需的人工、材料、机械和试运转费用以及机械辅助设施的折旧、搭设、拆除等费用；场外运费是指施工机械整体或分体自停放地点运至施工现场或由一施工地点运至另一施工地点的运输、装卸、辅助材料及架线等费用。

（5）人工费。人工费是指机上司机和其他操作人员的工作日人工费及上述人员在施工机械规定的年工作台班以外的人工费。人工费按下列公式计算：

$$台班人工费=\frac{人工消耗量\times（1+年制度工作日）\times年工资台班\times人工单价}{年工作台班} \tag{4-16}$$

1）人工消耗量是指机上司机和其他操作人员工日消耗量。

2）年制度工作日应当执行编制期国家有关规定。

3）人工单价应当执行编制期工程造价管理部门的有关规定。

（6）燃油动力费。燃料动力费是指施工机械在运转作业中所耗用的固体燃料（煤、木柴）、液体燃料（汽油、柴油）及水、电等费用。其计算公式为：

$$台班燃料动力费=台班燃料动力消耗量\times相应单价 \tag{4-17}$$

1）燃料动力消耗量应根据施工机械技术指标及实测资料综合确定。

2）燃料动力单价应当执行编制期工程造价管理部门的有关规定。

（7）车船使用费。车船使用费是指施工机械按照国家和有关部门规定应缴纳的车船使用税、保险费及年检费用等。

4.2.3 施工机械租赁管理

1. 租赁管理要点

（1）项目经理部在施工进场或单项工序开工前，应当向公司机械主管部门上报机械使用计划。

（2）项目施工使用的机械设备应当以现有机械设备为主，在现有机械不能满足施工需要时，应当向公司机械主管部门上报机械租用计划，待批复后，由项目负责人实施机械租赁的具体工作。

1）大型机械设备租赁工作应当由公司机械管理部门负责实施。

2）中小型机械设备租赁应当由项目自行实施。

3）当项目不能自行解决时，应当由公司机械管理部门负责协调解决。

（3）各项目经理部必须建立：机械租赁台账；租赁机械结算台账；每月上报租赁机械使用报表；租赁网络台账；租赁合同台账。

（4）项目应当建立有良好的机械租赁联系网络，并且报公司机械管理部门，以保证在需要租用机械设备时，能够准时按要求进场。

（5）机械设备租赁时，应当严格执行合同式管理，机械租赁合同须报公司主管部门批准后方可生效。

（6）租用单位应当及时与出租单位办理租赁结算，杜绝因租赁费用结算而发生法律纠纷。

2. 机械设备的内部租赁

施工机械的内部租赁是在有偿使用的原则下，由施工企业所属机械经营单位与施工单位之间所发生的机械租赁。机械经营单位为出租方承担提供机械、保证施工生产需要的职责，并按照企业规定的租赁办法签订租赁合同，收取租赁费。其具体做法是：

（1）签订机械租赁合同。租赁合同是出租方和承租方为租赁活动而缔结的具有法律性质的经济契约，用来明确租赁双方的经济责任。承租方根据施工生产计划，按时签订机械租赁合同，出租方按照合同要求如期向承租方提供符合要求的机械，保证施工需要。根据机械的不同情况，采取相应的合同形式。

1）能计算实物工程量的大型机械，可按照施工任务签订实物工程量承包合同。

2）一般机械按照单位工程工期签订周期租赁合同。

3）长期固定在班组的机械（如木工机械、钢筋、焊接设备等），签订年度一次性租赁合同。

4）临时租用的小型设备（如打夯机、水泵等）可以简化租赁手续，以出入库单计算使用台班，作为结算依据。

5）对外出租的机械，按照租用期与承租方签订一次性合同。

（2）机械租赁收费办法。

1）作业台班数。以8h为一个台班，不足4h按0.5台班取费，超过4h不足8h按一个台班取费，依此类推。

2）停置台班。由于租用单位管理不善、计划不周等原因造成机械停置，收取停置费为作业台班费的50%。

3）免收台班费。由于任务变更、提前竣工、合同终止等原因，机械暂时无处周转，或因气候影响、法定节假日休息、机械事故等原因造成的停置，免收停置费。

4）场外运输费。承租期内机械转移，由承租方承担一次性场外运转费。

5）租赁费标准。企业内部租用机械，按照机械台班费用取费；对外租赁的机械，按市场价格收取，并根据季节、租赁期、作业条件等情况适度上下浮动。

6）租赁费结算办法。机械的租赁实行日清月结，根据合同规定要求，认真核实运转记录，双方签证后生效。承包实物量的机械，按照实际完成实物量结算；一般机械按照台班运转记录结算；长期固定在班组使用的机械，按照月制度台日数的60%作为使用台日数计取台班费，临时租用的小型机械根据出入库期间日计取台班费。

3. 机械设备的社会租赁

机械社会性租赁按其性质可分为融资性租赁和服务性租赁两类。

（1）融资性租赁。融资性租赁是将借钱与租物结合在一起的租赁业务。租赁公司出资购置建筑施工单位所选定的某种型号机械，然后出租给施工企业。施工企业按照特定合同的条件与特定的租金条件，在一定期限内拥有对该机械的所有权与使用权。在合同期满后，承租的建筑施工企业可按合同议定的条件支付一笔货款，从而拥有该机械的全部产权，或者是将该机械退还给租赁商，也可另订合同继续租用该机械。

（2）服务性租赁。服务性租赁也称为融物性租赁，建筑施工单位可以按合同规定支付租金取得对某型号机械的使用权。在合同期内，一切有关设备的维修与操作业务均由租赁公司负责。合同期满后，不存在该机械产权转移问题。承租单位可以按照新协议合同继续租用该机械。

4.2.4 施工机械经济核算与经济分析

施工机械经济核算是企业经济核算的重要组成部分。实行机械经济核算，就是将经济核算的方法运用到机械施工生产和经营的各项工作中，通过核算与分析，以实施有效的监督与控制，谋求最佳的经济效益。

1. 机械经济核算

机械经济核算主要有机械使用费核算和机械维修费核算两种。

（1）机械使用费核算。机械使用费是指机械施工生产中所发生的费用，即使用成本。按照核算单位可分为单机核算、班组核算、中间单位核算、公司核算等级别。本节主要介绍单机核算。

（2）核算的起点。凡项目经理部拥有大、中型机械设备10台以上，或按照能耗计量规定单台能耗超过规定者，均应开展单机核算工作，无专人操作的中小型机械，有条件的也可以进行单机核算，以提高机械使用的经济效益。

（3）单机核算的内容与方法。单机核算可分为单项核算、逐项核算、大修间隔期核算和寿命周期核算。

1）单机选项核算是指核算范围限于几个主要指标（如产量或台班）或主要消耗定额（如燃料消耗）进行核算的一种形式。核算时用实际完成数与计划指标或定额进行比较，计算出盈亏数。这种核算简单易行，但不能反映全面情况。

单机选项核算，一般核算完成年产量、燃油消耗等，因为这两项是经济指标中的主要指标。

2）单机逐项核算是指按月、季（或施工周期）对机械使用费收入与台班费组成中各项费用的实际支出（有些项目无法计算时，可采用定额数）进行逐项核算，计算出单机使用成本的盈亏数。这种核算形式内容全面，不仅能反映单位产量上的实际成本，而且能了解机械的合理使用程度，并可以进一步了解机械使用成本盈亏的主、客观原因，从而找出降低机械使用成本的途径。

3）大修间隔期费用核算是以上次大修（或新机启用）到本次大修的间隔期作为核算期，对机械使用费的总收入与各项支出进行比较的核算。由于机械使用中有些项目的支出间隔较长（如某些替换设备或较大的修理，不是几个月甚至几年能发生一次），进行月、季度核算不能准确反映机械的实际支出。因此，按大修间隔期核算能较为准确地反映单机运行成本。由于大修间隔期一般需要3～5年，需要具备积累资料的条件。

4）寿命周期费用核算是对一台机械从购入到报废一生中的经济成果的核算。这种核算能反映整个寿命周期过程中的全部收入、支出和经济效益，从中得出寿命周期费用构成比例和变化规律的分析资料，作为改进机械管理的依据，并可对改进机械的设计、制造和选购提供资料。

（4）单机核算台账。单机核算台账（见表4－8）是一种费用核算，通常按机械使用期内实际收入金额与机械使用期内实际支出的各项费用的比较，考核单机的经济效益如何，是节约还是超支。

表 4－8 单机核算台账

机械名称： 编号： 驾驶员：

年	月	实际完成数量及收入					各项实际支出（元）														节（+）超（－）
		台班收入		吨公里收入		合计（元）	折旧费	大修费	中修三保费	一二保及小修费	配件费	轮胎费	设备替换及工具附具费	安装拆卸及附注设施费	燃料及其他润滑油费	工资奖金	管理费	车船养路营运费	事故费	合计	
		数量	金额（元）	数量	金额（元）																

（5）核算期间。通常每月进行一次，如有困难也可每季进行一次，每次核算的结果要定期向群众公布，以激发群众的积极性。

2. 机械修理费用核算

（1）单机大修理成本核算。单机大修理成本核算是由修理单位对大修竣工的机械按照修理定额中划分的项目，分项计算其实际成本。其中，主要项目是：

1）工时费。按照实际消耗工时乘以工时单价，即为工时费。工时单价包括人工费、动力燃料费、工具使用费、固定资产使用费、劳动保护费、车间经常费与企业管理费等项的费用分摊，由修理单位参照修理技术经济定额制定。

2）配件材料费。如果采取按实报销，则应收支平衡；如果采取配件材料费用包干，则以实际发生的配件材料费与包干费相比，即可计算其盈亏数。

3）油燃料及辅料。包括修理中加注和消耗的油燃料、辅助材料、替换设备等通常按定额结算，根据定额费用和实际费用相比，计算其盈亏数。

（2）机械保养、小修成本核算。机械保养项目有定额的，可计算实际发生的费用和定额相比，核算其盈亏数。没有定额的保养、小修项目，应当包括在单机或班组核算中，采取维修承包的方式，以促进维修工与操作工密切配合，共同为减少机械维修费用而努力。

(3) 核算时应具备的条件。核算时应具备的条件主要有：要有一套完整的先进的技术经济定额，作为核算依据；要有严格的物资领用制度，材料、油料发放时做到计量准确，供应及时，记录齐全；要有健全的原始记录，要求准确、齐全、及时，同时要统一格式、内容及传递方式等；要有明确的单机原始资料的传递速度。

(4) 机械的经济分析。机械经济分析是利用经济核算资料或统计数据，对机械施工生产经营活动的各种因素进行深入、具体的分析，从中找出有影响的因素和其影响程度，揭露存在问题和原因，以便采取改进措施，提高机械使用管理水平和经济效益。

1) 机械经济分析的内容。

①机械产量（或完成台班数）。这是经济分析的中心，通过分析来说明生产计划的完成与否的原因以及各项技术经济指标变动对计划完成的影响，反映机械管理工作的全貌。在分析时，要对机械产量、质量、安全性与合理性等进行分析，还要在施工组织、劳动力配备与物资供应等方面进一步说明对机械生产的影响。

②机械使用情况分析。合理使用机械和定期维护保养是保证机械技术状况良好的必要条件。

③机械使用成本和利润的分析。机械经营的目标是获得最优的经济效益。根据经济核算获得机械使用成本的盈亏数，分析机械使用各项定额的完成情况，从中找出影响机械使用成本的主要因素，并提出相应的改进措施。

④机械经营管理工作的分析。这是机械经营单位根据经济核算资料，包括各项技术经济指标与定额的完成情况，对机械经营管理工作进行全面、深入地分析，从中找出存在问题和薄弱环节，据此提出改进措施，提高机械经营管理水平。

此外，还可以对物资供应和消耗、维修质量和工期，以及劳动力的组成和技术熟练程度等方面进行分析。

2) 机械经济分析的方法。机械经济分析的方法有以下几种，应根据分析的对象和要求选用，也可以综合使用。

①比较法。比较法是运用最广泛的一种分析法，具有对各项指标进行一般评价的作用。它是以经济核算取得的数据进行比较分析，以数据之间的差异为线索，找出产生差异的原因，采取有效的解决措施。在进行比较时应注意指标数字的可比性。不同性质的指标不能相比。指标性质相同，也要注意它们的范围、时间、计算口径等是否一致。

常用的有以下几种：

a. 实际完成数与计划数或定额数比较，用以检查完成计划或定额的程度，找出影响计划或定额完成的原因，采取改进措施。

b. 本期完成数与上期完成数比较，了解不同时期升降动态，巩固成绩，缩短差距。

c. 与历史先进水平或同行业先进水平比较，采取措施，赶超先进水平。

②因素分析法。这是对因素的影响做定量分析的方法。当影响一个指标的因素有两个以上时，要分别计算和分析这两个因素的影响程度。因素分析法一般采用替换法，即列出计算公式，用改变了的因素数字逐项替代未改变的因素数字，比较其差异，以确定各因素

的影响程度。

③因素比较法。对影响某一指标的各项因素加以比较，找出影响最大的因素。例如，机械施工直接成本中，材料费占 70%，机械费占 18%，人工费占 12%，加以比较后得出降低材料费是主要因素。

④综合分析法。把若干个指标综合在一起，进行比较分析，通过指标间相互关系和差异情况，找出工作中的薄弱环节和存在问题的主要方面。分析时可使用综合分析表格、排列图、因果分析图等方法。

5 施工机械设备评估与信息化管理

5.1 施工机械设备的评估与优化

5.1.1 施工现场设备的选型

在工程建设中，由于项目的需要必须购置新设备时，设备的选择是十分关键的。选择设备的目的，是为施工生产选择最优的技术装备，也就是选择技术上先进、经济上合理的最优设备。要根据施工流程进行装备，使每个施工环节所装备的机械设备，在使用性能、生产效率、经济实用、生产安全等方面都能充分体现机械设备在施工生产上的优越性。因此在选择设备上要注意以下几点：

（1）注重设备的生产性，也就是设备的单位产量，即机械设备的生产率。项目选择设备时不能贪全求大，要选择适合本项目的机械设备。

（2）要考虑设备的可靠性和节能性。设备的精度和性能要可靠，设备的故障率要低，零部件要耐用、安全、可靠。同时，设备的节能性也要充分考虑，切不可选择那些“电老虎”、“油老虎”的设备。

（3）要尽量选择可修性强的设备，要求设备结构简单，零部件组合合理，润滑点、调整部位、连接部位应尽量少，维修时零部件易于接近，可迅速拆卸，易于检查，部件实现通用化和标准化，具有互换性。

（4）选择设备时要与项目的其他设备配套，比如土石方工程使用的挖掘机、装载机要与自卸汽车配套，混凝土运输设备要与混凝土拌和设备配套等。

5.1.2 施工设备的优化配置

一个工程项目设备的选用与配置是十分关键的，选好设备、合理配置是干好一个工程项目的前提，对工程项目常常起到事半功倍的作用。

（1）首先应了解工程项目的施工组织设计，根据工程项目的大小、施工工期、施工条件、场地等，决定进场设备的规格型号和数量，编制适合该项目的机械使用计划和编排所需施工机械进出场的时间计划，并做好施工设备总量、进度控制。

（2）根据建筑施工企业的特点，选用设备时应本着“先调剂，后租赁”的原则，先将企业内部的闲置设备充分利用，不足部分与缺口设备，通过租赁市场租用。

（3）在建设工程项目中实行机械设备租赁是设备配置的较好选择，减少了一次性设备大量投资，降低了工程成本，还原了资金的商品价值和流动状态。

（4）在建施工项目在选择设备时，要精打细算，力求少而精。力求做到生产上适用，技术性能先进，安全可靠，设备状况稳定，经济合理，能满足施工工艺要求。设备选型应当按实物工程数量、施工条件、技术力量、配置动力与之生产能力相适应。对于要求租用的设备，应选择整机性能好、效率较高、故障率低、维修方便、互换性强的设备。尽量选用能源消耗低、噪声小、环境污染小的设备，使其综合成本降低。租用设备时，要加强时间价值观念的认识，对于大型设备的进、出场都应预先书面报告。

5.2 施工机械设备信息化管理

5.2.1 信息化、网络化建设的重大意义

信息化建设是提升建筑企业技术水平和管理水平、促进管理创新、提高工作效率、增加经营效益的重要途径；它能够大大提高企业收集、传递、处理与利用信息的能力，为领导决策提供充分的依据，是提高企业决策速度和决策质量的有效措施；是增强市场竞争力、参与国际竞争的客观要求。

5.2.2 机械设备管理中存在的问题

随着社会主义市场经济的深化、现代企业制度的建立，以“动态管理、优化组合”为其精髓的建筑项目管理理念被企业普遍接受和采用，管理方式的改革提高了劳动效率，降低了工程成本。施工企业机械设备管理工作的管理方法和方式也在不断更新和改变，用计算机进行各项管理已普遍被人们采用，在设备方面，由于没有与之相配套使用的设备管理计算机系统，使我们的各项管理没有达到应有的水平，存在的问题主要表现在如下几个方面。

（1）基础管理工作存在薄弱环节。

基础管理工作中缺乏标准化、规范化、制度化、程式化的管理，管理的优劣因人而异。各种原始资料、质量记录及统计报表不统一、不规范，尽管通过ISO9000制定了一系列的程序文件和发布了相关的设备管理制度、办法等，但执行的效果因单位和管理者而异，存在不同的差距。

（2）信息分散、不及时、不准确、不共享。

众所周知，施工企业工点多、较分散，数据的采集不能够保证及时，同时由于人员的素质及管理经验参差不齐，数据的准确性和完整性不能够得到保证。由于管理信息分散、基础数据不完善、不及时、不准确，大大影响管理决策的科学性。

（3）管理工具落后。

大部分项目部仍处于手工分散管理或微机单项管理的阶段，虽然有的企业也建立了局部的计算机网络系统，但目前主要应用于办公系统、文件管理等方面，还没有覆盖到企业的整个管理体系中。设备管理方面由于企业内部没有实现信息的共享，因此企业的资源就谈不上合理化优化配置或者说给企业整体装备水平带来一定困难，一方面设备的优势没有及时得到发挥和利用，另一方面给企业带来经济上不必要的损失。

（4）成本计算不准确、成本控制差。

由于没有运用一套完整的成本核算体系和办法，各个项目部用于成本核算的方法、内容不统一，也不规范，成本费用分摊很粗，而且大量成本数据是人工采集的，数据的准确性很差，使得成本计算不准确。有的项目部虽然也进行了成本计算，但很少进行成本分析，因此成本控制差或根本无法控制。

5.2.3 机械设备管理信息化、网络化系统管理

上述管理中存在的问题严重地影响着企业管理水平、管理效率和企业的竞争能力。采用现代化的管理思想、方法和计算机网络通信技术，实现机械设备管理的管理创新、制度创新和技术创新是刻不容缓的任务。所以建立和完善施工企业内外部的计算机网络设备管理系统，选择先进、成熟、适合企业设备管理需求的设备管理系统，通过管理咨询和业务流程重组，优化设计企业各级设备管理组织机构、管理模式和业务流程，应用设备管理软件系统，实现企业机械设备管理的信息化、网络化，以克服目前设备管理中存在的问题，提高设备的利用率，提升企业管理水平、管理效率和企业的竞争能力，这是企业面对知识经济和全球经济一体化做出的必然选择。

要创造效益，必须提高机械利用率，目前一方面是在工程急需时，机械少，跟不上；另一方面是全年利用率低，机械闲置。要提高利用率，就必须要加强市场信息交流，组建信息网，开展各种形式出租业务。首先，要收集自身的数据资料，如机械数量品种，性能参数、技术状况、利用情况、能耗折旧租赁等，作为上级主管部门要收集设备先进程度、生产动态、配件供应、维修点布局、市场占有率、价格更新换代周期、折旧期、新产品等信息。其次，相互间利用计算机联网随时交流信息，以服务于机械设备的购置、使用维修、租赁、处理等以及管理所需进行的评估、参考、论证、考核等。此项工作极为重要。

1. 突出经济管理与成本控制

随着我国经济改革的巨变和信息的发展，单一的、滞后的、被动的静态管理模式已不能适应现代企业管理的发展。系统的开发应当充分考虑在市场经济下，企业改制后新的管理思想、管理理念，结合行业发展变化的特点，适应建设项目施工的需要，以经济核算为主导思想，提高机械设备管理水平，满足企业的发展。

2. 突出宏观管理

系统的开发从设备的购置计划申请开始，包括设备管、用、养、修，到设备的报废整个一系列所能够发生的全部过程。每个过程是由若干相互联系、相互制约的独立成分组成的一个有机整体，系统管理的出发点与依据是通过信息而指导、经由信息而认识、比较信息而决策，信息又通过其特有的反馈，实现对系统的有效管理控制。

3. 突出先进性

在 Windows 环境下运行，运用 Windows 的自身优势,集多种语言、多种环境、Internet 网技术等，采用全新两层架构 Net 系列，exe（客户端）和 Dll（中间件），用 SQL Server7.0 数据库作为中央数据库处理系统，实现网络分布式计算、过程的实时查询、监督、控制和安全管理机制、部件化程序设计，充分适应本企业不断变化的业务规则、商业逻辑和数据海量存储，为企业提供数据仓库与决策支持，实现快速信息传递和交流。

4. 突出适用性

软件的开发应采用 J2EE 或 Net 系列开发平台，实现客户端的浏览器层、Web 层、业务逻辑层和数据库层的多层体系结构，并采用符合工业标准的开发语言、开发工具、通信协议和数据库系统，使用户在任何地方、任何时候操作数据成为可能，拓展客户范围，将客户扩展到整个 Internet 网络上，且简单、直观、易操作。

6 常用施工机械设备

6.1 土方机械

6.1.1 挖掘机

目前，在建筑施工中，常用的挖掘机为单斗液压挖掘机（简称单斗挖掘机），它是用单个铲斗开挖和装载土石方的挖掘机械。

1. 单斗挖掘机的分类

（1）按传动的类型不同分类，单斗挖掘机可以分为机械式、半液压式和全液压式。全液压式挖掘机的全部动作都由液压元件来完成，是目前广泛采用的类型。

（2）按行走方式不同分类，单斗挖掘机可以分为履带式、轮式两种。

（3）按工作对象不同分类，单斗挖掘机可以分为正铲、反铲、抓铲和拉铲四种，如图6－1所示。

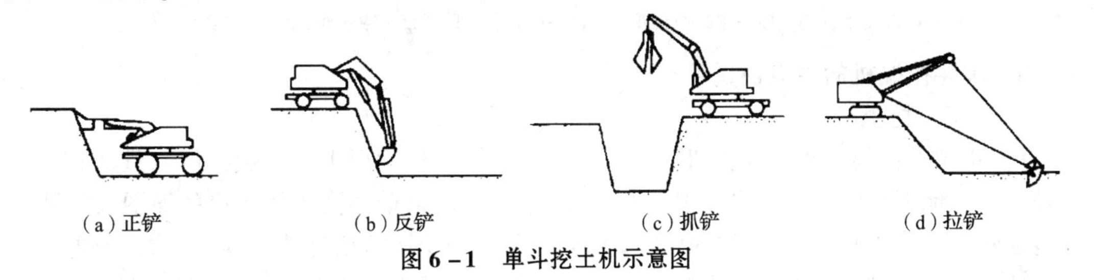

图6－1 单斗挖土机示意图

2. 履带式单斗液压挖掘机的基本构造

如图6－2所示，为履带式液压传动单斗挖掘机的外形。如图6－3所示，为液压式单斗挖掘机的构造。它由动力装置、液压传动系统、工作机构和行走机构等几部分组成。

图6－2 液压式单斗挖掘机外形

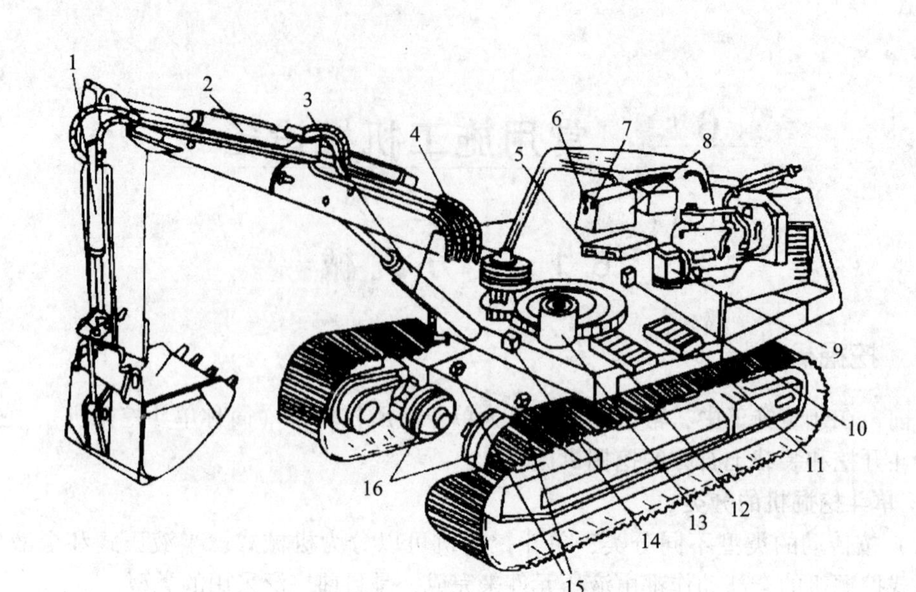

图 6－3 液压式单斗挖掘机构造

1—铲斗液压缸；2—斗杆液压缸；3—动臂液压缸；4—回转液压马达；5—冷却器；
6—滤油器；7—磁性滤油器；8—液压油箱；9—液压泵；10—背压阀；11—后四路组合阀；
12—前四路组合阀；13—中央回转接头；14—回转制动阀；15—限速阀；16—行走液压马达

3. 单斗挖掘机的性能及适用

（1）正铲挖土机。

1）正铲的性能。正铲挖土机因通常只用于开挖停机面以上的土壤，所以只适宜在土质较好、无地下水的地区工作。如图 6－4 所示，为正铲单斗液压挖土机的简图及主要工作运动状态。其机身可以回转 360°，动臂可升降，斗柄可伸缩，铲斗可转动，当更换工作装置后还可以进行其他施工作业。国产两种正铲液压挖土机的主要技术性能见表 6－1，其工作尺寸与开挖断面之间的比例关系，如图 6－5 所示。

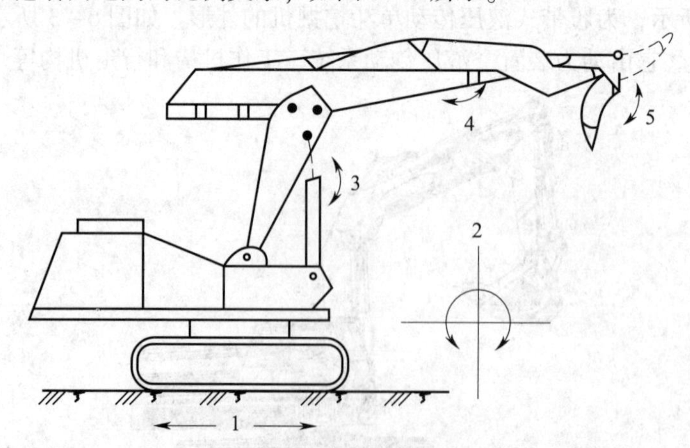

图 6－4 正铲单斗液压挖土机的主要工作运动状态

1—行走；2—回转；3—动臂升降；4—斗柄伸缩；5—铲斗转动

表6-1　正铲液压挖土机的主要技术性能

技术参数	符号	单位	W-Y100	W-Y60
铲斗容量	q	m^3	1.0	0.6
最大挖土半径	R	m	8.0	7.78
最大挖土高度	h	m	7.0	6.34
最大挖土深度	H	m	2.9	4.36
最大卸土高度	H_1	m	2.5	4.05

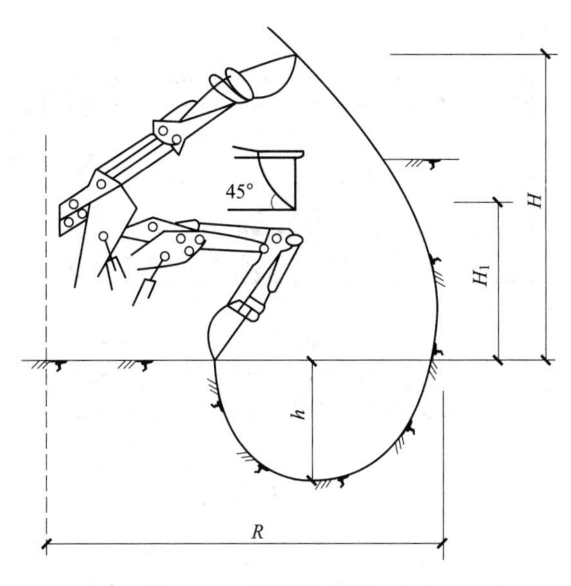

图6-5　液压正铲工作尺寸

2）正铲挖土和卸土的方式。根据挖土机与运输工具的相对位置不同，正铲挖土和卸土的方式包括以下两种：

①正向挖土、后方卸土（图6-6），即挖土机向前进方向挖土，运输车辆停在它的后面装土。采用这种方法挖土工作面较大，但挖土机卸土时回转角大，运输车辆要倒车开入，运输不方便，故通常很少采用。只有当基坑宽度较小，而深度较大的情况下，才采用这种方式。

②正向挖土、侧向卸土（图6-6），即挖土机向前进方向挖土，运输车辆停在侧面卸土（可停在停机面上或高于停机面）。这种方法应用较广，因挖土机卸土时回转角小，运输方便，故其生产率高。

3）正铲挖土机的工作面及开行通道。挖土机在停机点所能开挖的土方面称为工作面，通常称“掌子”。工作面大小和形状取决于机械的性能、挖土和卸土的方式以及土壤性质等因素。根据工作面的大小和基坑的断面，即可布置挖土机的开行通道。例如当基坑开挖的深度小、而面积大时，则只需布置一层通道即可（图6-7）。第一次开行采用正向挖土，后方卸土；第二、三次都用正向挖土、侧问卸土，一次挖到底。进出口通道的位置通常可设在基坑的两端，其坡度为1:7~1:10。

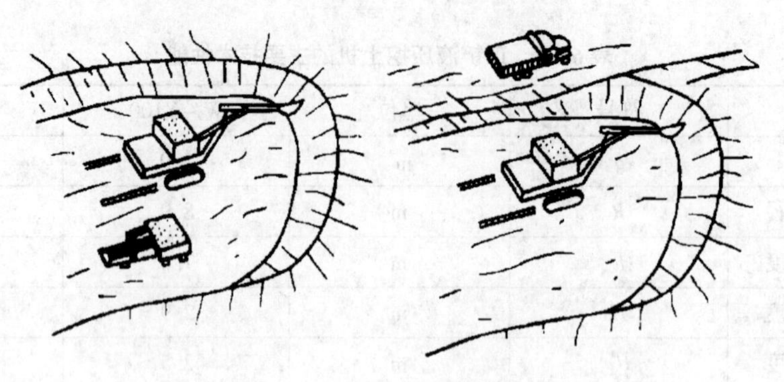

图 6－6 正铲挖土和卸土方式

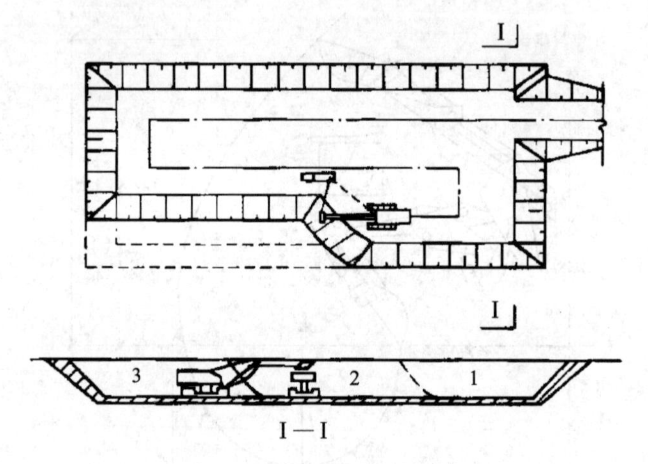

图 6－7 正铲开挖基坑

当基坑宽度稍大于工作面的宽度时，为减少挖土机的开行通道，可采用加宽工作面的方法（图 6－8），此时正铲按“之”字形路线开行。当基坑的深度较大时，则通道可布置成多层，如图 6－9 所示，为三层通道的布置。

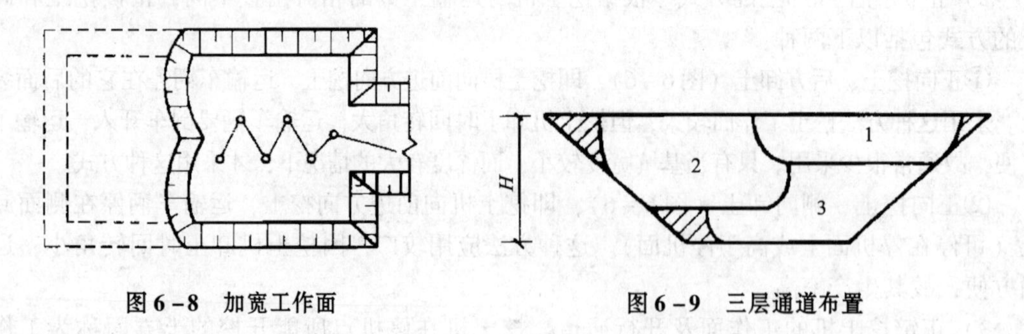

图 6－8 加宽工作面　　　图 6－9 三层通道布置

（2）反铲挖土机。

1）反铲挖土机的性能及适用范围。反铲挖土机是开挖停机面以下的土壤，无须设置进出口通道。适用于开挖小型基坑、基槽和管沟，尤其适用于开挖独立柱基，以及泥泞的或地下水位较高的土壤。

表 6－2 及图 6－10 所示为反铲液压挖土机的性能及工作尺寸。

表 6－2 反铲液压挖土机的主要技术性能

技术参数	符号	单位	W－Y40	W－Y60
铲斗容量	q	m^3	0.4	0.6
最大挖土半径	R	m	7.19	8.17
最大挖土深度	H	m	4.0	4.2
最大挖土高度	H	m	5.1	7.93
最大卸土高度	h	m	3.76	6.36

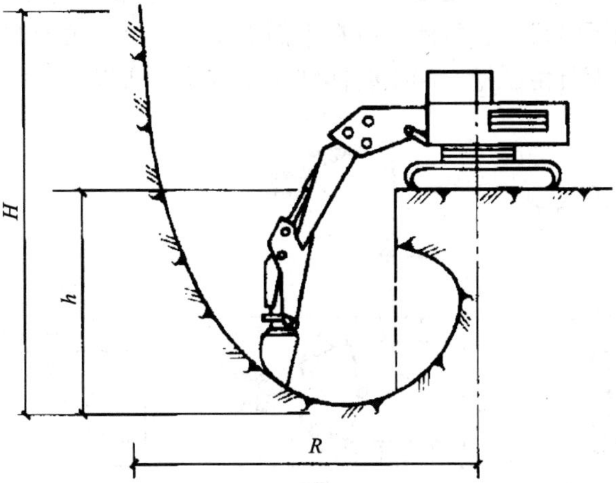

图 6－10 液压反铲工作尺寸

2）反铲挖土机的开行方式。反铲挖土机的开行方式包括沟端开行和沟侧开行两种。

①沟端开行（图 6－11）。挖土机在基槽一端挖土，开行方向与基槽开挖方向一致。其优点是挖土方便，挖的深度和宽度较大。当开挖大面积的基坑时，可采用如图 6－12 所示的分段开挖方法。

图 6－11 反铲沟端开行图

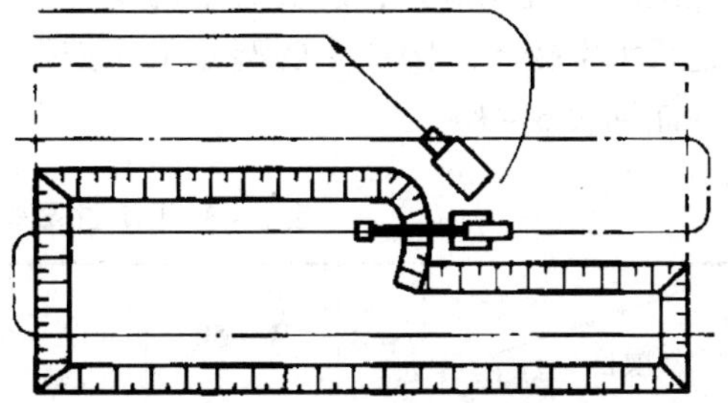

图 6－12 反铲分段开挖基坑

②沟侧开行（图 6－13）。即挖土机在沟槽一侧挖土，由于挖土机移动方向与挖土方向相垂直，因此稳定性较差，而且挖的深度和宽度均较小。但当土方可就近堆在沟旁时，这种方法能弃土于距沟较远的地方。

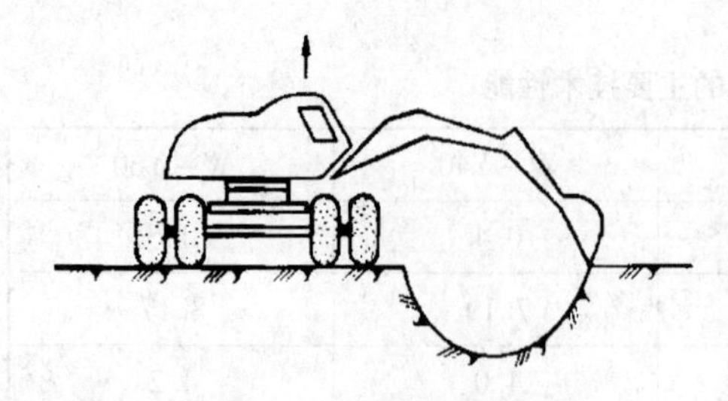

图 6-13 反铲沟侧开行

(3) 拉铲挖土机。拉铲挖土机的工作装置简单，可以直接由起重机改装，其特点为铲斗悬挂在钢丝绳下而无刚性的斗柄上。因拉铲支杆较长，铲斗在自重作用下落至地面时，借助于自身的机械能可使斗齿切入土中，因此开挖的深度和宽度均较大，常用以开挖沟槽、基坑和地下室等，也可开挖水下和沼泽地带的土壤。拉铲挖土机的开行方式和反铲一样，包括沟端开行和沟侧开行两种，如图 6-14（a）、（b）所示。但这两种开挖方法都有边坡留土较多的缺点，需要大量人工清理。如挖土宽度较小又要求沟壁整齐时，则可采用三角形挖土法，如图 6-14（c）所示，即挖土机的停机点相互交错地位于基坑边坡的下沿线上，每停一点在平面上挖去一个三角形的土壤。这种方法可使边坡余土大大减少，而且由于挖、卸土时回转角度较小，所以生产率也较高。

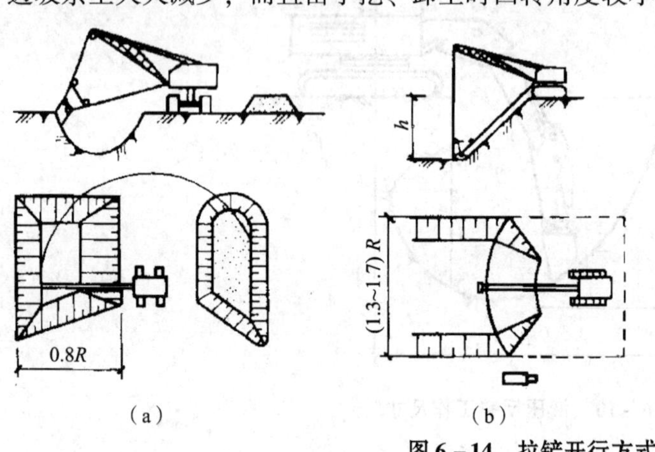

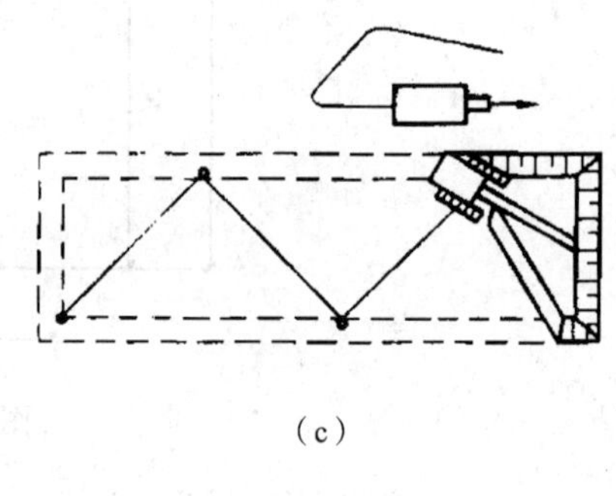

图 6-14 拉铲开行方式

(4) 抓铲挖土机。抓铲挖土机通常由正、反铲液压挖土更换工作装置（去掉铲斗换上抓斗，如图 6-15 所示）而成，或由履带式起重机改装。可用以挖掘独立柱基的基坑和沉井，以及其他的挖方工程，最适宜于进行水中挖土。国产主要型号单斗挖掘机的主要技术性能见表 6-3。

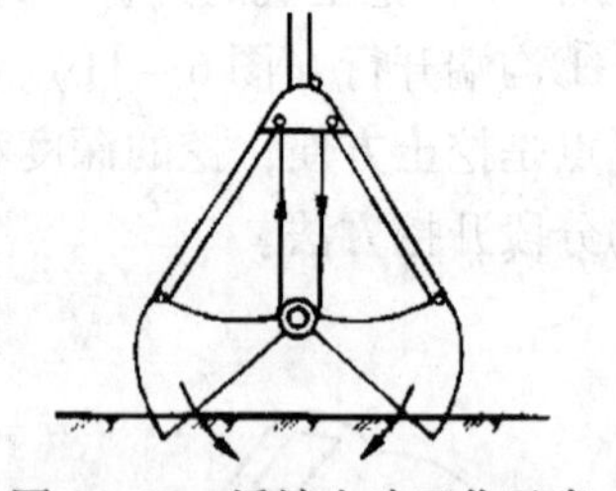

图 6-15 抓铲土斗工作示意

表 6-3 国产主要型号单斗挖掘机技术性能

型号 / 项目	W-50	WLY-60	W-100	WY-100	WY-160	WD-400
斗容量（m^3）	0.5	0.6	1	1	1.6	4
生产率（m^3/h）	120	130	200	200	280	600
操纵方式	机械	液压	机械	液压	液压	电动
正铲最大挖掘半径（m）	7.8	7.78	9.8	9.8	8.05	14.3

续表 6－3

项目 \ 型号	W－50	WLY－60	W－100	WY－100	WY－160	WD－400
反铲最大挖掘深度（m）	5.56	5.30	7.30	7.30	5.84	—
平台回转速度（r/min）	3.07～7.10	7.55	4.6	4.6	7.6	3.5
接地比压（MPa）	0.06	0.03	0.09	0.09	0.075	0.20
发动机功率（kW）	59.7	70.8	89.5	110	130.5	250
最大爬坡能力（%）	40	40	36	36	70	21
整机质量（t）	20.5	13.5	41/33	21.5（25）	35	200

（5）土方的开挖顺序和方法。

1）用正铲挖掘深路堑。在利用正铲挖掘路堑时，通常是把路堑沿着横断面分成多段小堑壕，按着侧向挖土法来进行，如图 6－16 所示。在开始时，先在小堑壕Ⅰ内挖掘，等到挖至路堑的尽头（在长度上），再转到小堑壕Ⅱ去继续按同样方法挖掘。其余均照此类推，一直到挖好为止。至于每一小堑壕要划分多少，应当根据挖土机、运输车的大小及运输路线的位置来确定，尽量深及宽并达到挖掘次数最少为原则。第一条运输线沿路堑边缘开辟，其余的则均利用前次开挖的堑壕。所挖的第一条小堑壕Ⅰ的深度，较以后各条为浅，因为开始的车辆是停置在路堑边缘上的，如果挖得太深，则挖土机的最大卸土高度就不够了，因此土就卸不到上面去。如果因路堑边缘不平，有碍车辆行驶，或是路堑总深度与划分的小堑壕深度不成倍数时，则可以在路堑应挖范围内近边缘处，先挖成一条浅壕，作为运输线，此壕名为先锋壕，如图 6－17 所示。

先锋壕的断面宽度以能供车辆行驶即可。所挖出的土暂时堆在路堑的中部，待以后正式挖掘时再将其装运走。

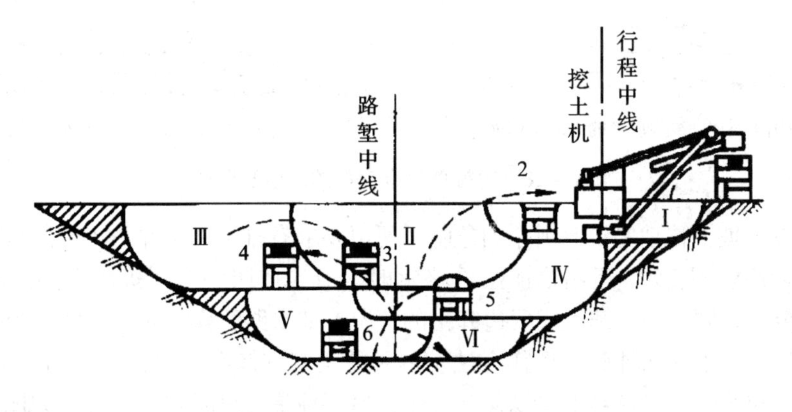

图 6－16 正铲侧向挖掘深路堑时的挖掘顺序横断面

1～6—运输工具位置；Ⅰ～Ⅵ—挖土机挖掘位置

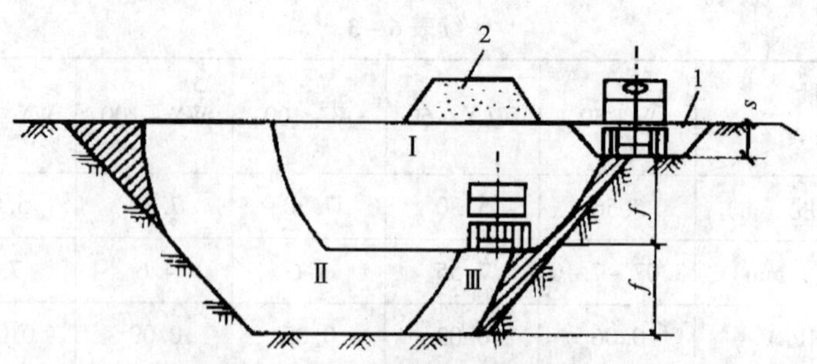

图 6-17　先锋壕的开挖方法

s—运输壕深度；f—对地平面来说挖土机所挖掘的深度；

1—运输壕；2—从运输壕挖出的土壤；

Ⅰ、Ⅱ、Ⅲ—挖土机的挖掘顺序

至于挖掘机在路堑的纵断面上（指在路堑的长度上）的挖掘顺序，要根据以下几个因素决定：施工处的原来地形，运输车辆的行驶情况，土的性质及其他。如图 6-18 所示，通常有四种形式：如土可从路堑的两头运出（即两个方向运输）时，可采用如图 6-18（b）及图 6-18（d）所示的挖法；如图 6-18（b）所示的各条小堑壕的斜坡是逐渐减少的，而如图 6-18（d）所示的各条小堑壕从上部到下部都是平的。如土只能由一边运出，则采用如图 6-18（a）及图 6-18（c）所示两种挖掘断面。如图 6-18（a）所示的上下各条堑壕都是向下并同一方向倾斜，而且相互平行，如图 6-18（c）所示的坡度则逐层减少。挖掘机是从地平线开挖的，待第一条堑壕Ⅰ挖到头，再挖到Ⅱ、Ⅲ……依此类推。运用上述开挖方法应注意下面几点：

①当挖掘到近于水平面的地段［如图 6-18（b）的Ⅲ及图 6-18（d）所示的中部］时，应当挖成稍微上升的坡度，以便地下水和雨水的排除。

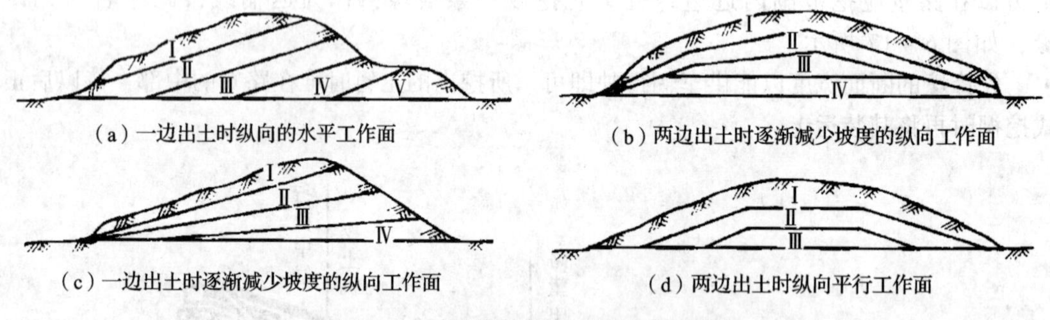

（a）一边出土时纵向的水平工作面

（b）两边出土时逐渐减少坡度的纵向工作面

（c）一边出土时逐渐减少坡度的纵向工作面

（d）两边出土时纵向平行工作面

图 6-18　挖掘路堑纵断面的顺序及形式

②机械在斜坡上移动要没有坍塌的危险，所以要求有排水设备并防止土渗水造成坍塌。

2）用拉铲挖掘路堑。运用拉铲挖掘路堑时，应当按照路堑及机械类型来决定施工方案，同时还要考虑到在一边卸土或两边卸土的情况。如果路堑横断面积不大，挖掘一次就能挖成的话，这时有下面两种施工操作方法：一种是土容许卸在两边，按照图 6-19（a）所示方法，此时拉铲挖土机沿路堑中线移动工作；另一种是土只能卸在一边，如图 6-19（b）所示，挖土机可顺着偏近弃土场一边的地方移动来工作，这样会增加卸土场的面积而有利于卸土。

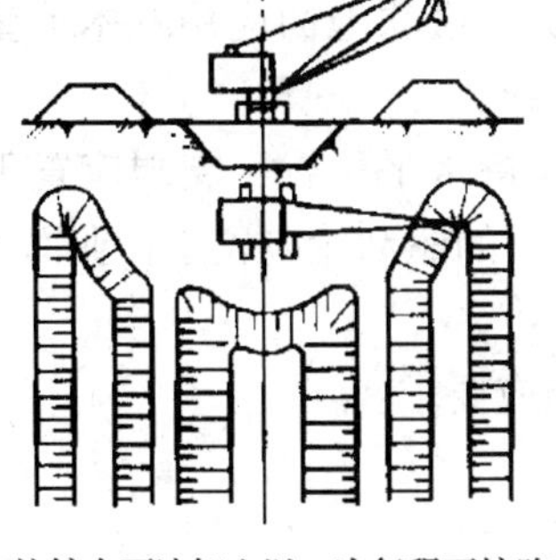

（a）拉铲在两边卸土以一次行程开挖路堑

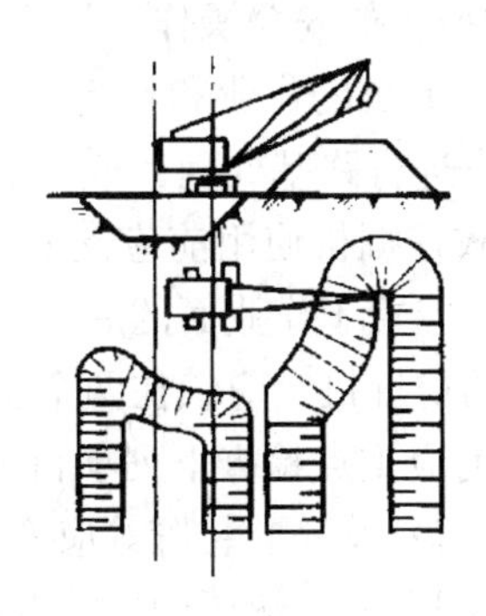

（b）拉铲在一边卸土以一次行程开挖路堑

图 6－19 拉铲挖掘路堑

对较宽的路堑挖掘工作，则可分两次或更多次来进行，如图 6－20 所示。

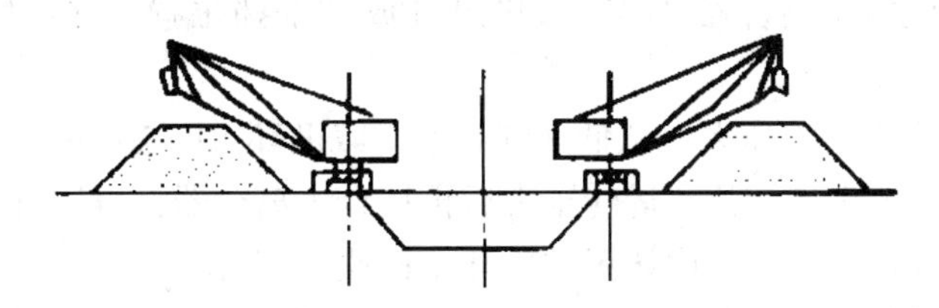

图 6－20 拉铲以二次行程挖掘路堑

此时应当注意，挖掘机必须始终平行于路堑纵向中线移动。

3）拉铲按“之”字形移动挖掘宽路堑或基坑。对宽路堑的挖掘工作如使用通常挖土机，一般每处要挖二、三次，而采用步履式挖掘机则很快就能够完成，如图 6－21 所示。

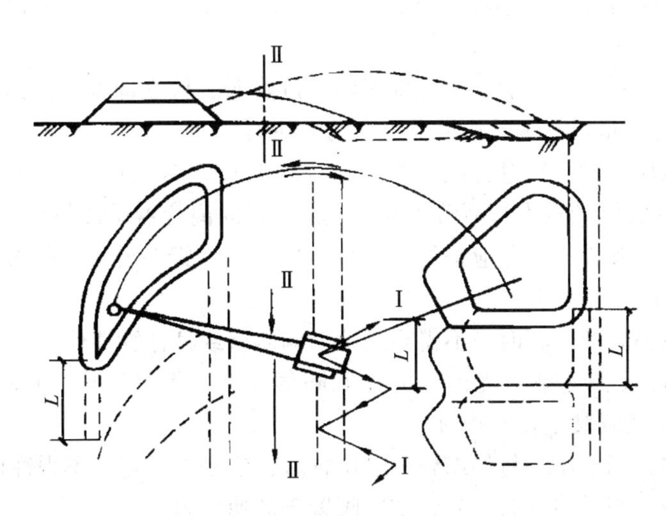

图 6－21 拉铲按“之”字形施工

因为沿“之”字形路线移动，就不需另外花费机械转移的时间。因此采用此法可增加挖掘机的生产率。

4. 单斗挖掘机的安全操作

(1) 单斗挖掘机的作业和行走场地应平整坚实，松软地面应用枕木或垫板垫实，沼泽或淤泥场地应进行路基处理，或更换专用湿地履带。

(2) 轮胎式挖掘机使用前应支好支腿，并应保持水平位置，支腿应置于作业面的方向，转向驱动桥应置于作业面的后方。履带式挖掘机的驱动轮应置于作业面的后方。采用液压悬挂装置的挖掘机，应锁住两个悬挂液压缸。

(3) 作业前应重点检查下列项目，并应符合相应要求：

1) 照明、信号及报警装置等应齐全有效。

2) 燃油、润滑油、液压油应符合规定。

3) 各铰接部分应连接可靠。

4) 液压系统不得有泄漏现象。

5) 轮胎气压应符合规定。

(4) 启动前，应将主离合器分离，各操纵杆放在空挡位置，并应发出信号，确认安全后启动设备。

(5) 启动后，应先使液压系统从低速到高速空载循环 10 ~ 20min，不得有吸空等不正常噪声，并应检查各仪表指示值，运转正常后再接合主离合器，再进行空载运转，顺序操纵各工作机构并测试各制动器，确认正常后开始作业。

(6) 作业时，挖掘机应保持水平位置，行走机构应制动，履带或轮胎应楔紧。

(7) 平整场地时，不得用铲斗进行横扫或用铲斗对地面进行夯实。

(8) 挖掘岩石时，应先进行爆破。挖掘冻土时，应采用破冰锤或爆破法使冻上层破碎。不得用铲斗破碎石块、冻土，或用单边斗齿硬啃。

(9) 挖掘机最大开挖高度和深度，不应超过机械本身性能规定。在拉铲或反铲作业时，履带式挖掘机的履带与工作面边缘距离应大于 1.0m，轮胎式挖掘机的轮胎与工作面边缘距离应大于 1.5m。

(10) 在坑边进行挖掘作业，当发现有塌方危险时，应立即处理险情，或将挖掘机撤至安全地带。坑边不得留有伞状边沿及松动的大块石。

(11) 挖掘机应停稳后再进行挖土作业。当铲斗未离开工作面时，不得作回转、行走等动作。应使用回转制动器进行回转制动，不得用转向离合器反转制动。

(12) 作业时，各操纵过程应平稳，不宜紧急制动。铲斗升降不得过猛，下降时，不得撞碰车架或履带。

(13) 斗臂在抬高及回转时，不得碰到坑、沟侧壁或其他物体。

(14) 挖掘机向运土车辆装车时，应降低卸落高度，不得偏装或砸坏车厢。回转时，铲斗不得从运输车辆驾驶室顶上越过。

(15) 作业中，当液压缸将伸缩到极限位置时，应动作平稳，不得冲撞极限块。

(16) 作业中，当需制动时，应将变速阀置于低速位置。

(17) 作业中，当发现挖掘力突然变化，应停机检查，不得在未查明原因前调整分配阀的压力。

(18) 作业中，不得打开压力表开关，且不得将工况选择阀的操纵手柄放在高速挡位置。

(19) 挖掘机应停稳后再反铲作业，斗柄伸出长度应符合规定要求，提斗应平稳。

(20) 作业中，履带式挖掘机作短距离行走时，主动轮应在后面，斗臂应在正前方与履带平行，并应制动回转机构，坡道坡度不得超过机械允许的最大坡度。下坡时应慢速行驶，不得在坡道上变速和空挡滑行。

(21) 轮胎式挖掘机行驶前，应收回支腿并固定可靠，监控仪表和报警信号灯应处于正常显示状态。轮胎气压应符合规定，工作装置应处于行驶方向，铲斗宜离地面1m。长距离行驶时应将回转制动板踩下，并应采用固定销锁定回转平台。

(22) 挖掘机在坡道上行止时熄火，应立即制动，并应楔住履带或轮胎，重新发动后，再继续行走。

(23) 作业后，挖掘机不得停放在高边坡附近或填方区，应停故在坚实、平坦、安全的位置，并应将铲斗收回平放在地面，所有操纵杆置于中位，关闭操作室和机棚。

(24) 履带式挖掘机转移工地应采用平板拖车装运。短距离自行转移时，应低速行走。

(25) 保养或检修挖掘机时，应将内燃机熄火，并将液压系统卸荷，铲斗落地。

(26) 利用铲斗将底盘顶起进行检修时，应使用垫木将抬起的履带或轮胎垫稳，用木楔将落地履带或轮胎楔牢，然后再将液压系统卸荷，否则不得进入底盘下工作。

5. 挖掘机的保养与维护

液压挖掘机的技术维护，以WY100型液压挖掘机为例，具体保养内容见表6-4。

表6-4 WY100型液压挖掘机的技术保养

时间间隔	序号	技术保养内容
每班或累计10h工作以后	1	柴油机：参看柴油机说明书的规定
	2	检查液压油箱油面（新机器在300h工作期间每班检查并清洗过滤器）
	3	工作装置的各加油点进行加油
	4	对回转齿圈齿面加油
	5	检查并清理空气过滤器
	6	检查各部分零件的连接，并及时紧固（新车在60h内，对回转液压马达，回转支承、行走液压马达、行走减速液压马达、液压泵驱动装置、履带板等处的螺栓应检查并紧固一次）
	7	进行清洗工作，特别是底盘部分的积土及电气部分
	8	检查油门控制器及连杆操纵系统的灵活性，及时对关节处加油，并及时进行调整
每班或累计工作100h以后	9	按柴油机说明书规定检查柴油机
	10	对回转支承及液压泵驱动部分的十字联轴器进行加油
	11	检查蓄电池，并进行保养
	12	检查管路系统的密封性及紧固情况

续表 6-4

时间间隔	序号	技术保养内容
每周或累计工作 100h 以后	13	检查液压泵吸油管路的密封性
	14	检查电气系统，并进行清洗保养
	15	检查行走减速器的油面
	16	检查液压油箱（对新车 100h 内清洗油箱，并更换液压油及纸质滤芯）
	17	检查并调整履带张紧度
每季或累计 500h 工作以后	18	按柴油机说明规定，进行维护保养
	19	检查并紧固液压泵的进油阀和出油阀（用专用工具）（新车应在 100h 工作后检查并紧固一次）
	20	清洗柴油箱及管路
	21	新车进行第一次更换行走减速器内机油（以后每半年或 1000h 换一次）
	22	更换油底壳油（在热车停车时立即放出）及喷油泵与调速器内润滑油（新车应在 60～100h）内进行一次
	23	新车对行车及回转补油阀进行紧固一次，清洗液压油冷却器

WY100 型液压挖掘机润滑表见表 6-5。

表 6-5 WY100 型液压挖掘机润滑表

润滑部位		润滑剂型号	润滑周期（工作时间）（h）	备注
动力装置	油底壳	夏季：柴油机油 T14 号 冬季：柴油机油 T8 或 T11 号	新车 60 正常 300～500	
	喷油泵及调速器	—	500	
操纵系统	手柄轴套	ZG-2	20	
液压系统	工作油箱	低凝液压油（-35℃） （原上稠 40-Ⅱ液压油）	1000	
	系统灌充量	—	—	
传动系统	十字联轴器	夏季：ZG-2 冬季：ZG-1	50	
	液压泵轴	—	50	
	回转滚盘滚道	—	50	

续表6-5

润滑部位		润滑剂型号	润滑周期（工作时间）（h）	备　注
传动系统	多路回路接头	—	50	
	齿圈	ZG-S	50	
作业装置	各连接点	ZG-2	20	
底盘	走行减速箱	HJ-40ZG-2	100	或换季节换油
	张紧装置液压缸	同上	调整履带时	
	张紧装置导轨面	—	5	
	上下支承轮		2000	

6. 单斗挖掘机的常见故障及排除方法

单斗挖掘机常见故障及排除方法见表6-6。

表6-6　单斗挖掘机常见故障及排除方法

故障现象	产生原因	排除或处理方法
（一）整机部分		
机器工作效率明显下降	1. 柴油机输出功率不足； 2. 液压泵磨损； 3. 主溢流阀调整不当； 4. 工作排油量不足； 5. 吸油管路吸进空气	1. 检查、修理柴油机气缸； 2. 检查、更换磨损严重的零件； 3. 重新调整溢流阀的整定值； 4. 检查油质、泄漏及元件磨损情况； 5. 排除空气，紧固接头，完善密封
操纵系统控制失灵	1. 控制阀的阀芯受压卡紧或破损； 2. 滤油器破损，有污物； 3. 管路破裂或堵塞； 4. 操纵连杆损坏； 5. 控制阀弹簧损坏； 6. 滑阀液压卡紧	1. 清洗、修理或更换损坏的阀芯； 2. 清洗或更换已损坏的滤油器； 3. 检查、更换管路及附件； 4. 检查、调整或更换已损坏的连杆； 5. 更换已损坏的弹簧； 6. 换装合适的阀零件
挖掘力太小，不能正常工作	1. 液压缸活塞密封不好，密封圈损坏，内漏很严重； 2. 溢流阀调压太低	1. 检查密封及内漏情况，必要时更换液压缸组件； 2. 重新调节阀的整定值

续表 6-6

故障现象	产生原因	排除或处理方法
液压输油软管破裂	1. 调定压力过高； 2. 管子安装扭曲； 3. 管夹松动	1. 重新调整压力； 2. 调制或更换； 3. 拧紧各处管夹
工作、回转和行走装置均不能动作	1. 液压泵产生故障； 2. 工作油量不足； 3. 吸油管破裂； 4. 溢流阀破坏	1. 更换液压泵组件； 2. 加油至油位线； 3. 检修、更换吸油管及附件； 4. 检查阀与阀座、更换损坏零件
工作、回转和行走装置工作无力	1. 液压泵性能降低； 2. 溢流阀调节压力偏低； 3. 工作油量减少； 4. 滤油器堵塞； 5. 管路吸进空气	1. 检查液压泵，必要时更换； 2. 检查并调节至规定压力； 3. 加油至规定油位； 4. 清洗或更换； 5. 拧紧吸油管路，并放掉空气
（二）履带行走装置		
行走速度较慢或单向不能行走	1. 溢流阀调压不能升高； 2. 行走液压马达损坏； 3. 工作油量不足	1. 检查和清洗阀件，更换损坏的弹簧； 2. 检修液压马达； 3. 按规定加足工作油
行驶时阻力较大	1. 履带内夹有石块等异物； 2. 履带板张紧过度； 3. 缓冲阀调压不当； 4. 液压马达性能下降	1. 清除石块等异物，调整履带； 2. 调整到合适的张紧度； 3. 重新调整压力值； 4. 检查并换件
行驶时有跑偏现象	1. 履带张紧左右不同； 2. 液压泵性能下降； 3. 液压马达性能下降； 4. 中央回转接头密封损坏	1. 调整履带张紧度，使左右一致； 2. 检查、更换严重磨损件； 3. 检查、更换严重磨损件； 4. 更换已损零件，完善密封
（三）轮胎行走装置		
行走操作系统不灵活	1. 伺服同路压力低； 2. 分配阀阀杆夹有杂物； 3. 转向夹头润滑不良； 4. 转向接头不圆滑	1. 检查回路各调节阀，调整压力值； 2. 检查调整阀杆，清除杂物； 3. 检查转向夹头并加注润滑油； 4. 检修接头，去除卡滞毛刺

续表 6－6

故障现象	产生原因	排除或处理方法
变速箱有严重噪声	1. 润滑油浓度低； 2. 润滑油不足； 3. 齿轮磨损或损坏； 4. 轴承磨损已损坏； 5. 齿轮间隙不合适； 6. 差速器、万向节磨损	1. 按要求换装合适的润滑油； 2. 加足润滑油到规定油位； 3. 修复或换装新件； 4. 换装新轴承并调整间隙； 5. 换装新齿轮并调整间隙； 6. 修复或换装新件
变换手柄挂挡困难	1. 齿轮齿面异状，花键轴磨损； 2. 换挡拨叉固定螺钉松动、脱落； 3. 换挡拨叉磨损过度	1. 检修或更换已严重磨损件； 2. 拧紧螺钉并完善防松件； 3. 修复或更换拨叉
驱动桥产生杂声	1. 轴承壳破损； 2. 齿轮啮合间隙不适合； 3. 润滑油黏度不适合； 4. 油封损坏，漏油	1. 检查、修理或更换轴承壳； 2. 调整啮合间隙，必要时更换齿轮； 3. 检测润滑油黏度，换装合适的油； 4. 更换油封，完善油封
轮边减速器漏油	1. 轮壳轴承间隙过大； 2. 润滑油量过多、过稠； 3. 油封损坏，漏油	1. 调整轴承间隙并加强润滑； 2. 调整油量和油质； 3. 更换油封，完善油封
制动时制动器打滑	1. 制动鼓中流入黄油； 2. 壳内进入齿轮油； 3. 摩擦片表面有污物或油渍	1. 清洗制动鼓并完善密封； 2. 清洗壳体； 3. 检查和清洗摩擦片
制动器操纵失灵	1. 液压缸活塞杆间隙过大； 2. 储气筒产生故障； 3. 制动块间隙不合适； 4. 制动衬里磨损； 5. 液压系统侵入空气	1. 检查活塞杆密封件，必要时换装新件； 2. 拆检储气筒，更换已损件； 3. 检查制动块并调整间隙； 4. 换装新件； 5. 排除空气并检查、完善各密封处
（四）回转部分		
机身不能回转	1. 溢流阀或过载阀调压偏低；	1. 更换失效弹簧，重新调整压力；

续表 6－6

故障现象	产生原因	排除或处理方法
机身不能回转	2. 液压平衡失灵； 3. 回转液压马达损坏	2. 检查和清洗阀件，更换失效弹簧； 3. 检修马达
回转速度太慢	1. 溢流阀调节压力偏低； 2. 液压泵输油量不足； 3. 输油管路不畅通	1. 检测并调整阀的整定值； 2. 加足油箱油量，检修液压泵； 3. 检查并疏通管道及附件
启动有冲击或回转制动失灵	1. 溢流阀调压过高； 2. 缓冲阀调压偏低； 3. 缓冲阀的弹簧损坏或被卡住； 4. 液压泵及马达产生故障	1. 检测溢流阀，调节整定值； 2. 按规定调节阀的整定值； 3. 清洗阀件，更换损坏的弹簧； 4. 检修液压泵及马达
回转时产生异常声响	1. 传动系统齿轮副润滑不良； 2. 轴承辊子及滚道有损坏处； 3. 回转轴承总成连接件松动； 4. 液压马达发生故障	1. 按规定加足润滑脂； 2. 检修滚道，更换损坏的辊子； 3. 检查轴承各部分，紧固连接件； 4. 检修液压马达
（五）工作装置		
重载举升困难或自行下落	1. 液压缸密封件损坏，漏油； 2. 控制阀损坏，漏油； 3. 控制油路窜通	1. 拆检液压缸，更换损坏的密封件； 2. 检修或更换阀件； 3. 检查管道及附件，完善密封
动臂升降有冲击现象	1. 滤油器堵塞，液压系统产生气穴； 2. 液压泵吸进空气； 3. 油箱中的油位太低； 4. 液压缸体与活塞的配合不适当； 5. 活塞杆弯曲或法兰密封件损坏	1. 清洗或更换滤油器； 2. 检查吸油管路，排除空气，完善密封； 3. 加油至规定油位； 4. 调整缸体与活塞的配合松紧程度； 5. 校正活塞缸杆，更换密封件
工作操纵手柄控制失灵	1. 单向阀污染或阀座损坏； 2. 手柄定位不准或阀芯受阻；	1. 检查和清洗阀件，更换已损坏阀座； 2. 调整联动装置，修复严重磨损件；

续表 6－6

故障现象	产生原因	排除或处理方法
工作操纵手柄控制失灵	3．变量机构及操纵阀不起作用； 4．安全阀调定压力不稳、不当	3．检查和调整变量机构组件； 4．重新调整安全阀整定值
（六）转向系统		
转向速度不符合要求	1．变量机构阀杆动作不灵； 2．安全阀整定值不合适； 3．转向液压缸产生故障； 4．液压泵供油量不符合要求	1．调整或修复变量机构及阀件； 2．重新调整阀的整定值； 3．拆检液压缸，更换密封圈等已损件； 4．检修液压泵
方向盘转动不灵活	1．油位太低，供油不足； 2．油路脏污，油流不畅通； 3．阀杆有卡阻现象； 4．阀不平衡或磨损严重	1．加油至规定油位； 2．检查和清洗管道，换装新油； 3．清洗和检修阀及阀杆； 4．检修或更换阀组件
转向离合器不到位	1．油位太低，供油不足； 2．吸入滤油网堵塞； 3．补偿液压泵磨损严重，所提供的油压偏低； 4．主调整阀严重磨损，泄漏	1．加油至规定油位； 2．清洗或更换滤油网； 3．用流量计检查液压泵，检修或更换液压泵组件； 4．检修或更换阀组件
（七）制动系统		
制动器不能制动	1．制动操纵阀失灵； 2．制动油路有故障； 3．制动器损坏； 4．连接件松动或损坏	1．检修或更换阀组件； 2．检修管道及附件，使油流畅通； 3．检修制动器，更换已损件； 4．更换并紧固连接件
制动实施太慢	1．制动管路堵塞或损坏； 2．制动控制阀调整不当； 3．油位太低，油量不足； 4．工作系统油压偏低	1．疏通和检修管道及附件； 2．检查控制阀并重新调整整定值； 3．加足工作油并保持油位； 4．检查液压泵，调整工作压力
制动器制动后脱不开	1．制动控制阀调整不当或失效； 2．系统压力不足； 3．管路堵塞，油流不畅； 4．制动液压缸有故障； 5．联动装置损坏	1．检修或调整阀组件； 2．检修液压泵及阀，保持额定工作压力； 3．检查并疏通管道及附件； 4．拆检液压缸，更换已损件； 5．修复或更换联动装置组件

6.1.2 推土机

1. 推土机的分类

按照行走机构的形式，推土机可分为履带式和轮胎式两种：图 6－22 所示为履带式推土机；图 6－23 所示为轮胎式推土机。

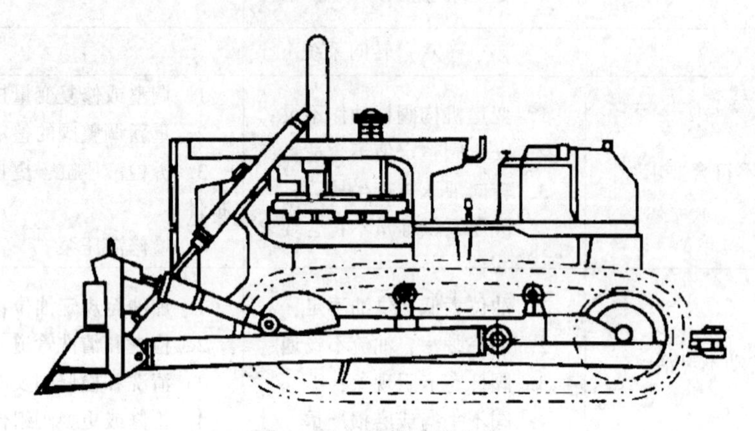

图 6－22 履带式推土机

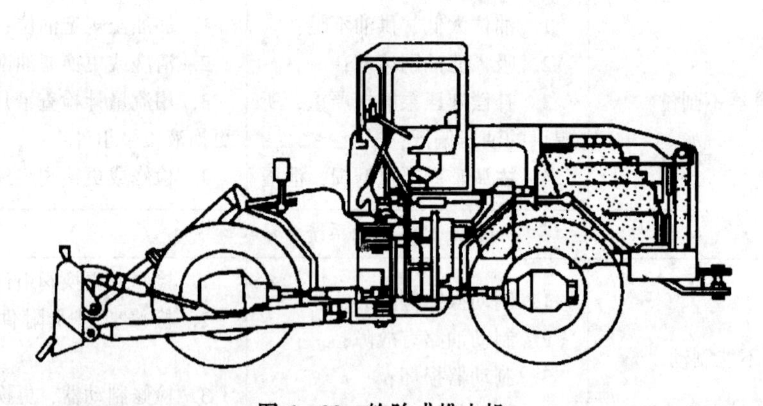

图 6－23 轮胎式推土机

履带式推土机附着牵引力大，接地压力小，但机动性不如轮胎式推土机。推土机的推土板通常用液压操纵，除了可升降外，还可以调整角度。推土机的车架结构包括铰接式和整体式两种，铰接式车架结构采用铰接转向，转弯半径小，所以较为灵活。

按照发动机功率大小，推土机可以分为大型推土机（235kW 或 320hp 以上），中型推土机（73.5～235kW 或 100～320hp）和小型推土机（73.5kW 或 100hp 以下）三种。

2. 推土机生产率的计算

（1）推土机用直铲进行铲推作业时的生产率。

$$Q_1 = \frac{3600 g K_B K_y}{T} \ (m^3/h) \tag{6-1}$$

$$g = \frac{L H^2 K_n}{2 K_p \tan\varphi_0} \tag{6-2}$$

$$T=\frac{S_1}{v_1}+\frac{S_2}{v_2}+\frac{S_1+S_2}{v_3}+2t+t_2+t_3 \tag{6-3}$$

式中：K_B——时间利用系数，通常为0.80～0.85；

K_y——坡度影响系数，平坡时$K_y=1.0$，上坡时（坡度为5%～10%）$K_y=0.5$～0.7，下坡时（坡度为5%～15%）$K_y=1.3$～2.3；

g——推土机一次推运土壤的体积，按密实土方计量（m^3）；

L——推土板长度（m）；

H——推土板高度（m）；

φ_0——土壤自然坡度角（°），沙土$\varphi_0=35°$；黏土$\varphi_0=35°$～45°；种植$\varphi_0=25°$～40°；

K_n——运移时土壤的漏损系数，通常为0.75～0.95；

K_p——土壤的松散系数，通常为1.08～1.35；

T——每一工作循环的延续时间（s）；

S_1——铲土距离（m），一般土质$S_1=6$～10m；

S_2——运土距离（m）；

v_1——铲土的行驶速度（m/s）；

v_2——运土的行驶速度（m/s）；

v_3——返回时的行驶速度（m/s）；

t_1——换挡时间（s），当推土机采用不调头的作业方法时，需在运行路线两头停下换挡即起步，$t_1=4$～5s；

t_2——放下推土板（下刀）的时间（s），$t_2=1$～2s；

t_3——推土机采用掉头作业方法的转向时间（s），$t_3=10s$；在采用不掉头作业方法时，则$t_3=0$。

当推土机进行侧铲连续作业时，与平地机的作业方法相似，其生产率可按平地机生产率公式进行计算。

（2）推土机平整场地时生产率Q_2。

$$Q_2=\frac{3600L(l\cdot\sin\varphi-b)K_BH}{n\left(\frac{L}{v}+t_n\right)}\ (m^3/h) \tag{6-4}$$

式中：L——平整地段长度（m）；

l——推土板长度（m）；

n——在同一地点上的重复平整次数（次）；

v——推土机运行速度（m/s）；

b——两相邻平整地段重叠部分宽度，$b=0.3$～0.5m；

φ——推土板水平回转角度（°）；

t_n——推土机转向时间（s）。

3. 推土机的作业方法

（1）下坡推土法。在斜坡处，推土机顺下坡方向切土与堆运，如图6－24所示。借机械向下的重力作用切土，增大切土深度和运土数量，坡度不宜超过15°，可提高生产率30% ~40%。

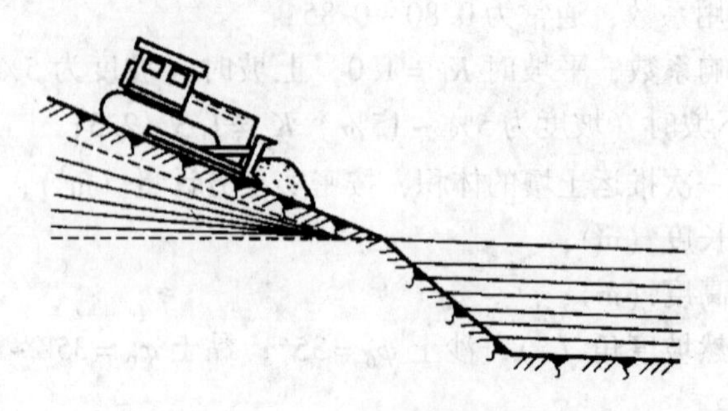

图6-24 下坡推土法

(2) 槽形挖土法。推土机在一条作业线上重复多次的切土和推土，逐渐形成一条沟槽，如图6-25所示，再反复在沟槽中进行推土，以减少土从铲刀两侧漏散，此法可增加10% ~30%的推土量。槽的深度以1m左右为宜，间隔宽约50m。其适用于运距较远、土层较厚时使用。

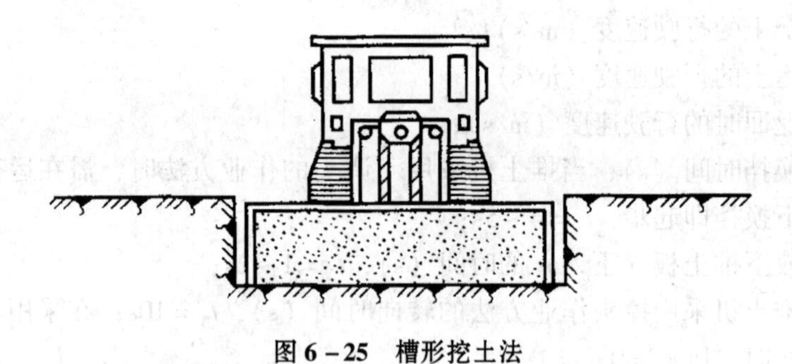

图6-25 槽形挖土法

(3) 并列推土法。用2~3台推土机并列作业，如图6-26所示，以减少土体漏失量。铲刀相距15~30cm，采用两机并列推土，可增大推土量15% ~30%。适用于大面积场地平整及运送土用。

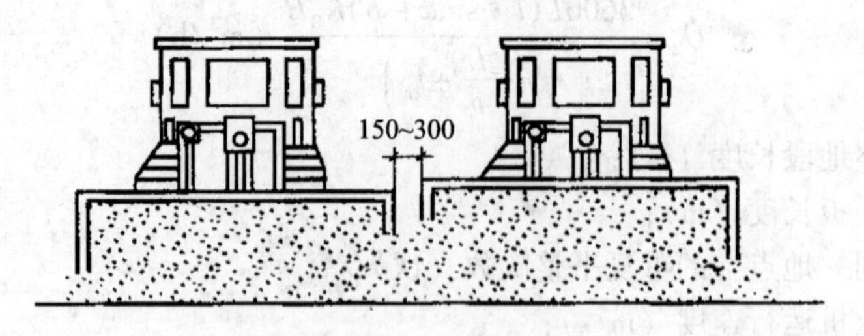

图6-26 并列推土法 (mm)

(4) 斜角推土法。将铲刀斜装在支架上或水平放置，并与前进方向成一倾斜角度（松土为60°，坚实土为45°）进行推土，如图6-27所示。适用于管沟推土回填、垂直方向无倒车余地或在坡脚及山坡下推土用。本法可减少机械来回行驶，提高效率，但推土阻力大，需较大功率的推土机。

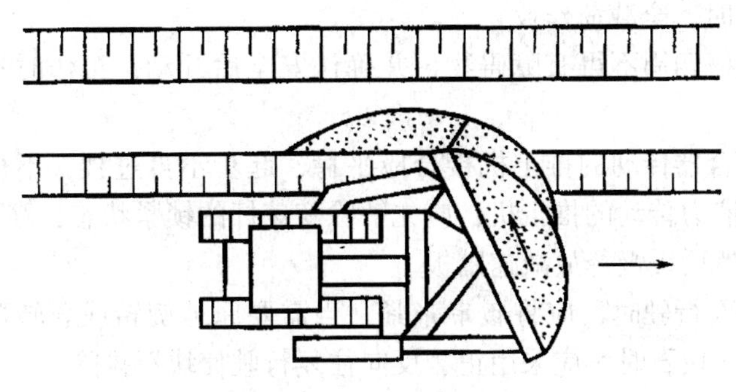

图 6－27 斜角推土法

（5）“之”字形斜角推土法。推土机与回填的管沟或洼地边缘成“之”字形或一定角度推上，如图 6－28 所示。本法可减少平均负荷距离和改善推集中土的条件，并使推土机转角减少一半，可提高台班生产率，但需要较宽的运行场地。适用于回填基坑、槽、管沟时采用。

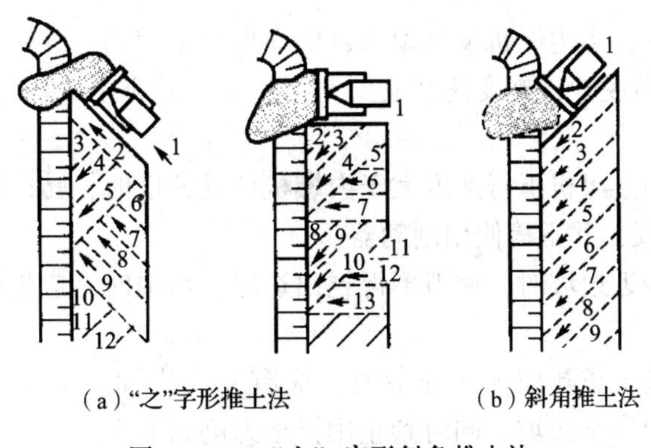

（a）“之”字形推土法　（b）斜角推土法

图 6－28 “之”字形斜角推土法

4. 推土机的安全操作

（1）推土机在坚硬土壤或多石土壤地带作业时，应先进行爆破或用松土器翻松。在沼泽地带作业时，应更换专用湿地履带板。

（2）不得用推土机推石灰、烟灰等粉尘物料，不得进行碾碎石块的作业。

（3）牵引其他机构设备时，应有专人负责指挥。钢丝绳的连接应牢固可靠。在坡道或长距离牵引时，应采用牵引杆连接。

（4）作业前应重点检查下列项目，并应符合相应要求：

1）各部件不得松动，应连接良好。

2）燃油、润滑油、液压油等应符合规定。

3）各系统管路不得有裂纹或泄漏。

4）各操纵杆和制动踏板的行程、履带的松紧度或轮胎气压应符合要求。

（5）启动前，应将主离合器分离，各操纵杆放在空挡位置，并应按照《建筑机械使用安全技术规程》JGJ 33－2012 第 3.2 节的规定启动内燃机，不得用拖、顶方式启动。

（6）启动后应检查各仪表指示值、液压系统，并确认运转正常，当水温达到 55℃、机油温度达到45℃时，全载荷作业。

（7）推土机机械四周不得有障碍物，并确认安全后开动，工作时不得有人站在履带或刀片的支架上。

（8）采用主离合器传动的推土机接合应平稳，起步不得过猛，不得使离合器处于半接合状态下运转；液力传动的推土机，应先解除变速杆的锁紧状态，踏下减速器踏板，变速杆应在低挡位，然后缓慢释放减速踏板。

（9）在块石路面行驶时，应将履带张紧。当需要原地旋转或急转弯时，应采用低速挡。当行走机构夹入块石时，应采用正、反向往复行驶使块石排除。

（10）在浅水地带行驶或作业时，应查明水深，冷却风扇叶不得接触水面。下水前和出水后，应对行走装置加注润滑脂。

（11）推土机上、下坡或超过障碍物时应采用低速挡。推土机上坡坡度不得超过25°，下坡坡度不得大于35°，横向坡度不得大于10°。在25°以上的陡坡上不得横向行驶，并不得急转弯。上坡时不得换挡，下坡不得空挡滑行。当需要在陡坡上推土时，应先进行填挖，使机身保持平衡。

（12）在上坡途中，当内燃机突然熄灭，应立即放下铲刀，并锁住制动踏板。在推土机停稳后，将主离合器脱开，把变速杆放到空挡位置，并应用木块将履带或轮胎楔死后，重新启动内燃机。

（13）下坡时，当推土机下行速度大于内燃机传动速度时，转向操纵的方向应与平地行走时操纵的方向相反，并不得使用制动器。

（14）填沟作业驶近边坡时，铲刀不得越出边缘。后退时，应先换挡，后提升铲刀进行倒车。

（15）在深沟、基坑或陡坡地区作业时，应有专人指挥，垂直边坡高度应小于2m。当大于2m时，应放出安全边坡，同时禁止用推土刀侧面推土。

（16）推土或松土作业时，不得超载，各项操作应缓慢平稳，不得损坏铲刀、推土架、松土器等装置。无液力变矩器装置的推土机，在作业中有超载趋势时，应稍微提升刀片或变换为低速挡。

（17）不得顶推与地基基础连接的钢筋混凝土桩等建筑物。顶推树木等物体不得倒向推土机及高空架设物。

（18）两台以上推土机在同一地区作业时，前后距离应大于8.0m；左右距离应大于1.5m。在狭窄道路上行驶时，未取得前机同意，后机不得超越。

（19）作业完毕后，宜将推土机开到平坦安全的地方，并应将铲刀、松土器落到地面。在坡道上停机时，应将变速杆挂低速挡，接合主离合器，锁住制动踏板，并将履带或轮胎楔住。

（20）停机时，应先降低内燃机转速，变速杆放在空挡，锁紧液力传动的变速杆，分开主离合器，踏下制动踏板并锁紧，在水温降到75℃以下、油温降到90℃以下后熄火。

（21）推土机长途转移工地时，应采用平板拖车装运。短途行走转移距离不宜超过10km，并在行走过程中应经常检查和润滑行走装置。

（22）在推土机下面检修时，内燃机应熄火，铲刀应落到地面或垫稳。

5. 推土机的维护与保养

推土机的维护与保养见表6-7~表6-10。

表6-7 履带式推土机日常维护作业项目和技术要求

部位	序号	维护部件	作业项目	技术要求
发动机	1	曲轴箱油平面	检查添加	停机处于水平状态，油面处于油R“H”处，不足时添加
	2	水箱冷却水	检查添加	不足时添加
	3	风扇带	检查、调整	用100N力压在带中间下凹约10mm
	4	工作状态	检查	无异响、无异常气味、烟色浅灰
	5	仪表及开关	检查	仪表指示正常，开关良好有效
	6	管路及密封	检查	水管、油管畅通，无漏油、漏水现象
	7	紧固件	检查	螺栓、螺帽、垫片等无松动、缺损
	8	燃油箱	检查	通气孔无堵塞，排放积水及沉淀物
主体	9	液压油箱	检查	油量充足，无泄漏
	10	操纵机构	检查	各操纵杆及制动踏板无卡滞现象，作用可靠，行程符合标准要求
	11	变矩器、变速器	检查	作用可靠、无异常
	12	转向离合器、制动器	检查	作用可靠、无异常
	13	液压元件	检查	动作正确，作用良好，无卡滞，无泄漏
	14	各机构及机构件	检查	无变形、损坏、过热、异响等不正常现象
	15	紧固件	检查	无松动、缺损
行走机构	16	履带	检查、调整	在平整路面上，导向轮和托带轮之间履带最大下垂度为10~20mm
	17	导向轮、支重轮 轮边减速器	检查	无泄漏现象，缺油时添加
	18	张紧装置	检查	无泄漏现象，作用有效
	19	紧固件	检查、紧固	无松动，缺损
整机	20	安全保护装置	检查	正常有效
	21	整机	清洁	清除整机外部粘附的泥土及杂物，清除驾驶室内部杂物

表6-8 履带式推土机一级（月度）维护作业项目和技术要求

部位	序号	维护部件	作业项目	技术要求
发动机	1	曲轴箱机油	快速分析	机油快速分析，油质劣化超标时更换，不足添加
	2	机油过滤器	清洗	清洗滤清器，更换滤芯
	3	燃油过滤器	清洗	清洗过滤器，检查滤芯，损坏更换
	4	空气过滤器	清洗	清洗过滤器，检查滤芯，损坏更换
	5	风扇、水泵传动带	检查、调整	调整传动带张紧度，损坏换新
	6	散热器	检查	无堵塞，无破损，无水垢
	7	油箱	清洁	无油泥，无渗漏，每500h清洗一次
	8	仪表	检查	各仪表指针应在绿色范围内
	9	蓄电池	检查	电解液液面高出极板10～12mm，相对密度高于1.24，各格相对密度差不大于0.025
	10	电气线路	检查	接头无松动，无绝缘破损情况
	11	照明、音响	检查	符合使用要求
主体	12	液压油及过滤器	检查清洁	检查液压油量，不足添加；清洗滤清器
	13	变矩器、变速器	检查	工作正常，无异响及过热现象，添加润滑油
	14	终转动齿轮箱	检查	检查油量，不足添加，排除漏油现象
	15	转向离合器及制动器	检查	工作正常，制动摩擦片厚度不小于5mm
	16	履带及履带架	检查紧固	紧固履带螺栓，履带架及防护板应无变形、焊缝开裂等现象
	17	导向轮、驱动轮支重轮、拖带轮	检查	磨损正常，无横向偏摆，无漏油
	18	工作装置	检查、紧固	无松动、缺损，按规定力矩紧固
整机	19	各部螺栓及管接头	检查、紧固	无松动、缺损，按规定力矩紧固
	20	整机性能	试运转	在额定载荷下，作业正常，无不良情况

表6-9 履带式推土机二级（年度）维护作业项目和技术要求

部位	序号	维护部件	作业项目	技术要求
发动机	1	润滑系统	检测机油压力	油温在（50+5）℃以上时，低速空转调整压力为0.20MPa以上，高速空转调整压力为0.45MPa以上
	2	风扇传动带张力	检测	用手指约60N力量按压时的挠曲量约为10mm
	3	冷却系统	检测	节温器功能正常，77℃阀门开启
	4	起动系统	检测	水温为75℃时发动机在20s内启动，2次启动间隔时间为2min
	5	供油系统	检测	PT泵燃油压力值为0.68~0.73MPa，真空压力为23.94kPa，喷油器喷油压力为1.51MPa
	6	工作状态	测定转速及功率值	怠速转速为650r/min，发动机应稳定运转，高速转速为2150r/min，标定功率为235kW，发动机大负荷工况下无异常振动，排烟为淡灰色，允许深灰色
	7	曲轴连杆机构	检测	油温为（50±10）℃，转速为230~260r/min，3~5s气缸压缩压力应为28MPa；油温为60℃，在额定转速时，曲轴箱窜气量为40.47kPa
	8	配齐机构	检测、调整	冷车状态进气门间隙为0.36mm，排气门间隙为0.69mm
	9	曲轴箱润滑油	化验机油性能指标	油质劣化超标时更换
	10	蓄电池	测定容量及相对密度	高频放电计检查，单格容量在1.75V以上，稳定5s，电解液相对密度符合季节要求
主体	11	液力变矩器	检测	转数应在（1540±50）r/min以内
	12	液压泵	测定压力、流量及噪声	工作泵压力为20MPa，变速泵压力为2.0MPa；工作泵流量为1725r/min时为172.5L/min，变速泵流量为2030r/min时为931/min；泵噪声小于75dB
	13	液压油	化验性能指标	油质劣化达标时更换
	14	各液压元件	检测	在额定工作压力下，无渗漏、噪声、过热等现象
	15	主离合器、制动器及万向节	检查、紧固	主离合器摩擦片、制动器摩擦片磨损严重时更换，万向节、十字轴轴承不松动，螺栓紧固
	16	变速器	检查	变速齿轮磨损不超过0.1~0.2mm，无异响，变速轻便，定位可靠

续表 6－9

部位	序号	维护部件	作业项目	技术要求
主体	17	后桥	检测	作业时无异响，锥齿轮的啮合间隙为 0.25～0.35mm，不得大于 0.75mm，接触印痕大于全齿长的 50%，印痕的中点和齿轮小端距离为 15～25mm，印痕的高度为 50% 的有效齿高，并位于有效齿高的中部
	18	转向离合器即制动器	检查	工作正常，磨损片厚度不小于 5mm，磨损严重时更换
	19	终转动装置	测量齿轮节圆厚度	齿轮磨损厚度不超过 0.2～0.25mm，排除漏油现象
	20	导向轮、驱动轮支重轮、托带轮	测量	表面尺寸磨损后减少量不超过 10～12mm，排除漏油现象
	21	履带	检测	履带销套磨损超限时，可进行翻转修复；履带节高度磨损超限时，可进行焊补修复
	22	各类轴及轴承	检测	各类轴的磨损量不大于 2～3mm（直径大取上限），各类轴承间隙符合要求
	23	工作装置	检修	铲刀及顶推架如磨损或开裂，应焊补，刀片使用一段时间后可翻转 180°继续使用
整机	24	机架及外部构件	检修	铆焊在机架上的零部件应牢固，各构件无松动、破裂及短缺
	25	各紧固件	检查、紧固	按规定力矩紧固，并补齐缺损件
	26	整机覆盖面	除锈、补漆	对锈蚀、起泡、油漆脱落部分除锈及补漆
	27	整机性能	试运转	达到规定的性能参数（回转速度为 7.88r/min，行走速度工作档为 1.6km/h，快速挡为 3.2km/h，爬坡能力为 45%，最大牵引力为 12t）

表 6－10 履带式推土机润滑部位及周期

润滑部位		润滑剂	润滑周期（h）		备注
			检查加油	换油	
发动机	发动机油底壳	稠化机油或柴油机油	10	500	新车第一次换油为 250h
	张紧带轮架 风扇带轮 张紧带轮	锂基润滑脂	250	—	—

续表 6－10

<table>
<tr><th colspan="2" rowspan="2">润滑部位</th><th rowspan="2">润滑剂</th><th colspan="2">润滑周期（h）</th><th rowspan="2">备　注</th></tr>
<tr><th>检查加油</th><th>换油</th></tr>
<tr><td rowspan="2">传统系统</td><td>主离合器壳后桥箱
（包括变速器）
最终传动</td><td>稠化机油或柴油机油</td><td>10
10
250</td><td>500
1000
1000</td><td>新车第一次换油为 250h</td></tr>
<tr><td>主离合器操纵杆轴
万向节
油门操纵杆轴
制动踏板杠杆轴
减速踏板轴</td><td>锂基润滑脂</td><td>2000
1000
2000
2000
2000</td><td>—</td><td>—</td></tr>
<tr><td>行走机构</td><td>引导轮调整杆
斜支撑
平衡梁轴</td><td>锂基润滑脂</td><td>1000
1000
2000</td><td>—</td><td>—</td></tr>
<tr><td rowspan="2">推土装置</td><td>工作油箱</td><td>稠化机油</td><td>50</td><td>1000</td><td>新车第一次换油为 250h</td></tr>
<tr><td>铲刀操纵杆轴
角铲支撑
直倾铲液压缸支架
液压缸中心架
倾斜球接头座
倾斜液压缸球接头
倾斜球接头支撑
液压缸球接头
倾斜球接头座</td><td>锂基润滑脂</td><td>250</td><td>—</td><td>—</td></tr>
</table>

对于有运转记录的机械，也可以将运转台时作为维护周期的依据，推土机的一级维护周期为 200h，二级维护周期为 1800h，可根据机械的年限，作业条件等情况适当进行增减。对于老型机械，仍可执行三级维护制，即增加 600h（季度）的二级维护，1800h（年度）的二级维护改为三级维护，作业项目可相应调整。

6. 推土机的常见故障及排除方法

履带式推土机的常见故障及排除方法见表 6－11。

表 6-11 履带式推土机的常见故障及排除方法

故障现象	故障原因	排除方法
主离合器打滑	1. 摩擦片间隙过大； 2. 离合器摩擦片沾油； 3. 压盘弹簧性能减弱	1. 调整间隙，如摩擦片磨损超过原厚度 1/3 时，应更换摩擦片； 2. 清洗、更换油封； 3. 进行修复或更换
主离合器分离不彻底或不能分离	1. 钢片翘曲或飞轮表面不平； 2. 前轴承因缺油咬死； 3. 压脚调整不当或磨损严重	1. 校正修复； 2. 更换轴承，定期加油； 3. 重新调整或更换压脚
主离合器发抖	1. 离合器套失圆太大； 2. 松放圈固定螺旋松动	1. 进行修复； 2. 紧固固定螺栓
主离合器操纵杆沉重	1. 调整盘调整过量； 2. 油量不足使助力器失灵	1. 送回调整盘，重新调整； 2. 补充油量
液压变矩器过热	1. 油冷却器堵塞； 2. 齿轮泵磨损，油循环不足	1. 清洗或更换； 2. 更换齿轮泵
变速器挂挡困难	1. 连锁机构调整不当； 2. 惯性制动失灵； 3. 齿轮或花键轴磨损	1. 重新调整； 2. 调整； 3. 修复，严重时更换
变速杆挂挡后不起步	1. 液力变矩器和变速器的油压不上升； 2. 液压管路有空气或漏油； 3. 变速器滤清器堵塞	1. 检查修理； 2. 排除空气，紧固管路接头； 3. 清洗滤清器
中央转动啮合异常	1. 齿轮啮合不正常或轴承损坏； 2. 大圆锥齿轮紧固螺栓松动或第二轴上齿轮轮毂磨损	1. 调整齿轮间隙，更换轴承； 2. 紧固螺栓或旋紧第二轴前锁紧螺母后用销锁牢
转向离合器打滑，使推土机跑偏	1. 操纵杆没有自由行程； 2. 离合器片沾油或磨损过大	1. 调整后达到规定； 2. 清洗或更换
操纵杆拉到底不转弯	1. 操纵杆与增力器间隙过大； 2. 主从动片翘曲，分离不开	1. 调整； 2. 校平或更换
推土机不能急转弯	1. 制动带沾油或磨损过度； 2. 制动带间隙或操纵杆自由行程过大	1. 清洗或更换； 2. 调整至规定值

续表 6－11

故障现象	故障原因	排除方法
液压转向离合器不分离	1. 转向油压、油量不足； 2. 活塞上密封环损坏，漏油	1. 清洗滤清器，补充油量； 2. 更换密封环
制动器失灵	1. 制动摩擦片沾油或磨损过度； 2. 踏板行程过大	1. 清洗或更换； 2. 调整
引导轮、支重轮、托带轮漏油	1. 浮动油封及 O 形圈损坏； 2. 装配不当或加油过量	1. 更换； 2. 重新装配，适量加油
驱动轮漏油	1. 接触面磨损或有裂纹； 2. 装配不当或油封损坏	1. 更换或重新研磨； 2. 重新装配，更换油封
引导轮、支重轮、托带轮过度磨损	1. 三轮的中心不在一条直线上； 2. 台车架变形，斜撑轴磨损	1. 校正中心； 2. 校正修理，调整轴衬
履带经常脱落	1. 履带太松； 2. 支重轮、引导轮的凸缘磨损； 3. 三轮中心未对准	1. 调整履带张力； 2. 修理或更换； 3. 校正中心
液压操纵系统油温过高	1. 油量不足； 2. 滤清器滤网堵塞； 3. 分配器阀上、下弹簧装反	1. 添加至规定量； 2. 清洗滤清器； 3. 重新装配
液压操纵系统作用慢或不起作用	1. 油箱油量过多或过少； 2. 油路中吸入空气； 3. 油箱加油口空气孔堵塞	1. 使油量达到规定值； 2. 排除空气，拧紧油管接头； 3. 清洗通气孔及填料
铲刀提升缓慢或不能提升	1. 油箱中油量不足； 2. 分配器回油阀卡住或阀的配合面上沾有污物； 3. 安全阀漏油或关闭压力过低； 4. 液压泵磨损过大	1. 加油至规定油面； 2. 用木棒轻敲回油阀盖，或取出清洗阀座后重新装回； 3. 检查，调整压力； 4. 适当加垫或更换新泵
铲刀提升时跳动或不能保持提升位置	1. 分配器、滑阀、壳体磨损； 2. 液压缸活塞密封圈损坏； 3. 操纵阀杆间隙过大； 4. 操纵阀卡住	1. 更换分配器； 2. 更换； 3. 修理调整； 4. 检查修理
安全阀不起作用	1. 安全阀有杂物夹住或堵塞； 2. 弹簧失效或调整不当	1. 检查并清理； 2. 更换或重新调整

6.1.3 铲运机

1. 铲运机的用途与分类

铲运机是一种能独立完成铲土、运土、卸土和填筑的土方施工机械。与挖掘机和装载机配合自卸载重汽车施工相比较，具有较高生产率和经济性。铲运机由于其斗容量大，作业范围广，主要用于大土方量的填挖和运输作业，广泛用于公路、铁路、工业建筑、港口建筑、水利及矿山等工程中。

铲运机按运行方式不同有拖式和自行式两种。拖式铲运机是利用履带式拖拉机为牵引装置拖动铲土斗进行作业的，如图 6-29 所示为拖式铲运机外形。

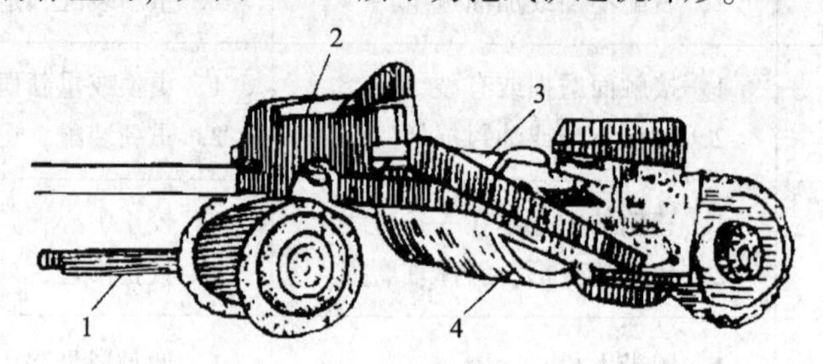

图 6-29 拖式铲运机外形

1—拖杆；2—辕架；3—前斗门；4—铲土斗体

拖式铲运机铲土斗几何容量为 6～7m^3，适合在 100～300m 的作业范围内使用。自行式铲运机近年来发展较快，是采用专门底盘并与铲土斗铰接在一起进行铲、运作业，如图 6-30 所示为自行式铲运机的外形。自行式铲运机铲土斗几何容量最大的可以达 40m^3以上，并且行驶速度较快，适合在 300～3500m 的作业范围内使用。

图 6-30 自行式铲运机外形

铲运机按铲土斗几何容量包括小型（斗容量在 4m^3以下）、中型（斗容量为 4～10m^3）和大型（斗容量在 10m^3以上）三种。按照操纵方式不同，铲运机分为液压式和钢丝绳操纵式两种。

铲运机按卸土方式的不同，可分为强制式、半强制式和自由式三种。

2. 铲运机的构造组成

（1）拖式铲运机。拖式铲运机结构如图 6-31 所示，由拖把、辕架、工作油缸、机架、前轮、后车轮和铲斗等组成。铲斗由斗体、斗门和卸土板组成。斗体底部的前面装有刀片，用于切土。斗体可升降，斗门可相对斗体转动，即打开或关闭斗门，以适应铲土、运土和卸土等不同作业的要求。

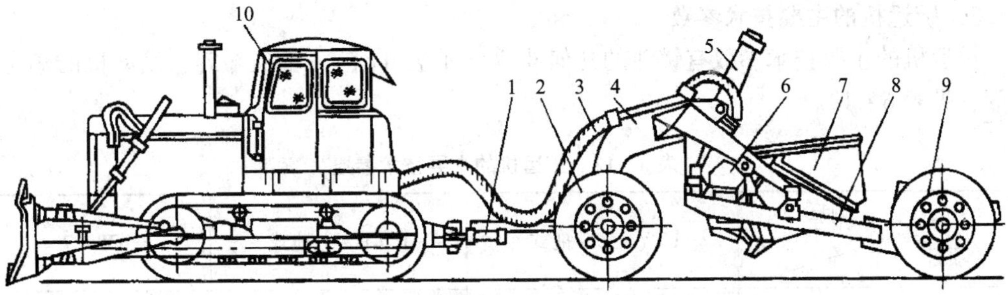

图 6－31 CTY2.5 型铲运机的构造

1—拖把；2—前轮；3—油管；4—辕架；5—工作油缸；

6—斗门；7—铲斗；8—机架；9—后轮；10—拖拉机

（2）自行式铲运机。自行式铲运机多为轮胎式，通常由单轴牵引车和单轴铲斗两部分组成。有的在单轴铲斗后还装有一台发动机，铲土工作时可采用两台发动机同时驱动。在采用单轴牵引车驱动铲土工作时，有时需要推土机助铲。轮胎式自行铲运机均采用低压宽基轮胎，以改善机器的通过性能。自行式铲运机本身具有动力，结构紧凑，附着力大，行驶速度快，机动性好，通过性好，在中距离土方转移施工中应用比较多，效率比拖式铲运机高。

CL7 型自行式铲运机是斗容量为 7～9m^3 的中型、液压操纵、强制卸土的国产自行式铲运机。该机由单轴牵引车及铲运斗两部分组成，如图 6－32 所示。单轴牵引车采用液力机械传动、全液压转向、最终轮边行星减速和内涨蹄式气制动等机构。铲运斗由辕架、提升油缸、斗门、斗门油缸、卸土板、铲斗、卸土油缸、后轮和尾架等组成，采用液压操纵。

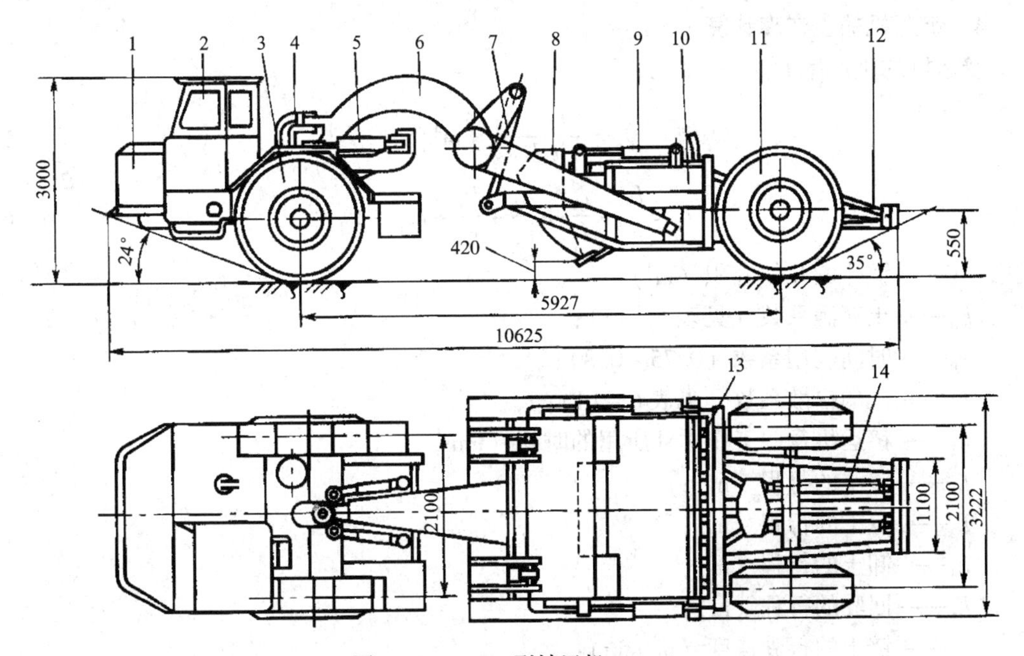

图 6－32 CL7 型铲运机（mm）

1—发动机；2—单轴牵引车；3—前轮；4—转向支架；5—转向液压缸；6—辕架；7—提升油缸；

8—斗门；9—斗门油缸；10—铲斗；11—后轮；12—尾架；13—卸土板；14—卸土油缸

3. 铲运机的主要技术参数

铲运机的主要技术参数有铲斗的几何斗容（平装斗容）、堆尖斗容、发动机的额定功率等，见表6－12。

表6－12 铲运机的主要技术参数

项目 \ 型号		CTY－2.5拖式	R24H－1拖式	CL－7
铲斗	平装容量（m^3）	2.5	18.5	7
	堆尖容量（m^3）	2.75	23.5	9
	铲刀宽度（mm）	1900	3100	2700
	切土深度（mm）	150	390	300
	铺卸厚度（mm）	—	—	400
	操纵方式（mm）	液压	液压	液压
发动机	型号	东－75拖拉机	小松D150或D155	6120
	功率（kW）	45	120	—
	转速（r/min）	1500	2000	—
外形尺寸（m）		5.6×2.44×2.4	11.8×3.48×3.47	9.7×3.1×2.8
重量（t）		1.98	17.8	14

4. 铲运机的生产率计算

铲运机的生产率Q_c：

$$Q_c = \frac{60Vk_H k_B}{t_T k_s} \ (m^3/h) \tag{6-5}$$

$$t_T = \frac{L_1}{v_1} + \frac{L_2}{v_2} + \frac{L_3}{v_3} + \frac{L_4}{v_4} + nt_1 + 2t_2 \tag{6-6}$$

式中：V——铲斗的几何容积（m^3）；

k_H——土充满系数（见表6－13）；

k_B——时间利用系数（0.75～0.8）；

k_S——土的松散系数（见表6－14）；

k_T——铲运机每一工作循环所用的时间（min）。

L_1——铲土的行程（m）；

L_2——运土的行程（m）；

L_3——卸土的行程（m）；

L_4——回驶的行程（m）；

v_1——铲土的行驶速度（m/min）；

v_2——运土的行驶速度（m/min）；

v_3——卸土的行驶速度（m/min）；

v_4——回驶的行驶速度（m/min）；

t_1——换挡时间（min）；

t_2——每循环中始点和终点转向用的时间（min）；

n——换挡次数。

表 6 – 13 铲运机铲斗的充满系数

土 的 种 类	充 满 系 数
干砂	0.6～0.7
湿砂（含水量为 12%～15%）	0.7～0.9
砂土与黏性土（含水量为 4%～6%）	1.1～1.2
干黏土	1.0～1.1

表 6 – 14 土的松散系数

土的种类和等级		土的松散系数	
		标准值	平均值
Ⅰ	植物性以外的土	1.08～1.17	1.0
Ⅱ	植物土、泥炭黑土	1.20～1.30	1.0
Ⅲ	—	1.4～1.28	1.0
Ⅳ	—	1.24～1.30	1.25
Ⅴ	除软石灰外	1.26～1.32	1.30
Ⅵ	软石灰石	1.33～1.37	1.30

5. 铲运机的施工作业

（1）铲运机的作业过程。铲运机的作业过程包括铲土、运土、卸土和返回过程。

1）铲土过程。在铲土时卸土板在铲斗体的最后位置，牵引车挂一挡，全开斗门，随着装土阻力的增加逐渐加大油门。在铲土时，铲运机应保持直线行驶，并应始终保持助铲机的推力与铲运机行驶的方向一致。应尽量避免转弯铲土或在大坡度上横向铲土。

2）运土过程。铲斗装满后运往卸土地点，此时应尽量降低车辆重心，增加行驶的平稳性和安全性，通常不宜把铲斗提得过高。运输时应根据道路情况尽量选择适当的车速。

3）卸土过程。在铲运机运到卸载地点后，应将斗门打开，卸土板前移将铲斗内土壤卸出。如需分层铺筑路基，应先将铲斗下降到所需铺填高度，选择适当车速（Ⅰ挡或Ⅱ挡），打开斗门，卸土板将土推出。此时卸土板前移速度应与车辆前进速度相配合，从而使土壤连续卸出。

4）返回过程。卸土完毕之后，提升铲斗，卸土板复位，并根据路面情况尽量选择高速挡返回到铲土作业区段。为了减少辅助时间，铲运斗各机构的操纵可在回程中进行。随着土的种类不同，坡度不同，填土厚度不同，因而在各个工序中，铲运机需用不同的牵引力，也就是采用不同的行驶速度来工作。根据经验，在铲土时，用Ⅰ、Ⅱ挡速度；重车开行时，用Ⅲ、Ⅳ挡速度；卸土时用Ⅱ挡速度；空车开行时，用Ⅴ挡速度。

（2）铲运机的运行路线。铲运机的运行路线有椭圆形、“8”字形和折线形等。

1）椭圆形路线是一种简单而常用的行驶路线，如图6－33所示。铲运机装满土后转向卸土地点，卸完后再转向取土地点，每个循环共有两个转向。当挖方深度与填方高度之和在2.2～4.1m之间，宜采用椭圆形路线。平行于挖方直线挖土，将土料运到挖方一侧的填方中去。在施工中，应经常调换方向行驶，避免因经常一侧转向，产生转向离合器及行驶机构的磨损不均匀和转向失灵现象。

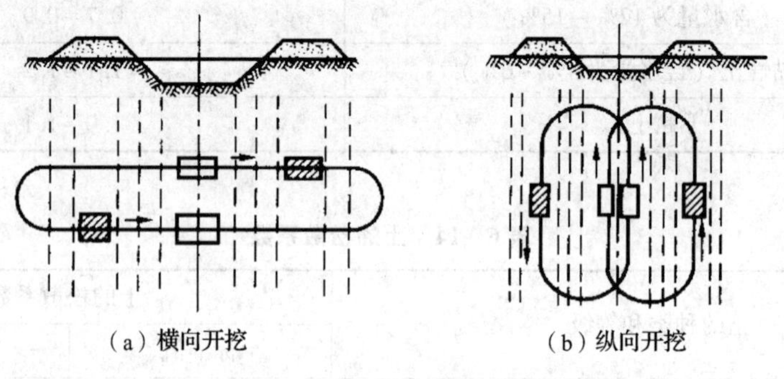

图6－33 铲运机的椭圆形路线

2）“8”字形路线是椭圆形纵向开挖路线的演变，取土和卸土轮流在两个工作面上进行，如图6－34所示。整个作业循环形成一个“8”字形。在一个循环中有两次挖土和卸土，只需转弯两次，每一个循环比椭圆形路线少转弯一次。同时由于经常的两侧转弯，行走机构磨损均匀。进车道在平面上的布置与填方轴线成40°～60°角，出车道则与轴线垂直。与椭圆形方式相比，可增大挖方填方的高差，但需要较长的工作线路，并产生较多的欠挖。

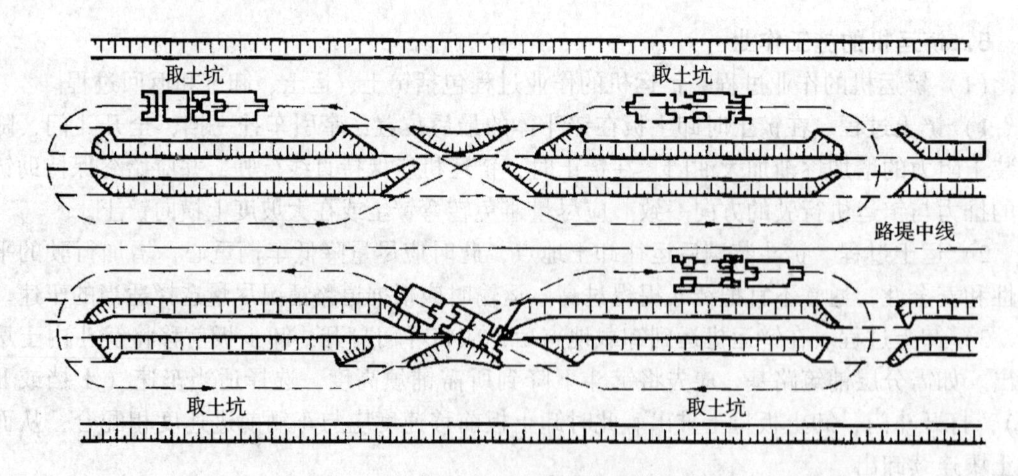

图6－34 铲运机“8”字形开挖工作路线

3）折线形路线是从“8”字形演变过来的，如图6－35所示。按照这种开行方式，装土和卸土地点是经常变换的，铲运机沿工作前线连续开行，进行挖土卸土工作，在一个方向工作完毕后，便回转过来向相反的方向进行。折线形路线虽然每个循环的转弯次数更少，但其运距较大，需要很多的进出车道，欠挖的土方量很多，因此只有在工作路线长，且挖方填方高差较大时，才采用这种方式。

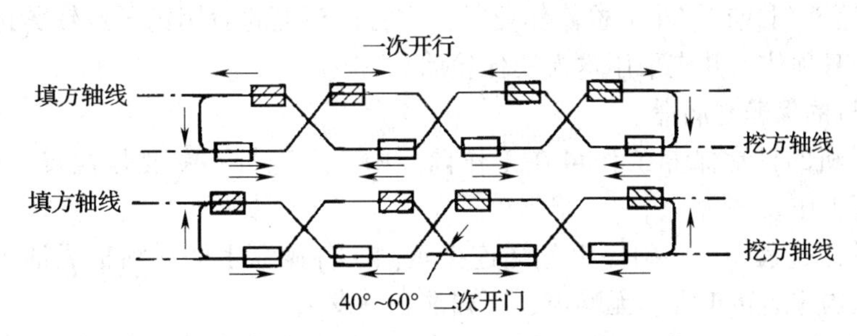

图 6－35 铲运机折形开挖工作路线

6. 铲运机的安全操作

（1）铲运机作业时，应先采用松土器翻松。铲运作业区内不得有树根、大石块和大量杂草等。

（2）铲运机行驶道路应平整坚实，路面宽度应比铲运机宽度大 2m。

（3）启动前，应检查钢丝绳、轮胎气压、铲土斗及卸土扳回缩弹簧、拖把万向接头、撑架以及各部滑轮等，并确认处于正常工作状态；液压式铲运机铲斗和拖拉机连接叉座与牵引连接块应锁定，各液压管路应连接可靠。

（4）开动前，应使铲斗离开地面，机械周围不得有障碍物。

（5）作业中，严禁人员上下机械，传递物件，以及在铲斗内、拖把或机架上坐立。

（6）多台铲运机联合作业时，各机之间前后距离应大于 10m（铲土时应大于 5m），左右距离应大于 2m，并应遵守下坡让上坡、空载让重载、支线让干线的原则。

（7）在狭窄地段运行时，未经前机同意，后机不得超越。两机交会或超车时应减速，两机左右间距应大于 0.5m。

（8）铲运机上、下坡道时，应低速行驶，不得中途换挡，下坡时不得空挡滑行，行驶的横向坡度不得超过 6°，坡宽应大于铲运机宽度 2m。

（9）在新填筑的土堤上作业时，离堤坡边缘应大于 1m。当需在斜坡横向作业时，应先将斜坡挖填平整，使机身保持平衡。

（10）在坡道上不得进行检修作业。在陡坡上不得转弯、倒车或停车。在坡上熄火时，应将铲斗落地、制动牢靠后再启动。下陡坡时，应将铲斗触地行驶，辅助制动。

（11）铲土时，铲土与机身应保持直线行驶。助铲时应有助铲装置，并应正确开启斗门，不得切土过深。两机动作应协调配合，平稳接触，等速助铲。

（12）在下陡坡铲土时，铲斗装满后，在铲斗后轮未达到缓坡地段前，不得将铲斗提离地面，应防铲斗快速下滑冲击主机。

（13）在不平地段行驶时，应放低铲斗，不得将铲斗提升到高位。

（14）拖拉陷车时，应有专人指挥，前后操作人员应配合协调，确认安全后起步。

（15）作业后，应将铲运机停放在平坦地面，并应将铲斗落在地面上。液压操纵的铲运机应将液压缸缩回，将操纵杆放在中间位置，进行清洁、润滑后，锁好门窗。

（16）非作业行驶时，铲斗应用锁紧链条挂牢在运输行驶位置上，拖式铲运机不得载人或装载易燃、易爆物品。

（17）修理斗门或在铲斗下检修作业时，应将铲斗提起后用销子或锁紧链条固定，再采用垫木将斗身顶住，并应采用木楔楔住轮胎。

7．铲运机的保养与润滑

（1）铲运机的日常保养工作可在工作前、中、后进行。主要是检查、调整、紧固、清洁和润滑等工作。

（2）在使用过程中，要确保钢丝绳连接紧固，各操纵手柄和踏板灵活可靠，液压系统、传动系统均应运转正常、无噪声、不漏油和不发热等。

（3）检查调整各机构，使其满足上述正常工作要求。同时在保养中加强清洁工作，并按照润滑要求做好润滑工作，这也是提高机械完好率的重要措施。

（4）自行式铲运机日常维护作业项目和技术要求见表6－15～表6－17。

表6－15 自行式铲运机日常维护作业项目和技术要求

部位	序号	维护部件	作业项目	技术要求
发动机	1	燃油箱油位	检查，添加	检查燃油箱存油量，不足时添加
	2	曲轴箱油位	检查，添加	在机械水平状态下，机油油位应在标尺上下刻度之间，不足时添加
	3	冷却液液位	检查，添加	液面不低于水箱上室的一半，不足时添加
	4	空气过滤器	清洁	清除初虑器集尘柄或排尘口的积尘
	5	管路及密封	检查	水管油管畅通、无漏油、漏水现象
	6	紧固件	检查	螺栓、螺母、垫片无松动、缺损
	7	工作状态	检查	无异响，无异常气味，烟色浅灰，仪表指示正常
主体	8	液压油箱	检查	油量充足，不足时添加
	9	液压元件	检查	动作正确，作用良好，无卡滞，无泄漏
	10	传动系统	检查	作用可靠，无异常
	11	转向机构	检查	作用可靠，无异常
	12	制动系统	检查	制动气压正常，制动有效可靠
	13	行走装置	检查	轮胎气压符合规定，外表无异物扎入，螺栓、螺母如有松动，应予紧固
工作装置	14	铲斗	检查	铲斗各部结构无变形损坏，铲刀及卸土板等动作灵活
	15	减压装置	检查	铲斗操纵机构作用良好，无泄漏、过热现象

续表 6－15

部位	序号	维护部件	作业项目	技 术 要 求
整机	16	整机外部紧固件	检查	松动者紧固、缺损者补齐
	17	各操纵杆	检查	各操纵杆操纵灵活，定位可靠
	18	整机外表	清洁	清除外部粘附的泥土、杂物
	19	工作状态	试运转	作业前空载试运转，无不良现象

表 6－16 自行式铲运机二级（日度）维护作业项目和技术要求

部位	序号	维护部件	作业项目	技 术 要 求
发动机	1	机油曲轴箱	快速分析	油质劣化超标时更换，不足时添加
	2	机油过滤器	清洁	清洗，更换滤芯
	3	燃油过滤器	清洁	拆洗，滤网如损坏，应更新
	4	空气过滤器	清洁	清洗并吹扫干净
	5	风扇及水泵传动带	检查，调整	调整传动带张紧度，如磨损严重，应换新
	6	散热器	检查	无堵塞，水垢严重时清洗
	7	燃油箱	清洁	无油泥，积垢，每 500h 清洗一次
电器仪表	8	仪表	检查	工作状态中各仪表指针应在绿色范围内
	9	蓄电池	检查，清洗	电解液相对密度高于 1.24，液面高出极板 10～12mm，极板清洁，通气孔畅通
	10	电气线路	检查	接头无松动，绝缘良好
	11	照明，喇叭	检查	符合使用要求
	12	发电机调节器	检查	触点平整，接触良好，如有烧蚀应修复
传动系统	13	变矩器、变速器	检查	工作正常，无异响及过热，操纵灵活，定位正确，如油量不足应添加
	14	驱动桥	检查	工作正常，无异响及过热，不漏油，添加减速器润滑油
	15	传动轴及连接螺栓	检查，紧固	工作正常，对松动处进行紧固
转向系统	16	方向盘	检查，调整	方向盘回转度超过 30°时，应调整蜗杆与滚轮之间的间隙
	17	转向机	检查，紧固	油量不足时添加，固定螺栓如松动，应紧固

续表 6－16

部位	序号	维护部件	作业项目	技术要求
液压系统	18	空气压缩机	—	工作正常，排放贮气筒内的积水和油污
	19	制动性能	检查，测试	制动应有效可靠，无漏气现象，管路和接头如有松动，应紧固
	20	制动气压	检查，调整	观察气压表，应为0.68～0.7MPa，必要时进行调整
	21	液压油箱	检查油质	如油质劣化超标，应更换，不足时添加
	22	液压元件	检测	工作正常，无泄漏、过热、噪声等异常现象
	23	管路及管接头	检查，紧固	无泄漏，如有松动，应紧固
工作装置	24	铲刀	检查，紧固	螺栓如有松动，应紧固
	25	卸土板	检查	移动灵活，卸土情况良好
	26	斗门	检查	斗门起落平稳，关闭严密，运土时不漏土
	27	后轮	检查	轴承如磨损严重，应予更换
整机	28	紧固件	检查，紧固	按规定力矩紧固各主要螺栓
	29	整机性能	试验	作业正常，无不良情况

表 6－17 自行式铲运机二级（年度）维护作业项目及技术要求

部位	序号	维护部件	作业项目	技术要求
发动机	1	曲轴箱	清洗	清洗油道及油底壳，清除污物，更换润滑油
	2	节温器	检查，试验	节温器功能正常，77℃时阀门开始开启，80℃时阀门充分开启，不符此要求时更换
	3	配气机构	检测	用仪表检测气门密封性，如不合格时，应研磨气门；检查气门间隙，如不符规定应进行调整
	4	曲轴连杆机构	测定气缸压力	气缸压缩压力不低于标准值 80%，各缸压力差不超过 8%；在正常温度时，各进排气口、加机油口、水箱等处应无明显漏气声和气泡
	5	润滑系统	检测机油压力	在标定转速时，机油压力为 245～343kPa 范围内；在 500～600r/min 时，机油压力不小于 49kPa
	6	泵及喷油器	测试	在试验台上校验，使其雾化良好，断油迅速，无滴油现象

续表 6－17

部位	序号	维护部件	作业项目	技术要求
电器及仪表	7	启动机及电动机	拆检	清洁内部，润滑轴承，更换磨损零件，修整整流子，测量绝缘应良好
	8	电气线路	检查	接头不松动，绝缘无破损
	9	仪表	检测	指针走动平稳，回位正确，数字清晰
传动系统	10	取力箱	检查	扭转减振器应功能正常，各零部件磨损超限或有损坏时，应予更换
	11	变矩器及变速器	检查清洗	变矩器自动锁闭机构功能可靠，变速器各离合器无打滑现象；各零件磨损超限时更换，清洗壳体内部，更换润滑油
	12	驱动桥及轮速减速器	检测	螺旋锥齿轮的啮合间隙为 0.30～0.45mm，齿轮轴上圆锥轴承的轴向间隙为 0.10mm，间隙不符时应调整
	13	传动轴及万向节	拆检	进行拆检、清洗各零件磨损超限时应更换
转向制动系统	14	转向性能	检查	单轴牵引车相对工作装置能左、右 90°转向，转弯直径符合规定
	15	空气压缩机	拆检	压缩机工作 24h 后，在油水分离器和贮气筒中聚集的机油超过 10～15cm^3 时，应检查活塞及活塞环，如磨损超限应更换
	16	制动器	拆检	制动摩擦片磨损超限时应更换，制动鼓磨损超限时应镗削，其他零件磨损或损坏时，应修复或换新
	17	制动气阀	检查	各气阀应功能可靠，无漏气现象
液压系统	18	液压油箱	清洗	清洗转向及工作装置液压油箱，更换新油
	19	液压泵、液压阀、液压缸	检查	在额定工作压力下，各液压元件应工作正常，无渗漏、噪声及过热等现象；液压缸应伸缩平稳，无卡滞及爬行现象
	20	液力传动，转向工作装置等液压系统	检测	各系统工作压力应符合规定，否则，应查明原因，进行调整

续表 6－17

部位	序号	维护部件	作业项目	技术要求
工作装置	21	各铰接处	检查	各铲接处的销轴、销套磨损严重时应更换
	22	牵引车和铲斗连接	检修	应连接牢固，如上下立轴及水平轴磨损严重时，应更换；连接螺栓如有松动，应紧固
	23	铲刀和推土机	检修	磨损或变形严重时，应进行焊修
	24	尾架	检修	尾架应紧固，无脱焊、变形，顶推装置完好
整机	25	各紧固件	检查，紧固	按规定力矩紧固主要螺栓，配齐磨损件
	26	机体涂覆面	除锈，补漆	应无锈蚀、起泡，必要时进行除锈补漆
	27	整机性能	试运转	各项性能符合要求

对于有运转记录的机械，也可将运转台时作为维护周期的分级依据，铲运机的一级维护周期为200h，二级维护周期为1800h，可以根据机械年限、作业条件等情况适当增减。对于老型机械，仍可执行三级维护制，即增加600h（季度）的二级维护，原定1800h（年度）的二级维护改为三级维护，作业项目可相应调整。

（5）自行式、拖式铲运机润滑部位及周期见表6－18、表6－19。

表6－18 自行式铲运机润滑部位及周期

润滑部位	点数	润滑剂	润滑周期（h）
换挡架底部轴承	1	钙基脂 冬 ZG－2 夏 ZG－4	8
传动轴伸缩叉	2		
转向液压缸圆柱销	4		
换向机构曲柄	2		
卸土液压缸圆柱销	4		
滚轮	3		
辕架球铰节	2		
斗门液压缸圆柱销	4		
提斗液压缸圆柱销	4		
中央框架水平轴	2		
中央框架上下立轴	2		
前制动凸轮轴支架	2		50
制动器圆柱销及凸轮轴	12		
气门前端	4		

续表 6－18

<table>
<tr><th>润滑部位</th><th>点　数</th><th>润滑剂</th><th>润滑周期（h）</th></tr>
<tr><td>功率输出箱</td><td>1</td><td rowspan="2">汽油机油
冬 HQ－6
夏 HQ－10</td><td>50 加注
1000 更换</td></tr>
<tr><td>万向节滚针</td><td>4</td><td>200 加注
1000 更换</td></tr>
<tr><td>变矩器
变速器</td><td>1
1</td><td rowspan="2">汽油机油
冬 HU－22
夏 HU－30</td><td>50 加注
1000 更换</td></tr>
<tr><td>转向油箱
铲斗工作油箱</td><td></td><td>50 加注
2000 更换</td></tr>
<tr><td>减速器
轮边减速器
差速器
转向器</td><td>1
2
1
1</td><td>齿轮油
冬 HL－20
夏 HL－30</td><td>50 加注
1000 更换</td></tr>
<tr><td>变矩器壳体前轴承
制动调整臂涡轮、蜗杆
操纵阀手柄座</td><td>1
4
3</td><td rowspan="2">钙基脂
冬 ZG－2
夏 ZG－4</td><td>200</td></tr>
<tr><td>前后轮毂轴承</td><td>4</td><td>2000 更换</td></tr>
</table>

表 6－19　拖式铲运机润滑部位及周期

<table>
<tr><th>润滑部位</th><th>点　数</th><th>润滑剂</th><th>润滑周期（h）</th></tr>
<tr><td>转轴
提斗下滑轮及
滑轮转座</td><td>2
2</td><td rowspan="2">钙基脂
冬 ZG－2
夏 ZG－4</td><td>30</td></tr>
<tr><td>斗门轴座
象鼻前滑轮
提斗上滑轮
象鼻上滑轮
卸土导向滑轮
斗门导向滑轮
辕架轴座滑轮
卸土四联定滑轮
卸土四联动滑轮
卸土斗门两联动滑轮</td><td>2
2
2
1
3
2
2
2
2
1</td><td>60</td></tr>
</table>

续表 6－19

润滑部位	点 数	润滑剂	润滑周期（h）
斗门导向滑轮 斗门定滑轮	2 1	冬 ZG－2 夏 ZG－4	120
拖把轴承 转座 卸土、提升导向滑轮转座 卸土导向滚轮 蜗形器	1 1 4 8 1		160
前轮轴承 后轮轴承	2 2		1200 更换
提斗、蜗形器、 弹簧钢丝绳	3	石墨脂 ZG－S	1200 涂抹

8. 铲运机的常见故障及排除方法

自行式铲运机常见故障及排除方法见表 6－20。

表 6－20 自行式铲运机常见故障及排除方法

故障现象	故障原因	排 除 方 法
挂挡后机械不走或者有蠕动现象	1. 变速器挡位不对； 2. 油液少； 3. 挡位杆各固定点有松动	1. 重新挂挡； 2. 添加油料到规定容量； 3. 紧固
液力变矩器油温高且升温快	1. 油量过多或过少； 2. 滤油器堵塞； 3. 离合器打滑； 4. 变速器挡位不对； 5. 有机械摩擦	1. 放出或注入油量至定额； 2. 清洗或更换滤油器； 3. 除去离合器摩擦片和压板上的油污； 4. 重新挂挡； 5. 检查后调整或修理
主油压表上升缓慢，供液压泵有响声	1. 滤网堵塞； 2. 油量少； 3. 各密封不良，漏损多； 4. 油液起泡沫	1. 清洗滤网，必要时更换； 2. 添加油料至规定要求； 3. 更换密封，消除损漏； 4. 检查后更换

续表 6－20

故障现象	故障原因	排除方法
车速低，油温升高	1. 使用挡位不正确； 2. 制动蹄未解脱； 3. 工作装置手柄及气动转向阀手柄位置不对	1. 换至适当挡位； 2. 松开制动蹄； 3. 调整到中间位置
各挡位主油压低	1. 油量少； 2. 液压泵磨损； 3. 离合器密封漏油； 4. 滤网堵塞； 5. 主调压阀失灵	1. 添加至规定量； 2. 检查修理，必要时更换； 3. 更换密封件； 4. 清洗滤网，必要时更新； 5. 检查修复或更换
主油压表摆动频繁	1. 油量少； 2. 油路内进入空气； 3. 油液泡沫多	1. 添加到规定量； 2. 将空气排出； 3. 检查后更换油液
转向无力	阀调压螺栓松动，油压低	紧固调整使油压正常
转向不灵	1. 油量少； 2. 系统有漏油现象； 3. 滤油器阻塞	1. 增添油量到规定量； 2. 检查后，紧固接头，更换密封件； 3. 清洗或必要时更换滤网
转向有死点	1. 换向机构调整不当； 2. 转向阀节流滤网阻塞	1. 重行调整； 2. 清洗或必要时更换滤网
转向失灵油温升高	1. 转向阀或双作用安全阀的调整阀或单向阀失灵； 2. 油路有阻塞； 3. 油量少	1. 检查后调整或修理； 2. 清洗滤网或更换； 3. 添加到规定量
方向盘自由行程大于30°	1. 转向机轴承间隙大； 2. 拉杆刚性不足，结合处间隙大	1. 调整或必要时更换； 2. 进行加固并调整间隙
气压降至0.68MPa以下，空气仍从压力控制器排除	1. 控制器放气孔被堵塞； 2. 止回阀漏气； 3. 控制器鼓膜漏气，盖不住阀门座	1. 用细铁丝通开放气孔； 2. 检查密封情况，如橡胶阀体损坏，应更换新件； 3. 检查后如密封件损坏，应更换新件

续表 6－20

故障现象	故障原因	排除方法
压力低于 0.68MPa	控制器调整螺钉过松，阀门开放压力低	将调整螺钉拧入少许
停止供气后贮气筒压力下降快	控制器止回阀漏气	检查止回阀密封情况，如损坏更换新件
放气压力高于 0.7MPa	控制器调整螺钉过紧，阀门开放压力高	将调整螺钉拧出少许
发动机熄火后贮气筒压力迅速下降	1. 阀门密封不良或阀门损坏； 2. 阀门回位弹簧压力小	1. 连踏制动踏板数下并猛然放松，使空气吹掉阀门上赃物。如阀门损坏，应更新。 2. 检查，如压力不足，可在弹簧下加垫片或更换新件
熄火后踏下制动踏板压力迅速下降	活塞鼓膜损坏	更换新膜
制动鼓放松缓慢、发热	活塞被脏物卡住，运动不灵活	拆开检查，清除脏物
绞盘卷筒发热	制动带太紧	调整制动带
操纵时，斗门不起或卸土板不动	1. 绞盘摩擦锥未能接上； 2. 摩擦锥的摩擦片磨损； 3. 摩擦片上有油垢	1. 调整摩擦离合器； 2. 更换新件； 3. 清洗
铲斗提升位置不能保持所需高度	1. 制动器松动； 2. 制动带磨损； 3. 制动带上有油垢； 4. 弹簧松弛	1. 调整制动带； 2. 调整，必要时更换； 3. 清洗； 4. 更换
卸土后，卸土板不回原位，斗门放不下	1. 卸土板歪斜，滚轮卡死； 2. 钢丝绳卡住在滑轮组的缝里	1. 矫正歪斜，更换滚轮； 2. 打出钢丝绳，更换并矫正滑轮壳
卸土板回位后斗门放不下	1. 卸土板歪斜，滚轮卡死； 2. 斗门臂歪斜与斗臂卡住	1. 矫正歪斜，更换滚轮； 2. 消除歪斜
滑轮组发热或咬住	1. 滑轮歪斜或不动； 2. 润滑油不足或轴承损坏	1. 换滑轮并消除歪斜原因； 2. 及时加油或更换轴承
钢丝绳滑出	挡绳板损坏或位置不恰当	修理或调整

续表 6－20

故障现象	故障原因	排除方法
铲斗各部动作缓慢	1. 油箱油量少； 2. 工作液压泵压力低，有内漏现象； 3. 多路换向阀调压螺钉松动，回路压力低； 4. 液压缸、多路换向阀有内漏； 5. 油路或滤网有堵塞现象	1. 加添至规定量； 2. 检查部件磨损和密封情况，必要时更换新件； 3. 将调压螺钉拧紧； 4. 检查部件磨损和密封情况，必要时更换新件； 5. 疏通油路、清洗滤网或更换
铲斗下沉迅速	1. 提升液压缸泄漏； 2. 多路换向阀泄漏	1. 检查修复、更换密封件； 2. 检查修复或更换部件
操纵不灵活	1. 多路换向阀连接螺栓压力不够； 2. 操纵杆不灵活	1. 检查后调整或更换； 2. 检查修理或更换

6.1.4 平地机

1. 平地机的用途和分类

平地机是一种功能多、效率高的工程机械，适用于公路、铁路、矿山、机场等大面积的场地平整作业，还可进行轻度铲掘、松土、路基成形、边坡修整、浅沟开挖及铺路材料的推平成形等作业。其分类方式如下：

（1）按工作装置的操纵方式分类。按工作装置的操纵方式不同，可分为机械操纵和液压操纵两种。

（2）按机架结构形式分类。按机架结构形式不同，可分为整体机架式平地机和铰接机架式平地机，如图 6－36 所示。整体机架将后车架与弓形前车架铰接为一体，车架的刚度好，转弯半径较大。铰接机架式平地机是将后车架与弓形前车架铰接在一起，以液压缸控制其转动角，转弯半径小，具有更好的作业适应性。

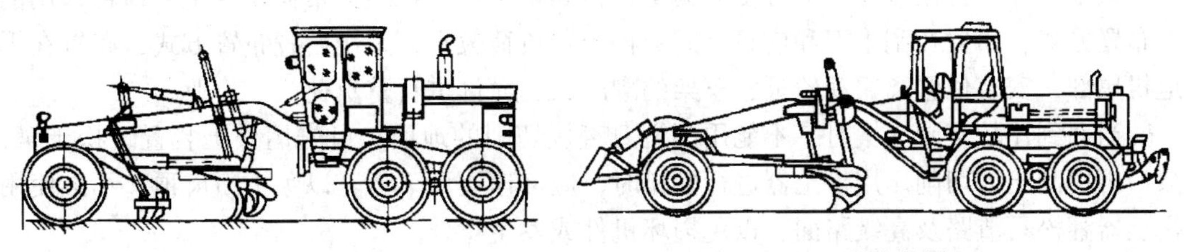

（a）整体式车架　（b）铰接式车架

图 6－36　平地机结构

（3）按发动机功率分类。按发动机功率不同，可分轻型、中型、重型和超重型四种。发动机功率小于56kW的为轻型平地机；发动机功率在56～60kW之间的为中型平地机；发动机功率在90～149kW之间的为重型平地机；大于149kW的为超重型平地机。

2．平地机的基本构造

平地机的外形结构如图6－37所示，主要由发动机、传动系统、制动系统、转向系统、液压系统、电气系统、操作系统、前后桥、机架、工作装置及驾驶室组成。

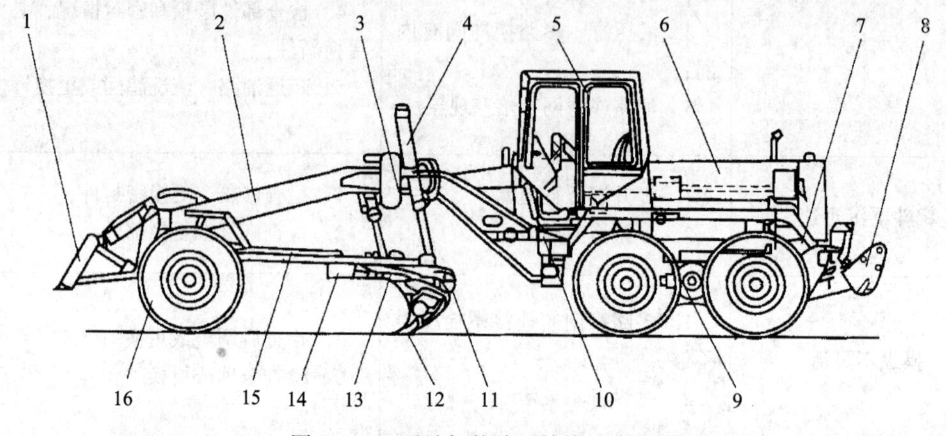

图6－37 平地机的外形结构示意图

1—前推土板；2—前机架；3—摆架；4—刮刀升降油缸；5—驾驶室；6—发动机；7—后机架；8—后松土器；9—后桥；10—铰接转向油缸；11—松土耙；12—刮刀；13—铲土角变换油缸；14—转盘齿圈；15—牵引架；16—转向轮

下面主要介绍平地机的工作装置。平地机的工作装置包括刮土装置、松土装置和推土装置。

刮土装置是平地机的主要工作装置，如图6－38所示。牵引架的前端是个球形铰，与车架前端铰接连接，后端固定回转圈，通过升降油缸和摆架与平地机前车架相连，刮土刀与回转圈连接，在驱动装置的驱动下带动刮土刀全回转。刮刀背面的侧移油缸推动刮刀沿两条滑轨侧向滑动。切削角调节油缸可改变刮土刀的切削角（也称铲土角）。所以平地机刮土刀可升降、倾斜、侧移、引出和360°回转等运动，其位置可在较大范内进行调整，以满足平地机平地、切削、侧面移土、路基成形和边坡修整等作业要求。

松土工作装置按作业负荷程度分为耙土器和松土器。耙土器负荷比较小，通常采用前置布置方式，布置在刮土刀和前轮之间。松土器负荷较大，采用后置布置方式，布置在平地机尾部，安装位置离驱动轮近，车架的刚度大，允许进行重负荷松土作业。

当遇到比较坚硬土壤时，不能用刮土刀直接切削的地面，可先用松土装置疏松土壤，然后再用刮土刀切削。用松土器进行翻松时，应慢速逐渐下齿，以免折断齿顶。不准使用松土器翻松石渣路及高级路面，以免损坏机件或发生意外。

3．平地机的主要技术性能

表6－21为几种国内外平地机的主要技术性能表。

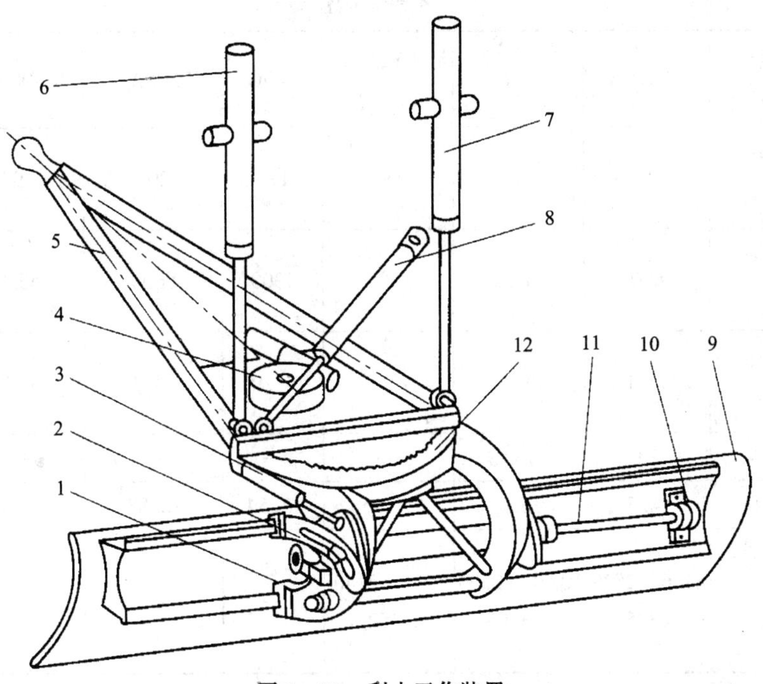

图 6－38 刮土工作装置

1—角位器；2—角位器紧固螺母；3—切削角调解油缸；4—回转驱动装置；
5—牵引架；6—右升降油缸；7—左升降油缸；8—牵引架引出油缸；
9—刮土刀；10—滑轨；11—刮刀侧移油缸；12—回转圈

表 6－21 平地机的主要技术性能参数

项目＼型号		PY160A	PY180	PY250（16G）	140G	GD505A－2	BG300A－1	MG150
型式		整体	铰接	铰接	铰接	铰接	铰接	铰接
标定功率（kW）		119	132	186	112	97	56	68
铲刀	宽×高（mm）	3705×555	3965×610	4877×78	3658×610	3710×655	3100×580	3100×585
	提升高度（mm）	540	480	419	464	430	330	340
	切土深度（mm）	500	500	470	438	505	270	285
前桥摆动角（左、右）		16°	15°	18°	32°	30°	26°	—
前轮转向角（左、右）		50°	45°	50°	50°	36°	36.6°	48°

续表 6 - 21

项目 \ 型号	PY160A	PY180	PY250 (16G)	140G	GD505A - 2	BG300A - 1	MG150
前轮倾斜角（左、右）	18°	17°	18°	18°	20°	19°	20°
最小转弯半径（mm）	800	7800	8600	7300	6600	5500	5900
最大行驶速度（km/h）	35.1	39.4	42.1	41.0	43.4	30.4	34.1
最大牵引力（kN）	78	156	—	—	—	—	—
整机质量（t）	14.7	15.4	24.85	13.54	10.88	7.5	9.56
外形尺寸（长宽×高）（mm）	8146×2575×3253	10280×2595×3305	1014×2140×3527	—	—	—	—

4. 平地机的施工作业

（1）平地机刮刀的工作角度。在平地机作业的过程中，必须根据工作进程的需要正确调整平地机的铲土刮刀的工作角度。即刮刀水平回转角 α 和刮刀切土角 γ，如图 3 - 45 所示。

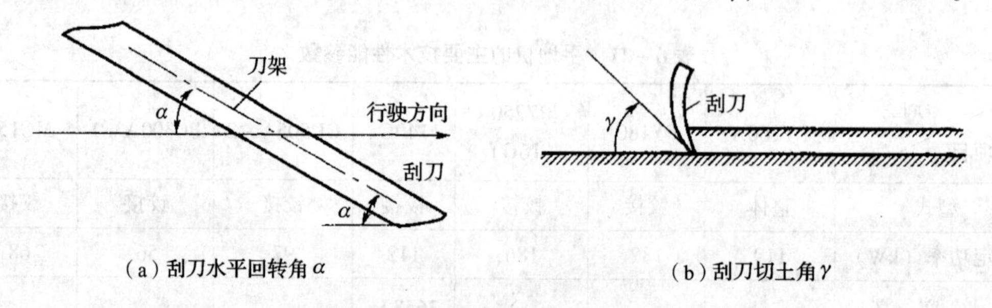

（a）刮刀水平回转角 α　（b）刮刀切土角 γ

图 6 - 39　平地机刮刀的工作角度

刮刀水平回转角为刮刀中线与行驶方向在水平面上的角度，当回转角增大时，工作宽度减小，但物料的侧移输送能力提高，切削能力也提高，刮刀单位切削宽度上的切削力增大。回转角应当视具体情况及要求进行确定。对于剥离、摊铺、混合作业及硬土切削作业，回转角可取 30°～50°；对于推土摊铺或进行最后一道刮平以及进行松软或轻质土刮整作业时，回转角可取 0°～30°。

铲刀的切土角为铲土刮刀切削边缘的切线与水平面的角度。铲刀角的大小通常以作业类型来确定。中等切削角（60°左右）适用于一般的平整作业。在切削、剥离土壤时，需要较小的铲土角，以降低切削阻力。当进行物料混合及摊铺时，选用较大的铲土角。

（2）刮刀移土作业。刮刀移土作业可分为刮土直移作业、刮土侧移作业和斜行作业，如图 6 - 40 所示。

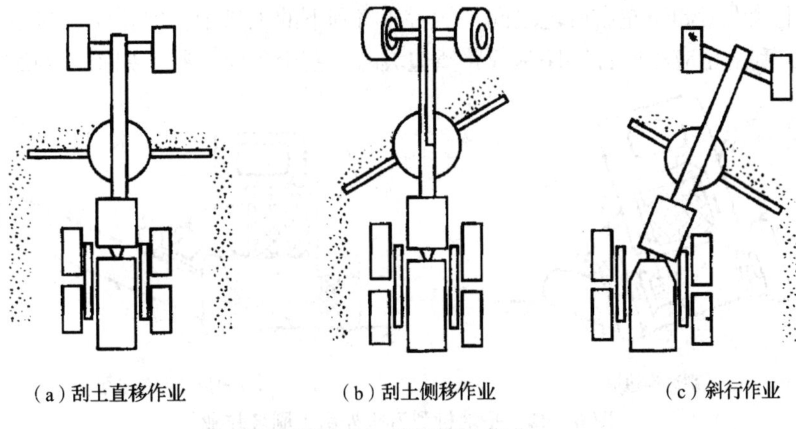

(a)刮土直移作业　(b)刮土侧移作业　(c)斜行作业

图 6－40　刮刀移土作业

1）刮土直移作业。将刮刀回转角置为0°，即刮刀轴线垂直于行驶方向，此时切削宽度最大，但只能以较小的切入深度作业，主要用于铺平作业。

2）刮土侧移作业。将刮刀保持一定的回转角，在切削和运土过程中，土沿刮刀侧向流动，回转角越大，切土和移土能力越强。刮土侧移作业用于铺平时还应采用适当的回转角，始终保证刮刀前有少量的但却是足够的料，既要运行阻力小，又要确保铺平重量。

3）斜行作业。刮刀侧移时应当注意不要使车轮在料堆上行驶，应使物料从车轮中间或两侧流过，在必要时，可采用斜行方法进行作业，使料离开车轮更远一些。

（3）刮刀侧移作业。平地机作业时，在弯道上或作业面边界呈不规则的曲线状地段作业时，可同时操纵转向和刮刀侧向移动，机动灵活地沿曲折的边界作业。当侧面遇到障碍物时，通常不采用转向的方法躲避，而是将刮刀侧向收回，过了障碍物后再将刮刀伸出。

（4）刀角铲土侧移作业。适用于挖出边沟土壤来修整路型或填筑低路堤。先根据土壤的性质调整好刮刀铲土角和刮土角。平地机以一档速度前进后，让铲刀前置端下降切土，后置端抬升，形成最大的倾角，如图 6－41（a）所示，被刀角铲下的土层就侧卸于左右轮之间。为了便于掌握方向，刮刀的前置端应正对前轮之后，在遇有障碍物时，可将刮刀的前置端侧伸于机外，再下降铲土。但必须注意，此时所卸的土壤也应处于前轮的内侧，如图 6－41（b）所示，这样不被驱动后轮压上，以免影响平地机的牵引力。

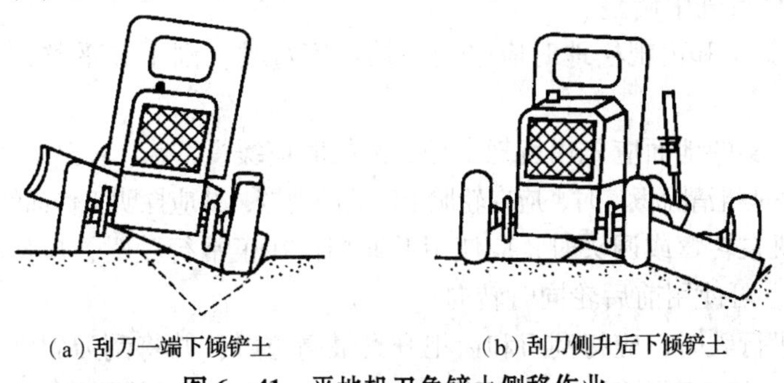

(a)刮刀一端下倾铲土　(b)刮刀侧升后下倾铲土

图 6－41　平地机刀角铲土侧移作业

（5）机外刮土作业。这种作业多用于修整路基、路堑边坡和开挖边沟等工作。在工作前，首先将刮刀倾斜于机外，然后使其上端向前，平地机以一档速度前进，放刀刮土，于是刮刀刮下的土就沿刀卸于左右两轮之间，然后再将刮下的土移走，但要注意的是，用来刷边沟的边坡时，刮土角应小些；刷路基或路堑边坡时，刮土角应大些，如图6－42所示。

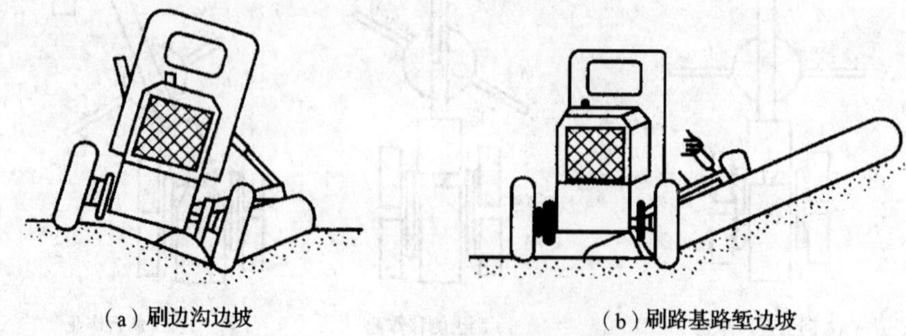

（a）刷边沟边坡　（b）刷路基路堑边坡

图6－42 平地机刮刀机外刮土刷坡作业

5. 平地机的安全操作

（1）起伏较大的地面宜先用推土机推平，再用平地机平整。

（2）平地机作业区内不得有树根、大石块等障碍物。对土质坚实的地面，应先用齿耙翻松。

（3）作业前应重点检查下列项目，并应符合相应要求：

1）照明、信号及报警装置等应齐全有效。

2）燃油、润滑油、液压油应符合规定。

3）各铰接部分应连接可靠。

4）液压系统不得有泄漏现象。

5）轮胎气压应符合规定。

（4）平地机不得用于拖拉其他机械。

（5）启动内燃机后，应检查各仪表指示值并应符合要求。

（6）开动平地机时，应鸣笛示意，并确认机械周围不得有障碍物及行人。用低速挡起步后，应测试并确认制动器灵敏有效。

（7）作业时，应先将刮刀下降到接近地面，起步后再下降刮刀铲土。铲土时，应根据铲土阻力大小，随时调整刮刀的切土深度。

（8）刮刀的回转、铲土角的调整及向机外侧斜，应在停机时进行；刮刀左右端的升降动作，可在机械行驶中调整。

（9）刮刀角铲土和齿耙松地时应采用一挡速度行驶；刮土和平整作业时应用二、三挡速度行驶。

（10）土质坚实的地面应先用齿耙翻松，翻松时应缓慢下齿。

（11）使用平地机清除积雪时，应在轮胎上安装防滑链，并应探明工作面的深坑、沟槽位置。

（12）平地机在转弯或调头时，应使用低速挡；在正常行驶时，应使用前轮转向，当场地特别狭小时，可使用前后轮同时转向。

（13）平地机行驶时，应将刮刀和齿耙升到最高位置，并将刮刀斜放，刮刀两端不得超出后轮外侧。行驶速度不得超过使用说明书规定。下坡时，不得空挡滑行。

（14）平地机作业中变矩器的油温不得超过120℃。

（15）作业后，平地机应停放在平坦、安全的场地，刮刀应落在地面上，手制动器应拉紧。

6.1.5 装载机

1. 装载机的用途与分类

装载机是一种作业效率较高的铲装机械，用以装载松散物料和爆破后的矿石及以对土壤作轻度的铲掘工作，同时还能用于清理、刮平场地、短距离装运物料及牵引等作业。如果更换相应的工作装置后，还可以完成推土、挖土、松土、起重以及装载棒料等工作，所以被广泛用于建筑、筑路、矿山、港口、水利及国防等各部门中。装载机根据行走装置的不同分为轮式及履带式两种。轮式装载机的特点包括自重轻、行走速度快、机动性好、作业循环时间短和工作效率高等。轮式装载机不损伤路面，可自行转移工地，并能够在较短的运输距离内当运输设备用。因此在工程量不大，作业点不集中、转移较频繁的情况下，轮式装载机的生产率大大高于履带式装载机。所以轮式装载机发展较快。我国铰接车架、轮式装载机的生产已形成了系列。定型的斗容量有0.5～5m^3。履带式装载机具有重心低、稳定性好、接地比压小，在松软的地面附着性能强、通过性好等特点。特别适合在潮湿、松软的地面，工作量集中、无须经常转移和地形复杂的地区作业。但当运输距离超过30m时，使用成本将会明显增大。履带式装载机转移工地时需平板拖车拖运。

装载机按照卸料方式不同分为前卸式、回转式和后卸式三种。目前国内外生产的轮式装载机大多数为前卸式。因其结构简单，工作安全可靠，视野好，因而应用广泛。回转式装载机的工作装置可以相对车架转动一定角度，使得装载机在工作时可与运输车辆呈任意角度，装载机原地不动依靠回转卸料。回转式装载机可在狭窄的场地作业，但其结构复杂，侧向稳定性不好。后卸式装载机前端装料，向后卸料。在作业时无须调头，可直接向停在装载机后面的运输车辆卸载。但卸载式铲斗必须越过驾驶室，不安全，所以应用并不广泛，通常用于井卷里作业。

装载机按照铲斗的额定装载重量分为小型（小于10kN）、轻型（10～30kN）、中型（30～80kN）、重型（大于80kN）四种。轻、中型装载机通常配有可更换的多种作业装置，主要用于工程施工和装载作业。装载机型号数字部分表示额定装载量。例如ZL60表示其额定装载重量为60kN。

装载机按照发动机功率分小、中、大和特大型装载机。功率小于74kW为小型，如ZL30装载机；功率74～147kW为中型，如ZL40装载机；功率147～515kW为大型，如ZL50装载机；功率大于515kW为特大型。

2. 轮胎式装载机的基本构造

轮胎式装载机是以轮胎式底盘为基础，配置工作装置和操纵系统组成。优点是重量轻、运行速度快、机动灵活、作业效率高，在行走时不破坏路面。如果在作业点较分散，转移频繁的情况下，其生产率要比履带式高得多。缺点是轮胎接地比压大、重心高、通过性和稳定性差。目前国产ZL系列装载机均为轮式装载机，应用非常广泛。轮式装载机由工作装置、行走装置、发动机、传动系统、转向制动系统、液压系统、操纵系统和辅助系统组成，如图6－43所示。

（1）工作装置。工作装置由动臂、动臂油缸、铲斗、连杆、转斗油缸及摇臂组成。动臂和动臂油缸铰接在前车架上，动臂油缸的伸或缩使工作装置举升或下降，从而使铲斗

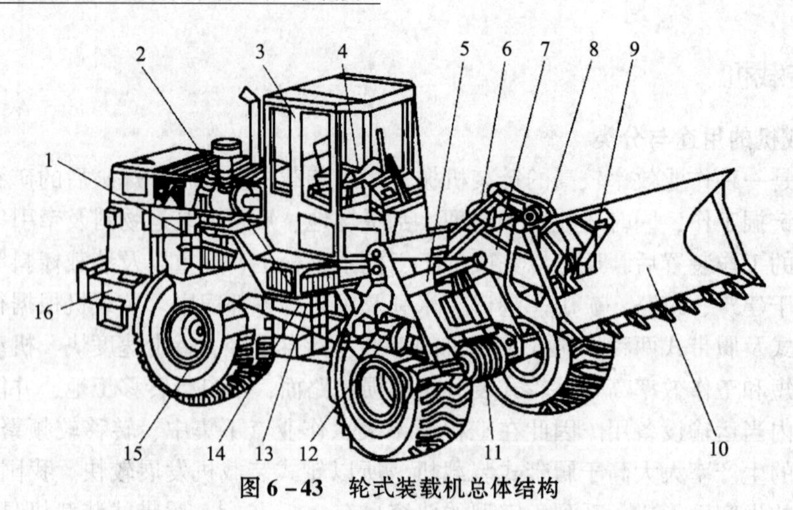

图 6-43 轮式装载机总体结构

1—发动机；2—变矩器；3—驾驶室；4—操纵系统；5—动臂油缸；6—转斗油缸；7—动臂；8—摇臂；9—连杆；10—铲斗；11—前驱动桥；12—转动轴；13—转向油缸；14—变速箱；15—后驱动桥；16—车架

举起或放下。转斗油缸的伸或缩使摇臂前或后摆动，再通过连杆控制铲斗的上翻收斗或下翻卸料。因作业要求，在装载机的工作装置设计中，应确保铲斗的举升平移和下降放平，这是装载机工作装置的一个重要特性。这样就可减少操作程序，提高生产率。铲斗举升平移当铲斗油缸全伸使铲斗上翻收斗后，在动臂举升的全过程中，转斗油缸全伸的长度不变，铲斗平移（铲斗在空间移动），旋转不大于15°。铲斗下降放平当动臂处于最大举升高度、铲斗下翻卸料（铲斗斗底与水平线夹角为45°）时，转斗油缸保持不变，当动臂油缸收缩，动臂放置最低位置时，铲斗能够自动放平处于铲掘位置，从而使铲斗卸料后，不必操纵铲斗油缸，只要操纵动臂油缸使动臂放下，铲斗就可自动处于铲掘位置。

工作装置运动的具体步骤为：铲斗在地面由铲掘位置收斗（收斗角为 α）→动臂举升铲斗至最高位置→铲斗下翻卸料（斗底与水平线夹角 $\beta=45°$）→动臂下降至最低位置→铲斗自动放平，如图6-44所示。

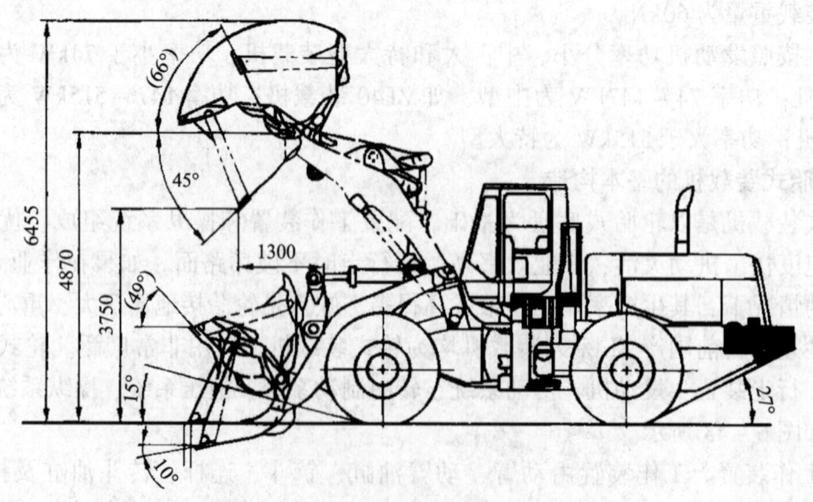

图 6-44 装载机主要工作尺寸（mm）

(2) 传动系统。装载机的铲料是靠行走机构的牵引力使铲斗插入料堆中的。当铲斗插入料堆时会受到很大的阻力，有时甚至使发动机熄火。为了充分发挥其牵引力，故前、后桥都制成驱动式的，装载机的传动系统通常都装有液力变矩器，采用液力传动。目前，一些新型的中小型装载机采用液压机械传动，使传动系统的结构简化。如图 6-45 所示为 ZL50 装载机传动系统，采用液力传动。发动机装在后架上，发动机的动力经液力变矩器传至行星换挡变速箱，再由变速箱把动力经传动轴分别传到前、后桥及轮边减速器，以驱动车轮转动。发动机的动力还经过分动箱驱动工作装置油泵工作。采用液力变矩器后使装载机具有良好的自动适应性能，能够自动调节输出的扭矩和转速。使装载机可以根据道路状况和阻力大小自动变更速度和牵引力，以适应不断变化的各种工况。当铲削物料时，能够以较大的速度切入料堆，并随着阻力增大而自动减速，提高轮边牵引力，以确保切削。液压机械传动的装载机是近年来发展的新机型。发动机的动力由液压泵转变为液压能，经过控制阀后驱动液压马达转动，马达经减速器减速后驱动装载机的前、后桥，实现整机行走。取消了主离合器（或液力变矩器）等部件，使结构简单、紧凑，重量减轻。随着液压技术的发展，行走机构采用液压机械传动是中小型装载机今后研究和发展的方向。

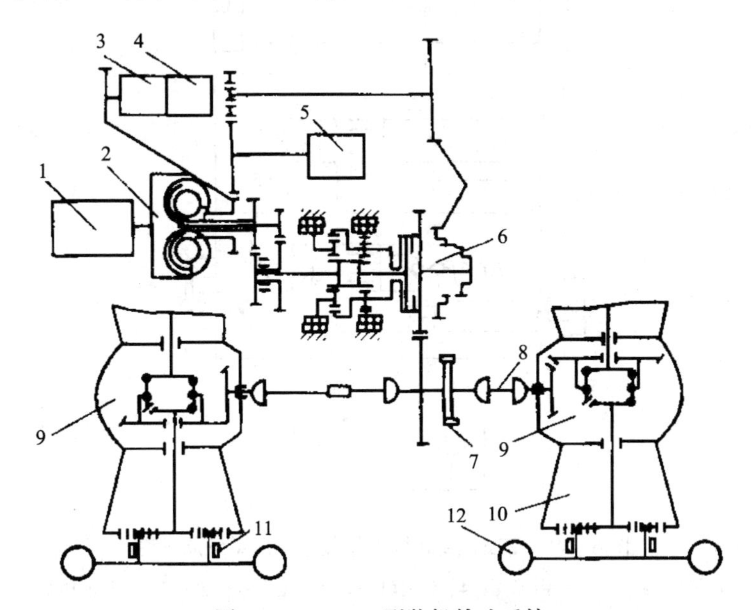

图 6-45 ZL50 型装机传动系统

1—发动机；2—液力变矩器；3—液压泵；4—变速液压泵；5—转向液泵；6—变速器；
7—手制动；8—传动轴；9—驱动桥；10—轮边减速器；11—脚制动器；12—轮胎

(3) 行走装置。行走装置由车架、变速箱、和前、后驱动桥和前、后车轮等组成。前驱动桥与前车架刚性连接，后驱动桥在横向可以相对于后车架摆动，从而保证装载机四轮触地。铰接式装载机的前、后桥可通用，结构简单，制造较为方便。在驱动桥两端车轮内侧装有行走制动器，变速箱输出轴处装有停车制动器，实现机械的制动。装载机其他装置包括驾驶室、仪表、灯光等。现代化的装载机还应当配置空调和音响等设备。

(4) 液压系统。如图 6-46 所示为 ZL50 装载机的工作装置液压系统。发动机驱动液压泵，液压泵输出的高压油通向换向阀、控制铲斗油缸和换向阀、控制动臂油缸。图示位置为两阀都放在中位，压力油通过阀后流回油箱。换向阀为三位六通阀，可控制铲斗后倾、固定和前倾三个动作。换向阀为四位六通阀，控制动臂上升、固定、下降和浮动四个动作。动臂的浮动位置是装载机在作业时，因工作装置的自重支于地面，铲料时随着地形的高低而浮动。这两个换向阀之间采用顺序回路组合，即两个阀只能单独动作而不能同时动作，确保液压缸推力大，利于铲掘。安全阀的作用是限制系统工作压力，当系统压力超过额定值时安全阀打开，高压油流回油箱，避免损坏其他液压元件。两个双作用溢流阀并联在铲斗液压缸的油路中。作用是用于补偿因工作装置不是平行四边形结构，而在运动中产生不协调。

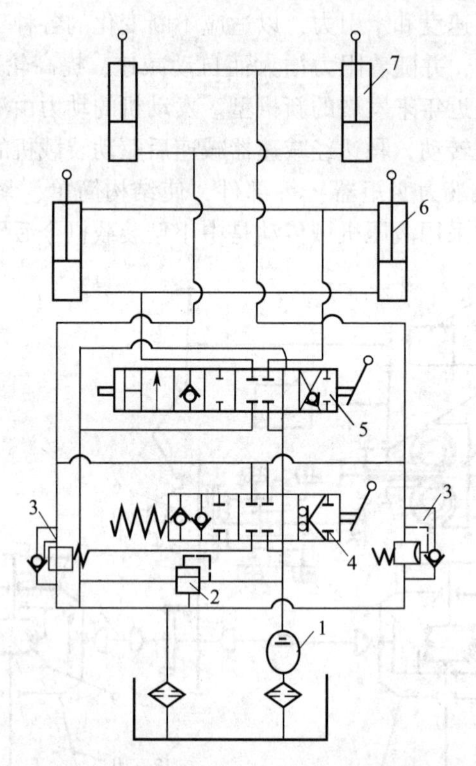

图6-46 ZL50装载机工作装置液压系统原理图

1—液压泵；2、3—溢流阀；4、5—换向阀；6—动臂液压缸；7—铲斗液压缸

3. 装载机的生产率计算和主要技术参数

（1）装载机生产率计算。

1）技术生产率。装载机在单位时间内不考虑时间的利用情况时，其生产率称为技术生产率 Q_T，按公式（6-7）计算：

$$Q_T = \frac{3600qk_Ht_T}{tk_s} \tag{6-7}$$

$$t = t_1 + t_2 + t_3 + t_4 + t_5 \tag{6-8}$$

式中：q——装载机额定斗容量（m^3）；

k_H——铲斗充满系数（见表6-22）；

t_T——每班工作时间（h）；
k_s——物料松散系数；
t——每装一斗的循环时间（s）；
t_1——铲装的时间（s）；
t_2——载运的时间（s）；
t_3——卸料的时间（s）；
t_4——空驶的时间（s）；
t_5——其他所用的时间（s）。

表 6－22 装载机铲斗充满系数

土石种类	充满系数	土石种类	充满系数
砂石	0.85～0.9	普通土	0.9～1.0
湿的土砂混合料	0.95～1.0	爆破后的碎石、卵石	0.85～0.95
湿的砂黏土	1.0～1.1	爆破后的大块岩石	0.85～0.95

2）实际生产率。装载机实际可能达到的生产率 Q_T，可用公式（6－9）计算：

$$Q_T = \frac{3600 q k_H k_B t_T}{t k_s} (m^3/h) \tag{6-9}$$

式中：k_H——铲斗充满系数（见表 6－22）；
k_B——时间利用系数；
t_T——每班工作时间（h）；
k_s——物料松散系数；
q——装载机额定斗容量（m^3）。

（2）装载机的主要技术参数见表 6－23。

表 6－23 装载机的主要技术参数

技术参数	单位	ZL10 型铰接式装载机	ZL20 型铰接式装载机	ZL30 型铰接式装载机	ZL40 型铰接式装载机	ZL50 型铰接式装载机
发动机型号	—	495	695	6100	6120	6135Q－1
最大功率/转速	kW/r/min	40/2400	54/2000	75/2000	100/2000	160/2000
最大牵引力	kN	31	55	72	105	160
最大行驶速度	km/h	28	30	32	35	35
爬坡能力	deg	30°	30°	30°	30°	30°
铲斗容量	m	0.5	1	1.5	2	3
装载重量	t	1	2	3	3.6	5
最小转弯半径	mm	4850	5065	5230	5700	—

续表 6－23

技术参数	单位	ZL10 型铰接式装载机	ZL20 型铰接式装载机	ZL30 型铰接式装载机	ZL40 型铰接式装载机	ZL50 型铰接式装载机
传动方式	—	液力机械式	液力机械式	液力机械式	液力机械式	液力机械式
变矩器型式	—	单涡轮式	双涡轮式	双涡轮式	双涡轮式	双涡轮式
前进挡数	—	2	2	2	2	2
倒退挡数	—	1	1	1	1	1
工装操纵形式	液压	液压	液压	液压	液压	液压
轮胎形式	—	—	12.5～20	14.00	16.00	24.5～25
长	mm	4454	5660	6000	6445	6760
宽	mm	1800	2150	2350	2500	2850
高	mm	2610	2700	2800	3170	2700
机重	t	4.2	7.2	9.2	11.5	16.5

4. 装载机的操作方法

在建筑工程施工中一般选用轻型和中型装载机，在矿山和采石场选用重型装载机。装载机工作时要配以自卸卡车等运输车辆，可得到较高的生产率。装载机与运输车配合作业时，通常以 2～3 部装满车辆为宜。如果选较大装载机，一斗即可装满车辆时，应减慢卸载速度。装载机自身运料时的合理运距：履带式装载机通常不要超过 50m，轮式装载机通常应控制在 50～100m，最大不超过 100m，否则会降低经济效益。

（1）铲装作业。

1）对松散物料的铲装作业。首先将铲斗放在水平位置，并下放至与地面接触，然后以一挡、二挡速度前进，使铲斗斗齿插入料堆中，之后边前进边收斗，待铲斗装满后，将动臂升到运输位置（离地约 50cm），再驶离工作面。如装满有困难时，可操纵铲斗上下颤动或稍举动臂。其装载过程如图 6－47 所示。

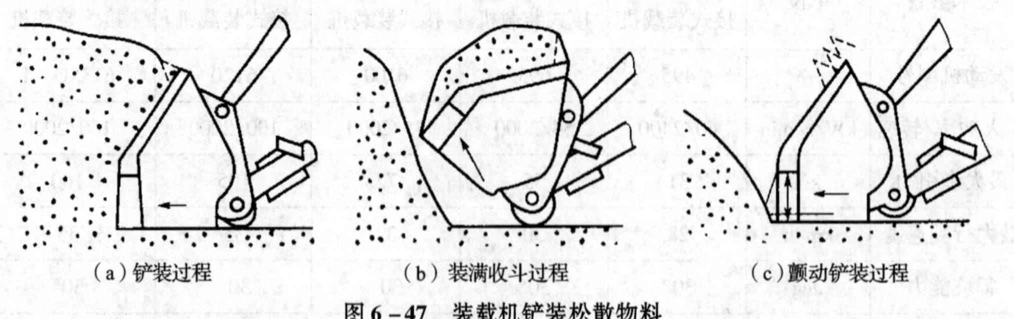

（a）铲装过程　（b）装满收斗过程　（c）颤动铲装过程

图 6－47　装载机铲装松散物料

2）铲装停机面以下物料作业。在铲装时，应先放下铲斗并转动，使其与地面成一定的铲土角，然后前进，使铲斗切入土中，切土深度通常保持在 150～200mm，直至铲斗装满，然后将铲斗举升到运输位置，再驶离工作面运至卸料处。铲斗下切铲土角10°～30°。

对于难铲的土壤，可操纵动臂使铲斗颤动，或稍改变一下切入角度。装载过程如图6－48所示。

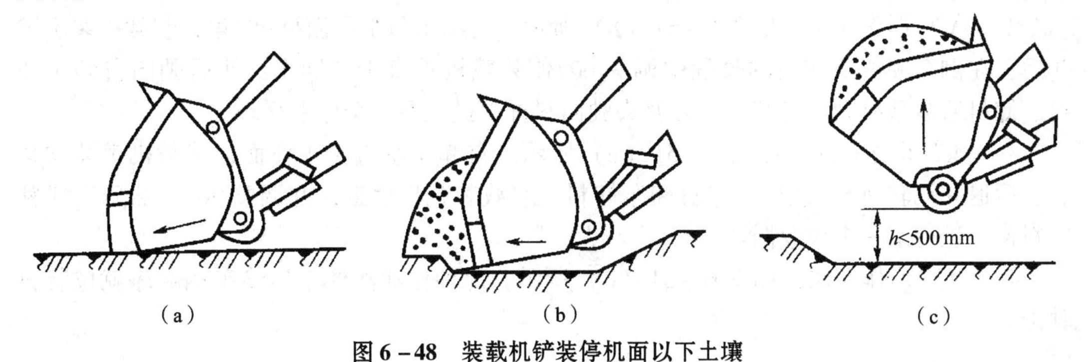

图6－48 装载机铲装停机面以下土壤

3）铲装土丘时作业。装载机在铲装土丘时，可采用分层铲装或分段铲装法。在分层铲装时，装载机向工作面前进，随着铲斗插入工作面，逐渐提升铲斗，或者随后收斗直至装满，或者装满后收斗，然后驶离工作面。在开始作业前，应使铲斗稍稍前倾。这种方法由于插入不深，而且插入后又有提升动作的配合，因此插入阻力小，作业比较平稳。因铲装面较长。可得到较高的充满系数，如图6－49所示。如果土壤较硬，也可以采取分段铲装法。这种方法的特点是铲斗依次进行插入动作和提升动作。作业过程是铲斗稍稍前倾，从坡角插入，待插入一定深度后，提升铲斗。当发动机转速降低时，切断离合器，使发动机恢复转速。在恢复转速过程中，铲斗将继续上升并装一部分土，转速恢复之后，接着进行第二次插入，这样逐段反复，直至装满铲斗或升到高出工作面为止，如图6－50所示。

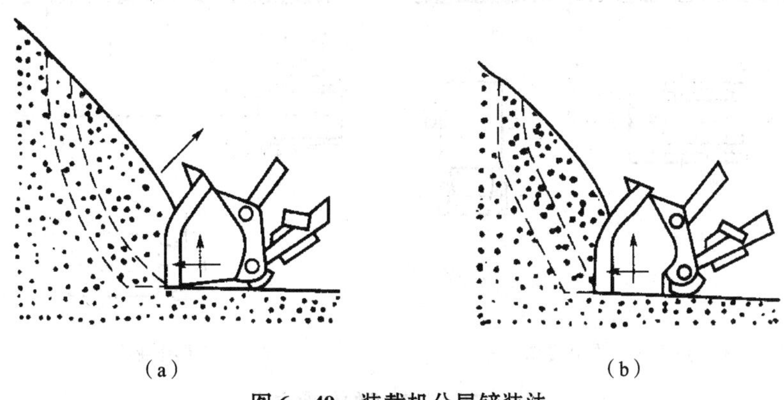

图6－49 装载机分层铲装法

(2) 与自卸汽车配合作业。装载机经常与自卸车配合进行作业，常见的作业方式包括以下几种。其中V形作业效率最高，特别适于铰接式装载机。

1）“I”形作业法，如图6－51（a）所示。装载机装满铲斗后直线后退一段距离，在装载机后退并把铲斗举升到卸载高度的过程中，自卸车后退到与装载机相垂直的位置，铲斗在卸载后，自卸车前进一段距离，装载

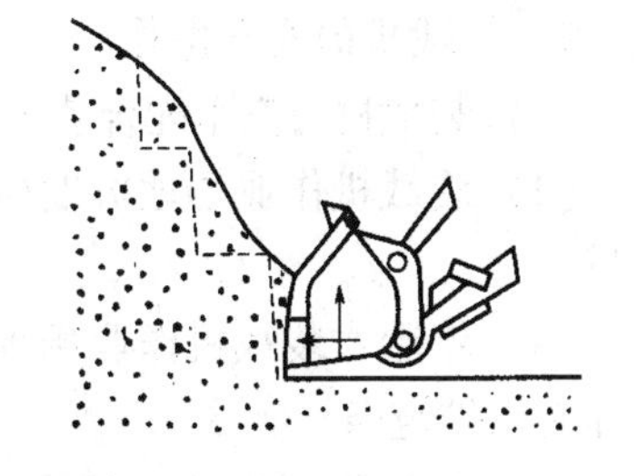

图6－50 装载机分段铲装作业

机前进驶向料堆铲装物料，进行下一个作业循环，直到自卸车装满为止。作业效率低，只有在场地较窄时采用。

2）“V”形作业法，如图6－51（b）所示。自卸车与工作面呈60°角，装载机装满铲斗后，在倒车驶离工作面的过程中调头60°使装载机垂直于自卸车，然后驶向自卸车卸料。卸料后装载机驶离自卸车，并调头驶向料推，进行下一个作业循环。

3）“L”形作业法，如图6－51（c）所示。自卸车垂直于工作面，装载机铲装物料后，后退并调转90°，然后驶向自卸车卸料，空载装载机后退，并调整90°，然后直线驶向料推，进行下一个作业循环。

4）“T”形作业法，如图6－51（d）所示。此种作业法便于运输车辆顺序就位装料驶走。

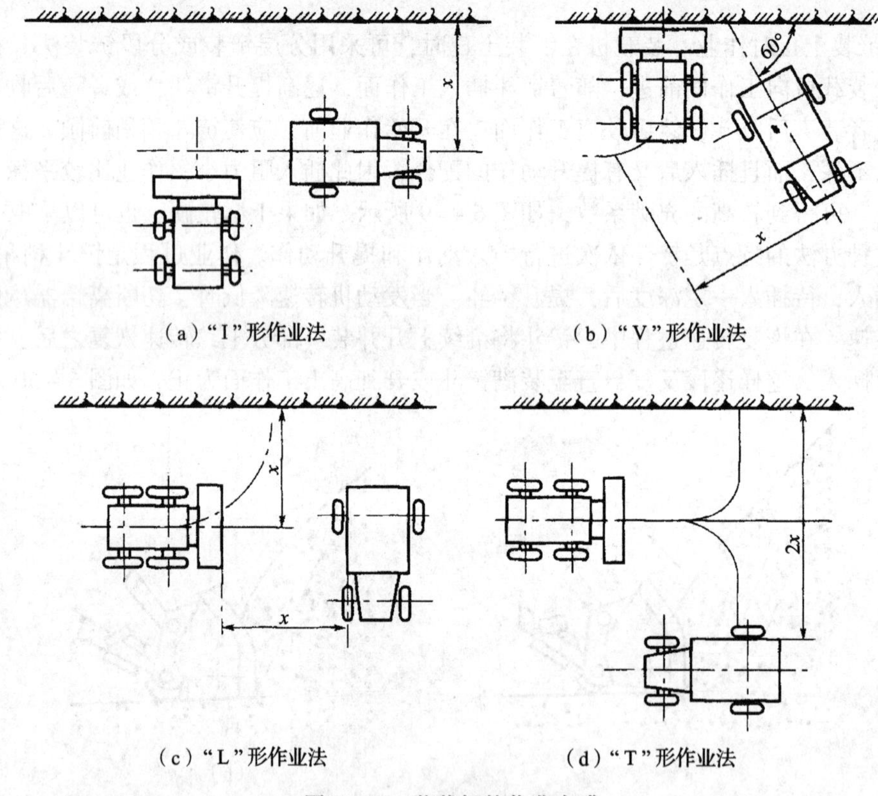

（a）“I”形作业法 （b）“V”形作业法

（c）“L”形作业法 （d）“T”形作业法

图6－51 装载机的作业方式

5. 装载机的安全操作

（1）装载机与汽车配合装运作业时，自卸汽车的车厢容积应与装载机铲斗容量相匹配。

（2）装载机作业场地坡度应符合使用说明书的规定。作业区内不得有障碍物及无关人员。

（3）轮胎式装载机作业场地和行驶道路应平坦坚实。在石块场地作业时，应在轮胎上加装保护链条。

（4）作业前应重点检查下列项目，并应符合相应要求：

1）照明、信号及报警装置等应齐全有效。

2）燃油、润滑油、液压油应符合规定。

3）各铰接部分应连接可靠。

4）液压系统不得有泄漏现象。

5）轮胎气压应符合规定。

（5）装载机行驶前，应先鸣声示意，铲斗宜提升离地0.5m。装载机行驶过程中应测试制动器的可靠性。装载机搭乘人员应符合规定。装载机铲斗不得载人。

（6）装载机高速行驶时应采用前轮驱动；低速铲装时，应采用四轮驱动。铲斗装载后升起行驶时，不得急转弯或紧急制动。

（7）装载机下坡时不得空挡滑行。

（8）装载机的装载量应符合使用说明书的规定。装载机铲斗应从正面铲料，铲斗不得单边受力。装载机应低速缓慢举臂翻转铲斗卸料。

（9）装载机操纵手柄换向应平稳。装载机满载时，铲臂应缓慢下降。

（10）在松散不平的场地作业时，应把铲臂放在浮动位置，使铲斗平稳地推进；当推进阻力增大时，可稍微提升铲臂。

（11）当铲臂运行到上下最大限度时，应立即将操纵杆回到空挡位置。

（12）装载机运载物料时，铲臂下铰点宜保持离地面0.5m，并保持平稳行驶。铲斗提升到最高位置时不得运输物料。

（13）铲装或挖掘时，铲斗不应偏载。铲斗装满后，应先举臂，再行走、转向、卸料。铲斗行走过程中不得收斗或举臂。

（14）当铲装阻力较大，出现轮胎打滑时，应立即停止铲装，排除过载后再铲装。

（15）在向汽车装料时，铲斗不得在汽车驾驶室上方越过。如汽车驾驶室顶无防护，驾驶室内不得有人。

（16）向汽车装料，宜降低铲斗高度，减小卸落冲击。汽车装料，不得偏载、超载。

（17）装载机在坡、沟边卸料时，轮胎离边缘应保留安全距离，安全距离宜大于1.5m；铲斗不宜伸出坡、沟边缘。在大于3°的坡面上，载装机不得朝下坡方向俯身卸料。

（18）作业时，装载机变矩器油温不得超过110℃，超过时，应停机降温。

（19）作业后，装载机应停放在安全场地，铲斗应平放在地面上，操纵杆应置于中位，制动应锁定。

（20）装载机转向架未锁闭时，严禁站在前后车架之间进行检修保养。

（21）装载机铲臂升起后，在进行润滑或检修等作业时，应先装好安全销，或先采取其他措施支住铲臂。

（22）停车时，应使内燃机转速逐步降低，不得突然熄火，应防止液压油因惯性冲击而溢出油箱。

6. 装载机维护保养与润滑

装载机各级维护作业项目见表6-24～表6-26，润滑部位及周期见表6-27，其他机型也可参照执行。对于有运转记录的机械，也可以将运转台时为维护周期的依据。装载机的一级维护周期为200h，二级维护周期为1800h，可以根据机械年限、作业条件等情况适当增减。对于老型机械，仍可执行三级维护制，即增加600h（季度）的二级维护，1800h（年度）的二级维护改为三级维护，作业项目可相应调整。

表6-24 轮胎式装载机日常维护作业项目及技术要求

部位	序号	维护部件	作业项目	技术要求
发动机	1	曲轴箱机油量	检查、添加	停机面处于水平状态，冷车，油面达到标尺刻线标记，不足时添加
	2	散热器水位	检查、添加	停机状态，水位至加水口，不足时添加
	3	风扇传动带	检查、调整	传动带中段加50N压力，能按下10～20mm
	4	运转状态	检查	无异响、异味，烟色浅灰
	5	仪表	检查	指示值均在绿色范围内
	6	油管、水管、气管及各部附件	检查	管路畅通、密封良好
	7	紧固件	检查、紧固	无松动、缺损
	8	燃油箱	检查	放出积水及沉淀物
主体	9	液压油箱	检查	油量充足，无泄漏
	10	液压元件及管路	检查	动作准确，作用良好，无卡滞，无泄漏
	11	操纵机构	检查	离合器杆、制动踏板、锁杆无卡滞
	12	离合器	检查	作用可靠
	13	制动器	检查	作用可靠
	14	锁定装置	检查	作用可靠、无异常
	15	齿轮油量	检查、添加	变速器为45L、转向机和驱动桥为36L
	16	各机构及结构件	检查	无松动、缺损
车轮	17	轮辋螺栓	检查、紧固	无松动
	18	传动轴螺栓及各销轴	检查、紧固	固定可靠，无松动
	19	轮胎	检查、紧固	气压正常，螺母固定可靠，清除胎面花纹中夹物
工作装置	20	液压缸	检查	作用可靠，动作顺畅无异常，无泄漏
	21	连接件	检查、紧固	连接牢固，焊缝无裂纹
	22	铲斗及斗齿	检查	无松动、无损伤
其他	23	整机	清洁	清除外表油垢、积尘、驾驶室无杂物
	24	工作状态	试运转	运转正常

表 6-25 轮胎式装载机一级（月度）维护作业项目及技术要求

部位	序号	维护部件	作业项目	技术要求
发动机	1	V 带张紧度	检查	伸长量过大，超过张紧度要求时换新
	2	油机泵吸油粗滤网	清洗	拆下滤网清洗后吹净
	3	空气过滤器	清洗	清洁滤网，油浴式的更换机油
	4	通气管内滤芯	清洗	取出清洗后吹净，浸上机油后装上
	5	燃油过滤器	清洗	清洗壳体和滤芯，排除水分和沉积物
	6	机油过滤器	清洗	清洗粗滤器及滤芯
	7	涡轮增压器的机油过滤器	清洗	将滤芯放在柴油中清洗后吹干
	8	散热器	清洗	用清洗剂通入散热器中，清除积垢及沉淀物
电器	9	启动机发电机	检查	导线接触良好，消除外部污物
	10	蓄电池	检查、清洁	电解液相对密度不低于 1.24，添加蒸馏水，清洁极桩
传动转向系统	11	变矩器、变速器	检查	工作正常，无异响及过热现象，如油液变质应更换
	12	前后桥	检查	工作正常，连接件紧固情况良好，润滑油量和质量符合要求
	13	传动轴	检查	工作正常，连接情况良好，运转中无异响
	14	转向机构	检查	转向轻便，转向液压缸工作正常，无渗漏，油压应为 14MPa，不足时调整，补充新油至规定油面
制动系统	15	空气压缩机	检查	工作正常，如油水分离器中聚积机油过多，应查明窜油原因，及时修复
	16	盘式制动器	检查	工作正常，制动摩擦片磨损超限应更换，拆洗加力罐，对分泵进行放气，制动液存量符合要求
	17	手制动器	检查、调整	调整制动间隙为 0.5mm，制动接触面达 85% 以上
	18	轮胎	检查充气	充气压力前轮为 360kPa，后轮为 300kPa

续表 6－25

部位	序号	维护部件	作业项目	技术要求
液压系统	19	液压油箱	检查	液压油劣化超标，应更换
	20	管路及管接头	检查	如有松动应紧固，软管损坏应更换
	21	液压泵、液压缸	检查	工作正常，无内泄外漏现象，最大工作压力应达到 14MPa
	22	动臂	检测	将动臂提升到极限位置，保持 15min，下降量不大于 10mm
其他	23	各紧固件	检查、紧固	无松动、缺损，按规定力矩紧固主要螺栓
	24	整机工况	试运转	运转正常，无不良现象

表 6－26 轮胎式装载机二级（年度）维护作业项目和技术要求

部位	序号	维护部件	作业项目	技术要求
发动机	1	润滑系统	检测、清洗	拆检机液压泵，机油压力应在 2～4MPa 范围内
	2	冷却系统	检测、清洗	清洗散热器，去除积垢，检测节温器应启闭有效
	3	涡轮增加器	检查，调整	清除叶轮油泥，调整转子间隙，叶轮旋转灵活
	4	配气机构	检查，调整	调整气门间隙，检查汽门密封性能，必要时研磨
	5	喷液压泵及喷油器	校验	在试验台上进行测试并校验，要求雾化良好，断油迅速，无滴油，喷油压力为 20MPa
	6	活塞连杆组件	检查，更换	检查活塞环、汽缸套、连杆小头衬套及轴瓦的磨损情况，必要时更换
	7	曲轴组件	检查，更换	检查推力轴承、推力板的磨损情况，主轴承内外圈是否有轴向游动现象，必要时更换
	8	发电机，启动机	检查，清洁	清洗各机件、轴承、检查整流子及传动齿轮磨损情况，必要时修复或更换
	9	各主要部位垫片	检查，更换	对已损坏或失去密封作用的应更换
	10	各主要部位螺栓	检查，紧固	按规定扭矩，紧固各主要部位的螺栓

续表 6－26

部位	序号	维护部件	作业项目	技术要求
传动转向系统	11	变速器、变矩器	解体检查	各零部件磨损超限或损坏时应予更换
	12	前后桥、差速器及减速器	解体检查	主螺旋锥齿轮啮合间隙为0.2～0.35mm，半轴齿轮和圆锥齿轮啮合间隙为0.1mm，轴向间隙为0.03～0.005mm
	13	传动轴	解体，检查	传动轴花键和滑动花键的侧隙不大于0.30mm，十字轴轴颈和滚针轴承的间隙不大于0.13m，超限时应更换
	14	转向机	检查	转向轻便灵活，转向角左右各为35°，当方向盘转到极限位置时，油压应力为12MPa，清洁并更换磨损零件
制动系统	15	空气压缩机	解体检查	活塞、活塞环、气阀等磨损超限时更换
	16	制动器	解体检查	更换磨损零件及制动摩擦片
	17	制动助力器	解体检查	更换磨损零件及制动液
	18	手制动器	解体检查	清洗并更换磨损零件，摩擦片铆钉头距表面0.5mm时更换
液压系统	19	液压泵、缸等液压元件	检测	在额定压力下，液压泵、液压缸、液压阀等应无渗漏、噪声，工作平稳，动臂液压缸在铲斗满载时，分配阀置于封闭位置，其沉降量应小于40mm/h
	20	工作压力	测试	变矩器进口压力为0.56MPa，出口油压为0.45MPa。变速工作压力为1.1～1.5MPa，转向工作压力为12MPa
整机	21	工作装置、车架	检查，紧固	各部焊缝无开裂，销轴、销套磨损严重时应更换，紧固各连接件
	22	驾驶室	检查	无变形，门窗开闭灵活，密封良好
	23	整机外表	检查	必要时进行补漆或整机喷漆
	24	整机性能	试运转	运转正常，作业符合要求

表 6－27 轮胎式装载机润滑部位及周期

序号	润滑部位	润滑点数	润滑周期（h）	油品种类	备注
1	工作装置	14	8	钙基润滑脂 冬 ZG－2 夏 ZG－4	添加
2	前传动轴	3	60		
3	后传动轴	3	60		
4	转向液压缸销轴	4	60		
5	转向随动杆	2	60		
6	动臂液压缸销轴	2	60		
7	转斗液压缸后销轴	2	60		
8	车架铰接销	2	60		
9	副车架销	2	60		
10	发动机曲轴箱	1	600	CC 级柴油机油	更换
11	变矩器、变速器	1	1800	8 号液力传动轴油	更换
12	前、后驱动桥	2	1800	车辆齿轮油 冬 HL－20 夏 HL－30	更换
13	方向机	1	1800		
14	轮边减速器	2	1800		
15	制动助力器	2	1800	201 合成制动器油	更换
16	液压油油器	1	1800	N68HM 液压油	更换

7. 装载机的常见故障及排除方法

轮胎式装载机常见故障及排除方法见表 6－28。

表 6－28 轮胎式装载机常见故障及排除方法

故障现象		故障原因	排除方法
传动系统	各挡变速压力均低	1. 变速器油池油位过低； 2. 主油道漏油； 3. 变速器滤油器堵塞； 4. 变速泵失效； 5. 变速操纵阀调整不当； 6. 变速操纵阀弹簧失效； 7. 蓄能器活塞卡住	1. 加油到规定油位； 2. 检查主油道； 3. 清洗或更换滤油器； 4. 拆检修复或更换； 5. 按规定重新调整； 6. 更换弹簧； 7. 拆检并消除被卡现象

续表 6－28

故障现象		故障原因	排除方法
传动系统	某个挡变速压力低	1. 该挡活塞密封环损坏； 2. 该油路中密封圈损坏； 3. 该挡油道漏油	1. 更换密封环； 2. 更换密封圈； 3. 检查漏油处并予排除
	变矩器油温过高	1. 变速器油池油位过高或过低； 2. 变矩器油散热器堵塞； 3. 变矩器高负荷工作时间太长	1. 加油至规定油位； 2. 清洗或更换散热器； 3. 适当停机冷却
	发动机高速运转、车开不动	1. 变速操纵阀的切断阀阀杆不能回位； 2. 未挂上挡； 3. 变速调压阀弹簧折断	1. 检查切断阀，找出不能回位原因，并予排除； 2. 重新推到挡位或调整操纵杆系； 3. 更换调压阀弹簧
	驱动力不足	1. 变矩器油温过高； 2. 变矩器叶轮损坏； 3. 大超越离合器损坏； 4. 发动机输出功率不足	1. 适当停车冷却； 2. 拆检变矩器、更换叶轮； 3. 拆检并更换损坏零件； 4. 检修发动机
	变速器油位增高	1. 转向泵轴端窜油； 2. 双联泵轴端窜油	1. 更换轴端油封； 2. 更换轴端油封
制动系统	脚制动力不足	1. 夹钳上分泵漏油； 2. 制动液压管路中有空气； 3. 制动气压低； 4. 加力器皮碗磨损； 5. 轮毂漏油到制动摩擦片； 6. 制动摩擦片磨损超限	1. 更换分泵矩形密封圈； 2. 排除空气； 3. 检查气路系统的密封性，消除漏气； 4. 更换磨损皮碗； 5. 检查或更换轮毂油封； 6. 更换摩擦片
	制动后挂不上挡，表不指示	1. 制动阀推杆位置不对； 2. 制动阀回位弹簧失效； 3. 制动阀活塞杆卡住	1. 调整推杆位置； 2. 检查或更换回位弹簧； 3. 拆检制动阀活塞杆及鼓膜

续表 6－28

故障现象		故障原因	排除方法
制动系统	制动器不能正常工作	1. 制动阀活塞杆卡住，回位弹簧失效或折断； 2. 加力器动作不良； 3. 夹钳上分泵活塞不能回位	1. 检查修复，更换回位弹簧； 2. 检查加力器； 3. 检查或更换矩形密封圈
	停车后空气罐压力迅速下降（30min气压降超过0.1MPa）	1. 气制动阀气门卡住或损坏； 2. 管接头松动或管路破裂； 3. 空气罐进气口单向阀不密封或压力控制器不密封	1. 连续制动以吹掉脏物或更换阀门； 2. 拧紧接头或更换软管； 3. 检查不密封原因，必要时更换
	手制动力不足	1. 制动鼓和摩擦片间隙过大； 2. 制动摩擦片上有油污	1. 按使用要求重新调整； 2. 清洗干净摩擦片
液压系统	动臂提升力不足或转斗力不足	1. 液压缸油封磨损或损坏； 2. 分配阀磨损过多，阀杆和阀体配合间隙超过规定值； 3. 管路系统漏油； 4. 安全阀调整不当、压力偏低； 5. 双联泵严重内漏； 6. 吸油管及滤油器堵塞	1. 更换油封； 2. 拆检并修复，使间隙达到规定值或更换分配阀； 3. 找出漏油处并予排除； 4. 调整系统压力至规定值； 5. 更换双联泵； 6. 清洗滤油器并换油
	动臂或转斗提升缓慢	1. 系统内漏，压力偏低； 2. 流量转换阀阀杆被卡，辅助泵来油不能进入工作装置	1. 检查消除内漏，调整压力； 2. 清洗流量转换器，消除阀杆卡住的现象
转向系统	方向盘空行程过大	1. 齿条和转向臂轴间隙过大； 2. 万向节间隙过大	1. 按要求进行调整； 2. 更换万向节
	转向力矩不足	1. 转向泵磨损，流量不足； 2. 转向溢流阀压力过低； 3. 转向阀严重内漏	1. 检修或更换转向泵； 2. 将溢流阀压力调至规定值； 3. 检修或更换转向阀

续表 6-28

故障现象		故障原因	排除方法
转向系统	转向费力	1. 转向阀滑阀卡住； 2. 转向液压系统流量不足； 3. 流量转换阀调速弹簧失效或打断； 4. 流量转换阀阀杆被卡	1. 检修阀体和滑阀之间的配合间隙达到使用要求； 2. 检修或更换转向泵； 3. 更换弹簧； 4. 清洗阀杆、阀座，消除卡住现象
	转向臂轴或其他受力件损坏	1. 在直线位置时，转向臂上扇形齿未对中间位； 2. 转向液压系统压力过低； 3. 进转向缸油管接错	1. 按规定调至中间位； 2. 按规定调整压力； 3. 按要求连接管路

6.2 压实机械

6.2.1 压实机械

1. 压路机的分类

压路机根据其工作原理、工作装置的形状、行走方式、传动和操纵形式等，可分成很多类型，见表 6-29。

表 6-29 压路机的分类

序号	分类方式	说明
1	按压实力作用原理划分	按压实力作用可分为静作用压路机和振动压路机两类： 1. 静作用压路机是用碾轮沿被压实材料表面往复滚动，靠自重产生的静压力作用，使被压层产生永久变形，从而达到压实的目的； 2. 振动压路机是用碾轮沿被压实材料表面既作往复滚动，又以一定的频率、振幅振动，使被压层同时受到碾轮的静压力和振动力的综合作用，以提高压实效果
2	按照不同行走方式划分	静压力压路机可分为拖式和自行式两种： 1. 拖式压路机。一般由履带式拖拉机牵引，具有结构质量大、爬坡能力强、生产效率高等特点，适用于大、中型土石方填筑碾压作业。 2. 自行式压路机。一般结构较轻，机动灵活，但通过性能较差，主要用于道路建筑工程。 振动压路机可分为手扶式、脱式和自行式三种

续表 6－29

序号	分类方式	说　明
3	按不同动力传递方式划分	按动力传递方式可分为机械式、液力机械式和静液压式三种。液力机械式和静液压式压路机的启动、制动冲击力小，压实效果较好，已逐步代替机械式压路机。自行式压路机还有前轮驱动和全轮驱动两种，全轮驱动具有压实效果较好，爬坡能力强，通过性能好等特点
4	按碾轮的材料和表面形状的不同划分	按碾轮材料和表面形状分为钢制光轮、钢制带凸块（羊足）碾轮和充气轮胎碾轮三种

2. 压路机的施工作业

(1) 路基压实施工。

1) 路基压实施工的基本要求：

①根据路基土质特性及所选压路机的压实功能，确定适宜的压实厚度（见表 6－30）。

表 6－30　各类压路机的作业参数

机械名称	规格（t）	最佳压实土层厚度（m）	碾压次数	适用范围
拖式压路机	光面（5） 凸块式（5）	0. 10 ~ 0. 15 0. 25 ~ 0. 35	8 ~ 10 8 ~ 10	各类土壤 黏性土壤
自行式钢轮压路机	5 10 12	0. 10 ~ 0. 15 0. 15 ~ 0. 25 0. 20 ~ 0. 30	12 ~ 16 8 ~ 10 6 ~ 8	各类土壤及路面
轮胎式压路机	自行（10） 拖式（25） 拖式（50）	0. 15 ~ 0. 20 0. 25 ~ 0. 45 0. 40 ~ 0. 70	8 ~ 10 6 ~ 8 5 ~ 7	各类土壤
振动压路机	手扶（0. 75） 自行（6. 5）	0. 50 1. 20 ~ 1. 50	2 2	非黏性土壤

②测定土壤的含水量。含水量应控制在最佳含水量（表 6－31）的 ±2% 范围之内。

表 6－31　各类土壤的最佳含水量和最大密实度

土壤名称	最佳含水量（%）	最大密实度（t/m^3）	需要密实度（t/m^3）
砂土	8 ~ 12	1. 60 ~ 1. 95	—
轻亚砂土	9 ~ 15	1. 60 ~ 1. 95	1. 65 ~ 1. 75
亚黏土	13 ~ 19	1. 60 ~ 1. 75	1. 60 ~ 1. 65
重质亚黏土	16 ~ 20	1. 60 ~ 1. 75	1. 55 ~ 1. 60
黏土	20 以上	1. 55 ~ 1. 75	—

③作业前，操作人员应当检查和调整压路机各部位及作业参数，确保压路机正常的技术性能。在作业中，要随时掌握和了解压实层的含水量和压实度的变化情况，按照规定要求，达到压实度的质量指标。

2）路基压实施工的步骤。路基的压实施工可按初压、复压和终压三个步骤进行。

①初压。是对铺筑层进行的最初1~2遍的碾压作业，其目的是使铺筑层表层形成较稳定、平整的承载层，以利于压路机以较大的作用力进行进一步的压实作业。初压可以采用重型履带式机械或拖式凸块压路机，也可以采用静作用压路机进行碾压，其碾压速度应不超过1.5~2km/h。初压后，需要对铺筑层进行整平。

②复压。是继初压后的5~8遍碾压作业，它是压实的主要作业阶段，其目的是使铺筑层达到规定的压实度。复压的碾压速度应逐渐增加，通常静作用压路机取2~3km/h，轮胎压路机为3~4km/h，振动压路机为3~6km/h。在复压过程中，应当随时测定压实度，以便做到既达到压实度标准，又不致过度碾压。

③终压。是继复压之后，对每一铺筑层竣工前所进行的1~2遍碾压作业。终压的目的是为了使压实层表面密实平整。终压可采用静作用压路机，其碾压速度可高于复压时的速度。

3）路基压实作业的原则。路基压实作业应当遵循先轻后重、先慢后快、先边后中的原则。

①先轻后重。先用较轻的或不加配重的压路机进行初压，然后再换用重型或加配重的压路机进行复压。

②先慢后快。压路机碾压速度随着碾压遍数增加而逐渐由慢到快。随着碾压遍数的增加，铺筑层的密实度增加而可逐渐加快碾压速度，利于提高压路机的作业效率。

③先边后中。碾压作业应先从路基一侧距边缘30~50cm处开始，沿路基延伸方向，逐渐向路基中心线处进行碾压，当碾压到超过路基中心线30~50cm之后，再从路基另一侧边缘开始向路基中心线处碾压。

在进行弯道路段碾压作业时，则应当由路基内侧低处逐渐向外侧高处碾压。碾压完一遍之后，再从内侧开始向外侧碾压，如此重复碾压。

（2）路面基层的压实施工。

1）下承层的碾压。在铺筑底基层之前，可用三轮式轮胎压路机对路基按照“先边后中、先慢后快”的原则碾压3~4遍，以检验路基的压实度，并对松散的表层进行补充压实。需要开挖路槽的，应在路槽挖好后立即碾压，避免气候影响含水量。下承层压实，不宜采用振动压路机，以免路基表层产生松散。

2）基层的碾压。下承层压实之后，即可铺筑和压实基层。因基层的种类和材料不同，压实方法也不尽相同。

①级配碎石和级配砾石基层的碾压。压实级配碎、砾石的基层，应按照“先边后中、先慢后快”的原则，碾压6~8遍。选用振动压路机压实效果较好，轮胎压路机机次之，静作用压路机较差。碾压时，应当注意以下几点：

a. 相邻碾压带应重叠20~30cm。

b. 压路机的驱动轮或振动轮应当超过两段铺筑层横接缝和纵接缝50~100cm；前段

横接缝处可留下5~8m，纵接缝处留下0.2~0.3m不予碾压，待和下段铺筑层重新拌和后，再进行压实。

c. 路面双侧应多压2~3遍，以确保路边缘的稳定。

d. 根据需要，在碾压时可在铺筑层上洒少量水，以利压实和减少石料被压碎。

e. 不允许在刚压实或正在碾压的路段内进行压路机调头及紧急制动，并应尽量避免在压实段同一横线位置换向。

②稳定土基层的碾压。稳定土基层的压实和路基的压实相似。但由于对基层表面的质量有严格要求，在碾压时，必须注意以下几点：

a. 严格控制松铺厚度，以确保压实后铺筑层的厚度符合工程要求。铺筑层厚度应遵循"宁高勿低、宁挖勿补"的原则，确保基层的整体性和稳定性。

b. 不允许使用拖式压路机或凸块压路机进行压实。初压后，应当仔细整平和修整路拱。在整平作业时，禁止任何车辆通行。

c. 严格控制含水量，通常铺筑层含水量应比最佳含水量高1%，不可少于最佳含水量。碾压过程中如表层发干，应当及时补洒少量水。

d. 水泥稳定土铺筑的基层，从拌和到碾压之间应控制在4h之内，每作业段以200m左右为宜，避免水泥固结，影响质量。其他材料铺筑的基层，也应做到当天拌和、当天碾压。

e. 前一作业段横接缝处应留3~5m不碾压，待和下一段重新拌和再碾压，并要求压路机的驱动轮压过横接缝50~100cm。

f. 路面两侧边缘应多压2~3遍，在碾压时，应避免碾压轮沾带混合土。

(3) 路面面层的压实施工。

1) 沥青贯入式面层的碾压。沥青贯入式面层是在初步压实的碎石层上喷洒沥青后，再分层铺撒嵌缝石料和喷洒沥青，再经压实而形成的路面面层，其厚度通常为4~8cm。

①初压。当基层上喷洒沥青并铺撒主层石料之后，立即用静作用压路机进行初压。先沿路缘或修整过的路肩往返各碾压一次；然后按照"先边后中"的原则，以2km/h的速度再碾压1遍后，检查和修整路形；接着再碾压两遍，使主层石料稳定就位，无明显推移现象。

②复压。换用三轮或轮胎压路机以2~4km/h的速度碾压4~6遍。待铺筑层石料嵌挤紧密，无明显轮迹时，喷洒沥青和铺撒第一次嵌缝石料。然后采用振动压路机，以30~50Hz的高振频、0.6~0.8mm的低振幅和3~6km/h的速度碾压3~4遍。接着喷洒和铺撒第二层沥青及嵌缝石料，再碾压3~4遍，使嵌缝料大部分均匀地嵌入石料孔隙。又紧接着喷洒第三次沥青和铺撒封面料，并进行终压。

③终压。在终压时，仍采用复压时的振动压路机，以静压方式碾压2~4遍，碾压到表面无明显轮迹为止。终止的速度可提高到4~6km/h。

以上各作业程序应连续进行，做到当天铺筑，当天压实。一般碾压作业的路段以200m左右为宜。

2) 沥青混凝土面层的碾压。沥青混凝土面层均采用热拌热铺法。

①初压。初压的目的是防止热沥青混合料滑移和产生裂纹。可以采用一般压路机按照"先边后中"的原则，以1.5~2km/h的速度，轮迹相互重叠30cm，依次进行静作用碾压

两遍。初压中的注意事项包括：

a. 掌握好开始碾压时沥青混合料的温度。如温度过高，碾压时混合料易被碾压轮从两侧挤出或黏滞，影响路面的平整度；当温度过低时，会给复压和终压带来困难而不易压实。

b. 必须使压路机的驱动轮朝摊铺方向进行碾压，其目的是减轻路面产生横向波纹和裂缝的可能性。

c. 在进行弯道碾压时，应当从内侧低处向外侧高处依次碾压，并尽量保持直线碾压。

d. 当碾压纵坡路段时，无论上坡还是下坡，均应使驱动轮朝坡底方向，转向轮朝坡顶方向，以免松散的、温度较高的混合料产生滑移。

e. 采用全驱动的双轮振动压路机进行初压时，可以采用前轮振动碾压，后轮静力碾压。

f. 正在初压的路段内，不允许压路机进行急转弯、变速、制动和停车。

g. 初压结束之后，应检查和修整摊铺层的平整度和路形。

②复压。紧接初压后，立即进行复压，目的是使摊铺层迅速达到规定的压实度。复压中仍按“先边后中、先慢后快”的原则进行碾压。除了初压中的注意事项之外，还应注意以下几点：

a. 每次换向的停机位置不要在同一横继线上。

b. 在采用振动压路机碾压有超高的路段时，可使前轮振动碾压，后轮静力碾压，这样可有效地防止混合料侧向滑移，如碾压纵坡较大的路段时，复压的最初 1 ~ 2 遍不要进行振动碾压，以免混合料滑移。

c. 碾压半径较小的弯道时，如沥青混合料产生滑移，应当立即降低碾压速度。

③终压。当复压使摊铺层达到压实度标准后，可立即进行终压。终压采用压路机的速度应当高于复压时的碾压速度。以静力碾压的方式碾压 2 ~ 4 遍。为了有效地消除路面的纵向轮迹和横向波纹，可使压路机碾压运行方向和路中线呈 150°左右的夹角碾压 1 ~ 2 遍。

3. 静作用压路机

静作用压路机是以其自身的工作质量对被压实材料施加压力以提高其压实度的压实机械。

（1）静作用压路机的分类。静作用压路机的分类、特点及适用范围见表 6 – 32。

表 6 – 32 静作用压路机的分类、特点及适用范围

碾轮形状	行走方式	结构特征	主要特点	适用范围
凸块式	拖式	单筒、双筒并联	凸块的形状如羊足，又称羊足碾。有单筒和双筒并联两种。一般为拖式，由拖拉机牵引，爬坡能力强。凸块对土壤单位压力大（6MPa），压实效果好，但易翻松土壤	碾压大面积分层填土层

续表 6－32

碾轮形状	行走方式	结构特征	主要特点	适用范围
光轮式	自行式	两轴两轮	发动机驱动，机械传动，液压转向，两滚轮整体机架，一般为6～8t、6～10t的中型压路机。液压面平整，但压层深度浅	碾压土、碎石层，面层平整碾压
		两轴三轮	除后轴为双轮外，结构与两轴两轮相似，一般为10～12t、12～15t的中、重型压路机	碾压土、碎石层，最终压实
轮胎式	拖式	单轴	由安装轮胎（5～6个）的轮轴和机架及配重箱组成，需拖拉机牵引，能利用增减配重来调整碾压能力，还能增减轮胎充气压力来调整轮胎线压力，以适应土壤的极限强度。具有质量大、压实深度大、生产率高的特点	既可碾压土、碎石基础，又可碾压路面层，由于轮胎的搓揉作用，最适于碾压沥青路面
	自行式	双轴	是具有双排轮胎的特种车辆，前排轮胎为转向从动轮，一般配置4～5个；后排轮胎为驱动轮，一般配置5～6个，前后排轮胎的行驶轨迹既叉开，又部分重叠，一次碾压即可达到压实带的全宽	既可碾压土、碎石基础，又可碾压路面层，由于轮胎的搓揉作用，最适于碾压沥青路面

（2）光轮式压路机。光轮式压路机（见图6－52）是建筑工程中使用最为广泛的一种压实机械，按照机架的结构形式可分为整体式和铰接式；按传动方式可分为液压传动和机械传动；根据滚轮和轮轴数可分为二轮二轴式、三轮二轴式及三轮三轴式。

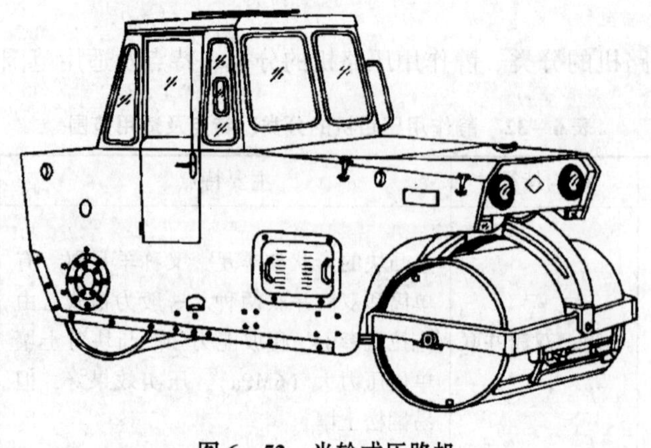

图6－52 光轮式压路机

1）光轮式压路机的结构组成。光轮式压路机通常都是由动力装置（柴油发动机）、传动系统、行驶滚轮（碾压轮）、机架和操纵系统等组成的。如图6－53所示为二轮二轴式压路机总体构造示意图。

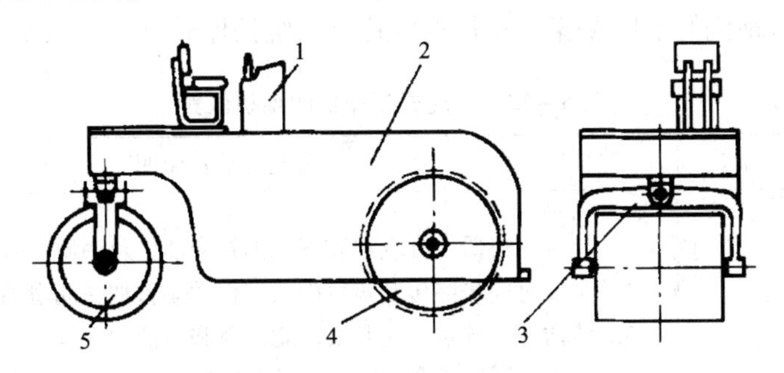

图6－53　两轮两轴式压路机外形

1—操纵台；2—机罩；3—方向轮叉脚；4—驱动轮；5—方向轮

2）光轮式压路机安全操作。

①压路机碾压的工作面，应经过适当平整，对新填的松软土，应先用羊足碾或打夯机逐层碾压或夯实后，再用压路机碾压。

②工作地段的纵坡不应超过压路机最大爬坡能力，横坡不应大于20°。

③应根据碾压要求选择机种。当光轮压路机需要增加机重时，可在滚轮内加砂或水。当气温降至0℃及以下时，不得用水增重。

④轮胎压路机不宜在大块石基层上作业。

⑤作业前，应检查并确认滚轮的刮泥板应平整良好，各紧固件不得松动；轮胎压路机应检查轮胎气压，确认正常后启动。

⑥启动后，应检查制动性能及转向功能并确认灵敏可靠。开动前，压路机周围不得有障碍物或人员。不得用压路机拖拉任何机械或物件。

⑦碾压时应低速行驶。速度宜控制在3～4km/h范围内，在一个碾压行程中不得变速。碾压过程应保持正确的行驶方向，碾压第二行时应与第一行重叠半个滚轮压痕。

⑧变换压路机前进、后退方向，应在滚轮停止运行后进行。不得将换向离合器当作制动器使用。

⑨在新建场地上进行碾压时，应从中间向两侧碾压。碾压时，距场地边缘不应少于0.5m。

⑩在坑边碾压施工时，应由里侧向外侧碾压，距坑边不应少于1m。

⑪上下坡时，应事先选好挡位，不得在坡上换挡，下坡时不得空挡滑行。

⑫两台以上压路机同时作业时，前后间距不得小于3m，在坡道上不得纵队行驶。

⑬在行驶中，不得进行修理或加油。需要在机械底部进行修理时，应将内燃机熄火，刹车制动，并楔住滚轮。

⑭对有差速器锁定装置的三轮压路机，当只有一只轮子打滑时，可使用差速器锁定装置，但不得转弯。

⑮作业后，应将压路机停放在平坦坚实的场地，不得停放在软土路边缘及斜坡上，并

不得妨碍交通，并应锁定制动。

⑯严寒季节停机时，宜采用木板将滚轮垫离地面，应防止滚轮与地面冻结。

⑰压路机转移距离较远时，应采用汽车或平板拖车装运。

3）光轮式压路机的维护保养。光轮式压路机的维护保养见表6－33。

表6－33 光轮式压路机的维护保养

项 目	技术要求及说明
日保养（运转8～10h）	1. 检查变速器、分动器和液压油箱中油位及油质，必要时添加； 2. 必要时向最终传动齿轮副或链传动装置加注润滑油或润滑脂； 3. 清洁各个部位，尤其要注意调节和清洁刮泥板； 4. 检查与调试手制动、脚制动器和转向机构； 5. 紧固各部螺栓，检视防护装置，清洁机体； 6. 检查燃油箱油位，检查空气滤清器集尘指示器
周保养（运转50h）	1. 更换油底壳润滑油； 2. 更换机油滤清器； 3. 清洗空气滤清器滤芯； 4. 检查油管及管接头是否有渗漏现象； 5. 检查蓄电池； 6. 检查变速器和分动器油位； 7. 润滑传动轴十字节及轴头；润滑主离合器分离轴承滑套及踏板轴支座；润滑侧传动齿轮副及中间齿轮轴承；润滑换向离合器压紧轴承；润滑制动铰接点、踏板和踏板轴支座；润滑变速拉杆座
半月保养（运转100h）	柴油机散热器表面清洗；液压油冷却器表面清洗
月保养（运转200h）	1. 更换液压油滤清器滤芯；更换油底壳油和机油滤清器； 2. 清洗空气滤清器的集尘器； 3. 检查风扇和发电机V带的张紧力； 4. 检查并调整制动系的各部间隙及制动油缸的油平面； 5. 检查并调整换向离合器的间隙； 6. 检查变速器、分动器、中央传动及行星齿轮式最终传动中的油平面； 7. 清除液压油箱中的冷凝水； 8. 对全机各个轴承点加注润滑油； 9. 检查各油管接头处有否漏油
季保养（运转500h）	进行柴油机气门间隙的调整；更换液压油箱滤清器的滤芯
半年保养（运转1000h）	更换柴油滤清器的滤芯；清洗柴油箱；清洗柴油机供油泵中的粗滤器
年保养（运转2000h）	更换液压油；更换变速器、分动器、主传动和末端传动中的润滑油

4）光轮式压路机常见故障及排除方法。光轮式压路机常见故障及排除方法见表6－34。

表6－34 光轮式压路机常见故障及排除方法

故障现象	产生原因	排除或处理方法
发动机开启后车不能启动	1. 主离合器小伞齿轮损坏； 2. 离合器片过热黏结； 3. 分离杆变形或断裂； 4. 离合器弹簧失效	1. 拆检或更换损坏的齿轮及轴； 2. 拆检离合器，修复或更换磨损的摩擦片； 3. 检查并修复或更换分离杆； 4. 更换失效的弹簧
换向（离合器）操作失灵	1. 离合器拉杆（压爪）变形或损坏； 2. 离合器摩擦片过热黏结； 3. 调整螺钉松脱； 4. 连杆系统空行程太大	1. 修复或更换拉杆（压爪）； 2. 修复或更换磨损的摩擦片； 3. 紧固或更换螺钉； 4. 调整连杆系统各铰销，使间隙适当
变速箱有严重噪声	1. 轴头小伞齿轮断齿； 2. 轴承损坏或间隙过大； 3. 第1、3轴之间的串接滚针轴承磨损； 4. 有变速齿轮断齿	1. 修补或更换小伞齿轮； 2. 调整轴承间隙，更换损坏的轴承； 3. 拆检第1、3轴，更换已损坏的滚针及其附件； 4. 拆检变速箱，修补或更换已损齿轮
液压转向系统工作不正常	1. 齿轮液压泵产生故障； 2. 齿轮液压泵的三角传动胶带打滑，至使油压不稳定； 3. 换向液压缸产生故障； 4. 换向操纵阀失灵； 5. 节流阀整定值不符合要求； 6. 涡轮传动副严重磨损	1. 检修液压泵； 2. 更换磨损的三角传动胶带，调整大、小带轮之中心距； 3. 拆检液压缸，更换密封圈等磨损件； 4. 检修或更换操纵阀； 5. 依据所需工作压力调定节流阀； 6. 检修或更换涡轮及蜗杆
差速器功能失效	1. 主动锥形齿轮损坏； 2. 差速齿圈牙齿严重磨损； 3. 中央传动齿轮及轴承架损坏； 4. 轴承损坏或间隙太大； 5. 差速锁损坏，不起作用； 6. 传动件润滑不良	1. 修复或更换损坏的锥形齿轮； 2. 更换磨损严重的齿圈及附件； 3. 更换齿轮，修复轴承架； 4. 更换轴承，调整间隙； 5. 拆检差速锁，不能修复则更换； 6. 加足润滑油，改善润滑

续表 6－34

故障现象	产生原因	排除或处理方法
传动系统有不正常声响	1. 传动轴及杆件空行程太长； 2. 传动轴万向节严重磨损； 3. 侧传动小齿轮断齿； 4. 半轴花键损坏	1. 调整传动轴及杆件铰销间隙，消除空行程； 2. 更换万向节或铰销； 3. 检查侧传动系统，修复或更换损坏的齿轮； 4. 拆检半轴，更换已损件
前轮转向动作沉重	1. 转向臂变形或断裂； 2. 转向立轴的轴承损坏； 3. 转向轮轴的轴承损坏； 4. 叉脚横销严重磨损	1. 修复或更换转向臂； 2. 拆检立轴，更换损坏的轴承； 3. 拆检轮轴，更换损坏的轴承； 4. 拆检叉脚，更换磨损的轴销

4. 振动压路机

（1）构造组成。振动压路机由工作装置、传动系统、振动装置、行走装置和驾驶操纵等部分组成。如图 6－54 所示为 YZC12 型（自行式）振动压路机总体结构。

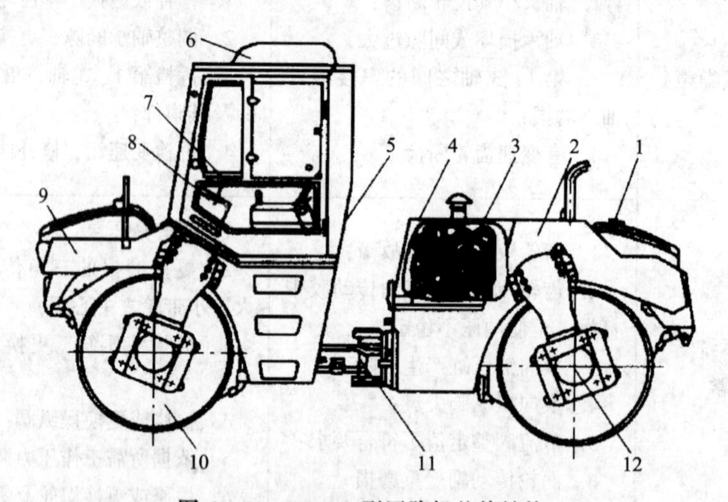

图 6－54 Y2C12 型压路机总体结构

1—洒水系统；2—后车架；3—发动机；4—机罩；5—驾驶室；6—空调系统；7—操纵台；8—电气系统；9—前车架；10—振动轮；11—中心铰接架；12—液压系统

（2）安全操作。

1）作业时，压路机应先起步后起振，内燃机应先置于中速，然后再调至高速。

2）压路机换向时应先停机；压路机变速时应降低内燃机转速。

3）压路机不得在坚实的地面上进行振动。

4）压路机碾压松软路基时，应先碾压 1～2 遍后再振动碾压。

5）压路机碾压时，压路机振动频率应保持一致。

6）换向离合器、起振离合器和制动器的调整，应在主离合器脱开后进行。

7）上下坡时或急转弯时不得使用快速挡。铰接式振动压路机在转弯半径较小绕圈碾压时不得使用快速挡。

8）压路机在高速行驶时不得接合振动。

9）停机时应先停振，然后将换向机构置于中间位置，变速器置于空挡，最后拉起手制动操纵杆。

10）振动压路机的使用除应符合本节要求外，还应符合《建筑机械使用安全技术规程》JGJ 33—2012 第 5.7 节的有关规定。

(3) 保养与润滑。自行式压路机的保养工作，除了每班都要进行的日常保养之外，尚须执行 1 ~4 级的定期保养制度。压路机的润滑见表 6 - 35。

表 6 - 35　自行式振动压路机润滑部位及周期

润滑部位	润滑点数	润滑剂种类	润滑周期（h）	备注
振动轮滑动轴承	2	钙基润滑脂 冬 ZG - 2 夏 ZG - 4	8	加注
振动轮齿轮	1		8	
转向轮轴承	2		50	
转向液压缸前销	1		50	
转向液压缸后销	1		50	
主离合器踏脚	1		50	
制动器踏脚轴	2		50	
调频手轮托架	1		50	
主离合器链条导轮	1		50	
主离合器拔叉轴	2		50	
主离合器输出轴轴承	1		50	
振动 V 带张紧轮	3		50	
振动轮主动齿轮轴承	1		50	
链条张紧轮	1		50	
调频大斜齿轮轴承	1			
输出 V 带张紧轮	1			
末级传动链	1	汽机油 冬 HQ - 10 夏 HQ - 15	50	
变速手柄连接杆	1			
链式万向节	1			
调频齿轮组	1			

续表 6－35

润滑部位	润滑点数	润滑剂种类	润滑周期（h）	备注
副齿轮箱	1	齿轮油 冬 HL－20 夏 HL－30	50	添加
			1200	更换
变速器	1		50	添加
			1200	更换
液压油箱	1	液压油	50	添加
		稠化 40 号	1200	更换

（4）常见故障及排除方法。自行式压路机常见故障及排除方法见表 6－36。

表 6－36 自行式振动压路机常见故障及排除方法

故障现象	故障原因	排除方法
离合器打滑	1. 离合器压板与离合器摩擦片以及离合器摩擦片之间接触不均匀，或间隙太大； 2. 离合器摩擦片过度磨损； 3. 离合器压板与离合器摩擦片以及离合器摩擦片之间有污物； 4. 离合器操纵机构的拉杆长短不合适	1. 拆卸调整，或在分动器内把调整螺母旋转，使间隙达到合适； 2. 更换新摩擦片； 3. 拆卸并清洗离合器压板及摩擦片，更换新油； 4. 调整拉杆长度
离合器脱不开	1. 离合器盘形弹簧太弱； 2. 离合器摩擦片烧坏； 3. 离合器压板与离合器片间隙太小	1. 更换新弹簧； 2. 拆卸更换新摩擦片； 3. 将调整螺母旋转，间隙调至合适
离合器推不上	1. 离合器压板与离合器片间隙过小； 2. 离合器操纵拉杆长短不适	1. 调整螺母退回； 2. 调整拉杆长短
分动器内发出不正常的噪声	1. 轴承磨损过大发生松动； 2. 齿轮过度磨损； 3. 箱内用油不对	1. 更换轴承； 2. 更换齿轮； 3. 更换合适的油
分动器过度发热	1. 离合器摩擦片间隙太小； 2. 离合器摩擦片歪斜； 3. 离合器摩擦片压不住，打滑； 4. 箱内用油不对	1. 调整调节螺母，使间隙增大； 2. 拆卸离合器，校平摩擦片； 3. 调整摩擦片间隙； 4. 更换合适的油

续表 6-36

故障现象	故障原因	排除方法
变速机构跳挡	1. 变速杆定位装置的弹簧太弱； 2. 齿轮齿部磨损过大	1. 调整定位弹簧； 2. 更换齿轮
变速不能啮合	1. 齿轮磨损过大； 2. 变速叉过多的磨损	1. 更换齿轮； 2. 修补或更换变速叉
变速操纵手柄位置不对	1. 变速操纵机构的拉杆长短不适； 2. 长变速的销孔位不对，或销钉退出	1. 调整拉杆的长短； 2. 重装销杆或重新配钻铰孔或将销钉打紧旋牢
变速器发出不正常噪声	1. 轴承磨损过大，发生松动； 2. 齿轮过度磨损； 3. 花键轴过度磨损； 4. 齿轮油过少或过稀	1. 更换轴承； 2. 更换齿轮； 3. 修补或更换新轴； 4. 加注齿轮油到规定平面或更换合适黏度的齿轮油
终传动有较大的冲击或转动不灵	1. 齿轮牙齿过度磨损或磨坏； 2. 齿轮间夹有泥沙污垢； 3. 链条或链轮过度磨损	1. 更换齿轮； 2. 清除泥沙及污垢； 3. 更换链条和链轮
终传动有较大的响声	1. 链条没张紧； 2. 链条和齿轮缺油	1. 调节张紧轮； 2. 重新加足润滑油
振动轮中的振动箱发热	1. 振动箱中加油量不足或过多； 2. 偏心振动轴轴承进入污物	1. 重新调整振动箱中油量； 2. 清洗振动箱污物
振动动轮行走中有冲击	1. 两边大铜套磨损过大； 2. 减振环脱胶或龟裂	1. 更换铜套； 2. 更换减振环
刹车机构失灵或发热	1. 刹车带与刹车鼓之间的间隙过大或过小； 2. 刹车带磨损； 3. 刹车带磨损面有污油； 4. 钢丝绳过长	1. 调整调节螺母使刹车带和刹车鼓之间隙合适； 2. 更换刹车带； 3. 清除油污； 4. 调整钢丝绳长度
刮泥板不能清除轮面的附着物	1. 压紧刮泥板的弹簧松弛； 2. 刮泥板与轮面的间隙过大	1. 调整弹簧； 2. 调整刮泥板与轮面的间隙

续表 6－36

故障现象	故障原因	排除方法
液压泵不出油或出油量不足，压力表油压过低	1. 储油箱内油液量不足； 2. 滤油器上污物太多，甚至已堵塞； 3. 气冷油质变厚； 4. 安全阀弹簧松； 5. 管道接头不密封或管道堵塞； 6. 油压表损坏； 7. 液压泵传动带打滑； 8. 齿轮液压泵内零件损坏	1. 补充油液； 2. 将滤网取出用煤油清洗； 3. 更换合适油液； 4. 适当调整； 5. 检查修理； 6. 更换新表； 7. 调整传动带松紧度； 8. 拆卸检修齿轮泵
液压系统发热或漏油	1. 储油箱内油量不足； 2. 压力表压力过大； 3. 油管内有污物，流通不顺； 4. 油液过薄或过厚； 5. 管接头松动	1. 补充油液； 2. 调整安全阀压力； 3. 清洗油管； 4. 更换合适的油； 5. 重新旋紧漏油接头
转向轮转向换向和起振离合器操纵迟缓无力	1. 液压泵油量不足； 2. 控制阀内部漏损过大； 3. 工作液压缸活塞磨损过大； 4. 油压不足； 5. 活塞杆油封盖过紧； 6. 活塞杆生锈	1. 调整液压泵传动带，检查管道是否漏损； 2. 更换控制阀柱塞，使配合间隙保持在 0.01～0.02mm 之间； 3. 更换皮碗或活塞； 4. 调整安全阀弹簧； 5. 将油封盖松开； 6. 磨光活塞杆并涂上润滑油
行走速度慢	1. 发动机到分动器的 V 带太松； 2. 三条 V 带长度相差太多或已失效； 3. 柴油机的油门操纵机构松脱	1. 调节 V 带张紧轮，使 V 带张紧适度； 2. 重新更换 V 带； 3. 重新调整油门操纵机构
振动频率上不去	1. 分动器到振动轮之间 V 带太松； 2. 张紧弹簧太弱； 3. V 带拉长已失效； 4. 柴油机的油门操纵机构松脱； 5. 发动机到分动箱的 V 带太松	1. 调节张紧弹簧的张紧力； 2. 重新更换张紧弹簧； 3. 重新更换 V 带； 4. 重新调整油门操纵机构； 5. 绷紧 V 带的张紧轮

6.2.2 夯实机械

1. 蛙式打夯机

蛙式打夯机是冲击式小型夯实机械，由于其体积小、重量轻，构造简单，机动灵活、实用，操纵、维修方便，夯击能量大，夯实工效较高，在建筑工程上使用很广，适用于黏性较低的土（粉土、砂土、粉质黏土）基坑（槽）、管沟及各种零星分散、边角部位的填方的夯实，以及配合压路机对边缘或边角碾压不到之处的夯实。

（1）构造和工作原理。蛙式打夯机目前已有多种，它们的基本构造均由托盘、传动、夯击三大部分所组成。其工作原理一致，即利用偏心块在回转中所产生的冲击能量，使夯头作上下夯击，并使整个夯机跳跃前进。图 6－55 所示为蛙式打夯机构造示意图。

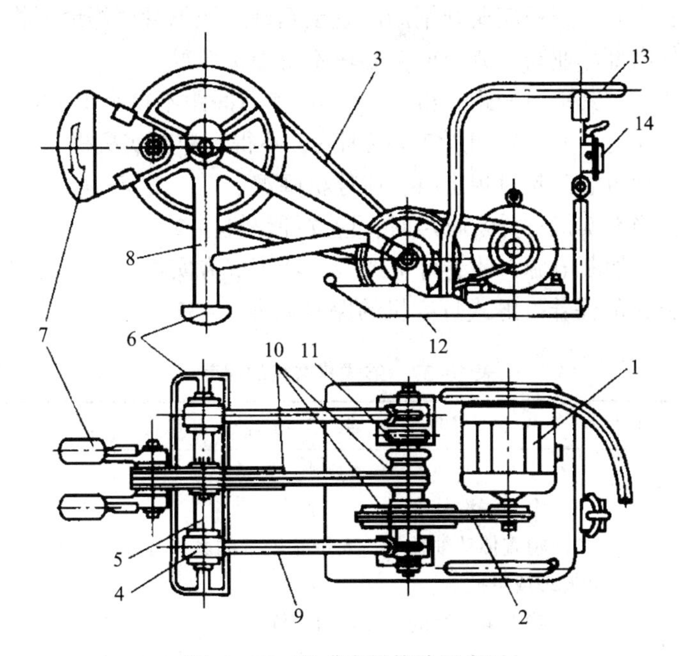

图 6－55 蛙式夯机构造示意图

1—电动机；2、3—V 带；4—轴套；5—前轴；6—夯板；7—偏心块；8—立柱；9—夯架动臂；10—带轮；11—主传动轴；12—托盘；13—操纵手柄；14—倒顺开关

（2）安全操作。

1）蛙式夯实机适用于夯实灰土和素土。蛙式夯实机不得冒雨作业。

2）作业前应重点检查下列项目，并应符合相应要求：

①漏电保护器应灵敏有效，接零或接地及电缆线接头应绝缘良好。

②传动带应松紧合适，带轮与偏心块应安装牢固。

③转动部分应安装防护装置，并应进行试运转，确认正常。

④负荷线应采用耐气候型的四芯橡皮护套软电缆。电缆线长不应大于 50m。

3）夯实机启动后，应检查电动机旋转方向，错误时应倒换相线。

4）作业时，夯实机扶手上的按钮开关和电动机的接线应绝缘良好。当发现有漏电现象时，应立即切断电源，进行检修。

5）夯实机作业时，应一人扶夯，一人传递电缆线，并应戴绝缘手套和穿绝缘鞋。递线人员应跟随夯机后或两侧调顺电缆线。电缆线不得扭结或缠绕，并应保持3～4m的余量。

6）作业时，不得夯击电缆线。

7）作业时，应保持夯实机平衡，不得用力压扶手。转弯时应用力平稳，不得急转弯。

8）夯实填高松软土方时，应先在边缘以内100～150mm夯实2～3遍后，再夯实边缘。

9）不得在斜坡上夯行，以防夯头后折。

10）夯实房心土时，夯板应避开钢筋混凝土基础及地下管道等地下物。

11）在建筑物内部作业时，夯板或偏心块不得撞击墙壁。

12）多机作业时，其平行间距不得小于5m，前后间距不得小于10m。

13）夯实机作业时，夯实机四周2m范围内，不得有非夯实机操作人员。

14）夯实机电动机温升超过规定时，应停机降温。

15）作业时，当夯实机有异常响声时，应立即停机检查。

16）作业后，应切断电源，收卷好电缆线，清理好夯实机。夯实机保管应防水防潮。

（3）蛙式打夯机的保养。蛙式打夯机的保养见表6－37。

表6－37 蛙式打夯机的保养

保养级别（工作时间）	工作内容	备注
一级保养（60～300h）	1. 全面清洗外部； 2. 检查传动轴轴承、大带轮轴承的磨损程度，必要时拆卸修理或更换； 3. 检查偏心块的连接是否牢固； 4. 检查大带轮及固定套是否有严重的轴向窜动； 5. 检查动力线是否发生折损和破裂； 6. 调整V带的松紧度； 7. 全面润滑	轴承松旷不及时修理或更换会使传动轴摇摆不稳。动力线发生折损和破裂，容易发生漏电
二级保养（400h）	1. 进行一级保养的全部工作内容； 2. 拆检电动机、传动轴、前轴，并对轴承、轴套进行清洗和换油； 3. 检查夯架、拖盘、操纵手柄、前轴、偏心套等是否有变形、裂纹和严重磨损； 4. 检查电动机和电器开关的绝缘程度，更换破损的导线	如轴承磨损过甚时，须修理或更换。对发现的各种缺陷应及时修好

（4）常见故障及排除方法。常见故障及排除方法见表6－38。

表6－38 蛙式打夯机常见故障及排除方法

故障现象	产生原因	排除方法
夯击次数减少、夯头抬起高度降低、夯击力下降	V带松弛	进行张紧调整
轴承过热	缺少润滑油（脂）	及时补充润滑油
拖盘行走不顺利、不稳定，夯机摆动	托盘底部黏带泥土过多	清理
托盘前进距离不准	V带松弛	进行张紧调整
夯机工作中有杂音	螺栓松动、弹簧垫片折断	旋紧螺母、更换垫片
前轴左、右窜动	轴的定位挡套磨损，或轴连接松旷	更换磨损件，紧固前轴
夯机向一边偏斜	设计不佳，夯机重量左、右不均	可将电动机重新安装（左、右调整位置，需更换机座）

2. 振动打夯机

振动打夯机是靠平板作较高的振动（通常为50Hz，最低为25Hz，最高可达200Hz）来密实土和自行移动的打夯机，对于各种土有较好的压实效果，特别是对非黏性的沙质土、砾石、碎石的效果最佳。

（1）主要构造。振动平板夯有内燃机驱动的和电动机驱动的两种形式，如图6－56所示为H2－380A型电动振动式打夯机的构造。除了动力装置之外，其基本结构是相同的。主要由离合器、V带传动机构、弹簧、夯板、偏心轴、传动齿轮、支撑台板、操纵手柄等构成。

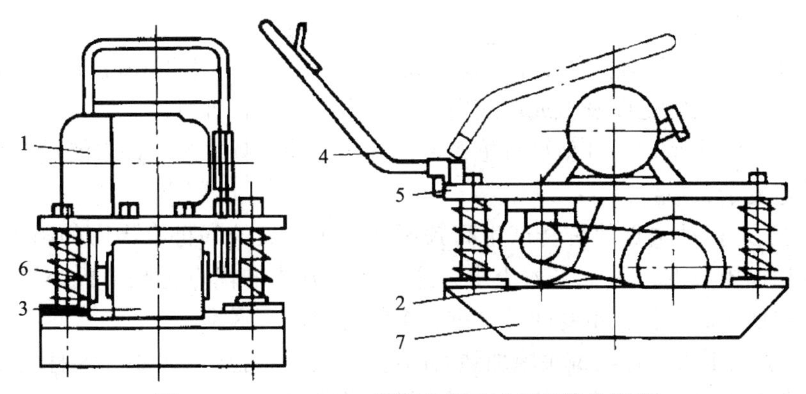

图6－56 H2－380A型电动振动式打夯机的构造

1—电动机；2—V带；3—振动体；4—手把；5—支撑台板；6—弹簧；7—夯板

（2）使用要点。平板振动夯使用前的准备工作，可参照其他形式打夯机来进行。在工作中，发现振动频率下降、轴承过热、机械走偏等现象时，应及时停机，检查偏心振动子和轴承等部件。偏心块必须牢固地连接在转轴上，轴也不得有弯曲，轴承不能松旷，否则必须进行校正或者更换。夯板、支撑台板、减振弹簧均不得有变形、裂纹等缺陷，在必要时，应予平整、补焊，甚至更换。

（3）常见故障及排除方法见表6－39。

表6－39 振动打夯机常见故障及排除方法

故障现象	产生原因	排除方法
振动频率下降、振幅减少	V带松弛	重新张紧V带
	偏心块松脱	修理或紧固
	弹簧失效	更换弹簧
轴承过热、有杂音	轴承缺少润滑脂或严重磨损	拆卸端盖，补加润滑油，或更换轴承
运行不稳，并有较大的噪声	弹簧失效或断裂	更换弹簧
	连接部分松旷	检查并紧固连接件

6.3 桩工机械

6.3.1 桩工机械的类型及表示方法

1. 桩工机械的类型

根据施工预制桩或灌注桩将桩工机械分成两大类：

（1）预制桩施工机械。施工预制桩主要包括三种方法：

1）打入法。打入法使用桩锤冲击桩头，在冲击瞬间桩头受到一个很大的力，而使桩贯入土中。打入法使用的设备主要包括以下四种：

①落锤。构造简单，使用方便，是一种老旧的桩工机械。但贯入能力低，生产效率低，对桩的损伤较大。

②柴油锤。其工作原理类似于柴油发动机，是目前最为常用的打桩设备，但公害较重。

③蒸汽锤。蒸汽锤是以蒸汽或压缩空气为动力的一种打桩机械。

④液压锤。液压锤是一种新型打桩机械，它具备冲击频率高、冲击能量大、公害少等优点，但构造复杂，造价高。

2）振动法。振动法是使桩身产生高频振动，使桩尖处和桩身周围的阻力大大减小，桩在自重或稍加压力的作用下贯入土中。这种施工方法的优点是噪声极小，桩头不受损坏。但压入法使用的压桩机本身非常笨重，组装迁移都较困难。

3）压入法。压入法是给桩头施加强大的静压力，将桩压入土中。这种施工方法噪声极小，桩头不受损坏。但压入法使用的压桩机本身非常笨重，组装迁移都比较困难。

（2）灌注桩施工机械。灌注桩的施工关键在成孔，成孔方法有挤土成孔法和取土成孔法。

1）挤土成孔法。挤土成孔法所使用的设备于施工预制桩的设备相同，它是将一根钢管打入土中，至设计深度后将钢管拔出，即可成孔。这种施工方法中常采用振动锤，因为振动锤既可以将钢管打入，又可以将钢管拔出。

2）取土成孔法。取土成孔法采用了许多种成孔机械，其中主要的有：

①全套管钻孔机。它是一种大直径桩孔的成孔设备，利用冲抓锥挖土、取土。为了防止孔壁坍落，在冲抓的同时将一套管压入。

②回转斗钻孔机。其挖土、取土装置是一个钻斗，钻斗下有切土刀，斗内可装土。

③反循环钻机。这种钻机的钻头只进行切土作业，构造很简单。取土的方法是将土制成泥浆，用空气提升法或喷水提升法将土取出。

④螺旋钻孔机。其工作原理类似于麻花钻，边钻边排屑，是目前我国施工小直径桩孔的主要设备。螺旋钻孔机又分为长螺旋和短螺旋两种。

⑤钻扩机。这是一种成型带扩大头桩孔的机械。

2. 桩工机械的表示方法

桩工机械的表示方法见表6－40。

表6－40 桩工机械的表示方法

类型				产品		主参数代号	
名称	代号	名称	代号	名称	代号	名称	单位
柴油打桩锤	D（打）	筒式	—	筒式柴油打桩锤	D	冲击部分重量	10^{-2}kg
		导杆式	D（导）	导杆式柴油打桩锤	DD		
液压锤	CY	液压式	—	液压锤	CT	冲击部分重量	10^{-2}kg
振动打桩锤	D、Z（打、振）	机械式	—	机械式振动桩锤	DZ	振动锤功率	kW
		液压式	Y（液）	液压式振动桩锤	DZY		
压桩机	Y、Z（压，桩）	液压式	Y（液）	液压式桩机	YZY	最大压桩力	10^{-1}kN
成孔机	K（孔）	长螺旋式	L（螺）	长螺旋钻孔机	KL	最大成孔直径	mm
		短螺旋式	D（短）	短螺旋钻孔机	KD		
		回转斗式	U（斗）	回转斗钻孔机	KU		
		动力头式	T（头）	动力头钻孔机	KT		
		冲抓式	Z（短）	冲抓式成孔机	KZ		
		全套管式	D（短）	全套管钻孔机	KZT		
		潜水式	Q（短）	潜水式钻孔机	KQ		
		转盘式	P（短）	转盘式钻孔机	KP		
桩架	J（架）	轨道式	G（轨）	轨道式桩架	JG	最大成孔直径	mm
		履带式	U（履）	履带式桩架	JU		
		步履式	B（步）	步履式桩架	JB		
		简易式	J（简）	简易式桩架	JJ		

6.3.2 打桩机械

1. 打桩机的组成

打桩机是由桩锤、桩架和动力装置三个主要部分组成。

(1) 桩锤是冲击桩身并将其打入土中的设备。桩锤的工作部件是一个很重的能做上下往复运动的锤头，即冲击部分。锤头冲击桩头，使桩克服土的阻力而下沉。

(2) 桩架是悬挂桩锤的装置，并引导桩锤上下运动以及举起桩身的设备。不同类型的桩锤需要配用相应的桩架。

(3) 动力装置是提供打桩动能来源的装置。各种不同的打桩机械，所采用的动力装置也有所不同。例如蒸汽打桩机的动力装置为锅炉；柴油打桩机的动力装置是柴油桩锤；液压锤的动力装置为液压泵与其液压元件组成的液压系统；而自落式打桩机的动力装置为电动卷扬机，若采用起重机桩架，则落锤的动力由起重机供给。

2. 桩架

(1) 履带式桩架。履带式桩架以履带为行走装置，机动性好，使用方便，有悬挂式桩架、三支点桩架和多功能桩架三种。目前国内外生产的液压履带式主机既可作为起重机使用，也可以作为打桩架使用。

1) 悬挂式桩架。悬挂式桩架以通用履带起重机为底盘，卸去吊钩，将吊臂顶端与桩架连接，桩架立柱底部有支撑杆与回转平台连接，如图 6－57 所示。桩架立柱可用圆筒形，也可用方形或矩形横截面的桁架。为了增加桩架作业时整体的稳定性，在原有起重机底盘上，需要附加配重。底部支撑架是可伸缩的杆件，调整底部支撑杆的伸缩长度，立柱就可从垂直位置改变成倾斜位置，这样可以满足打斜桩的需要。由于此类桩架的侧向稳定性主要由起重机下部的支撑杆保证，侧向稳定性较差，因此只能用于小桩的施工。

2) 三支点式履带桩架。三支点式履带桩架为专用的桩架，也可由履带起重机改装（平台部分改动较大），主机的平衡重至回转中心的距离以及履带的长度和宽度比起重机主机的相应参数要大一些，整机的稳定性好。桩架的立柱上部由两个斜撑杆与机体连接，立柱下部与机体托架连接，因而称为三支点桩架。斜撑杆支撑在横梁的球座上，横梁下有液压支腿。

3) 多功能履带桩架。如图 6－58 所示为 R618 型多功能履带桩架总体构造图。回转平台可 360°全回转。这种多功能履带桩架可安装回转斗、短螺旋钻孔器、长螺旋钻孔器、柴油锤、液压锤、振动锤和冲抓斗等工作装置。还可以配上全液压套管摆动装置，进行全套管施工作业。另外还可以进行地下连续墙施工和逆循环钻孔，做到一机多用。

本机采用液压传动，液压系统包括三个变量柱塞液压泵和三个辅助齿轮油泵。各个油泵可单独向各工作系统提供高压液压油。在所有液压油路当中，均设置了电磁阀。各种作业全部由电液比例伺服阀控制，可精确地控制机器的工作。

平台的前部有各种不同工作装置液压系统预留接口。在副卷扬机的后面留有第三个卷扬机的位置。立柱伸缩油缸和立柱平行四边形机构，一端与回转平台连接，另一端则与立柱连接。平行四边形机构可使立柱工作半径改变，但立柱仍能保持垂直位置。这样可以精确地调整桩位，而无须移动履带装置。履带的中心距可依靠伸缩油缸作 2.5～4m 调整。履带底盘前面预留有套管摆动装置液压系统接口和电气系统插座。如果需使用套管进行大口

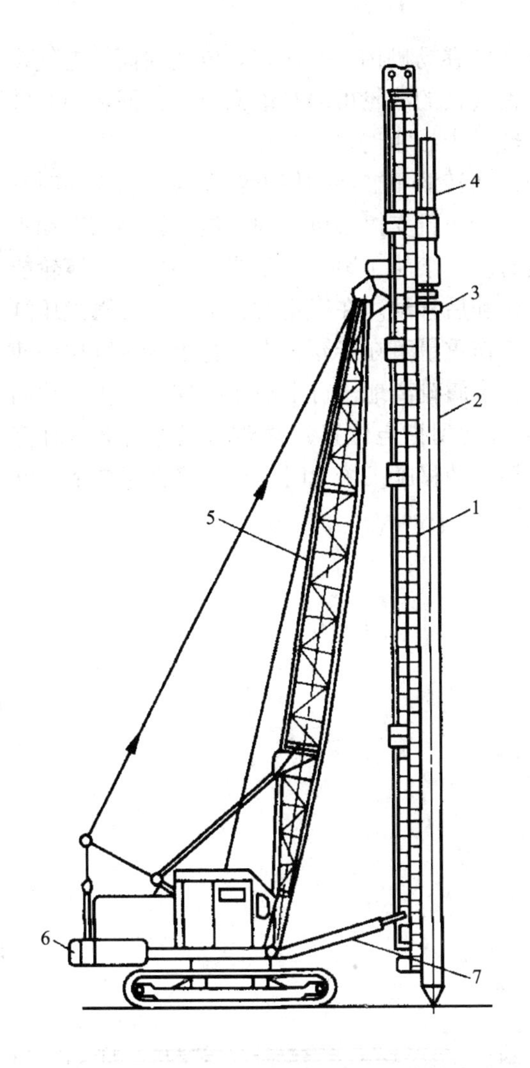

图 6－57 悬挂式履带桩架构造

1—桩架立柱；2—桩；3—桩帽；
4—桩锤；5—起重锤；6—机体；
7—支撑杆

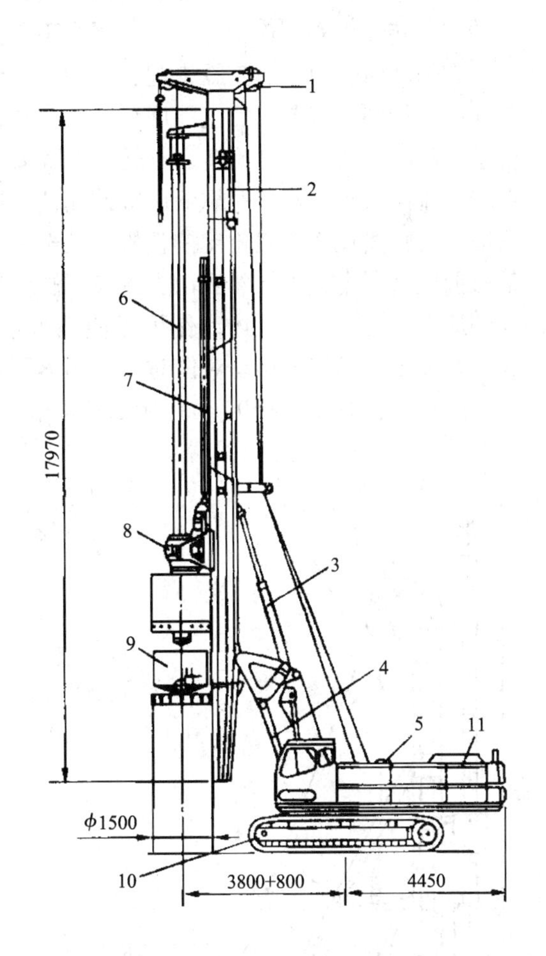

图 6－58 R6188 多功能尾带桩架（mm）

1—滑轮架；2—立柱；3—立柱伸缩油缸；
4—平行四边形机构；5—主、副卷扬机；
6—伸缩钻杆；7—进给油缸；
8—液压动力头；9—回转斗；
10—履带装置；11—回转平台

径及超深度作业，可装上全液压套管摆动装置。这时，只要将套管摆动装置的液压系统和电气系统与底盘前部预留的接口相连，即可进行施工作业。在运输状态时，立柱可自行折叠。

这种多功能履带桩架自重65t，最大钻深为60m，最大桩径为2m。钻进扭矩为172kN · m，配上不同的工作装置，可以适用于泥土、砂土、沙砾、卵石、砾石和岩层等成孔作业。

（2）步履式桩架。步履式桩架是国内应用较为普遍的桩架，在步履式桩架上可配用长、短螺旋钻孔器、柴油锤、液压锤和振动桩锤等设备进行钻孔和打桩作业。图 6－59（a）所示为 DZB1500 型液压步履式钻孔机，由短螺旋钻孔器和步履式桩架组成。步履式桩架由平台、下转盘、步履靴、前支腿、后支腿、卷扬机构、操作室、电缆卷筒、电气系统和液压系统等组成。下转盘上有回转滚道，上转盘的滚轮可以在上面滚动，回转中心轴一端与下转盘中心相连，另一端与平台下部上转盘中心相连。

在回转时，前、后支腿支起，步履靴离地，回转液压缸伸缩使下转盘与步履靴顺时针或逆时针旋转。若前、后支腿回缩，支腿离地，步履靴支撑整机，回转液压缸伸缩带动平台整体顺时针或逆时针旋转。下转盘底面安装有行走滚轮，滚轮与步履靴相连接。滚轮能在步履靴内滚动。移位时靠液压缸伸缩使步履靴前后移动。在行走时，前、后支腿液压缸收缩，支腿离地，步履靴支撑整机，钻架整个工作重量落在步履靴上，行走液压缸伸缩使整机前或后行走一步，然后让支腿液压缸伸出，步履靴离地，行走液压缸伸缩使步履靴回复到原来位置。重复上述动作可以使整个钻机行走到指定位置。臂架的起落由液压缸完成。在施工现场整机移动对位时，不用落下钻架。转移施工场地时，可以将钻架放下，安上行走轮胎，如图6-59（b）所示的运输状态。

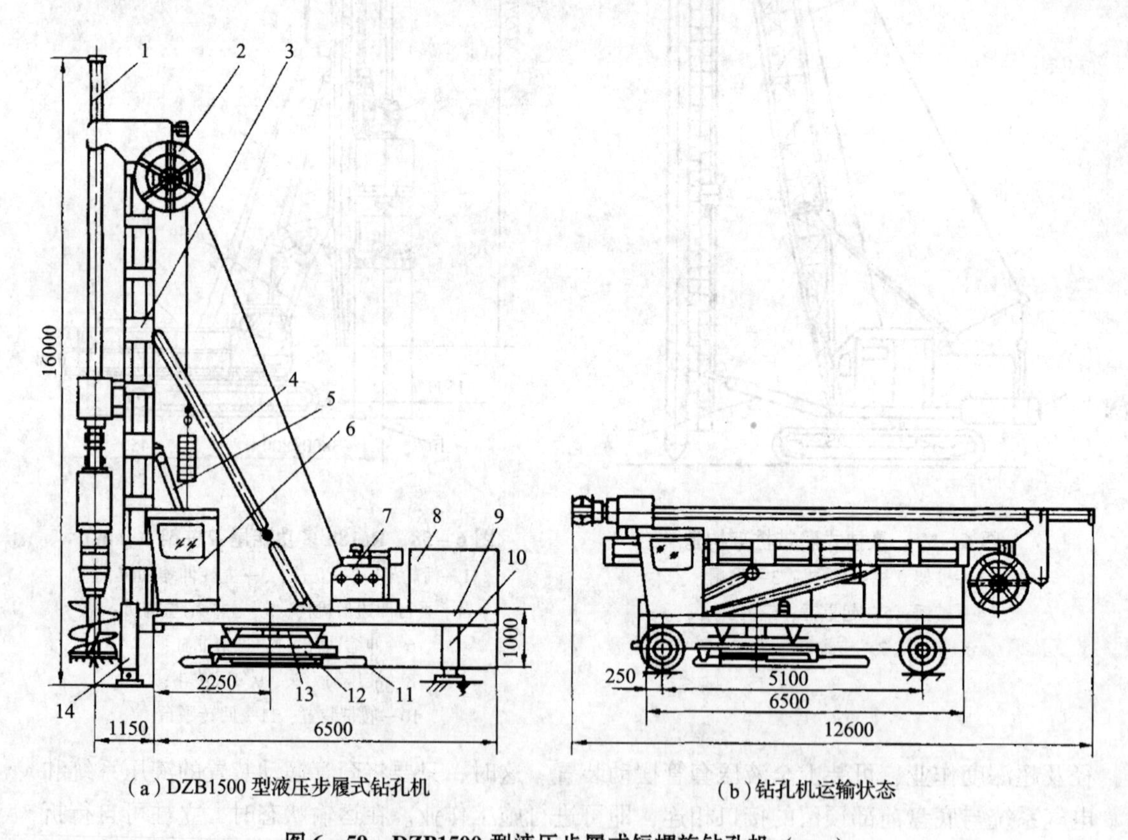

图6-59 DZB1500型液压步履式短螺旋钻孔机（mm）

1—钻机部分；2—电缆卷筒；3—臂架；4—斜撑；5—起架液压缸；6—操纵室；7—卷扬机；8—液压系统；9—平台；10—后支腿；11—步履靴；12—下转盘；13—上转盘；14—前支腿

3. 打桩锤

（1）柴油锤。

1）柴油锤的主要技术性能。筒式柴油锤和导杆式柴油锤的性能见表6-41。

表 6-41 筒式柴油锤和导杆式柴油锤的性能

名称	单位	型号									
		DD6	DD18	DD25	D12	D25	D36	D40	D50	D60	D72
冲击体质量	kN	—	—	—	12	25	36	40	50	60	72
冲击能量	kN·m	7.5	14	30	30	62.5	120	100	125	160	180
冲击次数	次/min	—	—	—	40~60	40~60	36~46	40~60	40~60	35~60	40~60
燃油消耗	L/h	—	—	—	6.5	18.5	12.5	24	28	30	43
冲程	m	—	—	—	2.5	2.5	3.4	2.5	2.5	2.67	2.5
锤总重	kN	12.5	31	42	2.7	65	84	93	105	150	180
锤总高	m	3.5	4.2	4.5	3.83	4.87	5.28	4.87	5.28	5.77	5.9

2）柴油锤的安全操作。

①作业前应检查以下几项：

a. 检查导向板的固定与磨损情况，导向板不得有松动或缺件，导向面磨损不得大于7mm。

b. 检查并确认起落架各工作机构安全可靠，启动钩与上活塞接触线距离应在5~10mm之间。

c. 检查柴油锤与桩帽的连接，提起柴油锤，柴油锤脱出砧座后，柴油锤下滑长度不应超过使用说明书的规定值，超过时，应调整桩帽连接钢丝绳的长度。

d. 检查缓冲胶垫，当砧座和橡胶垫的接触面小于原面积2/3时，或下汽缸法兰与砧座间隙小于使用说明书的规定值时，均应更换橡胶垫。

②水冷式柴油锤应加满水箱，并应保证柴油锤连续工作时有足够的冷却水。冷却水应使用清洁的软水。冬期作业时应加温水。

③桩帽上缓冲垫木的厚度应符合要求，垫木不得偏斜。金属桩的垫木厚度应为100~150mm；混凝土桩的垫木厚度应为200~250mm。

④柴油锤启动前，柴油锤、桩帽和桩应在同一轴线上，不得偏心打桩。

⑤在软土打桩时，应先关闭油门冷打，当每击贯入度小于100mm时，再启动柴油锤。

⑥柴油锤运转时，冲击部分的跳起高度应符合使用说明书的要求，达到规定高度时，应减小油门，控制落距。

⑦当上活塞下落而柴油锤未燃爆时，上活塞发生短时间的起伏时，起落架不得落下，以防撞击碰块。

⑧打桩过程中，应有专人负责拉好曲臂上的控制绳；在意外情况下，可使用控制绳紧急停锤。

⑨柴油锤启动后，应提升起落架，在锤击过程中起落架与上汽缸顶部之间的距离不应小于2m。

⑩筒式柴油锤上活塞跳起时，应观察是否有润滑油从泄油孔中流出。下活塞的润滑油

应按使用说明书的要求加注。

⑪柴油锤出现早燃时，应停止工作，并应按使用说明书的要求进行处理。

⑫作业后，应将柴油锤放到最低位置，封盖上汽缸盖和吸排气孔，关闭燃料阀，将操作杆置于停机位置，起落架升至高于桩锤1m处，并应锁住安全限位装置。

⑬长期停用的柴油锤，应从桩机上卸下，放掉冷却水、燃油及润滑油，将燃烧室及上、下活塞打击面清洗干净，并应做好防腐措施，盖上保护套，入库保存。

3）柴油锤常见故障及排除方法。柴油锤常见故障及排除方法见表6－42。

表6－42 柴油锤常见故障及排除方法

故障现象	故障原因	排除方法
桩锤不能启动	土质软，桩的阻力小	关闭油门，对桩冲击几次然后供油启动。此时应拉动曲臂控制绳多供油一次，连续数次即可
	外界温度过低	关闭油门，突击几次，以提高气缸内温度后启动。或打开检查孔旋盖，放入浸有乙醚的棉纱，旋紧旋盖后启动。水箱内应加热水
	砧块凹形球碗有水	打开检查铜丝堵，清洗干净
突然停止运动	燃油不足	向燃油箱加油
	油管堵塞	清洗油管
	上活塞活塞环卡死	打开清洗修复或更换活塞环
桩锤不能正常工作	油管内有空气	拆开油管，拉动曲臂以排除空气
	供油泵柱塞副间隙过大	更换柱塞副
	供油泵曲臂严重磨损	更换或修复曲臂
	单向阀漏油	更换橡胶锥头或进油阀
	砧块球碗有异物	清洗球碗
	润滑油流进球碗过多	调整润滑油油量
	气缸磨损过大	修复气缸或更换加大活塞环
	冲击球头球面，麻点过多	修复球头、球碗
桩锤不能停止运转	供油泵内部回路堵塞	清洗供油泵
	供油泵调节阀位置不正确	松开调节阀压板，调整调节阀位置
排气为黑色	燃油过多	调节供油量
	燃油不纯	更换燃油
废气从缓冲橡胶环喷出	活塞环失去弹力	更换活塞环
	润滑油不足，活塞环卡死	观察加油泵是否出油，或人工向油嘴加油
上活塞跳过高	燃油过多	调节供油量
	土质太硬	贯入度控制在每锤击10次为20mm

（2）振动锤。

1）振动锤的分类。振动锤是基础施工中广泛应用的一种沉桩设备。沉桩在工作时，利用振动桩锤产生的周期性激振力，使桩周围的土壤液化，减小了土壤对桩的摩阻力，达到使桩下沉的目的。

振动桩锤按照工作原理可分为振动式和振动冲击式。振动冲击锤振动器所产生的振动不直接传给桩，而是通过冲击块作用在桩上，使桩受到连续的冲击。这种振动锤可以用于黏性土壤和坚硬土层上打桩和拔桩工程。

振动桩锤根据电动机和振动器相互连接的情况，分为刚性式和柔性式两种。刚性式振动锤的电动机与振动器刚性连接。在工作时，电动机也受到振动，必须采用耐振电动机。此外工作时电动机也参加振动，加大了振动体系的质量，使振幅减小。柔性式的电动机与振动器用减振弹簧隔开。适当地选择弹簧的刚度，可使电动机受到的振动减少到最低程度。电动机不参加振动，但电动机的自重仍然通过弹簧作用在桩身上，给桩身一定的附加载荷，有助于桩的下沉。但柔性式构造复杂，未能得到广泛的应用。振动桩锤根据强迫振动频率的高低可以分为低、中、高频三种。但其频率范围的划分并没有严格的界限。通常以300～700r/min为低频，700～1500r/min为中频，2300～2500r/min为高频。还有采用振动频率达6000r/min的称为超高频。另外振动桩锤根据原动机可分为电动式、气动式与液压式，按照构造分为振动式和中心孔振动式。

我国是以振动锤的偏心力矩 M 来标定振动锤的规格。偏心力矩是偏心块的重量 q 与偏心块中心至回转中心的距离 r 的乘积 $M=qr$。此外，还有以激振力 P 或电动机功率 W 来标定振动出的规格的。

2）振动锤的特点。

①由于振动锤是靠减小桩与土壤间的摩擦力达到沉桩的目的，因此在桩和土壤间摩擦力减小的情况下，可用稍大于桩和锤重的力即可将桩拔起。因此振动锤不仅适合于沉桩，而且适合于拔桩。沉桩、拔桩效率都很高。

②振动锤使用方便，不用设置导向桩架，只要用起重机吊起即可工作。但目前振动锤绝大部分是电力驱动，所以必须有电源，而且需要较大容量，在工作时拖着电缆。液压振动锤是目前正在研究的项目。

③振动锤在工作时不损伤桩头。

④振动锤工作噪声小，不排出任何有害气体。

⑤振动锤不仅能施工预制桩，而且适合施工灌注桩。

3）振动锤的技术参数见表6－43。

表6－43　振动锤的技术参数

产品型号 性能指标	DZ22	DZ90	DZJ60	DZJ90	DZJ240	VM2－4000E	VM2－1000E
电动机功率（kW）	22	90	60	90	240	60	394
静偏心力矩（N·m）	13.2	120	0～353	0～403	0～3528	300、360	600、800、1000
激振力（kN）	100	350	0～477	0～546	0～1822	335、402	669、894、1119

续表 6-43

性能指标 \ 产品型号	DZ22	DZ90	DZJ60	DZJ90	DZJ240	VM2-4000E	VM2-1000E
振动频率（Hz）	14	8.5	—	—	—	—	—
空载振幅（mm）	6.8	22	0~7.0	0~6.6	0~12.2	7.8、9.4	8、10.6、13.3
允许拔桩力（kN）	80	240	215	254	686	250	500

4）振动锤的构造。振动锤的主要组成部分包括原动机、振动器、夹桩器和减震装置，如图 6-60 所示。

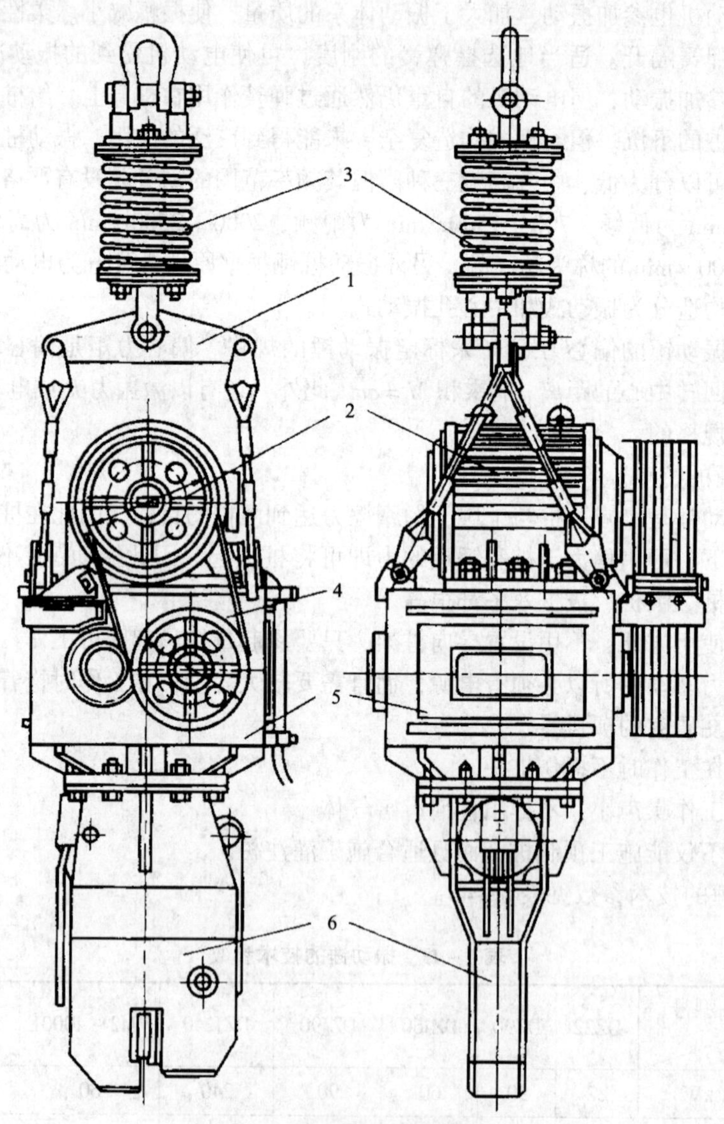

图 6-60 振动锤的构造

1—扁担梁；2—电动机；3—减震装置；4—传动机构；5—振动器；6—夹桩器

①原动机。在绝大多数的振动锤中都采用鼠笼异步电动机作为原动机，只在个别小型振动锤中使用汽油机。近年来为了对振动器的频率进行无级调节，开始使用液压马达。采用液压马达驱动，由地面控制，可实现无级调频。此外液压马达还有启动力矩大、外形尺寸小、重量轻等优点。但液压马达也有一些缺点，所以还有待进一步研究改进。

根据振动锤的工作特点，对作为振动锤的原动机的电动机，在结构和性能上也提出一些特殊的要求：

a. 要求电动机在强烈的振动状态下可靠地运转，这一振动加速度可以达 $10g$（g 为重力加速度）。所以电动机的结构件全部应当采用焊接结构，转轴采用合金钢。在选择绝缘材料时，也应当考虑耐振的要求。

b. 要求电动机有很高的启动力矩和过载能力。振动锤的启动时间比较长，需要很大的启动电流。造成这种现象的原因不仅是由于偏心块的惯性力矩所造成的，更主要的是由于土壤的弹性引起的。因此振动锤所用电动机均采用△接线，以便采用 Y—△启动，减小启动电流。此外，转子导电材料应具有一定的电阻系数，以提高启动力矩。电动机在工作过程中有时超载很严重，因此电动机所使用的绝缘材料应能承耐因过载而产生的高温。根据上述要求，在设计和选择电动机时，应使其启动转矩、启动电流和最大转矩分别为额定值的 3 倍、7.5 倍和 3 倍。

c. 要求电动机适应户外工作。为了适应户外工作，通常采用封闭式。但通常封闭扇冷式电动机的风扇及风扇罩的耐振性不好，因此应当做成封闭自冷式。这样的结构形式对耐振有利，但电动机的发热问题就突出了。这样在选择绝缘材料和转子导电材料时，既要考虑耐振又要考虑耐高温。

②振动器。振动器是振动锤的振源。现在振动锤都是采用定向机械振动器。最常用的是具有两根轴的振动器，但也有采用四轴或六轴振动器和单轴振动器的。

③夹桩器。振动锤在工作时，必须与桩刚性相连，这样才能将振动锤所产生不断变化大小和方向（向上向下）的激振力传给桩身。因此振动锤下部都设有夹桩器。夹桩器将桩夹紧，使桩与振动锤成为一体，一起振动。大型振动锤全都采用液压夹桩器。液压夹桩器夹持力大，操作迅速，相对重量轻。其主要组成部分是油缸、倍率杠杆和夹钳。当改变桩的形状时，夹钳应能够做相应的变换。振动锤用作灌注桩施工时，桩管用法兰以螺栓和振动锤连接，不用夹桩器。在小型振动锤上采用手动杠杆式、手动液压式或气动式夹桩器。

④减震装置。减震装置由几组组合弹簧与起吊扁担构成，防止振动器的振动传到悬吊它的桩架或起重机上去。吸振器在沉桩时受力较小，但在拔桩时受到较大的载荷。当超载时，螺旋弹簧被压密而失效，使振动传至吊钩。但无法因此而把吸振器的刚度提高。因为刚度越大，吸振效果越差。因此吸振器应当根据拔桩力来设计计算。除大型振动桩锤外，多数振动桩锤既可用于沉桩，也可用于拔桩。拔桩时，在吊钩与振动器之间有一组减震弹簧可大大削弱传导吊沟上的振动力。

5）振动桩锤的安全操作。

①作业前应检查以下内容：

a. 应检查并确认振动桩锤各部位螺栓、销轴的连接牢靠，减振装置的弹簧、轴和导向套完好。

b. 应检查各传动胶带的松紧度，松紧度不符合规定时应及时调整。

c. 应检查夹持片的齿形。当齿形磨损超过4mm时，应更换或用堆焊修复。使用前，应在夹持片中间放一块10～15mm厚的钢板进行试夹。试夹中液压缸应无渗漏，系统压力应正常，夹持片之间无钢板时不得试夹。

d. 应检查并确认振动桩锤的导向装置牢固可靠。导向装置与立柱导轨的配合间隙应符合使用说明书的规定。

②悬挂振动桩锤的起重机吊钩应有防松脱的保护装置。振动桩锤悬挂钢架的耳环应加装保险钢丝绳。

③振动桩锤启动时间不应超过使用说明书的规定。当启动困难时，应查明原因，排除故障后继续启动。启动时应监视电流和电压，当启动后的电流降到正常值时，开始作业。

④夹桩时，夹紧装置和桩的头部之间不应有空隙。当液压系统工作压力稳定后，才能启动振动桩锤。

⑤沉桩前，应对桩的前端定位，并按使用说明书的要求调整导轨与桩的垂直度。

⑥沉桩时，应根据沉桩速度放松吊桩钢丝绳。沉桩速度、电动机电流不得超过使用说明书的规定。沉桩速度过慢时，可在振动桩锤上按规定增加配重。当电流急剧上升时，应停机检查。

⑦拔桩时，当桩身埋入部分被拔起1.0～1.5m时，应停止拔桩，在拴好吊桩用钢丝绳后，再起振拔桩。当桩尖离地面只有1.0～2.0m时，应停止振动拔桩，由起重机直接拔桩。桩拔出后，吊桩钢丝绳未吊紧前，不得松开夹持装置。

⑧拔桩应按沉桩的相反顺序起拔。夹持装置在夹持板桩时，应靠近相邻一根。对工字桩应夹紧腹板的中央。当钢板桩和工字桩的头部有钻孔时，应将钻孔焊平或将钻孔以上割掉，或应在钻孔处焊接加强板，防止桩断裂。

⑨振动桩锤在正常振幅下仍不能拔桩时，应停止作业，改用功率较大的振动桩锤。拔桩时，拔桩力不应大于桩架的负荷能力。

⑩振动桩锤作业时，减振装置各摩擦部位应具有良好的润滑。减振器横梁的振幅超过规定时，应停机查明原因。

⑪作业中，当遇液压软管破损、液压操纵失灵或停电时，应立即停机，并应采取安全措施，不得让桩从夹紧装置中脱落。

⑫停止作业时，在振动桩锤完全停止运转前不得松开夹紧装置。

⑬作业后，应将振动桩锤沿导杆放至低处，并采用木块垫实，带桩管的振动桩锤可将桩管沉入土中3m以上。

⑭振动桩锤长期停用时，应卸下振动桩锤。

6）振动锤的常见故障及排除方法见表6－44。

表6－44 振动锤常见故障及排除方法

故障现象	故障原因	排除方法
电动机不运转	电源开关未导通	检查后导通
	熔断式保护器烧断	查找原因，及时更换

续表 6 – 44

故障现象	故障原因	排除方法
电动机不运转	电缆线内部不导通	用仪表查找电缆线接断处并接通
	启动装置中接触不良	清除操纵盘触点片上的脏物
	耐振电动机本身烧坏	更换或修复
电动机启动时有响声	启动器或整流子片接触不良	修理或更换
	电缆线某处即将断裂	用仪表查找电缆线接断处并接通
电动机转速慢及激振力小	电压太低或电源容量不足	提高电压，增加电源容量
	电缆线流通截面过小	按说明书要求更换
	从电源到操纵盘距离太远	按说明书规定重新布置
	激振器箱体内润滑油超量	减少到规定的油位线
	传动胶带太松	用张紧轮调整
熔断丝经常烧断	电流过大	土体对桩的阻力过大，应在振动桩锤上适当增加配重或更换大一级的桩锤
	启动方法错误造成电流峰值过大	严格按说明书规定的启动方法重新启动
夹桩器打滑，夹不住桩	夹桩器液压缸压力太低	调整溢流阀，将压力提高到规定值
	夹齿磨损	重新堆焊或更换夹齿片
	活动齿下颚周围有泥沙	清除泥沙及杂物
	液压缸压力超过额定值，使杠杆弯曲，行程减少	调整液压缸压力，更换杠杆或修复
	各部销子及衬套磨损太大	检查后重新更换
液压油压力太小	液压泵电动机转动方向相反	检查电动机转动方向，及时更正
	压力表损坏	通过检验台调整或更换
	压力表开关未打开	适当打开压力表开关
	溢流阀流量过大	调整溢流阀压力
	液压泵转轴断裂	更换转轴或液压泵
	溢流阀阀芯磨损	更换阀芯
	液压油油箱油位不足	按说明书规定添加
	管道漏油	查明原因，进行修复
振动器箱体异响	齿轮啮合间隙过大	调整齿轮啮合间隙
	箱体内有金属物遗留	排除
振动有横振现象	偏心块调整不当	按说明书规定调整

4. 静力压桩机

(1) 静力压桩机的构造特点。静力压桩机是依靠静压力将桩压入地层的施工机械。当静压力大于沉桩阻力时，桩就沉入土中。压桩机在施工时无振动，无噪声，无废弃污染，对地基及周围建筑物影响较小。能够避免冲击式打桩机因连续打击桩而引起桩头和桩身的破坏。适用于软土地层及沿海和沿江淤泥地层中施工。在城市中应用对周围的环境影响力小。

如图6－61所示，是YZY－500型全液压静力压桩机，主要组成部分：支腿平台结构、长船行走机构、短船行走机构、夹持机构、导向压桩机构、起重机、液压系统、电器系统和操作室等。

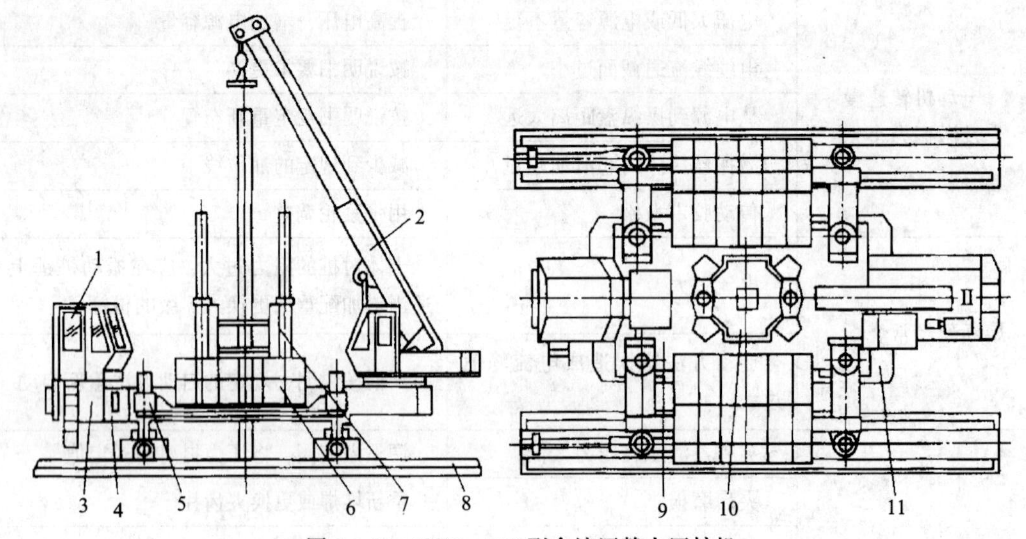

图6－61 YZY－500型全液压静力压桩机

1—操作室；2—起重机；3—液压系统；4—电器系统；5—支腿；6—配重铁；7—导向压桩架；8—长船行走机构；9—平台机构；10—夹持机构；11—短船行走及回转机构

(2) 静力压桩机的安全操作应注意以下事项。

1) 桩机纵向行走时，不得单向操作一个手柄，应两个手柄一起动作。短船回转或横向行走时，不应碰触长船边缘。

2) 桩机升降过程中，四个顶升缸中的两个一组，交替动作，每次行程不得超过100mm。当单个顶升缸动作时，行程不得超过50mm。压桩机在顶升过程中，船形轨道不宜压在已入土的单一桩顶上。

3) 压桩作业时，应有统一指挥，压桩人员和吊桩人员应密切联系，相互配合。

4) 起重机吊桩进入夹持机构，进行接桩或插桩作业时，操作人员在压桩前应确认吊钩已安全脱离桩体。

5) 操作人员应按桩机技术性能作业，不得超载运行。操作时动作不应过猛，应避免冲击。

6) 桩机发生浮机时，严禁起重机作业。如起重机已起吊物体，应立即将起吊物卸下，暂停压桩，在查明原因采取相应措施后，方可继续施工。

7) 压桩时，操作人员的身体不得进入压桩台与机身的间隙之中，非工作人员应离机

10m，起重机的起重臂及桩机配重下方严禁站人。

8）压桩过程中，桩产生倾斜时，不得采用桩机行走的方法强行纠正，应先将桩拔起，清除地下障碍物后，重新插桩。

9）在压桩过程中，当夹持的桩出现打滑现象时，应通过提高液压缸压力增加夹持力，不得损坏桩，并应及时找出打滑原因，排除故障。

10）桩机接桩时，上一节桩应提升350~400mm，并不得松开夹持板。

11）当桩的贯入阻力超过设计值时，增加配重应符合使用说明书的规定。

12）当桩压到设计要求时，不得用桩机行走的方式，将超过规定高度的桩顶部分强行推断。

13）作业完毕，桩机应停放在平整地面上，短船应运行至中间位置，其余液压缸应缩进回程，起重机吊钩应升至最高位置，各部制动器应制动，外露活塞应清理干净。

14）作业后，应将控制器放在“零位”，并依次切断各部电源，锁闭门窗。冬期应放尽各部积水。

15）转移工地时，应按规定程序拆卸桩机，所有油管接头处应加保护盖帽。

（3）静力压桩机常见故障及排除方法见表6-45。

表6-45 静力压桩机常见故障及排除方法

故障	原因	排除方法
液压缸活塞动作过缓	油压太低	提高溢流阀卸载压力
	液压缸内吸入空气	检查油箱油位，不足时添加；检查吸油管，消除漏气
	滤油器或吸油管堵塞	拆下清洗，疏通
	液压泵或操纵阀内泄漏	检修或更换
油路漏油	管接头松动	重新拧紧或更换
	密封件损坏	更换漏油处密封件
	溢流阀卸载压力不稳定	修理或更换
液压系统噪声太大	油内混入空气	检查并排出空气
	油管或其他元件松动	重新紧固或装橡胶垫
	溢流阀卸载压力不稳定	修理或更换

6.3.3 灌注桩成孔机械

1. 螺旋钻孔机

（1）螺旋钻孔机的构造组成。

1）长螺旋钻孔机。长螺旋钻孔机装置于履带底盘上，其钻具由电动机、减速器、钻杆、钻头等组成，整套钻具悬挂于钻架上，钻具的就位、起落均由履带底盘控制。长螺旋钻孔机的外形结构如图6-62所示。

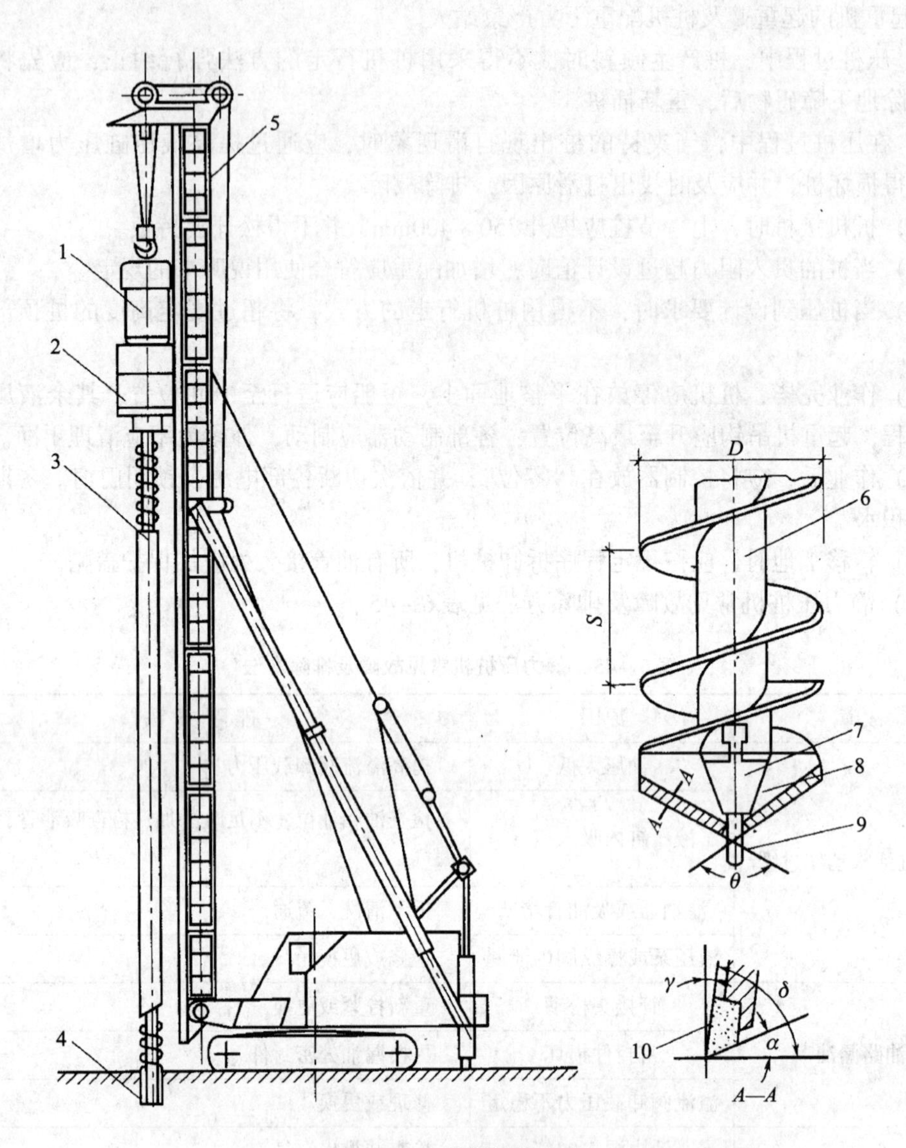

图 6－62 长螺旋钻孔机

1—电动机；2—减速器；3—钻杆；4—钻头；5—钻架；6—无缝钢管；
7—钻头接头；8—刀板；9—定心尖；10—切削刃

2）短螺旋钻孔机。短螺旋钻孔机的外形结构如图 6－63 所示。

（2）螺旋钻孔机的安全操作应注意以下事项。

1）安装前，应检查并确认钻杆及各部件不得有变形；安装后，钻杆与动力头中心线的偏斜度不应超过全长的1%。

2）安装钻杆时，应从动力头开始，逐节往下安装。不得将所需长度的钻杆在地面上接好后一次起吊安装。

3）钻机安装后，电源的频率与钻机控制箱的内频率应相同，不同时，应采用频率转换开关予以转换。

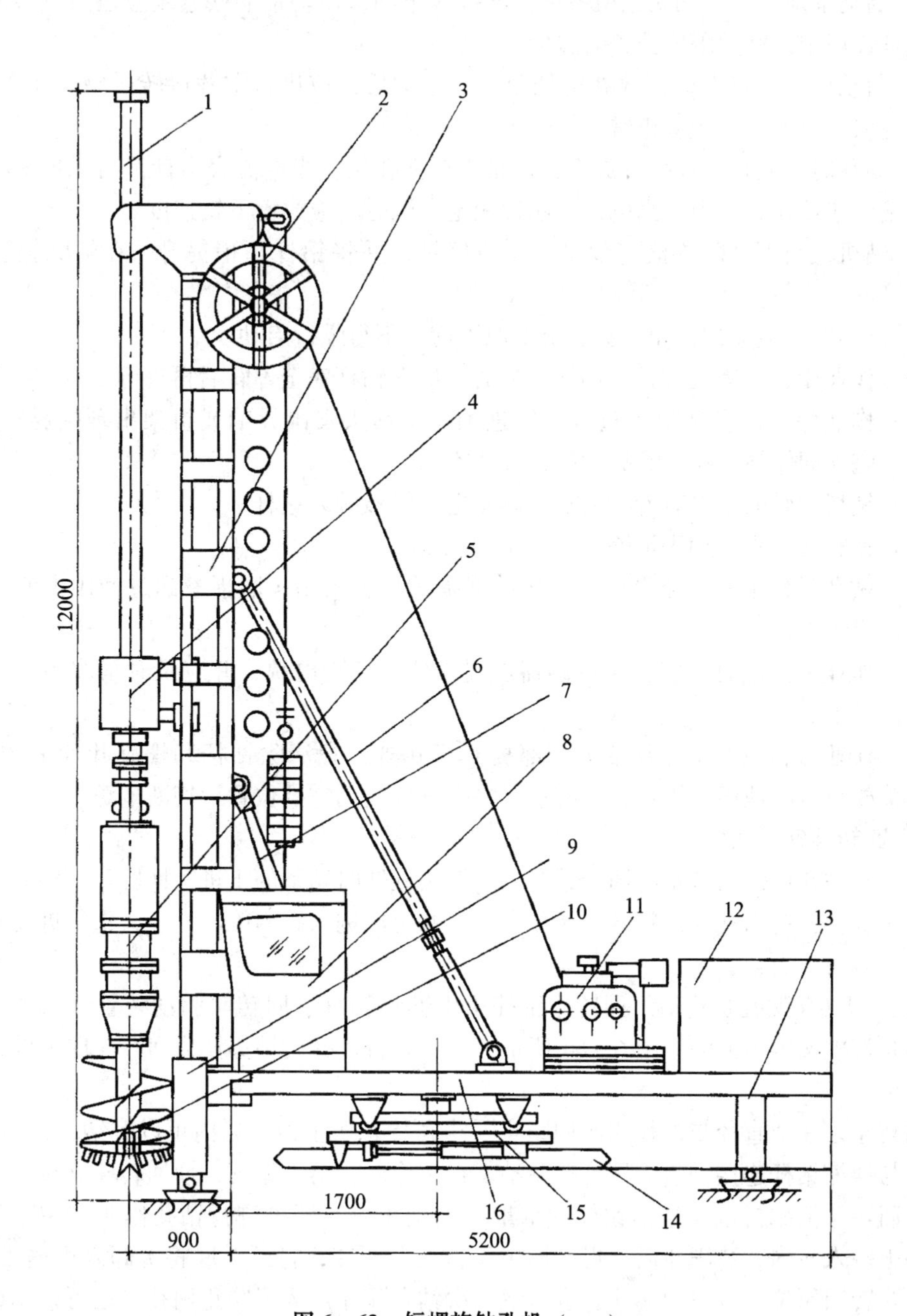

图 6-63 短螺旋钻孔机（mm）

1—钻杆；2—电缆卷筒；3—立柱；4—导向架；5—钻孔主机；6—斜撑；7—起架油缸；
8—操纵室；9—前支腿；10—钻头；11—卷扬机；12—液压系统；
13—后支腿；14—履靴；15—底架；16—平台

4）钻机应放置在平稳、坚实的场地上。汽车式钻机应将轮胎支起，架好支腿，并应采用自动微调或线锤调整挺杆，使之保持垂直。

5）启动前应检查并确认钻机各部件连接应牢固，传动带的松紧度应适当，减速箱内油位应符合规定，钻深限位报警装置应有效。

6）启动前，应将操纵杆放在空档位置。启动后，应进行空载运转试验，检查仪表、制动等各项，温度、声响应正常。

7）钻孔时，应将钻杆缓慢放下，使钻头对准孔位，当电流表指针偏向无负荷状态时即可下钻。在钻孔过程中，当电流表超过额定电流时，应放慢下钻速度。

8）钻机发出下钻限位报警信号时，应停钻，并将钻杆稍稍提升，在解除报警信号后，方可继续下钻。

9）卡钻时，应立即停止下钻。查明原因前，不得强行启动。

10）作业中，当需改变钻杆回转方向时，应在钻杆完全停转后再进行。

11）作业中，当发现阻力过大、钻进困难、钻头发出异响或机架出现摇晃、移动、偏斜时，应立即停钻，在排除故障后，继续施钻。

12）钻机运转时，应有专人看护，防止电缆线被缠入钻杆。

13）钻孔时，不得用手清除螺旋片中的泥土。

14）钻孔过程中，应经常检查钻头的磨损情况，当钻头磨损量超过使用说明书的允许值时，应予更换。

15）作业中停电时，应将各控制器放置零位，切断电源，并应及时采取措施，将钻杆从孔内拔出。

16）作业后，应将钻杆及钻头全部提升至孔外，先清除钻杆和螺旋叶片上的泥土，再将钻头放下接触地面，锁定各部制动，将操纵杆放到空挡位置，切断电源。

2．回转斗钻孔机

回转斗钻孔机使用特制的回转钻头，在钻头旋转时切下的土进入回转斗，装满回转斗后，停止旋转并提出孔外，打开回转斗弃土，并再次进入孔内旋转切土，重复进行直至成孔。

（1）回转斗钻孔机构造。回转斗钻孔机由伸缩钻杆、回转斗驱动装置、回转斗、支撑架和履带桩架等组成，如图6－64所示。也可以将短螺旋钻头换成回转斗即可成为回转斗钻孔机。

回转斗是一个直径与桩径相同的圆斗，斗底装有切土刀，斗内可以容纳一定量的土。回转斗与伸缩钻杆连接，由液压马达驱动。在工作时，落下钻杆，使回转斗旋转并与土壤接触，回转斗依靠自重（包括钻杆的重量）切削土壤，即可进行钻孔作业。斗底刀刃切土时将土装入斗内。装满斗后，提起回转斗，上车回转，打开斗底将土卸入运输工具内，再将钻斗转回原位，放下回转斗，进行下一次钻孔作业。为了防止坍孔，也可以用全套管成孔机作业。此时可将套管摆动装置与桩架底盘固定。利用套管摆动装置将套管边摆动边压入，回转斗则在套管内作业。灌注桩完成后可将套挂拔出，套管可重复使用。回转斗成孔的直径现已可达3m，钻孔深度因受伸缩钻杆的限制，通常只能达到50m左右。回转斗成孔法的缺点是钻进速度低，功效不高，因为要频繁地进行提起、落下、切土和卸土等动作，而每次钻出的土量又不大。在孔深较大时，钻进效率更低。但可以适用于碎石土、砂土、黏性土等地层的施工，地下水为较高的地区也能使用。

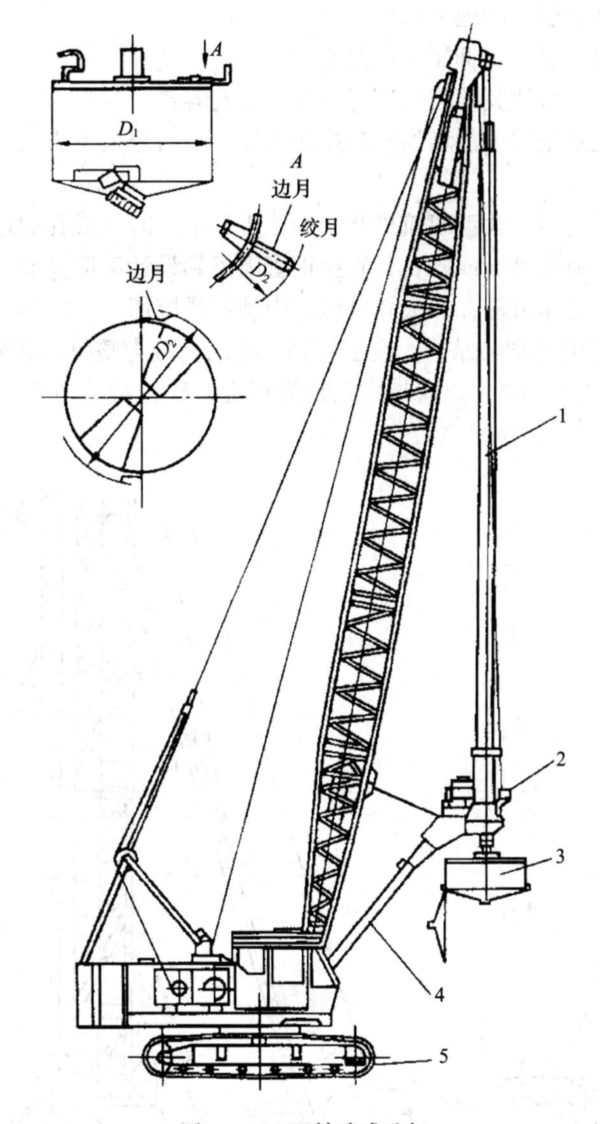

图 6－64 回转斗成孔机

1—伸缩钻杆；2—回转头驱动装置；3—回转斗；4—支撑架；5—履带桩架

（2）回转斗钻孔机施工要点。

1）采用回转斗钻孔法对孔的扰动较大，为保护孔上部的稳定，必须设置较通常所用护筒略长的护筒。

2）如果在桩长范围内的土层都是黏土时，可不必灌水或注稳定液，可干钻，效率较高。

3）回转斗钻孔的稳定液管理是回转斗钻孔成孔的关键，应当根据地质情况、混合泥浆的材料组成决定其最佳配合的浓度。

4）采用适宜的泥浆（稳定液），可产生如下效果：

①支撑土压力，对于有流动性的地基土层，用泥浆能抑制其流动。

②能够抑制地基土层中的地下水压。

③在孔臂上形成泥膜，以抑制土层的崩坍。

④在挖掘砂土时，可使其碎屑的沉降缓慢，清孔容易。

⑤泥浆液渗入地基土层中能增加底基层的强度，可防止地下水流入钻孔内。

3. 全套管钻机

全套管钻机主要适用于大型建筑桩基础的施工。施工时在成孔的过程中一面下沉钢质套管，一面在钢管中抓挖黏土或砂石，直至钢管下沉到设计深度。成孔后灌注混凝土，同时逐步将钢管拔出。工作可靠，在成孔桩施工中被广泛应用。

（1）全套管钻机的类型与结构。全套管钻机按结构分为整机式和分体式。

1）整体式（见图6-65）以履带式底盘为行走系统，将动力系统、钻机作业系统等合为一体。

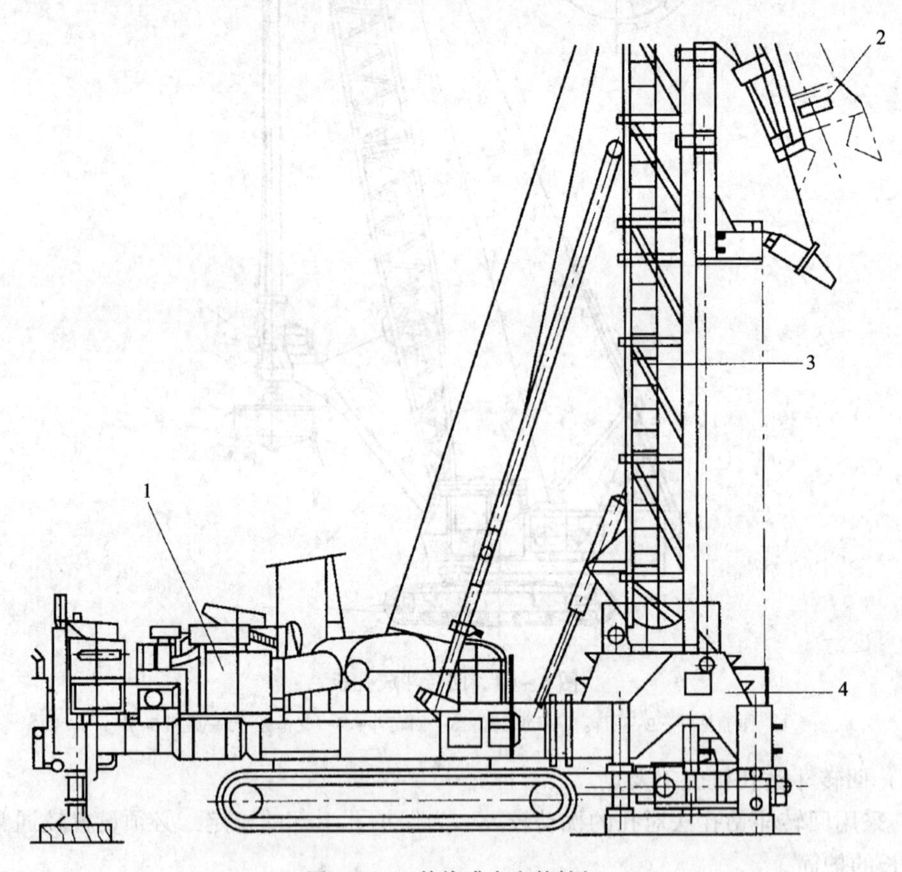

图6-65 整体式全套管钻机

1—履带主机；2—落锤式抓斗；3—钻架；4—套管作业装置

2）分体式套管钻机（见图6-66）由履带起重机、锤式冲抓斗、套管和独立摇动式钻机等组成。冲抓斗悬挂在桩架上，钻机与桩架底盘固定。分体式是以压拔管机构作为一个独立系统，在施工时，必须配备机架（如履带起重机），才能够进行钻孔作业。分体式由于结构简单，又符合一机多用的原则，目前已广泛采用。

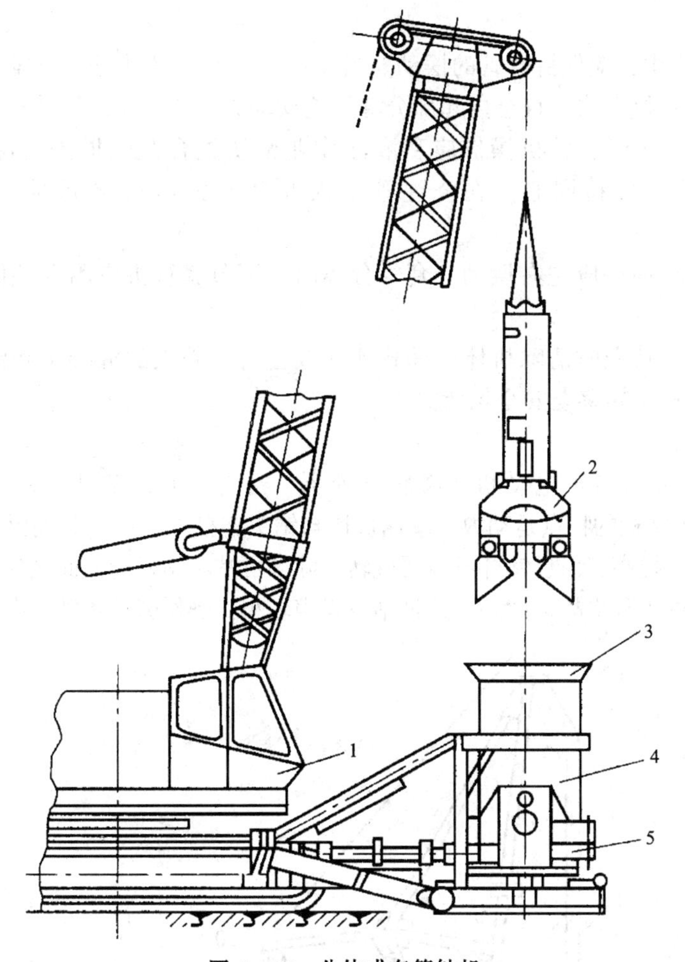

图 6－66 分体式套管钻机

1—履带起重机；2—落锤式抓斗；3—导向口；4—套管；5—独立摇动式钻机

（2）安全操作要点。

1）作业前应检查并确认套管和浇注管内侧不得有损伤和明显变形，不得有混凝土黏结。

2）钻机内燃机启动后，应先怠速运转，再逐步加速至额定转速。钻机对位后，应进行试调，达到水平后，再进行作业。

3）第一节套管入土后，应随时调整套管的垂直度。当套管入土深度大于 5m 时，不得强行纠偏。

4）在套管内挖土碰到硬土层时，不得用锤式抓斗冲击硬土层，应采用十字凿锤将硬土层有效的破碎后，再继续挖掘。

5）用锤式抓斗挖掘管内土层时，应在套管上加装保护套管接头的喇叭口。

6）套管在对接时，接头螺栓应按出厂说明书规定的扭矩对称拧紧。接头螺栓拆下时，应立即洗净后浸入油中。

7）起吊套管时，不得用卡环直接吊在螺纹孔内，以避免损坏套管螺纹，应使用专用工具吊装。

8）挖掘过程中，应保持套管的摆动。当发现套管不能摆动时，应拔出液压缸，将套管上提，再用起重机助拔，直至拔起部分套管能摆动为止。

9）浇注混凝土时，钻机操作应和灌注作业密切配合，应根据孔深、桩长适当配管，套管与浇注管保持同心，在浇注管埋入混凝土 2～4m 之间时，应同步拔管和拆管。

10）上拔套管时，应左右摆动。套管分离时，下节套管头应用卡环保险，防止套管下滑。

11）作业后，应及时清除机体、锤式抓斗及套管等外表的混凝土和泥沙，将机架放回行走位置，将机组转移至安全场所。

4. 潜水钻机

潜水钻机主要由潜水电动机、齿轮减速器、密封装置、钻杆、钻头等组成，如图 6－67 所示。这种钻机的特点是动力、减速机构与钻头连接在一起，共同潜入水下工作，因此钻孔效率可相对提高，而且钻杆不需要旋转，除了可减小钻杆的截面之外，还可以避免因钻杆折断而发生的工程事故。此外，这种钻机噪声较小，操作劳动条件也有很大改善。

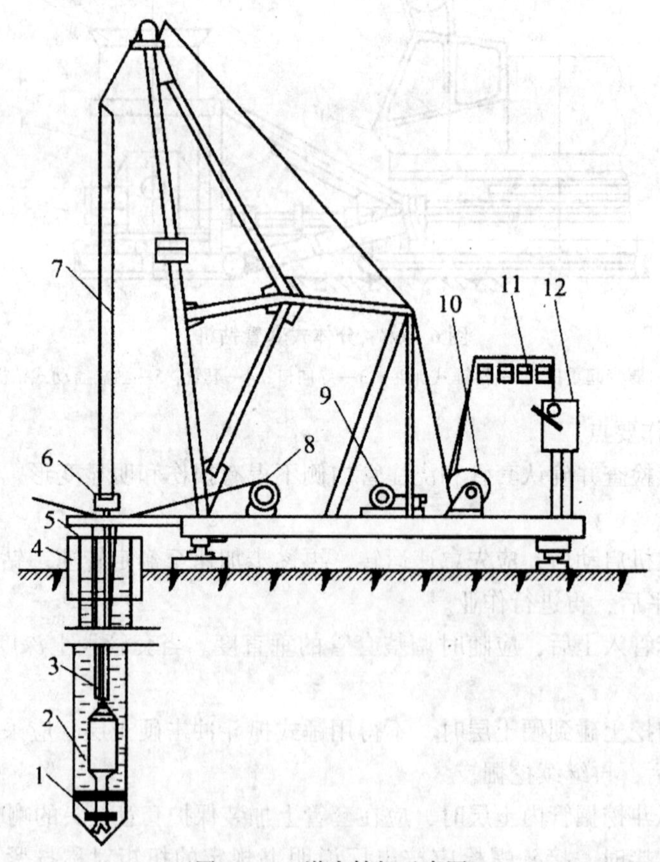

图 6－67 潜水钻机示意图

1—钻头；2—潜水钻机；3—电缆；4—护筒；5—水管；6—滚轮（支点）；7—钻杆；
8—电缆盘；9—0.5t 卷扬机；10—1t 卷扬机；11—电流电压表；12—启动开关

潜水钻机的规格、型号及技术性能见表6－46。

表6－46 潜水钻机的规格、型号及技术性能

技术性能指标		钻机型号						
		KQ－80	GZQ－800	KQ－1250A	GZQ－1250A	KQ－1500	GZQ－1500	KQ－2000
钻孔深度（m）		80	50	80	50	80	50	80
钻孔直径（mm）		450～800	800	450～1250	1250	800～1500	1500	800～2000
主轴转速（r/min）		200	200	45	45	38.5	38.5	21.3
最大转矩（kN·m）		1.90	1.07	4.60	4.76	6.87	5.57	13.72
潜水电动机功率（kW）		22	22	22	22	37	22	41
潜水电动机转速（r/min）		960	960	960	960	960	960	960
钻进速度（m/min）		0.3～1.0	0.3～1.0	0.3～1.0	0.16～0.20	0.06～0.16	0.02	0.03～0.10
整机外形尺寸（mm）	长	4306	4300	5600	5350	6850	5300	7500
	宽	3260	2230	3100	2220	3200	3000	4000
	高	7020	6450	8742	8742	10500	8350	11000
主要质量（t）		0.55	0.55	0.70	0.70	1.00	1.00	1.00
整机质量（t）		7.28	4.60	10.46	7.50	15.43	15.40	20.18

在施工时，将电动机变速器机构加以密封，并与底部钻头连接在一起组成一个专钻机具，潜入孔内作业，钻削下来的土块被循环的水或泥浆带出孔外，如图6－68所示。

潜水钻机的特点：体积小、重量轻、机器结构轻便简单、机动灵活、成孔速度较快等。适用于地下水位高的土层，如淤泥质土、黏性土及沙质土等。潜水钻机构造如图6－69所示。

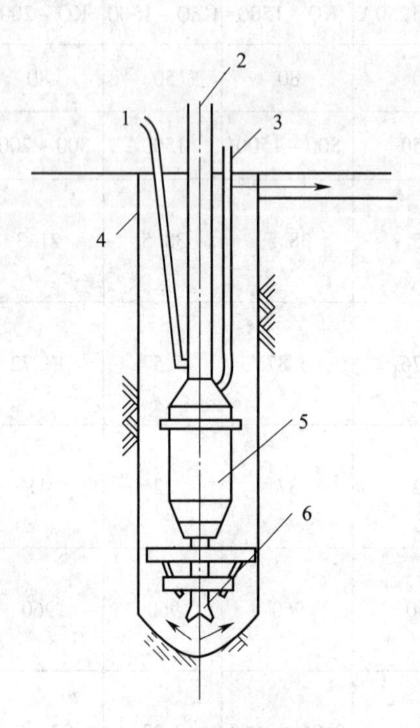

图 6-68　潜水钻成孔法

1—水皮龙；2—钻杆；3—电缆线；
4—护筒；5—潜水电钻；6—钻头

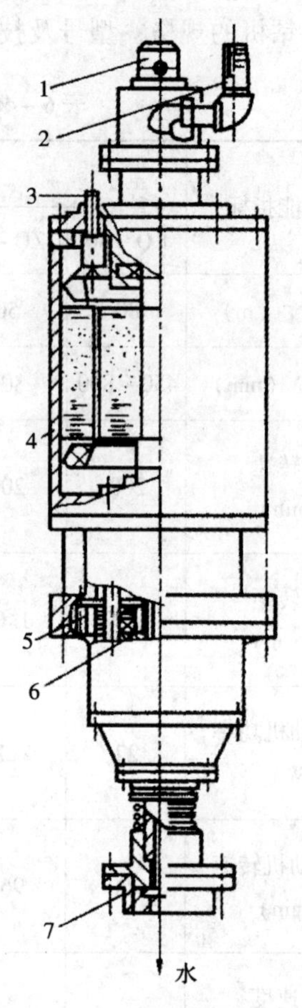

图 6-69　潜水钻机构造示意

1—提升盖；2—进水管；3—电缆；
4—潜水钻机；5—行星减速箱；
6—中间进水管；7—钻头接箍

6.4　混凝土机械

6.4.1　混凝土搅拌机

1. 混凝土搅拌机的类型

常用的混凝土搅拌机按照其搅拌原理分为自落式搅拌机和强制式搅拌机两类。

(1) 自落式搅拌机的搅拌鼓筒是垂直放置的。随着鼓筒的转动，混凝土拌和料在鼓筒内做自由落体式翻转搅拌。自落式搅拌机多用以搅拌塑性混凝土和低流动性混凝土。筒体和叶片磨损较小，易于清理，但动力消耗大，效率低。自落式搅拌机的搅拌时间通常为 90～120s/盘，其构造如图 6-70～图 6-72 所示。鉴于此类搅拌机对混凝土骨料有较大的磨损，从而影响混凝土质量，现已逐步被强制式搅拌机所取代。

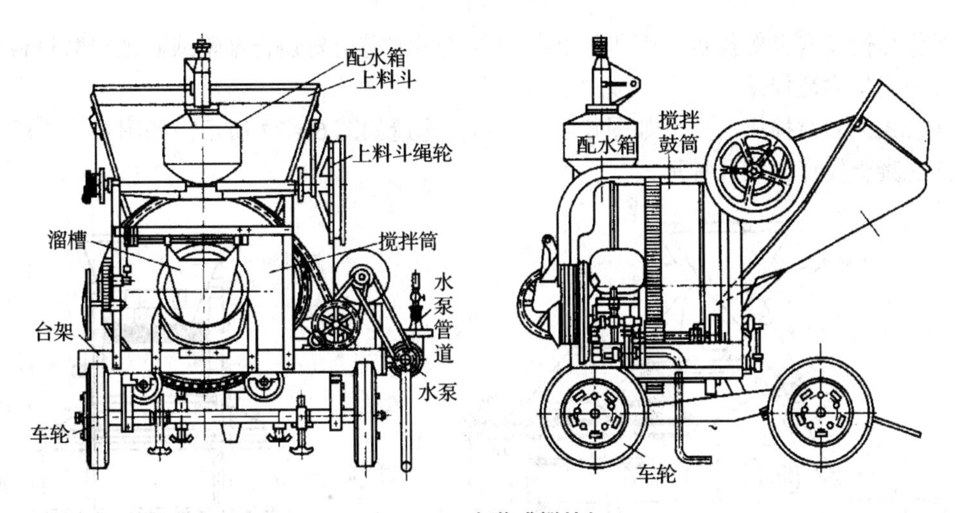

图 6－70　自落式搅拌机

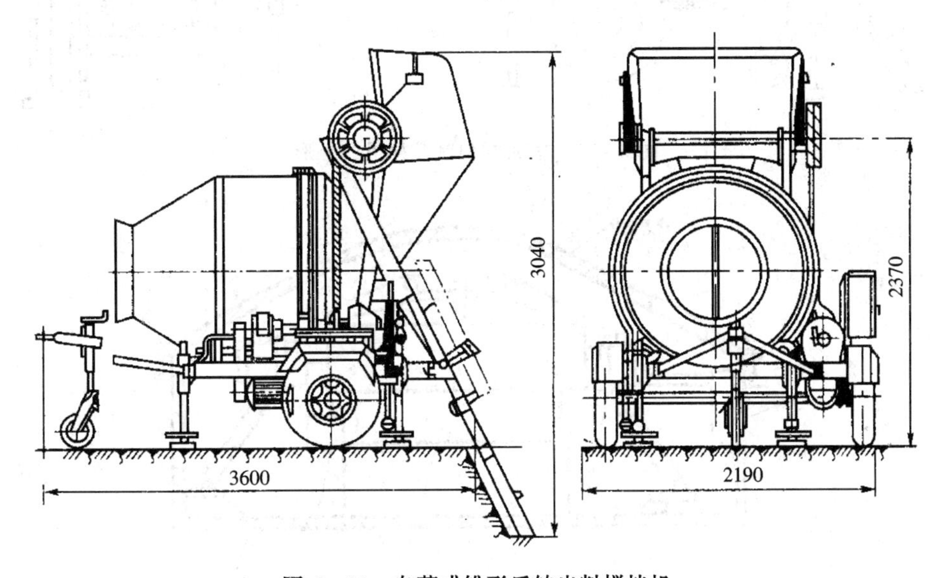

图 6－71　自落式锥形反转出料搅拌机

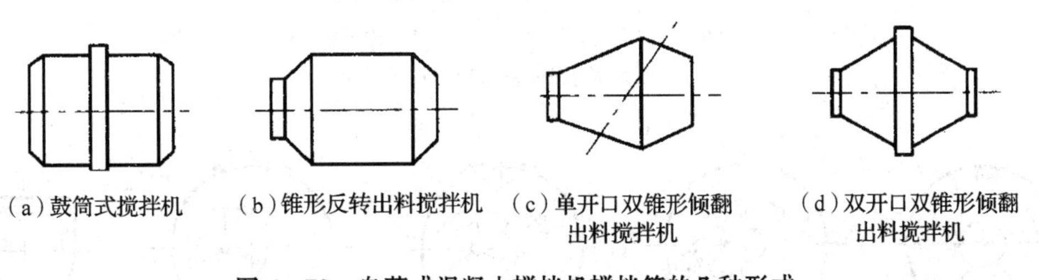

图 6－72　自落式混凝土搅拌机搅拌筒的几种形式

（2）强制式搅拌机的鼓筒内包括若干组叶片，在搅拌时，叶片绕竖轴或卧轴旋转，将材料强行搅拌，直至搅拌均匀。强制式搅拌机的搅拌作用强烈，适宜于搅拌干硬性混凝土和轻骨料混凝土，也可以搅拌流动性混凝土，具有搅拌质量好、搅拌速度快、生产效率高、操作简便及安全等优点。但机件磨损严重，通常需用高强合金钢或其他耐磨材料作内衬，多用于集中搅拌站。

涡浆式强制搅拌机的外形如图6－73所示，构造如图6－74所示。如图6－75所示为强制式混凝土搅拌机的几种形式。

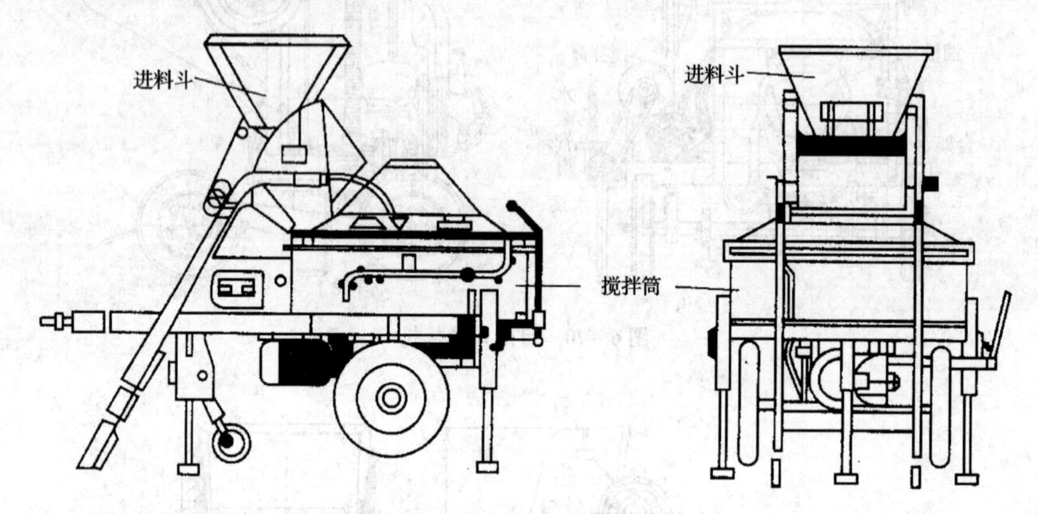

图6－73 涡浆式强制搅拌机的外形

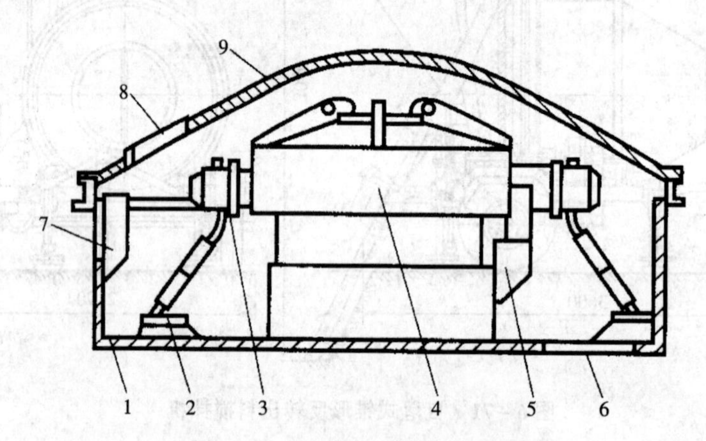

图6－74 涡浆式强制搅拌机构造

1—搅拌盘；2—搅拌叶片；3—搅拌臂；4—转子；5—内壁铲刮叶片；6—出料口；7—外壁铲刮叶片；8—进料口；9—盖板

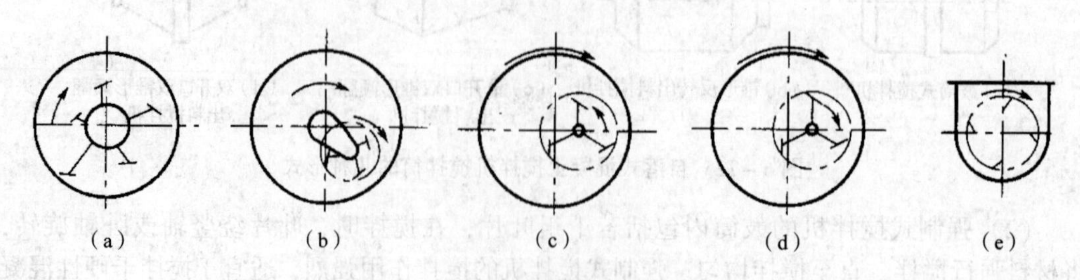

图6－75 强制式混凝土搅拌机的几种形式

2. 混凝土搅拌机型号的表示方法

（1）搅拌机型号和编制方法如下：

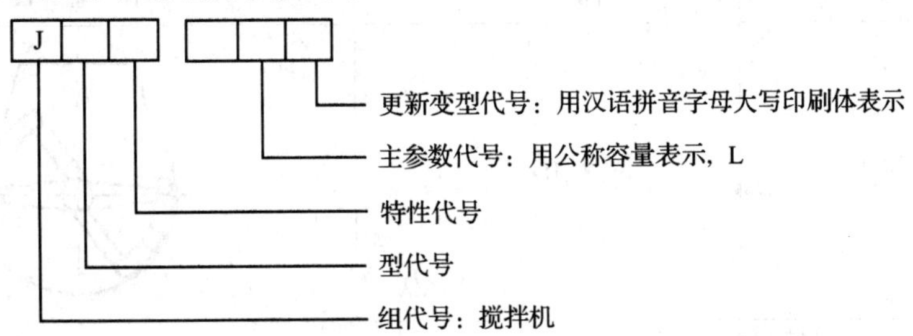

（2）自落式和强制式混凝土搅拌机因工作部分在结构上的不同还有若干基本机型，如表6-47所示。

表6-47 自落式和强制式混凝土搅拌机的机型

类型		代号	示意图
自落式	反转出料	JZ	
	倾翻出料	JF	
强制式	涡浆	JW	
	行星	JN	

续表 6-47

类型		代号	示意图
强制式	双卧轴	JD	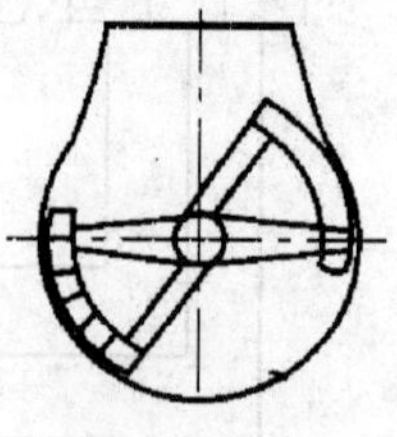
	单卧轴	JS	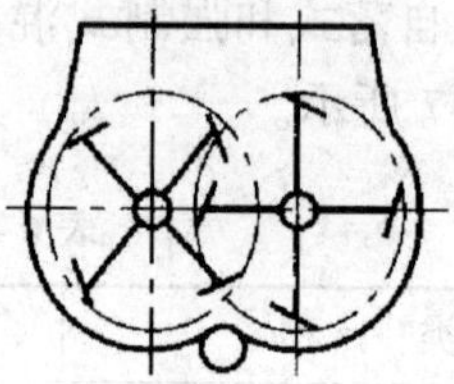

（3）按照该编制方法举例说明：

1）公称容量为200L、内燃机驱动、第一次更新的自落式锥形反转出料的搅拌机：混凝土搅拌机 JZR200A GB/T 9142。

2）公称容量为500L、电动机驱动的强制式单卧轴液压上料的搅拌机：混凝土搅拌机 JDY500 GB/T 9142。

3. 混凝土搅拌机的主要性能参数

（1）额定容量。

1）进料容量 V_1（又称装料容量），即装进搅拌筒同未经搅拌的干料体积。

2）出料容量 V_2（又称公称容量），即一罐次混凝土出料后经捣实的体积。它是搅拌机的主要性能指标，决定着搅拌机的生产率，是选用搅拌机的主要依据。国家标准规定以其出料容量 L（$1L=10^{-3}m^3$）为搅拌机的主要参数并以系列化。其系列为（公称容量）：50、100、150、200、250、350、500、750、1000、1250、1500、2000、2500、3000、3500、4000、4500、6000。

3）各种容量的关系。

①搅拌筒的几何容积 V_0（指搅拌筒能容纳配合料的体积）与进料容量 V_1 的关系：

$$V_0/V_1=2\sim4 \qquad (6-10)$$

②搅拌后卸出的混凝土体积 V_2 和装进干料容量 V_1 的关系：

$$\varphi_1=V_2/V_1=0.65\sim0.7 \text{ 即 } V_2=(0.65\sim0.7)V_1 \qquad (6-11)$$

式中：φ_1——出料系数。

（2）工作时间。

1）上料时间：从料斗提升开始至料斗内混合干料全部卸入搅拌筒的时间。

2）出料时间：从搅拌筒内卸出的不少于公称容量的90%（自落式）或93%（强制式）的混凝土拌合物所用的时间。

3）搅拌时间：从混合干料中粗骨料全部投入搅拌筒开始，到搅拌机将混合料搅拌成匀质混凝土所用的时间。

4）工作周期：从上料开始到出料完毕一罐次作业所用时间。

（3）生产率。混凝土搅拌机的生产率的计算公式为：

$$Q = 3600V_1\varphi_1/(t_1 + t_2 + t_3) \tag{6-12}$$

式中：Q——生产率（m^3/h）；

V_1——进料容量（m^3）；

t_1——每次上料时间（s）；使用上料斗进料时，通常为8～15s；通过料斗或链斗提升机装料时，可取15～26s。

t_2——每次搅拌时间（s）；虽混凝土坍落度合搅拌机容量的大小而不同，可参考搅拌机有关性能参数；

t_3——每次出料时间（s）；出料时间通常为10～30s。

φ_1——出料系数，对混凝土通常取0.65～0.7，砂浆取0.85～0.95。

如果搅拌机每小时的出料次数为Z，且为连续生产，则搅拌机的生产率也可按下式计算：

$$Q = ZV_1\varphi_1k/1000 \tag{6-13}$$

式中：k——时间利用系数，根据施工组织而定，通常为0.9。

4. 混凝土搅拌机的技术参数

（1）鼓筒混凝土搅拌机技术参数见表6－48。

表6－48 鼓筒搅拌机的技术参数

项目	型号						
	J_1－0.15	J_1－250	J_1－250A	J_1－400	J_1－400A	J_1－400B	J_1－800
额定装料容量（L）	240	250		400			1200
额定出料容量（L）	150	160		250			800
搅拌筒尺寸（mm）	φ1218×960			φ1447×1178		φ1457×929	φ1720×1370
搅拌筒转数（r/min）	18						14
搅拌时间（s）	约120			70～110			90～110
生产率（m^3/h）	3～5			5～8			14～24
原动机 功率	5.5kW		10马力	7.5kW		20马力	17kW
原动机 转数（r/min）	1440		1500	1450		1500	1450
量水方式	虹吸式	虹吸式	虹吸式	虹吸式	虹吸式	虹吸式	定量水表
量水容量（L）	45	40		65		70	0～200
供水方式	水泵	水泵	水泵	水泵	水泵	水泵	>0.1MPa自来水
水泵上水时间（s）	30						

续表 6-48

项目		型号						
		$J_1-0.15$	J_1-250	J_1-250A	J_1-400	J_1-400A	J_1-400B	J_1-800
轮距（mm）		1820 1835		1890	1875		—	固定式
轮胎规格		7.00~16		4.50~16	7.50~20 7.00~20		—	—
牵引速度（km/h）		20					—	—
外形尺寸	长（mm）	2280			3700（3300）		3220	3000
	宽（mm）	2200		2165	2806		2640	2400
	高（mm）	2400			3000（2910）		3280	2560
重量（kg）		1600	1500	1900	3500	3900	3200	3800

（2）锥形反转出料搅拌机性能参数。锥形反转出料搅拌机适用于拌制骨料最大粒径在80mm以下的塑性和半干硬性混凝土，可供各种建筑工程及中、小型混凝土制品厂使用。锥形反转出料搅拌机性能参数见表6-49。

表6-49 锥形反转出料搅拌机性能参数

型号	基本参数				
	出料容量（L）	进料容量（L）	搅拌额定功率（kW）	工作周期（s）	骨料最大粒径（mm）
JZ150	150	240	≤3.0	≤120	60
JZ200	200	320	≤4.0	120	60
JZ250	250	400	≤4.0	≤120	60
JZ350	350	560	≤5.5	≤120	60
JZ500	500	800	≤11.0	≤120	80
JZ750	750	1200	≤15.0	≤120	80
JZ1000	1000	1600	≤22.0	≤120	100

（3）锥形倾翻出料混凝土搅拌机技术参数。锥形倾翻出料混凝土搅拌机一般为固定式，因此只有以电动机为动力的JF型系列，表6-50为锥形倾翻出料混凝土搅拌机的技术参数。

表 6－50 锥形倾翻出料混凝土搅拌机的技术参数

型号	基本参数				
	出料容量（L）	进料容量（L）	搅拌额定功率（kW）	工作周期（s）	骨料最大粒径（mm）
JF50	50	80	≤1.5	—	40
JF100	100	160	≤2.2	—	60
JF150	150	240	≤3.0	≤120	60
JF250	250	400	≤4.0	≤120	60
JF350	350	560	≤5.5	≤120	80
JF500	500	800	≤7.5	≤120	80
JF750	750	1200	≤11.0	≤120	120
JF1000	1000	1600	≤15.0	≤144	120
JF1500	1500	2400	≤22.0	≤144	150
JF3000	3000	4800	≤45.0	≤180	180
JF4500	4500	7200	≤60.0	≤180	180
JF6000	6000	9600	≤75.0	≤180	180

（4）立轴强制式混凝土搅拌机的技术参数。立轴强制式搅拌机的性能参数见表 6－51。

表 6－51 立轴强制式混凝土搅拌机的性能参数

型号	基本参数				
	出料容量（L）	进料容量（L）	搅拌额定功率（kW）	工作周期（s）	骨料最大粒径（mm）
JW350 JN350	350	560	≤18.5	≤72	40
JW500 JN500	500	800	≤22.0	≤72	60
JW750 JN750	750	1200	≤30.0	≤80	60
JW1000 JN1000	1000	1600	≤45.0	≤80	60
JW1250 JN1250	1250	2000	≤45.0	≤80	60
JW1500 JN1500	1500	2400	≤55.0	≤80	60

（5）单、双卧轴强制式混凝土搅拌机性能参数。卧轴强制式搅拌机的性能参数见表6－52。

表6－52 卧轴强制式混凝土搅拌机性能参数

性能 \ 型式、型号	单卧轴（移动或固定）式			双卧轴固定式	
	JD150型	JD200型	JD250型	JS350型	JS500型
额定进料容量（L）	240	300	375	560	800
额定出料容量（m^3）	0.15（1501）	0.2	0.25	0.35	0.5
每次搅拌循环时间（s）	—	30～50	—	30～50	—
搅拌轴转速（r/min）	—	36.3	33	36；36.2	33.7
最大骨料粒径（mm）	—	卵石：60	卵石：80 碎石：60	卵石：60 碎石：40	卵石：80 碎石：60
料斗提升速度（m/min）	—	—	—	19	18
量水器容量（L）	—	40	—	85	—
生产率（m^3/h）	7～9	10	12～15	14～21	20～24
功率（kW）	—	7.5	14.1	搅拌：15 上料：4 水泵：1.5	搅拌：7
转速（r/min）	—	1500	—	—	1460
外形尺寸（mm）长×宽×高	2850×1830×2570	3150×206×224	350×2120×3000	2880×3160×2770	6510×2750×4850
重量（kg）	1620	2070	2600	主机：1750 整机：3000	主机：2400 整机：4000

5．混凝土搅拌机的安全操作要点

（1）作业区应排水通畅，并应设置沉淀池及防尘设施。

（2）操作人员视线应良好，操作台应铺设绝缘垫板。

（3）作业前应重点检查下列项目，并应符合相应要求：

①料斗上、下限位装置应灵敏有效，保险销、保险链应齐全完好。钢丝绳报废应按现行国家标准《起重机钢丝绳　保养　维护、安装、检验和报废》GB/T 5972—2009 的规定执行。

②制动器、离合器应灵敏可靠。

③各传动机构、工作装置应正常。开式齿轮、皮带轮等传动装置的安全防护罩应齐全可靠。齿轮箱、液压油箱内的油质和油量应符合要求。

④搅拌筒与托轮接触应良好，不得窜动、跑偏。

⑤搅拌筒内叶片应紧固，不得松动，叶片与衬板间隙应符合说明书规定。

⑥搅拌机开关箱应设置在距搅拌机 5m 的范围内。

（4）作业前应先进行空载运转，确认搅拌筒或叶片运转方向正确。反转出料的搅拌机应进行正、反转运转。空载运转时，不得有冲击现象和异常声响。

（5）供水系统的仪表计量应准确，水泵、管道等部件应连接可靠，不得有泄漏。

（6）搅拌机不宜带载启动，在达到正常转速后上料，上料量及上料程序应符合使用说明书的规定。

（7）料斗提升时，人员严禁在料斗下停留或通过；当需在料斗下方进行清理或检修时，应将料斗提升至上止点，并必须用保险销锁牢或用保险链挂牢。

（8）搅拌机运转时，不得进行维修、清理工作。当作业人员需进入搅拌筒内作业时，应先切断电源，锁好开关箱，悬挂“禁止合闸”的警示牌，并应派专人监护。

（9）作业完毕，宜将料斗降到最低位置，并应切断电源。

6. 混凝土搅拌机的维护保养

（1）日常保养。每次作业后，清洗搅拌筒内外积灰。搅拌筒内与拌和料不接触部分，清洗完毕后涂上一层机油，便于下次清洗。移动式搅拌机的轮胎气压应保持在规定值，轮胎螺栓应旋紧。料斗钢丝绳如有松散现象，应排列整齐并收紧钢丝绳。用气压装置的搅拌机，作业后应将储气筒及分路盒内积水放出。按照润滑部位及周期表进行润滑作业。清洗搅拌机的污水应引入指定地点，并进行处理，不准在机旁或建筑物附近任其自流。尤其冬季，严防搅拌机筒内和地面积水甚至结冰，应有防冻、防滑、防火措施。

（2）定期保养（周期 500h）。调整 V 带松紧度。检查并紧固钢板卡子螺栓。料斗提升钢丝绳磨损超过规定时，应予更换，如果尚能使用，应进行除尘润滑。内燃搅拌机的内燃机部分应按内燃机保养有关规定执行。电动搅拌机应清除电器的积尘，并进行必要的调整。按照相应搅拌机说明书规定的润滑部位及周期进行润滑作业。

7. 混凝土搅拌机的常见故障及排除方法

自落式搅拌机常见故障及排除方法见表 6－53，强制式搅拌机除参照表 6－53 的有关内容外，还应执行表 6－54 所列的内容。

表6-53 自落式搅拌机常见故障及排除方法

故障现象	故障原因	排除方法
推压上料手柄后料斗	1. 离合制动器不良； 2. 制动带磨损； 3. 制动带上有油污； 4. 上料手俩与水平杆的连接螺栓松动或拨叉紧固螺栓松动； 5. 制动带脱落或松紧撑变形； 6. 拨叉滑头脱落或磨损	1. 调整松紧撑触头螺栓，使制动带抱紧。消除制动带翘曲，使接合面不少于70%； 2. 更换制动带； 3. 清洗油污并擦干； 4. 重新紧固； 5. 检修离合器； 6. 补焊或换新滑头
拉动下降手柄时料斗不落	1. 离合器外制动太紧； 2. 料斗起升太高，超过180°，重心靠向内侧； 3. 下降手柄不起作用； 4. 钢丝绳卷筒轴发生干磨； 5. 钢丝绳变形重叠而夹住	1. 调整制动带的间隙； 2. 调整制动装置触头的高度，使其提早松开离合器； 3. 紧固手柄螺栓； 4. 清洗并加油； 5. 整理或更换钢丝绳
减速器有异响	1. 齿轮损坏； 2. 齿轮啮合不正常； 3. 缺少润滑油； 4. 齿轮键松旷	1. 更换齿轮； 2. 调整齿轮轴线，侧隙小于或等于1.8mm； 3. 添加到规定； 4. 换键
搅拌桶运转不稳或振动	1. 托轮串位或不正； 2. 大齿圈和小齿轮啮合不良	1. 检修、调整托轮位置； 2. 调整啮合情况
轴承过热	1. 轴承磨损发生松动； 2. 轴承内套与轴发生滑动，或外套与轴承座孔发生滑动； 3. 缺少润滑油； 4. 轴承内污脏	1. 圆锥滚柱轴承可在内套侧加热，滚珠轴承则应更换； 2. 内套与轴松动，在轴泵处堆焊再加工，外套与轴承在座孔处堆焊再加工； 3. 添加润滑油； 4. 清洗轴承，更换润滑油
供水量不足或不供水	1. 水泵密封填料漏气； 2. 水泵不上水； 3. 水泵转速太低； 4. 三通阀水孔堵塞	1. 旋紧压盖螺母，压紧石棉填料； 2. 加满引水排除腔中空气，必要时检修叶轮； 3. 调整V带； 4. 检查三通阀

续表 6－53

故障现象	故障原因	排除方法
上料斗运行不平稳	1. 上料跑道弯曲不平； 2. 两轨道不平行； 3. 滚轮磨损过大	1. 校正平直； 2. 校正到平行； 3. 检修滚轮，必要时更换滚轮和轴承
锥形搅拌筒打滑	1. 托轮表面油污； 2. 托轮磨损过度和不匀； 3. 超载	1. 清除油污； 2. 修复或更换； 3. 减轻载荷

表 6－54　强制式搅拌机常见故障及排除方法

故障现象	故障原因	排除方法
搅拌轴不转	1. 严重超载； 2. 叶片和筒体有异物卡牢； 3. 传动带松动； 4. 电源缺相	1. 按规定容量加料； 2. 短时点动两次，如仍不能排除，应停机清除； 3. 调紧张紧装置达到适度； 4. 检查开关箱，接通断线
搅拌时有碰撞声	拌铲、刮板松脱或翘曲致使其和搅拌筒碰撞	紧固拌铲或刮板的连接螺栓，检修调整拌铲、刮板之间的间隙
拌铲转动不灵，运转有异常声	1. 搅拌装置缓冲弹簧失效； 2. 拌和料中有大颗粒物料卡住拌铲； 3. 加料过多、动力超载	1. 更换弹簧； 2. 消除卡塞的物料； 3. 按规定按进料容量投料
运转中卸料门漏浆	1. 卸料门密封不严； 2. 卸料门周围残存的黏结物过厚	1. 调整卸料底板下方螺栓，保证卸料门封闭严密； 2. 消除卸料门周围残存的黏结物
上料运行不平稳	上料轨道翘曲不平、料斗滚轮接触不良	检查调整两条轨道，使轨道平直，轨面平行
上料斗上行时越过上止点而拉坏牵引机构	1. 自动限位装置失灵； 2. 自动限位挡板变形而不起作用	1. 检修或更换限位装置； 2. 调整限位挡板
料斗上料时卡死	1. 导轨安装不平； 2. 料斗卸料门有异物	1. 重新调平； 2. 清除异物
上料时料斗下口不下料	1. 钢丝绳拉长； 2. 钢丝绳卡子松动	1. 调整绳扣使之拉紧； 2. 扭紧钢丝绳卡子

6.4.2 混凝土搅拌楼（站）

1. 混凝土搅拌楼（站）的分类

混凝土搅拌楼（站）按照工艺布置形式可分为单阶式和双阶式两类。

（1）单阶式。砂、石、水泥等材料一次就提升到搅拌楼（站）最高层的储料斗，然后配料称量直到搅拌成混凝土，均借物料自重下落而形成垂直生产工艺体系，其工艺流程，如图6－76所示。此类形式具有生产率高、动力消耗少、机械化和自动化程度高、布置紧凑、占地面积小等特点，但其设备较复杂，基建投资大，因此单阶式布置适用于大型永久性搅拌楼（站）。

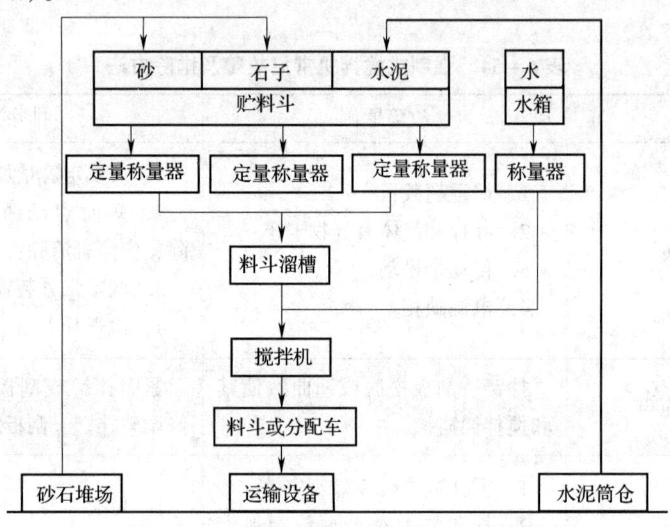

图6－76 单阶式搅拌楼（站）工艺流程

（2）双阶式。砂、石、水泥等材料分两次提升，第一次将材料提升至储料斗；经配料称量后，第二次再将材料提升并卸入搅拌机，其工艺流程，如图6－77所示。其优点包括设备简单、投资少、建成快等；但其机械化和自动化程度较低、动力消耗大，因此该布置形式适用于中小型搅拌楼（站）。

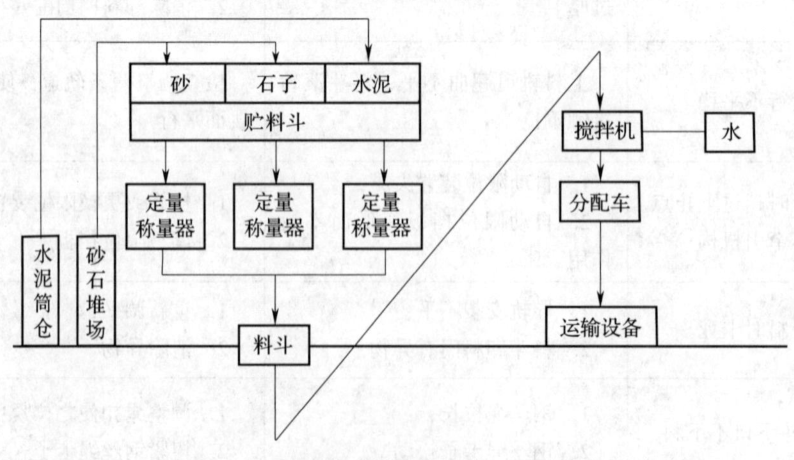

图6－77 双阶式搅拌楼（站）工艺流程

此外，搅拌楼（站）按装置方式可分为固定式和移动式两类。前者适用于永久性的搅拌楼（站）；后者适用于施工现场。

2．混凝土搅拌楼（站）型号的表示方法

混凝土搅拌楼（站）型号的表示方法见表6－55。

表6－55 混凝土搅拌楼（站）型号的表示方法

类	组	型	代号	代号含义	主参数
混凝土机械	混凝土搅拌楼 HL（混楼）	锥形反转出料式 Z（锥）	HLZ	锥形反转出料混凝土搅拌楼	生产率（m³/h）
		锥形倾翻出料式 F（翻）	HLF	锥形倾翻出料混凝土搅拌楼	
		涡浆式 W（涡）	HLW	涡浆式混凝土搅拌楼	
		行星式 N（行）	HLN	行星式混凝土搅拌楼	
		单卧轴式 D（单）	HLD	单卧轴式混凝土搅拌楼	
		双卧轴式 S（双）	HLS	双卧轴式混凝土搅拌楼	
	混凝土搅拌站 HZ（混站）	锥形反转出料式 Z（锥）	HZZ	锥形反转出料混凝土搅拌站	
		锥形倾翻出料式 F（翻）	HZF	锥形倾翻出料混凝土搅拌站	
		涡浆式 W（涡）	HZW	涡浆式混凝土搅拌站	
		行星式 N（行）	HZN	行星式混凝土搅拌站	
		单卧轴式 D（单）	HZD	单卧轴式混凝土搅拌站	
		双卧轴式 S（双）	HZS	双卧轴式混凝土搅拌站	

3．单阶式搅拌楼

（1）工艺流程。材料经一次提升进入贮料斗中，然后靠自重下落经过各工序。因从贮料斗开始的各工序完全靠自重使材料下落来完成，所以便于自动化。采用独立称量，可缩短称量时间，因此效率高。单阶式本身占地面积小，所以大型固定式搅拌楼通常都采用单阶式，特别是为水利工程服务的大型搅拌装置都采用单阶式。在一套单阶式搅拌装置中安装3～4台大型搅拌机，每小时可以生产几百立方米的混凝土。但单阶式搅拌楼的建筑高度大，要配置大型运输设备。

如图6－78所示，为单阶式搅拌楼的工艺流程图，砂、石骨料装在置于地面上的大型贮筒内，经水平、倾斜皮带输送机运送到搅拌楼最高点的回转漏斗中，由回转漏斗分配至预定的骨料贮存斗内。水泥由水泥筒仓经过一条由螺旋输送机和斗式提升机组成的封闭通道进入水泥贮斗。添加剂和搅拌用水通过泵送进入搅拌楼顶部的水箱和添加剂箱。在计量开始后，砂石骨料、水泥、水、添加剂经各自的称量斗按照预定的比例称量后进入搅拌机进行搅拌，搅拌好的混凝土被卸入搅拌楼底层的混凝土贮斗内，最后由混凝土贮斗将搅拌好的混凝土卸入混凝土运输机械中。

（2）设备配置。

1）骨料输送设备。对于单阶式搅拌楼来说，皮带运输机是首选的骨料输送设备。

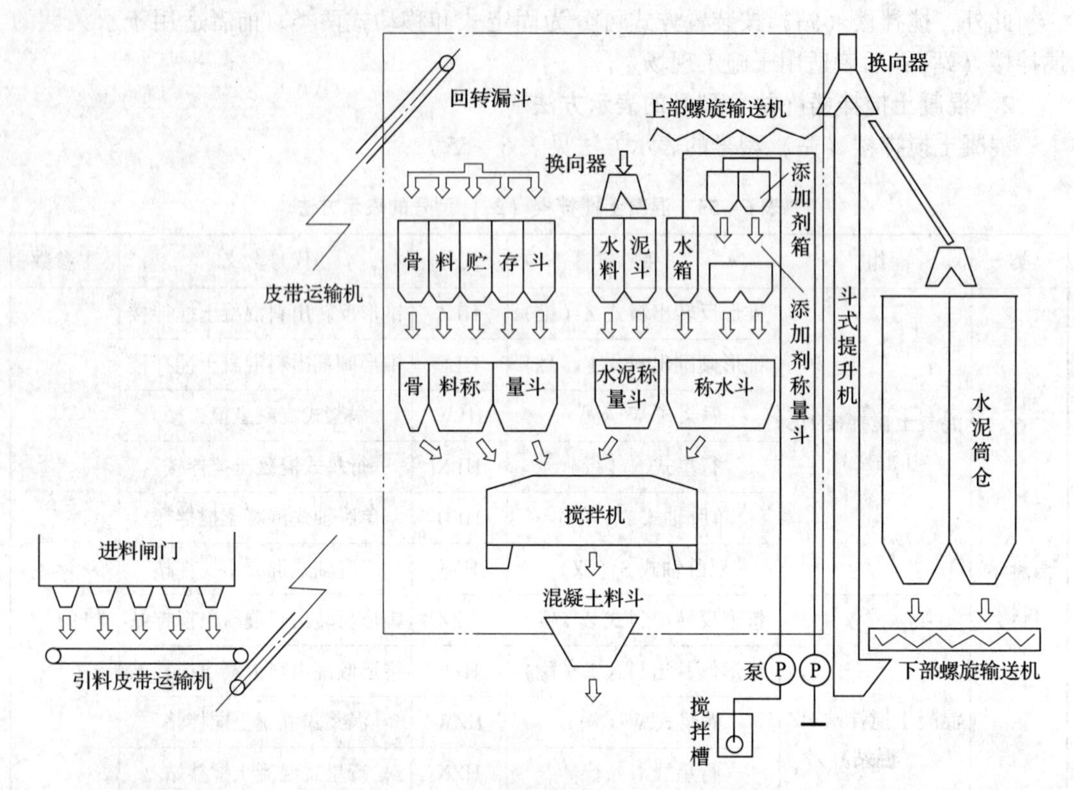

图 6－78 单阶式搅拌楼的工艺流程图

2）水泥输送设备。水泥输送设备包括两种形式：一种是斗式提升机和螺旋输送机组成的机械输送系统；另一种是气力输送系统。

3）回转漏斗。在一座搅拌楼中由于所需骨料品种较多，因此贮斗的数目也较多。而向这些贮斗中供料的皮带运输机则只有一条（根据运输量的计算也只需要一条）。为了将由一条皮带运输机运上来的各种不同的骨料装入相应的贮斗（仓）中，这就需要一台分料设备，这台分料设备就是回转漏斗。

4）贮料仓。贮料仓是一整套包括料仓本身以及给料机或闸门、料位指示器、砂石含水测定仪等的装置。贮料仓的数目至少包括三个，石子、砂子和水泥仓。当搅拌装置所生产的混凝土的品种较多时，贮料仓的数目可多至 8 个，其中 2 个是水泥斗，在其余 6 个中往往将 4～5 个用做石子贮料仓。由于混凝土品种的变化除改变水泥标号外，经常是石子粒度的改变。在粗骨料贮料仓下部常用扇形门，在细骨料贮料仓下部常采用扇形闸门或皮带给料机。在水泥仓下部常采用叶轮式给料机或螺旋给料机，为了消除水泥仓常发生的拱塞现象，水泥仓下部应当装破拱装置。

5）计量设备。目前在单阶式搅拌楼中多采用电子秤。秤的数目至少包括三台，一台用于称量水泥，一台累计秤用于称量砂、石，一台累计秤用于称量水和附加剂。当一套设备中配备的秤的数量增加时，水泥和水的秤仍保持一台，即使有两种水泥，但在每一次配料时只可以使用其中一种。因此当有两只水泥贮仓时，两只水泥贮斗下的给料机都向同一台秤的秤斗中供料，但这台秤并不是一台累计秤。一台秤最多供 4 个贮料仓使用。因此在增加贮料斗数量的同时，要相应地增加计量设备。在称量时间限定的许可范围内，应尽量选用累计秤，以节约设备。

6）集中和分配装置。计量设备往往分散在相当大的一个范围里，因此在秤斗的下面必须有一个很大的骨料斗，以便将计量好的料集中起来。当搅拌楼只装有两台搅拌机时，集中起来的料经过分配叉管交替地向两台搅拌机供料。当搅拌机有三台时则通过一台回转分料管向各台搅拌机供料。水和液态添加剂经单独的分配管注入搅拌机。

7）搅拌机械。搅拌楼安装一台或多台强制式搅拌机，其中有卧轴式（以双卧轴为多）或立轴式（涡浆式或行星式）单机容量在 $1m^3$ 以上。在水电大坝等大型建筑工地，需要混凝土几百万立方米，甚至更多，所用的最大骨料粒径在 150mm 以上，在这种情况下也可以安装多台自落式锥形倾翻出料搅拌机。设置多台搅拌机的搅拌楼均需增加对主机供料导向斗而增加了楼体高度。

8）混凝土贮料斗。搅拌楼中的混凝土贮料斗通常是几台搅拌机共用一个，这样有利于向混凝土搅拌运输车中卸料。

（3）竖向和平面布置。单阶式搅拌楼的平面尺寸都不大，但高度较大。因此搅拌楼各层标高的确定都十分仔细。降低各层标高不仅使整个装置的高度减小，同时还减小了皮带运输机的长度及斗式提升机的高度。如图 6－79 所示是单阶式搅拌楼的简图，图中字母表示了搅拌楼平面尺寸和各层的高度。而且具体尺寸则因所装搅拌机的类型和容量而异，可参考表 6－56 中有关数据。

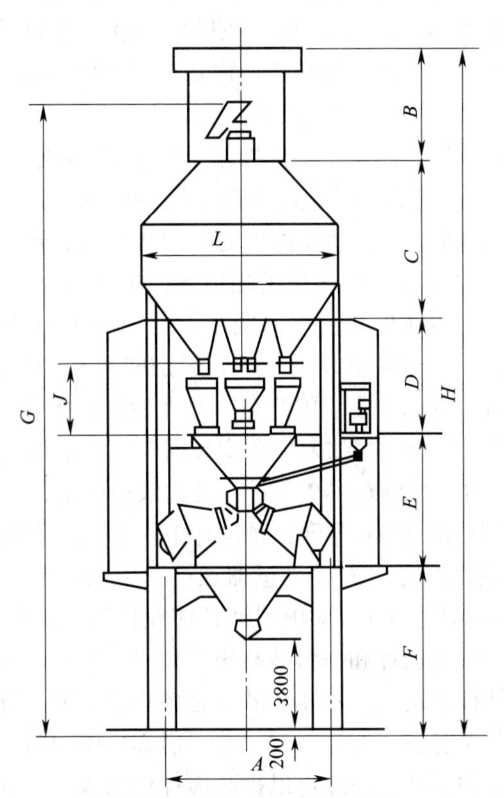

图 6－79 搅拌楼竖向布置（mm）

表 6-56 搅拌楼竖向布置尺寸数据

搅拌机型式台数×容量	贮料斗容量（m^3）	各部尺寸									
		A（边长）	B	C	D	E	F	G	H	I	J
自落 2×0.75	125	6.0 方形	4.1	3.75	3.55	4.5	5.3	18.60	21.20	6.0	2.15
自落 2×1.0	160	6.0 方形	4.1	4.15	3.55	4.5	6.3	20.00	22.60	6.0	2.15
强制 2×1.0	200	4.0 六角形	4.1	6.25	3.55	4.5	5.3	20.10	23.70	8.0	2.15
自落 2×1.5	250	4.0 六角形	4.1	7.45	3.90	4.9	6.3	24.05	26.65	8.0	2.50
强制 2×1.50	300	4.0 六角形	4.1	8.65	3.90	4.6	5.8	25.35	27.95	>8.0	2.50
自落 2×2.00	300	4.0 六角形	4.1	8.65	3.90	5.3	6.6	25.95	28.55	>8.0	2.80
强制 2×2.0	350	4.0 八角形	4.1	6.25	4.40	5.0	6.3	23.45	25.05	10.0	2.80
自落 2×3.0	400	4.0 八角形	4.1	6.85	4.40	5.6	7.0	25.35	27.95	>10.0	3.10
强制 2×3.00	500	4.0 八角形	4.1	7.55	4.40	5.3	6.6	25.35	27.95	>10.0	3.10

在设计搅拌楼时，首先要确定的竖向尺寸是卸料高度。搅拌楼是大型混凝土生产装置，应当考虑用混凝土搅拌运输车运送产品。搅拌运输车受料口的高度在 3.5m 以上。搅拌楼的卸料高度都设计为 3.8m，如图 6-79 所示。

在平面布置上，小型搅拌楼采用矩形，中型和大型搅拌楼则采用六角形和八角形。采用六角形和八角形不仅便于布置搅拌机和计量设备，更主要的是六角形和八角形贮料斗包括更大的容积。

搅拌楼在垂直方向有五层：出料层、搅拌层、计量层、贮料层及分配层。

搅拌层的标高（F）决定于卸料高度，混凝土贮斗的容量，另外与搅拌机的类型也有一定关系。搅拌层本身的高度（E）因搅拌机的类型和容量而异。多台搅拌机在平面上布置，两台时采用对置，在超过两台时，采用辐射形。贮料仓的高度（C）如图 6-79 所示，在搅拌楼的竖向尺寸里占比例最大。但减小尺寸 C 就会减少贮料量。在供料没有一个十分可靠保证的情况下，不应减少贮量。适当增加贮料斗的平面尺寸（L），可在不减少贮料的前提下减小贮料斗层的高度。因此在一些大型搅拌楼中，尺寸 L 往往大于搅拌楼的平面尺寸 A。分配层是皮带运输机的入口和安装回转漏斗的地方。在各种不同容量的搅拌楼上，分配层的高度（B）如图 6-79 所示，是大致相同的，分配层上回转漏斗入口的标高（G）是代表皮带运输机的提升高度，是设计中一个比较重要的尺寸。计量层的高度（D）主要决定于计量设备的尺寸（J）。计量器在平面上的布置应尽量地紧凑，减小集中斗的尺寸，降低搅拌层的高度（E）。采用累计秤能获得较好的效果。如图 6-80 所示是一种组合称量器它是由一台水泥秤和一台砂石累计秤组合而成。水泥秤斗在其中部，砂石秤斗包在两侧。在称量杠杆系统上，水泥和砂石是各自独立的，分别进行单独称量和累计称量。水泥秤斗和砂石秤斗有各自的卸料门。在开启卸料闸门时，水泥为砂石裹携进入搅拌机中，这一过程相当于预搅拌，因此可以提高搅拌机的效率。这种组合称量器的秤斗本身就起着集中斗的作用，所以能够有效降低搅拌层的高度。

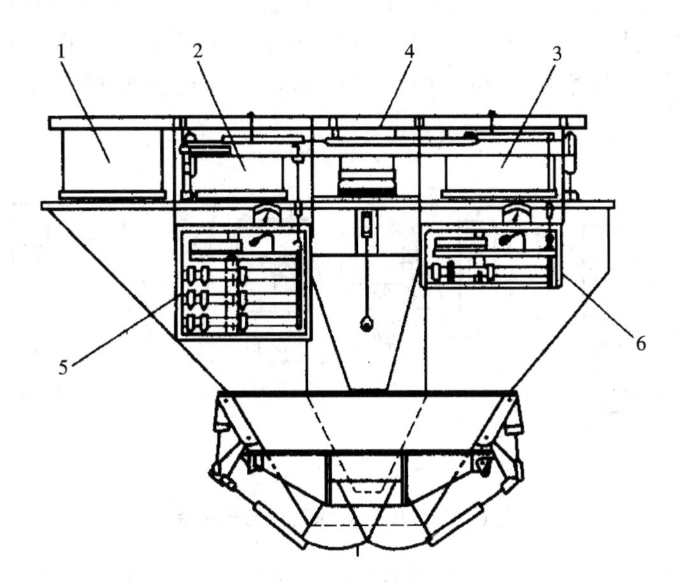

图 6－80 组合称量器

1、2、3—砂石贮斗闸门；4—水泥卸料口；5—砂、石累积秤；6—水泥秤

如图 6－81 所示，是设有 7 台称量器时的平面布置。两个水泥贮斗，两台给料机共用一台秤。图中 2 是石子秤，贮斗的给料由闸门控制。图中 3 是砂子秤，由皮带给料机给料。

水和附加剂计量装置可以单独布置，可以距中心较远。因水可沿很小斜度的管道流动。

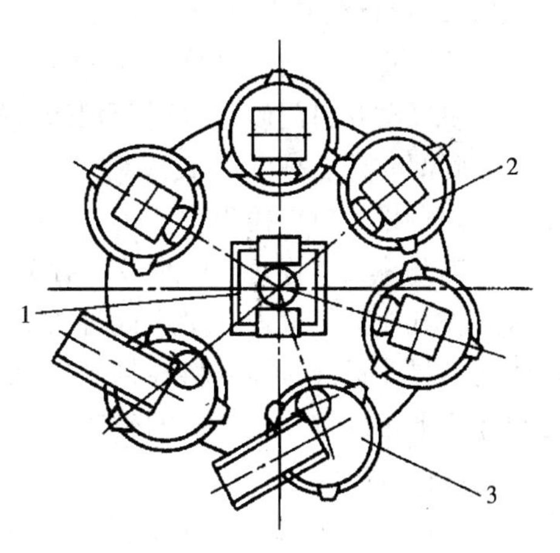

图 6－81 称量器平面布置图

1—水泥秤；2—石子秤；3—砂子秤

4. 双阶式搅拌楼

(1) 工艺流程。骨料第一次提升进入贮料斗，经称量配料集中，第二次提升装入搅拌机。双阶式高度小，只需用小型的运输设备，整套装置设备简单、投资少、建设快。在双阶式中因为材料配好集中后要经过二次提升，所以效率低。在成套装置中通常只能装一台搅拌机。双阶式通常自动化程度较低，往往是采用累计计量，并且因为建筑高度小，容易架设安装，所以拆装式的搅拌站都设计成双阶的，而移动式搅拌站则必须采用双阶式工艺流程。

图 6－82 所示的是目前常用的工艺流程方案。方案的一个共同点为：水泥是由一条单独的、密闭的通路经过提升、称量而进入搅拌机中，这样可以避免发生水泥飞扬的现象。

如图 6－82 (a)、(b)、(c) 所示，三个方案相比较，方案 (b) 图中省去了一套骨料称量斗，而将骨料提升斗兼做称量斗。这样不仅省去了一套秤斗，而且降低了高度。但是，在提升斗提升、下降时会使整个称量系统受到冲击。如图 6－82 (c) 所示是一个较为新颖的方案。在这个方案里作为二次提升的不是提升斗，而是搅拌机本身。这种方案需要安装一种特殊的“爬升式搅拌机”，这种搅拌机不仅能够搅拌混凝土，而且像提升斗一样爬升卸料，在提升过程中还能进行搅拌，节省时间。但从图上可以看出，骨料集中斗在向搅拌机中卸料时，还需要稍移动提升。实际上成为一种三阶式。

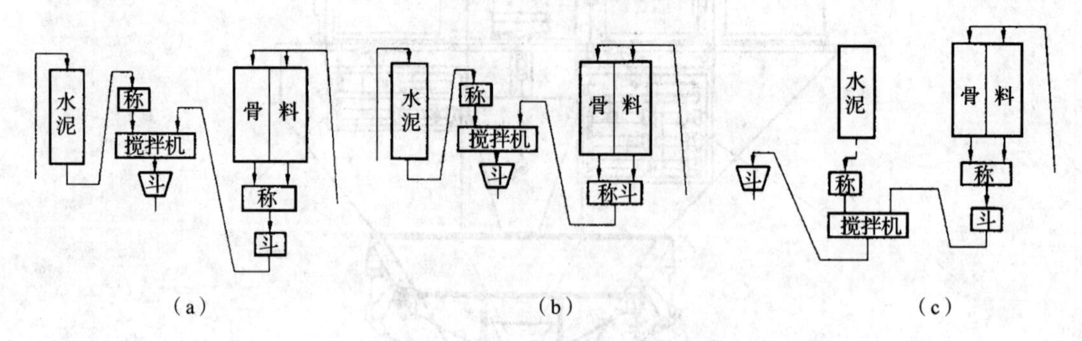

图6-82 搅拌站的三种工艺流程

（2）结构型式。双阶式搅拌站的结构型式是多样的，主要在于砂石供料形式上的区别和机电结构组合变形的多样性，现在将主要的几种形式分别叙述如下：

1）以拉铲集砂石料的搅拌站。

①拉铲骨料斗门下带称量斗的型式。悬臂拉铲将砂石堆积于扇形隔料仓的卸料门之上。开启气动卸料门砂石骨料分别卸入称量斗中进行累计称量。当砂石提升斗下降至累计称量斗底部时开启称量斗底部料门，将称量好的砂石骨料卸入提升斗中，提升至卸料高度，将砂石投入搅拌机当中。

②提升斗又是称量斗的形式。提升斗下行至底部时进入称量架中开启卸料门，砂石先后进入提升斗进行累计计量。此种方式在砂石进料时序上增加了累计称量时间（累计称量时间+料斗提升时间+料斗卸料时间+料斗下降时间）大于搅拌机搅拌周期，比拉铲骨料斗门下带称量斗的型式的生产率下降了。但它在基础处理上不增设地坑，相对而言它的适应性更为广泛。

③拉铲骨料斗门下设置皮带秤，用皮带输送机上料的形式。拉铲下料门分别开启之后，砂石骨料分别进入累计皮带秤，称量完后皮带机启动，短皮带机将砂石转运至斜皮带输送机上，然后由斜皮带将砂石集于搅拌机上存料斗中，当搅拌机一个搅拌周期完成之后，存料斗斗门开启将砂石投入搅拌机。

2）搅拌站与配料机相结合的形式。目前国内各种配料站中，以砂石采用装载机上料，在砂石贮料斗的卸料门下装置称为量斗（秤斗底部为皮带机）进行累计称量的型式较多。大、中型配料机则是砂、石单独计量，在称量斗卸料门下方配有水平皮带输送机，计量完毕后，将称量斗的骨料卸到水平皮带机上，然后转运至搅拌机或搅拌机上方的贮料斗。配料机的计量方式目前都采用电子秤，有采用多吊点传感器的，也有通过一级杠杆采用单吊点传感器的。

（3）设备配置。双阶式搅拌站有多种工艺方案及结构型式，因此其配置设备也是多种多样的。常见的双阶式搅拌站设备配套情况见表6-57，可供设计时选择。

表6-57 双阶式搅拌站配置设备

功　能		设备配置选择
骨料贮存		星形贮料仓； 直列式贮料仓； 圆筒形贮料仓
水泥贮存		金属筒仓； 塑料筒仓
骨料输送（一次提升）		拉铲； 皮带运输机； 斗式提升机； 装载机
水泥输送（一次提升）		螺旋输送机、斗式提升机； 气力输送设备
称量	骨料	杠杆秤、电子秤（自动或手动）、机械电子秤
	水泥	杠杆秤、电子秤（自动或手动）、机械电子秤
	水	水秤、自动水表、定量水箱
骨料二次提升		提升机 皮带机
水泥提升（二次提升）		螺旋输送机
搅拌机		双锥反转出料式； 双锥倾翻出料式； 涡浆强制式； 行星强制式； 卧轴强制式

5. 混凝土搅拌楼（站）的使用与维护

（1）使用操作要点。

1）混凝土搅拌站（楼）的操作人员必须熟悉所操作设备的性能与特点，并认真执行操作规程和保养规程。

2）新设备使用前，必须经过专业人员安装调试，在技术性能各项指标全部符合规定并经验收合格后方可投产使用。经过拆卸运输后重新组装的搅拌站，也应调试合格后方可使用。

3）电源电压、频率、相序必须与搅拌设备的电器相符。电气系统的保险丝必须按照电流大小规定使用，不得任意加大或用其他非熔丝代替。

4）操作盘上的主令开关、旋钮、按钮、指示灯等应经常检查其准确性、可靠性。操作人员必须弄清操作程序和各旋钮、按钮的作用后，方可独立进行操作。

5）机械启动后应先观察各部运转情况，并检查油、气、水的压力是否符合要求。

6）骨料规格应与搅拌机的性能相符，粒径超出许可范围的不得使用。

7）机械运转中，不得进行润滑和调整工作。严禁将手伸入料斗、搅拌筒探摸进料情况。

8）因为搅拌机不具备满载启动的性能，所以搅拌中不得停机。如发生故障或停电时，应立即切断电源，将搅拌筒内的混凝土清除干净，然后进行检修或等待电源恢复。

9）控制室的室温应保持在25℃以下，以免因温度而影响电子元件的灵敏度和精确度。

10）切勿使机械超载工作，并应经常检查电动机的温升。如发现运转声音异常、转速达不到规定时，应立即停止运行，并检查其原因。如因电压过低，不得强制运行。

11）停机前应先卸载，然后按顺序关闭各部开关和管路。作业后，应对设备进行全面清洗和保养。

12）电气部分应按一般电气安全规程进行定期检查。三相电源线截面积，铜线不得小于$25mm^2$，铝线不得小于$35mm^2$，并需有良好的接地保护，电源电压波动应在±10%以内。

（2）维护保养。

1）作业前检查。

①检查搅拌机润滑油箱和空压机曲轴箱的油面高度。搅拌机采用20号机油，空压机冬季用13号压缩机油，夏季用19号压缩机油。

②冷冻季节和长期停放后使用，应当对水泵和附加剂泵进行排气引水。

③检查气路系统中气水分离器积水情况。在积水过多时，打开阀门排放。检查油、水、气路通畅情况和有无溢漏。各料门启闭是否灵活。

2）作业后清理维护。

①清理搅拌筒、出料门及出料斗积灰，并用水冲洗，同时冲洗附加剂及其供给系统。

②冰冻季节，应当放净水泵、附加剂泵、水箱及附加剂箱内存水，并启动水泵和附加剂泵运转1～2min。

3）每周检查维护。

①润滑点，如出料门轴、各储料斗和称量斗门轴、胶带输送机托轮、压轮、张紧轮轴承和传动链条、螺旋输送机各部轴承等，必须进行润滑。铲臂固定座应当定期润滑。

②检查搅拌机叶片、内外刮板和铲臂保护磨损情况，在必要时调整间隙或更换。

③检查调整传动胶带张紧度；检查紧固各部连接螺栓；检查各接触点和中间继电器的静、动触头是否损伤或烧坏；在必要时应修复或更新。

④当搅拌站需要转移或停用时，应将水箱、附加剂箱、水泥、砂、石储存斗及称量斗内的物料排净，并清洗干净。转移中应将杠杆秤表头平衡砣及秤杆加以固定，以保护计量装置。

6.4.3　混凝土搅拌运输车

1. 混凝土搅拌运输车的构造

混凝土搅拌运输车是由汽车底盘和搅拌装置构成，其外形结构如图6－83所示。本部分简述搅拌装置的构造。

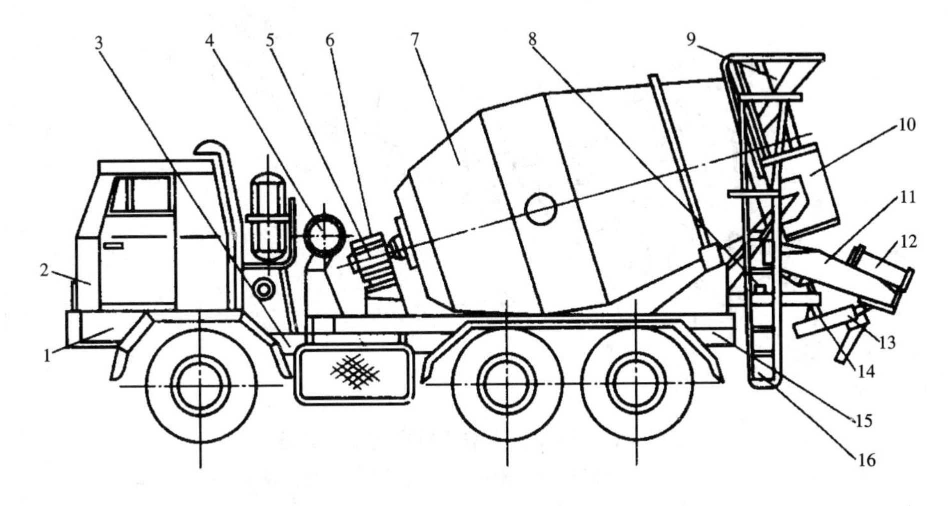

图6－83　混凝土搅拌运输车外形结构

1—液压泵；2—取力装置；3—油箱；4—水箱；5—液压马达；6—减速器；7—搅拌筒；8—操纵机构；9—进料斗；10—卸料槽；11—出料斗；12—加长斗；13—升降机构；14—回转机构；15—机架；16—爬梯

搅拌装置主要由搅拌筒、加料、卸料装置、传动系统、供水系统等组成，如图6－84所示。

（1）搅拌筒。搅拌筒可分为外部结构、内部结构和筒口结构等三部分。

1）外部结构。搅拌筒的壳体是一个变截面不对称的双锥体，外形如梨。底段锥体较短，端面封闭；上段锥体较长，端部开口。上段锥体的过渡部分有一条环形滚道，它焊接在垂直于搅拌筒轴线的平面圆周上。整个搅拌筒通过中心轴和环形滚道倾斜卧置再固定于机架上的调心轴承和一对支承滚轮所组成的三点支承结构上，这样能使搅拌筒平稳地绕其轴线转动。在搅拌筒的底端面上安装着传动件（链轮和齿圈），和液压马达传动装置相接。

2）内部结构。搅拌筒内部结构如图6－85所示，搅拌筒从筒口到筒底沿内壁对称地焊接着两条连续的带状螺旋叶片，当搅拌筒旋转时，两条叶片作围绕搅拌筒轴线的螺旋运动，它的作用是对混凝土拌合料进行搅拌或卸出。为了加强搅拌效果，一般在螺旋叶片间加装辅助搅拌叶片。

3）筒口部位结构。在搅拌筒的筒口部位沿两条螺旋叶片的内边缘还焊接一段进料圆筒，将筒口以同心圆形式分隔为内外两部分，中心部分的圆筒为进料口，圆筒和筒壁形成的环形空间为出料口。卸料时，混凝土拌合料在叶片反向螺旋运动的顶推作用下，从此口排出。

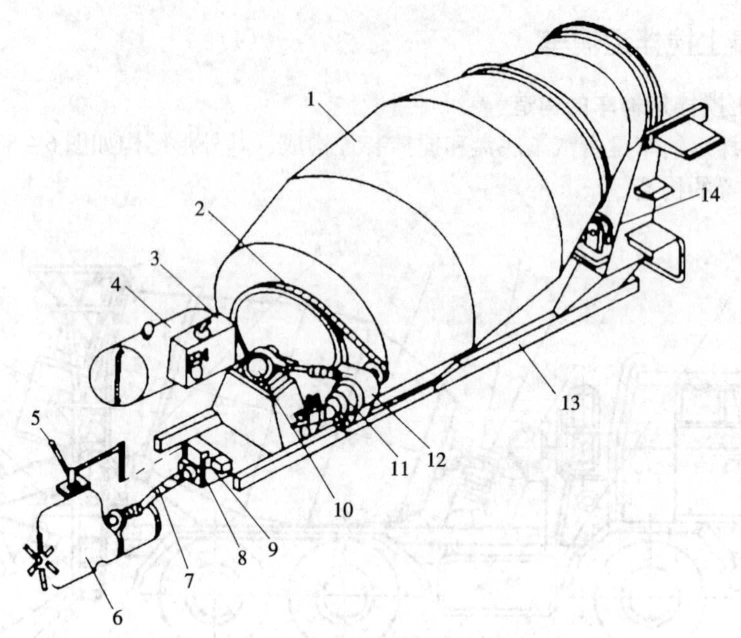

图 6－84 混凝土搅拌运输车的搅拌装置

1—搅拌筒；2—链传动；3—油箱；4—水箱；5—液压传动系统操纵手柄；6—发动机；7—取力万向节传动轴；8—液压油泵；9—集成式液压阀；10—中心支承装置；11—液压马达；12—齿轮减速器；13—机架；14—支承滚轮

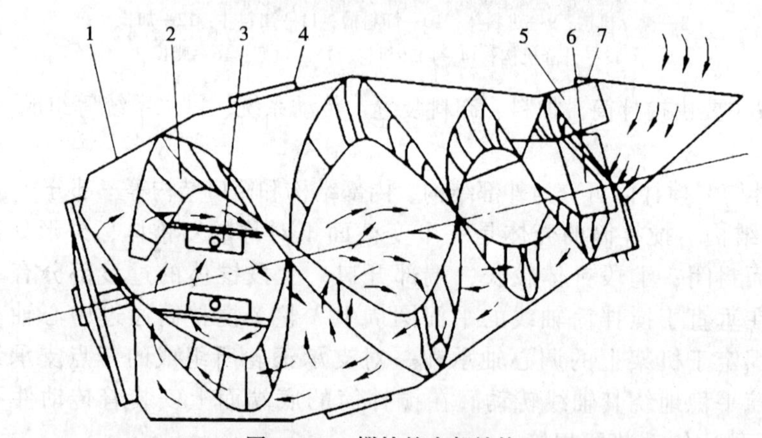

图 6－85 搅拌筒内部结构

1—搅拌筒；2—叶片；3—搅拌叶片；4—安全盘；5—辅助叶片；6—进料圆筒；7—隔离环

（2）加料和卸料装置。

1）加料装置。如图 6－86 所示，加料斗为一广口漏斗，泄料孔朝向搅拌筒口和进料口贴合。整个加料斗铰接在门形支架上，可以绕铰接轴向上翻转，以便露出搅拌筒口进行清洗和维护。

2）卸料装置。如图 6－86 所示，在卸斗口两侧、V 形设置两片断面为弧形的卸料溜槽，固定在两侧的门架上，其上端包围着搅拌筒的卸料口，下端向中间聚拢对着活动卸料溜槽。活动卸料溜槽通过调节机构设置在汽车尾部的机架上。调节转盘能使活动卸料溜槽作180°的扇形转动，丝杆伸缩臂又可使活动卸料溜槽在垂直平面内作一定角度的仰伏，以适应不同的卸料位置。

（3）传动系统。搅拌装置的传动，一般采用液压—机械混合传动方式，即：发动机—取力装置—液压油泵—控制阀—液压马达—齿轮减速器—链传动—搅拌筒，如图6-87所示。这种传动系统的特点是主要通过液压传动部分调速，利用机械传动部分减速。其机械传动结构一般是由液压马达连接减速器和一级开式链减速传动组成。采用挠性传动件和搅拌筒连接，是为了适应运行时汽车底盘产生的变形情况和消除对传动件连接精度造成的影响。这种液压—机械传动系统在调速性能上有很大改进，可实现无级调速，控制平稳，结构紧凑，操纵便利。

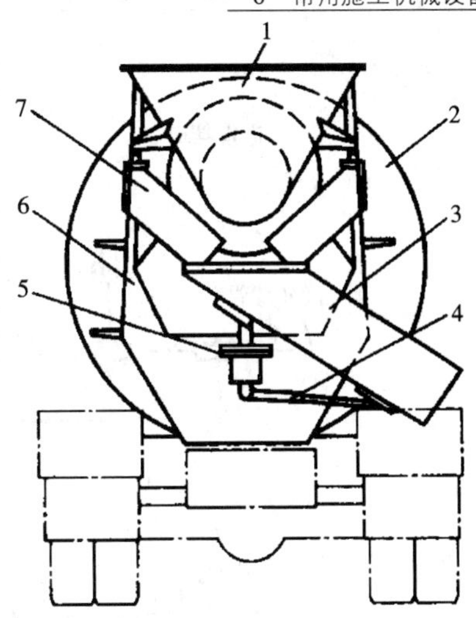

图6-86 搅拌筒加料和卸料装置

1—加料斗；2—固定卸料溜槽；3—门形支架；4—活动溜槽调节转盘；5—活动溜槽调节臂；6—活动卸料溜槽；7—搅拌筒

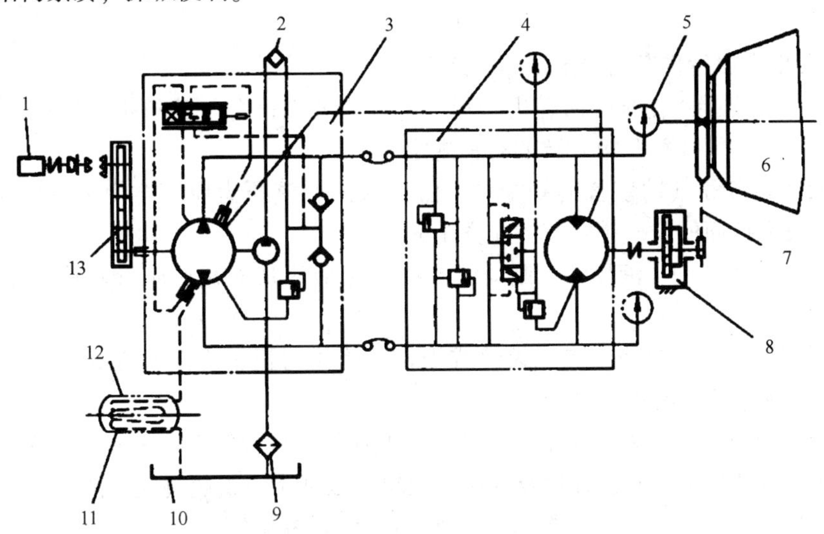

图6-87 混凝土搅拌运输车液压传动系统

1—发动机；2—精滤器；3—液压泵；4—液压电动机；5—压力表；6—拌筒；7—链传动（$i=5$）；8—减速器（$i=29$）；9—粗滤器；10—油箱；11—冷却管；12—水箱；13—分力箱

（4）供水系统。供水系统主要用于清洗搅拌装置，也可用作干料注水搅拌的用水。一般由水泵、水箱和量水器等组成，和一般搅拌机供水系统相似，但要设置水泵的驱动装置。为了简化机构，改进为利用汽车制动的压缩空气通入水箱，使水箱储水从管道压出供搅拌或清洗使用。其结构原理如图6-88所示，它是由密封压力水箱、水表、闸阀和三通阀等组成。压力水箱下部连接进、出水管，并通过阀门分别和水源或工作部分相通。水箱盖上装有排气阀和安全阀，备进水排气和超压保安用。另外，还接有压缩空气进气管，引自贮气罐，经减压阀和控制阀供水箱排水。

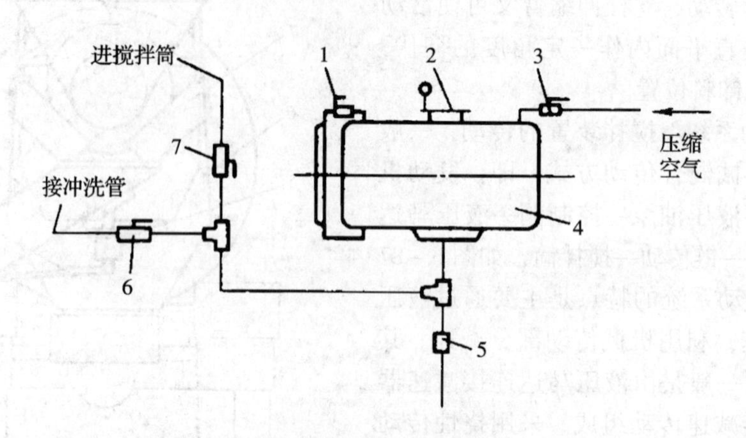

图 6 - 88 搅拌运输车气压式供水系统

1—水位排气阀；2—水箱盖；3—进气阀；4—水箱；5—放水阀；
6—接冲洗管水阀；7—接搅拌筒水阀

搅拌车工作前先向水箱加满用水，工作时使水箱接通压缩空气，按需要调整三通阀，水即沿管路和阀门被压送到冲洗管或搅拌筒中。水箱中的水量可从水表上显示。

2. 混凝土搅拌运输车的安全操作要点

（1）混凝土搅拌运输车的内燃机和行驶部分应分别符合《建筑机械使用安全技术规程》JGJ 33—2012 第 3 章和第 6 章的有关规定。

（2）液压系统和气动装置的安全阀、溢流阀的调整压力应符合使用说明书的要求。卸料槽锁扣及搅拌筒的安全锁定装置应齐全完好。

（3）燃油、润滑油、液压油、制动液及冷却液应添加充足，质量应符合要求，不得有渗漏。

（4）搅拌筒及机架缓冲件应无裂纹或损伤，筒体与托轮应接触良好。搅拌叶片、进料斗，主辅卸料槽不得有严重磨损和变形。

（5）装料前应先启动内燃机空载运转，并低速旋转搅拌筒 3 ~ 5min。当各仪表指示正常、制动气压达到规定值时，并检查确认后装料。装载量不得超过规定值。

（6）行驶前，应确认操作手柄处于“搅动”位置并锁定，卸料槽锁扣应扣牢。搅拌行驶时最高速度不得大于 50km/h。

（7）出料作业时，应将搅拌运输车停靠在地势平坦处，应与基坑及输电线路保持安全距离，并应锁定制动系统。

（8）进入搅拌筒维修、清理混凝土前，应将发动机熄火，操作杆置于空挡，将发动机钥匙取出，并应设专人监护，悬挂安全警示牌。

3. 混凝土搅拌运输车的维护保养

（1）在搅拌车发动前，必须进行全面检查，确保各部件正常，连接牢固，操作灵活。

（2）严格按照表 6 - 58 规定的润滑部位及周期进行润滑，并保持加油处清洁。

表 6－58 混凝土搅拌运输车润滑部位及周期

润滑部位	润滑剂	润滑周期	润滑部位	润滑剂	润滑周期
斜槽销	钙基脂 ZG－1	每日	万向节十字轴	钙基脂 ZG－1	每周
加长斗连接销			托轴		每月
升降机构连接销			操纵软轴	齿轮油 HL－2D	每月
操纵机构连接点					
斜槽销支撑轴		每周	液压马达		每年

(3) 对于液压泵、马达、阀等液压和气压元件，应按照产品说明书要求进行保养。

(4) 及时检查并排除液压、气压、电气等系统管路的漏损及断电等现象。

(5) 定期检查搅拌叶片的磨损情况并及时修补。

(6) 经常检查各减速器是否有异响和漏油现象并及时排除。

(7) 对机械进行清洗、维修以及换油时，必须将发动机熄火停止运转。

(8) 在下班前，要清洗搅拌筒和车身表面，以防混凝土凝结在筒壁和叶片及车身。

(9) 在露天停放时，要盖好有关部位，以防生锈、失灵。

(10) 汽车部分按汽车说明书进行维护保养。

4. 混凝土搅拌运输车的常见故障及处理

混凝土搅拌运输车的常见故障及处理见表 6－59。

表 6－59 混凝土搅拌运输车的常见故障及处理

常见故障	故障原因	排除方法
进料斗堵塞	进料搅拌不均匀，出现“生料”，放料过快	堵塞后用工具捣通，控制放料速度
搅拌筒不能转动	发动机或液压泵发生故障	检修柴油机或液压泵，如果混凝土已装入搅拌筒时，柴油机或液压泵发生故障，则应采取如下紧急措施： 将一辆救援搅拌运输车驶近有故障的车，将有故障的液压马达油管接到救援车的液压泵上，由救援车的液压泵带动故障车的液压马达旋转，紧急排除故障车拌筒内的混凝土
	液压管路损坏	修理管路
	操纵失灵	修理操作系统

续表 6－59

常见故障		故障原因	排除方法
搅拌筒转动不出料		混凝土坍落度太小	加适量水，拌筒以搅拌速度搅拌 30 转，然后反转出料
		叶片磨损严重	修复或更换
搅拌筒转动不出料		滚道和托轮磨损不均	修复或更换
		夹卡套太松	调整夹卡套螺母
噪声	油泵吸空	吸油滤油器堵塞	更换滤油器
	油生泡沫	油量不足	补油
		空气滤清器堵塞	更换滤清器
	油温过高	冷却器故障	检修冷却器
液压泵压力不足		油脏，油泵磨损	清洗更换油，修理油泵
流量太小	真空表度数很大	吸油滤油器失效	更换滤油器
	漏油	机件磨损，接头松动，管壁磨损	修理或更换

6.4.4 混凝土泵及泵车

1. 液压活塞式混凝土泵

液压活塞式混凝土泵的种类包括很多，但是其基本的组成部件是相同的。闸板阀式混凝土泵的具体的结构如图 6－89 所示。对于混凝土泵车，还有臂架、回转塔、底架和底盘四个部分。

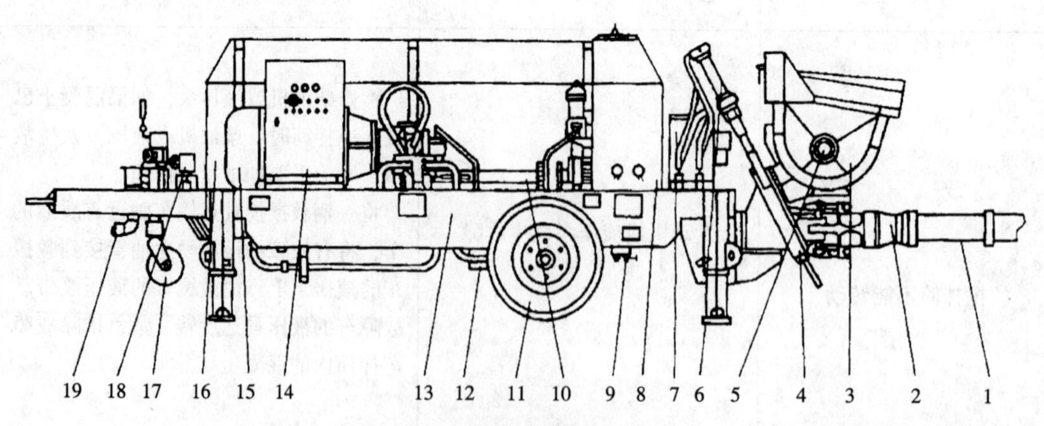

图 6－89 混凝土泵的基本构造

1—输送管道；2—Y 形管组件；3—料斗总成；4—滑阀总成；5—搅拌装置；6—滑阀油缸；7—润滑装置；8—油箱；9—冷却装置；10—油配管总成；11—行走装置；12—推送机构；13—机架总成；14—电气系统；15—主动力系统；16—罩壳；17—导向轮；18—水泵；19—水配管

（1）料斗又称骨料斗，其中还装有搅拌装置。它是混凝土泵的承料器，主要作用包括：

1）混凝土输送设备向混凝土泵供料的速度与混凝土泵输送速度无法完全一致，料斗可以起到中间调节的作用。

2）料斗中的搅拌装置可对混凝土进行二次搅拌，减小混凝土的离析现象，并改善混凝土的可泵性。

3）搅拌装置螺旋布置的搅拌叶片还起到向分配阀和混凝土缸喂料的作用，提高混凝土泵的吸入效率。

料斗主要由料斗本体及搅拌装置两部分组成，料斗本体主要包括料斗体、防溅板、方格网和料斗门等四部分。料斗本体用钢板焊接而成，其前后左右用四块厚钢板。左右两带圆孔的侧板是用来安装搅拌装置，而其后壁由混凝土出口与两个混凝土缸连通，前臂与输送管道相连。混凝土泵在作业时要将防溅板竖起，防止料斗进料时混凝土砂浆溅到混凝土泵的其他部位；当混凝土泵停止工作时，将防溅板放倒，盖在料斗的上部，可以减少杂物进入料斗的机会。方格网用圆钢或钢板条焊接而成，用两个铰点同料斗连接。当检修料斗内部或清理料斗时，可以将方格网向上翻起。方格网可防止混凝土拌合物中超粒径的骨料或其他杂物进入料斗，减少泵送故障，同时保护了操作人员的安全。搅拌装置包括搅拌轴部件、搅拌轴承及其密封件等部分。搅拌轴传动装置的形式包括两种，一种是液压马达通过机械减速后驱动搅拌轴；另外一种是液压马达直接驱动搅拌轴，如图 6－90 所示。而机械减速的方式又包括链传动、涡轮蜗杆传动以及齿轮传动。

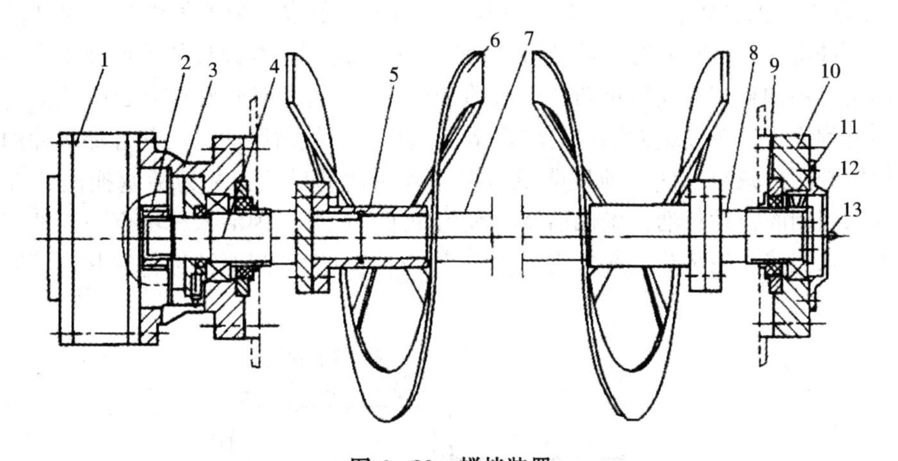

图 6－90 搅拌装置

1—液压马达；2—花键套；3—马达座；4—左半轴；5—轴套；6—搅拌叶片；7—中间轴；8—右半轴；9—J 形密封圈；10—轴承座；11—轴承；12—端盖；13—油杯

搅拌轴部件包括搅拌轴、螺旋搅拌叶片、轴套等。搅拌轴由中间轴、左半轴、右半轴组成并通过轴套用螺栓连接成一体，轴套上焊接着螺旋搅拌叶片。这种结构形式利于搅拌叶片的拆装。搅拌轴是靠两端的轴承、轴承座（马达座）支撑的，搅拌轴承采用调心轴承，轴承座外部还装有黄油嘴的螺孔，其孔道通到轴承座的内腔，在工作时可对轴承进行润滑。为了防止料斗内的混凝土浆进入搅拌轴承，左、右半轴轴端装有 J 形密封圈。左半轴轴头通过花键套和液压马达连接，在工作时由液压马达直接驱动搅拌轴带动搅拌叶片旋转。

(2) 推送机构是混凝土泵的执行机构，它是将液压能转换为机械能，通过油缸的推拉交替动作，使混凝土克服管道阻力输送到浇筑部位。它主要由主油缸、混凝土缸和水箱三部分组成，如图6－91所示。

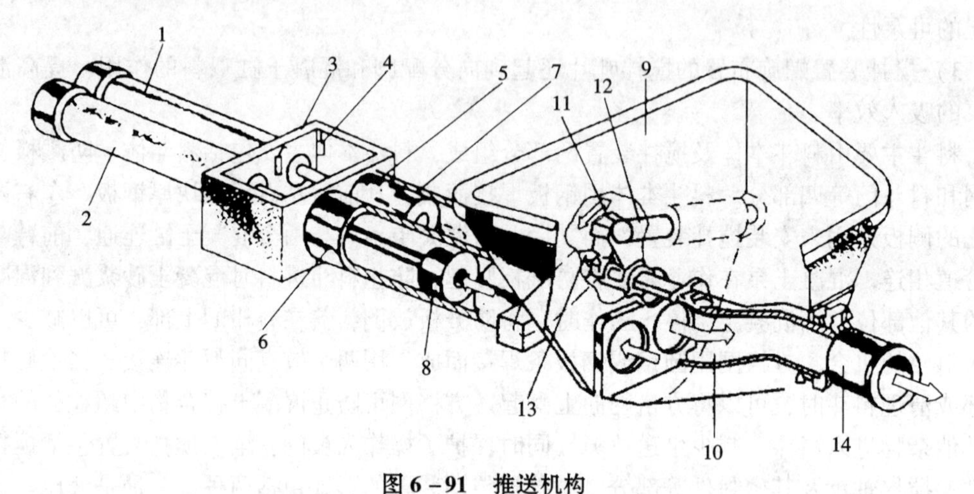

图6－91 推送机构

1、2—主油箱；3—水箱；4—换向机构；5、6—混凝土缸；7、8—混凝土活塞；9—料斗；10—分配阀；11—摆臂；12、13—摆动油缸；14—出料口

1) 主油缸由油缸体、油缸活塞、活塞杆、油缸头及缓冲装置等组成。主油缸的主要特点：换向冲击大，通常要有缓冲装置。缓冲装置是混凝土泵设计的关键技术之一，大多数厂家都是采用油缸端部安装单向节流阀的TR机构。其原理如图6－92所示，当液压缸活塞快到行程终了，越过缓冲油口时单向节流阀打开，使高压油有一部分经缓冲油口到低压腔，使两腔压差减小，活塞速度降低，以达到缓冲的目的，并为活塞换向作准备；另外，还有为封闭腔自动补油，确保活塞行程的作用。此外，因活塞杆不仅与油液接触，而且还与水、水泥浆、泥浆等接触，为了改善活塞杆的耐磨和耐腐蚀性，在其表面通常要镀一层硬铬。

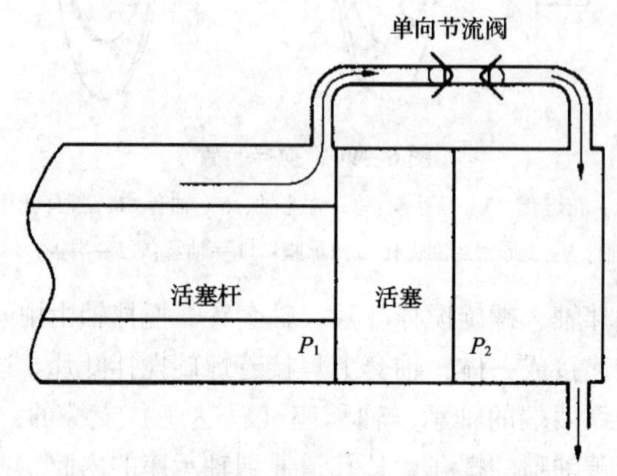

图6－92 TR机构工作原理

2）混凝土缸后端与水箱连接，前端与分配阀箱体（闸板阀式泵）相连接，并通过托架与机架固定，或与料斗（S管阀式泵）直接相连，通过拉杆固定在料斗与水箱之间。主油缸活塞杆伸入到混凝土缸内，活塞杆前端通过中间接杆连接着混凝土缸活塞。中间接杆用圆钢制成，其两端有定位止口，两端分别与油缸活塞杆和混凝土活塞用螺栓相连（或用半圆式的卡式接头）。

混凝土缸通常用无缝钢管制造，因混凝土缸内壁与混凝土及水长期接触，承受着剧烈的摩擦和化学腐蚀，所以在混凝土缸内壁镀有硬铬层，或经过特殊热处理以提高其耐磨性和抗腐蚀性。混凝土活塞由活塞体、导向环、密封体、活塞头芯和定位盘等组成。各个零件通过螺栓固定在一起。混凝土密封体用耐磨的聚氨酯制成，起到导向、密封和输送混凝土的作用。

3）水箱用钢板焊成，既是储水容器，又是主油缸与混凝土缸的支持连接件。水箱上面有盖板，打开盖板可清洗水箱内部，且可观测水位。在推送机构工作时，水在混凝土缸活塞后部随着混凝土缸活塞来回流动，其作用主要包括：

①清洗作用。清洗混凝土缸缸壁上每次推送后残余的砂浆，减少混凝土缸体与活塞的磨损。

②隔离作用。防止主油缸泄漏出的液压油进入混凝土中，影响到混凝土的质量。

③冷却润滑作用。冷却润滑混凝土活塞、活塞杆及活塞杆密封部位。

2. 混凝土输送泵车

为了提高混凝土泵的机动性和灵活性，在混凝土输送泵的基础上，发展成输送泵车。它是将液压活塞式或挤压式混凝土泵安装于汽车底盘上，并用液压折叠式臂架管道来输送混凝土，进而构成一种汽车式混凝土输送泵，其外形如图6－93所示。在车架的前部设有转台，其上装有三段式可折叠的液压臂架，在工作时可进行变幅、曲折和回转三个动作。

3. 混凝土泵车的安全操作要点

（1）混凝土泵车应停放在平整坚实的地方，与沟槽和基坑的安全距离应符合使用说明书的要求。臂架回转范围内不得有障碍物，与输电线路的安全距离应符合现行行业标准《施工现场临时用电安全技术规范》JGJ 46—2005的有关规定。

（2）混凝土泵车作业前，应将支腿打开，并应采用垫木垫平，车身的倾斜度不应大于3°。

（3）作业前应重点检查下列项目，并应符合相应要求：

1）安全装置应齐全有效，仪表应指示正常。

2）液压系统、工作机构应运转正常。

3）料斗网格应完好牢固。

4）软管安全链与臂架连接应牢固。

（4）伸展布料杆应按出厂说明书的顺序进行。布料杆在升离支架前不得回转。不得用布料杆起吊或拖拉物件。

（5）当布料杆处于全伸状态时，不得移动车身。当需要移动车身时，应将上段布料杆折叠固定，移动速度不得超过10km/h。

（6）不得接长布料配管和布料软管。

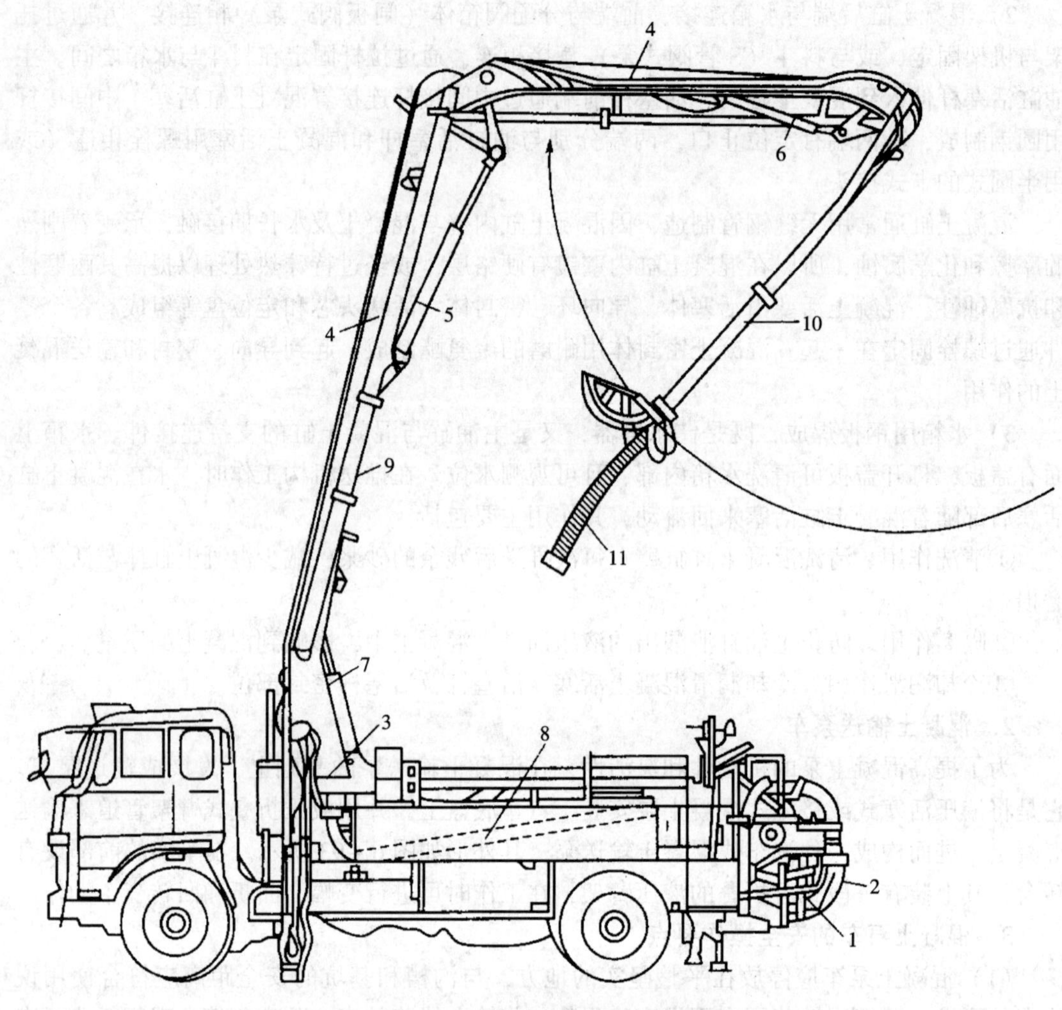

图 6 - 93 混凝土输送泵车外形

1—混凝土泵；2—输送泵；3—布料杆回转支承装置；4—布料杆臂架；
5、6、7—控制布料杆摆动的油缸；8、9、10—输送管；11—橡胶软管

4. 混凝土泵的常见故障及排除方法

混凝土泵常见故障及排除方法见表 6 - 60。

表 6 - 60 混凝土泵常见故障及排除方法

故障现象	故障原因	排除方法
电动机启动时空气开关跳闸	1. 空气开关内过流装置故障； 2. 通电流整定值偏小； 3. 前次运转停机时未按泵送停止按钮，造成电动机带负荷启动	1. 检查修理； 2. 重新调整； 3. 按一下泵送停止按钮再启动

续表 6－60

故障现象	故障原因	排除方法
电动机启动后运转指示灯不亮	1. 灯内限流电阻断线； 2. 交流接触器常闭接点、时间继电器微动开关接点有故障	1. 更换； 2. 检修或更换
泵指示灯全不亮但推送正常，或一侧灯亮，但无推送动作	1. 限流电阻接线故障； 2. 灯座接线错误或松动； 3. 主电液阀电磁线圈或行程开关有故障	1. 更换； 2. 检查接线，拧紧螺栓； 3. 检修或更换
活塞反向失灵或活塞能循环动作，但板阀不反向	1. 反向按钮接触不良； 2. 反向继电器插座接线松动； 3. 板阀反向开关损坏或接线不良； 4. 辅电液阀电磁线圈损坏	1. 检修； 2. 检修，消除接线松动； 3. 检修或更换； 4. 检修或更换
搅拌自动反向失灵	1. 时间继电器微动开关失灵； 2. 微动开关与油压推杆错位； 3. 搅拌电磁阀损坏	1. 检查接线或更换； 2. 调整或更换； 3. 检修或更换
搅拌轴不转	1. 料斗内有异物卡阻； 2. 搅拌轴两端轴承密封损坏，砂浆渗入硬结； 3. 润滑条件恶劣	1. 清除； 2. 更换密封，排除砂浆积块； 3. 改善润滑条件
推送机构动作正常但无混凝土排出	混凝土活塞从活塞杆上脱落	重新安装
板阀上下轴承端或水泥浆，水从水箱盖处冒出	1. 轴承磨损； 2. 阀窗损坏或关闭不严	1. 更换； 2. 检修或重新关严
分动箱漏油	1. 油封损坏或轴颈磨损； 2. 箱盖结合面损坏或密封垫损坏	1. 更换油封、修复轴颈； 2. 修理或更换
水系统有浮油或水泥浆，水从水箱盖冒出	1. 推进机构液压缸密封圈损坏； 2. 混凝土活塞橡胶圈损坏； 3. 混凝土缸壁磨损	1. 更换； 2. 更换； 3. 更换

续表 6－60

故障现象	故障原因	排除方法
推送混凝土频率过低或过高	1. 油箱油面过低，液压泵吸空气； 2. 主溢流阀不正常，有泄漏现象； 3. 滤油器堵塞； 4. 封闭油路油量减少，冲程缩短	1. 加油至规定油面； 2. 检修； 3. 清洗滤芯； 4. 检修封闭油路安全阀
推送活塞在行程终端停顿	主电液阀阀心卡住	检修
板阀换向缓慢	1. 蓄能器充压不足； 2. 卸荷溢流阀压力过低； 3. 液压缸活塞密封损坏	1. 检修； 2. 调整溢流阀压力； 3. 更换密封圈
蓄能器压力不稳定，呈不规则变化	1. 液压泵吸入空气； 2. 卸荷阀故障	1. 油箱补油，检修吸油管路； 2. 检修
板阀阀压缸不动作	1. 阀箱内混凝土堵塞； 2. 板阀液压缸失灵	1. 清除堵塞； 2. 检修
主液压缸活塞杆振动	1. 油箱油位低，液压泵吸空； 2. 主泵吸油管泄漏； 3. 主液压缸杆腔密封圈压得过紧，油温提高后活塞杆咬死	1. 加油至规定油面； 2. 检修； 3. 重新装配
两个推送液压缸不同步，发生撞缸现象	闭合回路存在空气	在停机状态下，缓缓松开闭合油路管接头进行排气，拧紧接头后开机运转几分钟，再停机进行排气，直至排完存气
油温过高	1. 泵送负载太高而使主溢流阀经常溢流； 2. 辅电液阀和卸荷阀有故障，使辅泵不能卸荷； 3. 液压油黏度过低	1. 适当提高溢流压力； 2. 检修； 3. 更换

续表 6－60

故障现象	故障原因	排除方法
电动机停转后，使蓄能器释放能量时板阀动作少于6次	1. 卸荷阀泄漏，不保压； 2. 辅电液阀失灵	1. 检修； 2. 检修
液压油污浊，呈锈色	1. 推送液压缸密封圈损坏； 2. 液压系统有损坏而引起污染	1. 更换密封圈； 2. 检查、排除

6.4.5 混凝土振动机械

1. 混凝土振动机械的分类

混凝土振动机械的种类频多，可按其作用方式、驱动方式和振动频率等进行分类，见表6－61。

表 6－61 混凝土振动器的分类及特点

分类	型式	特点	适用范围
插入式振动器	行星式、偏心式、软轴式、直联式	利用振动棒产生的振动波捣实混凝土，由于振动棒直接插入混凝土内振捣，效率高，质量好	适用于大面积、大体积的混凝土基础和构件，如柱、梁、墙、板以及预制构件的捣实
附着式振动器	用螺栓紧固在模板上为附着式	振动器固定在模板外侧，借助模板或其他物件将振动力传递到混凝土中，其振动作用深度为25cm	适用于振动钢筋较密、厚度较小及不宜使用插入式振动器的混凝土结构或构件
平板式振动器	振动器安装在钢平板或木平板上为平板式	振动器的振动力通过平板传递给混凝土，振动作用的深度较小	适用于面积大而平整的混凝土结构物，如平板、地面、屋面等构件
振动台	固定式	动力大、体积大，需要有牢固的基础	适用于混凝土制品厂振实批量生产的预制构件

（1）按作用方式分类。按照对混凝土的作用方式，可分为插入式内部振捣器、附着式外部振捣器和固定式振动台等三种。附着式振动器加装一块平板可改装为平板式振动器。

（2）按驱动方式分类。按照振动器的动力源可分为电动式、气动式、内燃式和液压式等。电动式结构简单，使用方便，成本低，一般情况都用电动式的。

（3）按振动频率分类。按照振动器的振动频率，可分为高频式（133～350Hz或8000～20000次/min）、中频式（83～133Hz或5000～8000次/min）、低频式（33～83Hz或2000～5000次/min）三种：

1）高频式振动器适用于干硬性混凝土和塑性混凝土的振捣，其结构形式多为行星滚锥插入式振动器。

2）中频式振动器多为偏心振子振动器，一般用作外部振动器。

3）低频振动器用于固定式振动台。

因混凝土振动器的类型较多，施工中应根据混凝土的骨料粒径、级配、水灰比、稠度及混凝土构筑物的形状、断面尺寸、钢筋的疏密程度及现场动力源等具体情况进行选用。同时要考虑振动器的结构特点、使用、维修及能耗等技术经济指标选用。各类混凝土振动器的特点及应用范围见表6－61。

2. 混凝土内部振动机械

混凝土内部振动器是指将振动器的振动部分（例如振动棒）直接插入混凝土内部，将振动传递给混凝土使之捣实的机械。这种振动器多用于较厚的混凝土层的振捣。混凝土内部振捣器，因传动机构的不同，又有软轴式、硬轴式和锤式几种。其中以电动软轴式应用最为广泛。

（1）电动软轴偏心式振动器。电动软轴偏心式振动器如图6－94所示。它由机体（电动机）、增速机构、传动软轴及振动棒等四大部分组成。其构造特点是振动体用传动

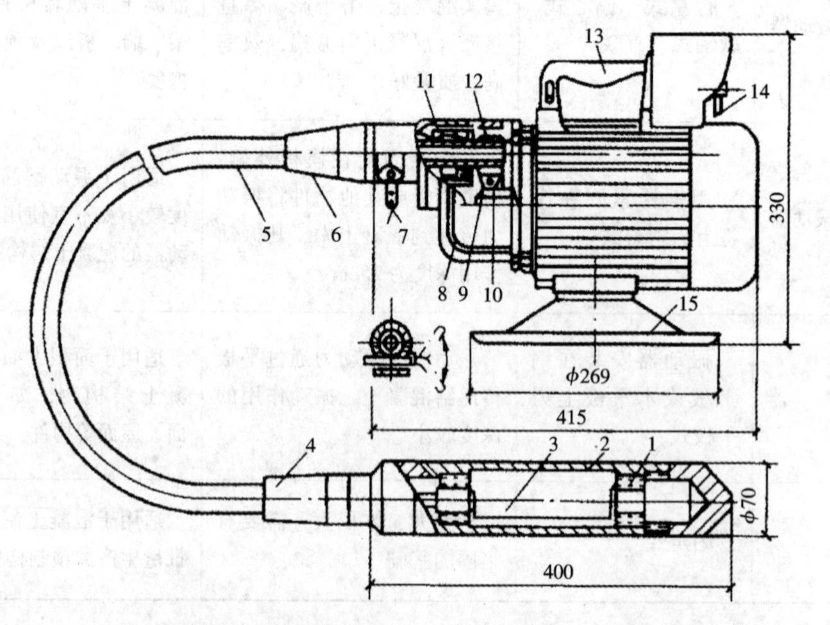

图6－94 电动软轴偏心式振动棒构造示意（mm）

1、11—轴承；2—振动棒；3—偏心振动子；4、6—软管接头；5—软轴；7—软管紧锁扳手；8—增速器；9—电动机转子轴；10—胀轮式防逆装置；12—增速小齿轮；13—提手；14—电源开关；15—回转底盘

软轴与驱动部分联系，形成柔性连接，这样可以最大限度地减轻操作人员的持重，并且传动软轴允许在一定范围内的各向挠曲。所以振动体能从任何方向穿过钢筋骨架而插入混凝土中，使操作方便。

电动软轴偏心式振动器的缺点是振动子的振动力直接作用在两端轴承上，且通过滚动轴承将离心振动力传给振动棒形成环形振波而捣实混凝土。因此滚动轴承的工作条件极差，极易发热和磨损，所以耐用度低。为了提高偏心振动子的振动频率，尚须增设齿轮增速机构，使整个机构趋于复杂。再有，从混凝土捣固效率着眼，电动软轴偏心式的振动器振动频率还偏低，所以这种振动器已逐渐被电动软轴行星式振动器代替。

(2) 电动软轴行星式振动器。电动软轴行星式振动器的外形与电动软轴偏心式振动器相似，保持着操作方便的优点，在构造上和偏心式振动器的主要不同之处是采用了行星振动子和不再设增速器。如图 6－95 所示为电动软轴行星式振动棒的外形构造。电动软轴行星式振动器由电动机、限向器、弹簧软轴、振动棒和底盘等部分组成。

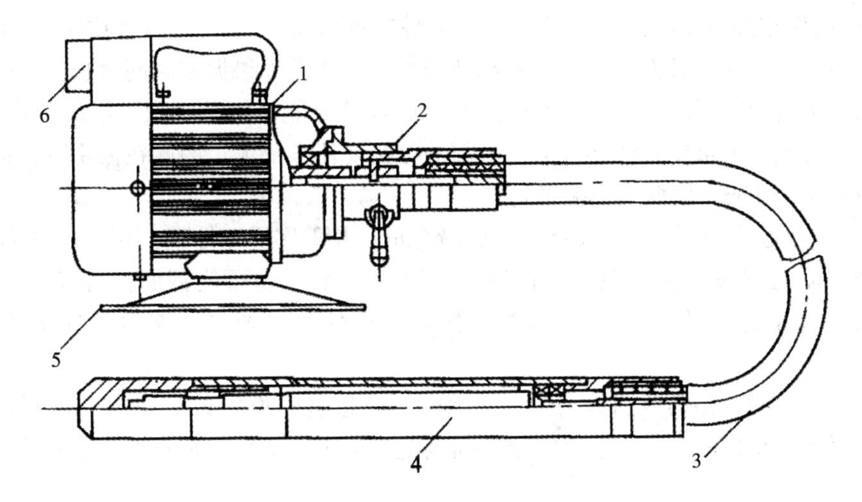

图 6－95 插入式振动器

1—电动机；2—限向器；3—软轴；4—振动棒；5—电动机支座；6—开关

在作业时，电动机通过限向器带动弹簧软轴旋转，软轴再驱动振动子产生高频振动，此高频振动和振动力传给振动体（棒头），进而对周围的混凝土产生振实。

电动软轴行星式振动器的主要优点是传动软轴的转速无须提高，这样不仅省掉了增速机构，减轻机重，并且改善了软轴的工作条件。另外在振动体壳内虽也安装了滚动轴承，但由于软轴的转速不很高，从振动子上传过来的振动，已被弹性铰万向节缓冲，其受载不大，因此轴承不易发热和磨损，使用寿命较长。行星式振动棒的振动频率远远高于偏心式振动棒，有高速振动器之称。

(3) 混凝土振动棒的操作有以下几项要点：

1) 振动棒的直径、频率和振幅是直接影响生产率的主要因素，因此在工作前应选择合适的振动棒。

2）在振动器使用之前，首先应当检查所有电动机的绝缘情况是否良好，长期闭置的振动器启用时必须测试电动机的绝缘电阻，检查合格后方可接通电源进行试运转。

3）振动器的电动机旋转时，如果软轴不转，振动棒不起振，系电动机旋转方向不对，可调换任意两相电源线即可；如果软轴转动，振动棒不起振，可摇晃棒头或将棒头轻嗑地面，即可起振。当试运转正常后，方可投入作业。

4）作业时，要使振动棒自然沉入混凝土，不可用猛力往下推。通常应垂直插入，并插到下层尚未初凝层中50~100mm，以促使上下层互相结合。

5）电动机运转正确时振动棒应发出“呜——”的声音，振动稳定而有力；若振动棒有“哗哗”声而不振动，可将棒头摇晃几下或将振动棒的尖头对地面轻轻磕1~2下，待振动棒发出“呜——”的声音，振动正常之后方能插入混凝土中振捣。

6）在振捣时，要做到“快插慢拔”。快插是为了防止将表面混凝土先振实，与下层混凝土发生分层、离析现象。慢拔是为了使混凝土能来得及填满振动棒抽出时所形成的空间。

7）振动棒各插点间距应均匀，通常间距不应超过振动棒有效作用半径的1.5倍。

8）振动棒在混凝土内振密的时间，通常每插点振密20~30s，见到混凝土不再显著下沉，不再出现气泡，表面泛出水泥浆和外观均匀为止。如果振密时间过长，有效作用半径虽然能适当增加，但总的生产率反而降低，而且还可能使振动棒附近混凝土产生离析，这对塑性混凝土更为重要。此外振动棒下部的振幅要比上部大，因此在振密时，应将振动棒上下抽动5~10cm，使混凝土振密均匀。

9）在作业过程中要避免将振动棒触及钢筋、芯管及预埋件等，更不得采取通过振动棒振动钢筋的方法来促使混凝土振密。否则就会因振动而使钢筋位置变动，还会降低钢筋与混凝土之间的黏结力，甚至会发生相互脱离的现象，这对预应力钢筋影响更大。

10）在作业时，振动棒插入混凝土的深度不应超过棒长的2/3~3/4。否则振动棒将不易拔出而导致软管损坏；更不得将软管插入混凝土中，防止砂浆浸蚀及渗入软管而损坏机件。

11）振动器在使用中如遇温度过高，应立即停机冷却检查，如机件故障，要及时进行修理。冬季低温下，振动器在作业前，要采取缓慢加温，使棒体内的润滑油解冻后，方能作业。

（4）混凝土振动棒的安全技术要求。

1）插入式振动器电动机电源上，应安装漏电保护装置，熔断器选配应当符合要求，接地应安全可靠。电动机未接地线或接地不良者，严禁开机使用。

2）振动器操作人员应掌握通常安全用电意识，作业时应穿戴好胶鞋和绝缘橡皮手套。

3）工作停止移动振动器时，应当立即停止电动机转动；在搬动振动器时，应切断电源。不得用软管和电缆线拖拉、扯动电动机。

4）电缆上不得有裸露之处，电缆线必须放置在干燥、明亮处；不得在电缆线上堆放其他物品，以及车辆在其上面直接通过；更不能用电缆线吊挂振动器等物。

5）在作业时，振动棒软管弯曲半径不得小于规定值；软管不得有断裂。如果软管使用过久，长度变长时，应及时进行修复或更换。

6）振动器启振时，必须由操作人员掌握，不得将启振的振动棒平放在钢板或水泥板等坚硬物上，避免振坏。

7）严禁用振动棒撬拔钢筋和模板，或将振动棒当锤使用；在操作时，勿使振动棒头夹到钢筋里或其他硬物中而造成损坏。

8）作业完毕，应将电动机、软管、振动棒擦刷干净，按照规定要求进行保养作业。振动器存放时，不要堆压软管，应平直放好，避免变形；并防止电动机受潮。

3. 混凝土外部振动机械

混凝土外部振动器可以分为平板式表面振动器和附着式振动器两种。它们的基本构造都是在一台两极电动机转子轴的两端安装偏心块（盘）振动子而形成电动机振子，只是因为使用目的的不同装着形式不同的底板而已。所以在工程上可以互换改装使用，不加什么区别。

（1）平板式振动器是放置在混凝土表面进行直接捣固的振动器。工作时，通过矩形底盘将振动波传递给混凝土，其有效振动深度通常为 200 ~ 300mm。适用于浇筑厚度为 150 ~ 200mm 的肋形板、多孔空心板及大面积的厚度不超过 300mm 的地面、道路的混凝土工程的捣固。平板式振动器有标准产品，但目前应用最多的是用附着式振动器加上底板改装而成。如图 6 – 96 所示为附着式振动器的构造，它实际上是一台特殊构造的交流电动机，在其转子轴两端装有偏心振动子，直接装在模板上进行作业。在工作时，振动波传给模板，模板再将振动波传给里面的混凝土，使之达到捣实的目的。

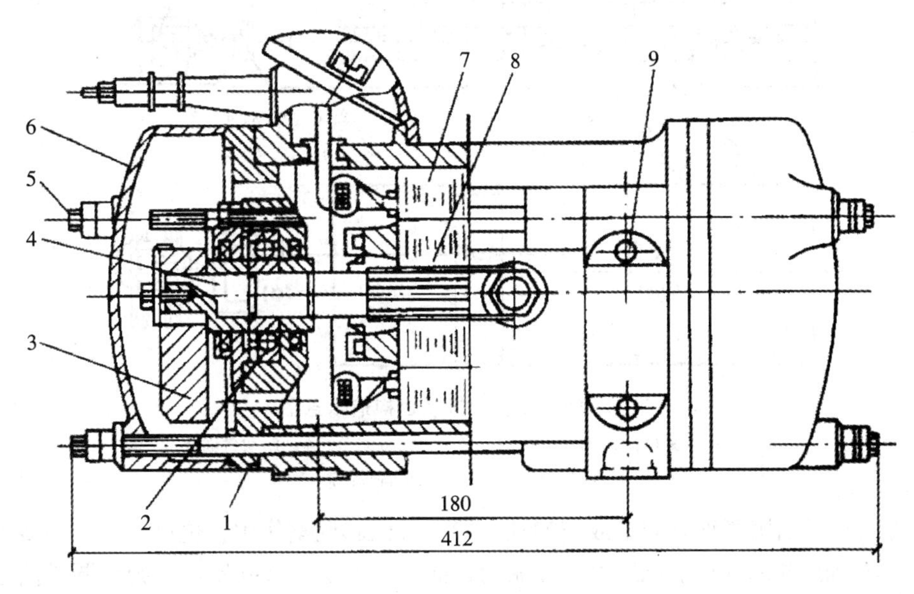

图 6 – 96 附着式振动器（mm）

1—轴承座；2—轴承；3—偏心块；4—轴；5—螺栓；6—端盖；7—定子；8—转子；9—地脚螺栓孔

附着式振动器通常采用扇形偏心振动子，振动子装在转子轴两端，并由护盖加以保护。有的附着式振动器还采用盘形振动子，如图 6 – 97 所示为两种振动子的构造。

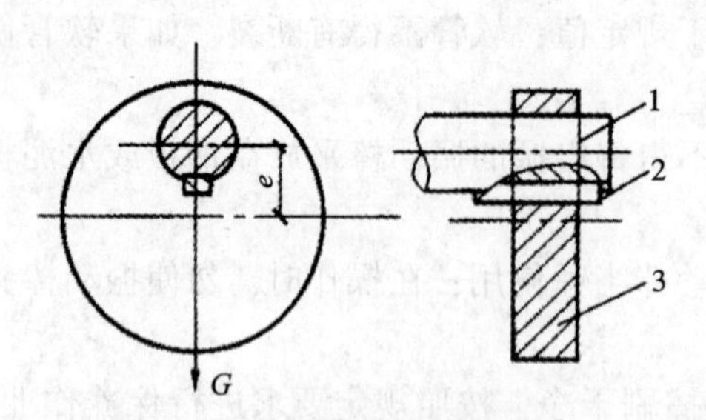

（a）盘形偏心振动子

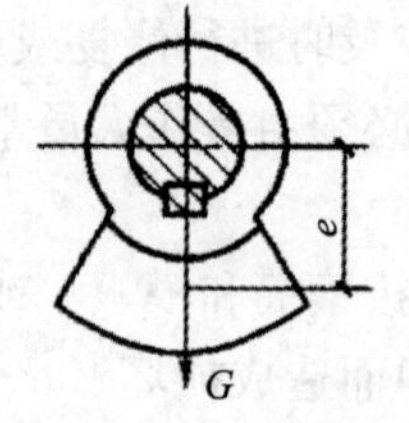

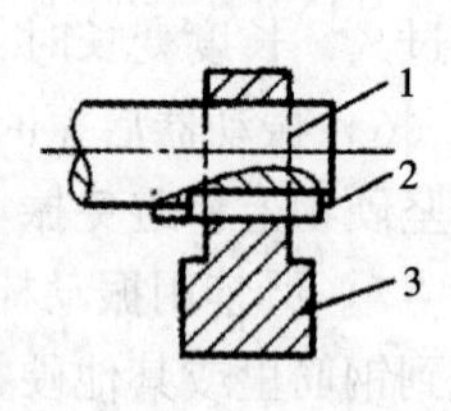

（b）扇形偏心振动子

图6－97 偏心振动子

1—电动机转子轴；2—平键；3—振动子

附着式振动器偏心动力矩的大小等于不平衡的重量G与不平衡重心离旋转轴心的距离（偏心距）e的乘积，其单位为N·m。

（2）混凝土振动台是钢筋混凝土构件的主要成型机械，是混凝土预制构件厂的重要生产设备。其特点是激振力强，振动效率高，振动质量好。

振动台的构造如图6－98所示。它由电动机、同步器（亦称协调箱）、万向节、偏心振动子、振动台面、弹簧及弹簧支座等组成。在工作时，电动机经传动装置带动两组频率相同而转向相反且对称的偏心块或偏心锤装置相对转动，使整个振动台上下振动（无横向振动）。振动频率可根据主动轴的安装位置及电动机的转速进行调节。

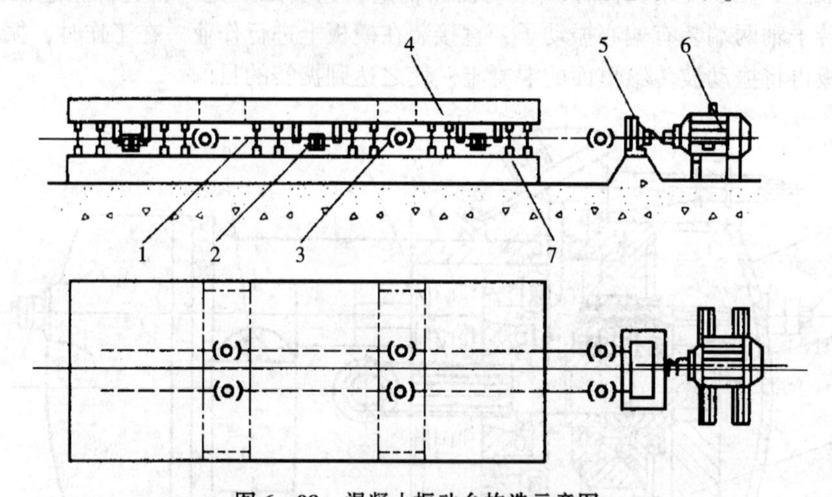

图6－98 混凝土振动台构造示意图

1—弹簧座；2—偏心振动子；3—联轴万向节；4—振动台面；
5—同步器（协调箱）；6—电动机；7—底座

偏心振动子轴用联轴万向节或花键轴连接，可以起调整作用，也可以减少同步器的振动。偏心块轴通过轴承和轴承座固定在振动台面下。如图6－99所示，为可调式偏心盘振动子的组装构造。振动台最大的优点是其所产生的振动力与混凝土的重力方向是一致的，振波正好通过颗粒的直接接触由下向上传递，能量损失很少。而插入式的内部振动器只能够产生水平振波，与混凝土重力方向不一致，振波只能通过颗粒间的摩擦来传递，因此其效率不如振动台。

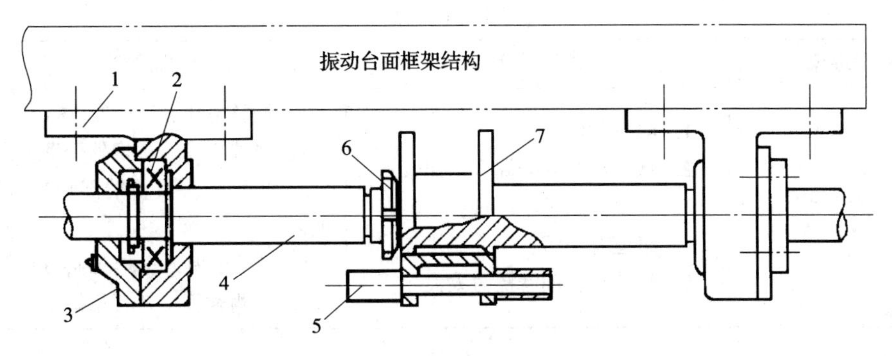

图 6－99 可调式偏心盘振动子

1—吊轴承座；2—轴承；3—轴承座盖；4—传动轴；5—调重销；6—锁母及垫圈；7—偏心盘

4. 混凝土振动机械常见故障及排除方法

混凝土振动器的常见故障及排除方法见表 6－62～表 6－64。

表 6－62 插入式振动器常见故障及排除方法

故障现象	故障原因	排除方法
电动机转速降低，停机再启动时不转	1. 定子磁铁松动； 2. 一相熔丝烧断或一相断线	1. 拆卸检修； 2. 更换熔丝、检查、接通断线
电动机旋转，软轴不旋转或缓慢转动	1. 电动机转向接错； 2. 软管过长； 3. 防逆装置失灵； 4. 软轴接头或软轴松脱	1. 对换电源任两相； 2. 软轴软管接头一端对齐，另一端要使软轴接头比软管接头长 55mm，多余软管要锯去； 3. 修复防逆装置使之正常工作； 4. 设法紧固
开启电动机，软管抖振剧烈	1. 软轴过长； 2. 软轴损坏，软管压坏或软管衬簧不平	1. 软轴软管接头一端对齐，多余的软轴锯去； 2. 更换合适的软轴软管
振动棒轴承发热	1. 轴承润滑脂过多或过少； 2. 轴承型号不对，游隙过小； 3. 轴承外圈与套管配合过松	1. 相应增减润滑脂； 2. 更换符合要求的轴承； 3. 更换轴承或套管
滚道处过热	滚锥与滚道安装相对尺寸不对	重新装配
振动棒不启动	1. 软轴和振动子之间未接好或软轴扭断； 2. 滚锥与滚道安装尺寸不对； 3. 轴承型号不对； 4. 锥轴断裂； 5. 滚处有油、水	1. 接好接头或更换软轴； 2. 重新装配； 3. 更换符合要求的轴承； 4. 更换锥轴； 5. 清除油、水，检查油封，消除漏油

续表 6－62

故障现象	故障原因	排除方法
振动无力	1. 电压过低； 2. 从振动棒外壳漏入水泥浆； 3. 行星振动子不起振； 4. 滚道有油污； 5. 软管与软轴摩擦力太大	1. 调整电压； 2. 清洗干净，更换外壳密封； 3. 摇晃棒头或将端部轻轻碰木块或地面； 4. 清除油垢，检查油封，并消除漏油； 5. 检测软管，知其相符

表 6－63　平板式振动器常见故障及排除方法

故障现象	故障原因	排除方法
不振动	1. 偏心块紧固螺栓松脱； 2. 振动轴弯曲，偏心块卡死	1. 拆卸电动机端盖，重新紧固偏心块，使其在轴上固定牢靠； 2. 拆卸电动机端盖，校正振动轴，重新安装偏心块
振动板振动不正常，有异响	连接螺栓松动或脱落	重新连接并紧固螺栓
电动机过热	电动机外壳粘有灰浆使散热不良	清除灰浆结块，保持电动机外壳清洁

表 6－64　振动台常见故障及排除方法

故障现象	故障原因	排除方法
振动不均匀	1. 万向节螺栓松动或断裂； 2. 万向节不同心	1. 拧紧或更换螺栓； 2. 调整两轴的同心度
振动不起来	1. 电气系统有故障； 2. 传动部位有杂物卡住	1. 检查找出原因并排除； 2. 清除杂物
运转时有异响	1. 齿轮啮合间隙过大或折断； 2. 轴承损坏或松旷； 3. 缺少润滑油	1. 检查更换齿轮； 2. 更换轴承； 3. 清洗并重新加注润滑油

6.4.6　混凝土喷射机

1. 混凝土喷射机的分类

（1）按照混凝土拌合料的加水方法不同可分为干式、湿式和介于两者之间的半湿式三种。

1）干式。按照一定比例的水泥基骨料，搅拌均匀后，经压缩空气吹送到喷嘴和来自压力水箱的压力水混合后喷出。这种方式的施工方法简单，速度快，但粉尘太大，喷出料回弹量损失较大，且要用高标号水泥。国内生产的大多数为干式。

2）湿式。进入喷射机的是已加水的混凝土拌合料。因此喷射中粉尘含量低，回弹量也减少，是理想的喷射方式。但是湿料易于在料罐、管路中凝结，造成堵塞，清洗麻烦，因此未能推广使用。

3）半湿式。又称潮式，即混凝土拌合料为含水率5% ~8% 的潮料（按体积计），这种料喷射式粉尘减少，由于比湿料粘接性小，不粘罐，是干式和湿式的改良方式。

（2）按照喷射机结构形式可以分为缸罐式、螺旋式和转子式三种。

1）缸罐式。缸罐式喷射机坚固耐用。但由于机体过重，上、下钟形阀的启闭需手工繁重操作，劳动强度大，且易造成堵管，因此已逐步淘汰。

2）螺旋式。螺旋式喷浆机结构简单、体积小、质量小、机动性好。但输送距离超过30m 时容易返风，生产率低且不稳定，只适用于小型巷道的喷射支护。

3）转子式。转子式喷射机具有生产能力大、输送距离远、出料连续稳定、上料高度低、操作方便，适合机械化配套作业等优点，并可用于干喷、半湿喷和湿喷等多种喷射方式，是目前应用最为广泛的机型。

2．双罐式混凝土喷射机

（1）结构。如图6－100 所示，是双罐式喷射机的结构图，这是最早发展起来的一种喷射机。

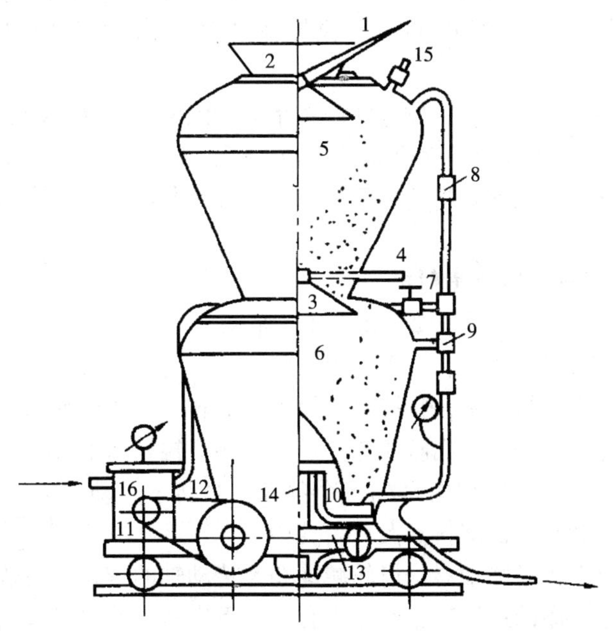

图6－100 双罐式喷射机

1、4—杠杆手柄；2、3—钟形阀；5—上罐；6—下罐；7、8、9—压气阀门；10—叶轮；11—电动机；12—V 带；13—涡轮减速箱；14—竖轴；15—排气阀门；16—风动马达

上罐作为贮料室，搬动杠杆，放下钟形阀门，干拌和料可以借助于皮带运输机或人力加入到上罐中，此时下罐上的钟形阀门应处于关闭状态。

下罐实际是起给料器作用。搬动杠杆，打开阀门，上罐中的拌和料即落入下罐当中；关闭阀门通入压缩空气，开动电动机、经V带传动、蜗杆涡轮传动、竖轴驱动搅拌给料叶轮回转，叶轮是一个具有径向叶片而分成个空格的圆盘，它转动时既疏松了拌和料，又连续均匀地将拌和料送至出料口。而压缩空气一面自上挤压拌和料，同时又在叶轮附近将拌和料吹松送向出料口。

上下罐的加料口处有橡皮密封圈，以防漏气。当下罐处于给料状态时，上罐再进行加料。如操作得当，使上罐的加料时间远小于下罐的给料时间，则喷射工作可连续进行。

（2）特点及设计要点。

1）罐体呈漏斗形，便于拌和料靠自重下流，其罐壁的倾角应大于拌和料的静自然坡角，以防堵塞。

2）双罐可上下连接，也可并列。双罐上下连接，使构造简单，共用一套搅拌叶轮装置，造价低；但高度较大，给加料带来困难，必须用皮带机加料；双罐并列式，高度可降低40%左右，使加料状况有所改善，但仍需皮带加料，而构造较为复杂、造价高，因此采用这种型式的较少。

3）加料口及钟形阀应保证圆形，用橡胶圈密封，密闭效果很好，密封圈既耐用又便于制作、更换，所以可用较高的气压输送较远的距离。其压气压力可视输送管道的长度而调整。

4）从操作强度方面来讲，罐体愈大，劳动强度愈低，由于每送出一罐要用较长的时间，操作者可以有较多的停歇的时间。但是罐体过大，非但高度增加很多，而且自重加大。

5）罐壁的厚度可按薄壁筒（圆柱部分）来计算，但还要考虑长期使用造成内壁的磨损。

6）双罐式喷射机的磨损件不多，构造简单，所以在工作中故障较少；而手柄多、阀门多，每输送一罐拌和料，就要将这些手柄、气阀和钟形阀重复操作一遍，因此劳动强度相当大。

3. 直筒料孔转子式混凝土喷射机

直筒料孔转子式喷射机结构，如图6-101所示。

搅拌器对拌和料进行二次拌和，以确保级配均匀。配料器及变量夹板使拌和料经上底座上的孔洞流入转子上的料孔中，料孔呈直筒形穿通转子，所以易于制作，并且很少发生堵塞故障。贮料斗是不动的，与底座相连并通过支座、拉杆与下底座连接。压缩空气由主风口*A*经上底座通入。转子的周向排列着个料孔，当转子转动到某一个料孔与上底座上的进料孔相对时，拌和料即被配料器拨入料孔中。

转子在竖置的电动机经联轴器、齿轮减速箱及传动轴的带动下回转，当装有拌和料的料孔转入上孔口与上底座的进风口相对、下孔口与下底座上的出料口相对时，拌和料就被压缩空气吹送着顺出料弯管、软管至喷嘴与压力水混合后喷射而出，喷射到支护面上。搅拌器及配料器也是由传动轴带动的。为了防止漏气，在上下底座上各装有上下胶合板，胶合板可用聚氨酯耐磨橡胶制作，板面与转子端面衬板接触，因此胶合板是密封件，并要求耐磨损。衬板可用球墨铸铁制作，表面经过精磨，因其与胶合板之间的接触良好与否，将直接影响漏气与灰尘大小。

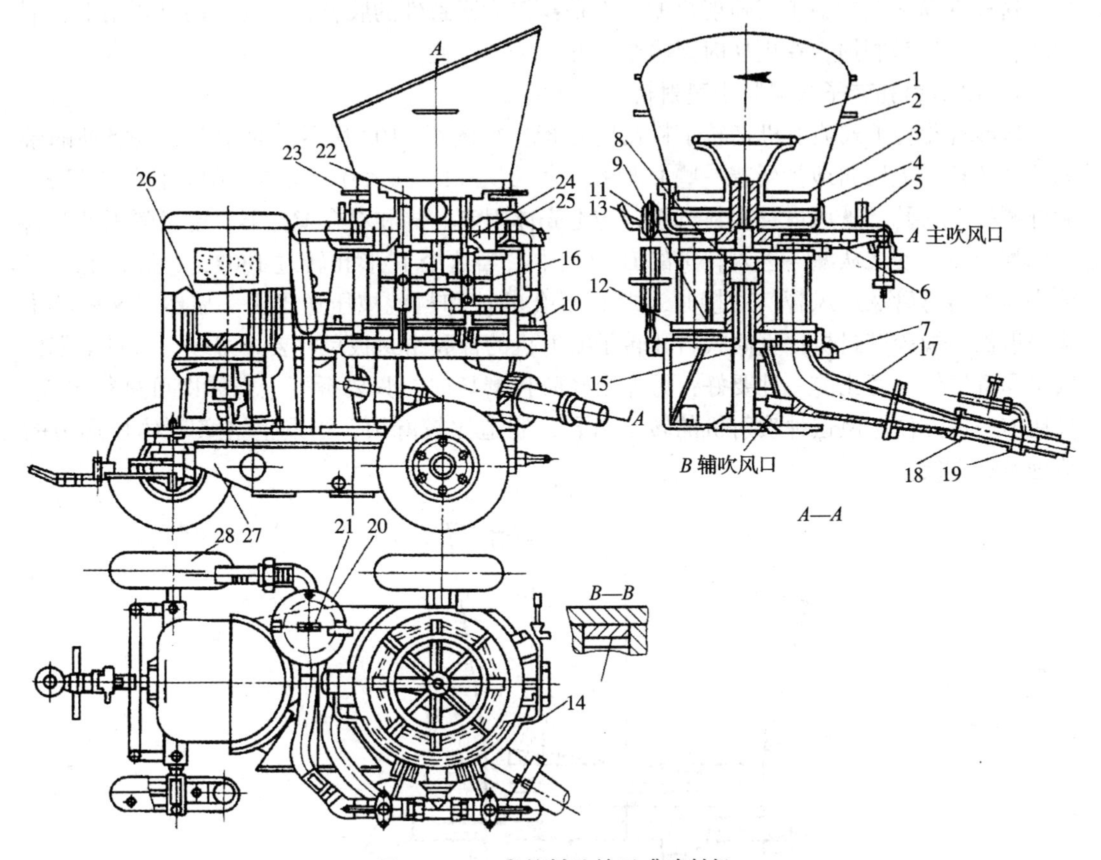

图 6－101　直筒料孔转子式喷射机

1—贮料斗；2—搅拌器；3—配料器；4—变量夹板；5—转子；6—上底座；7—下底座；8—上结合胶板；9—下结合胶板；10—支座；11—拉杆；12—衬板；13—橡皮弹簧；14—冷却水管；15—传动轴；16—转向指示箭头；17—出料弯管；18—输送软管；19—喷嘴；20—油水分离器；21、22—风压表；23—压气开关；24—堵管信号器；25—压气阀；26—电动机；27—齿轮减速箱；28—走行轮胎

自上底座、上胶合板、上衬板、转子、下衬板、下胶合板至下底座，它们之间是靠5个拉杆及其橡皮弹簧来保持压紧的，通常只要使橡皮弹簧具有2～3mm的变形，即可达到密封的要求；如过紧，会使胶合板磨损增加、动力消耗加大。在上底座上装有冷却水管，在开车前应先接通水源，不允许未通冷却水而进行工作或空转。变量夹板在安装时，其下料口必须与上底座上的进料口相错开，最好处于相对称的方向；避免让拌和料直接落入转子的料孔当中，这样会发生堵管及上下胶合板严重磨损。变量夹板及配料器，每次刮入料孔的拌和料最多只达到全部料孔高度的80%左右，当过满时，胶合板会很快磨损、漏风、堵管。喷嘴所接水压力，应大于0.1MPa，太低时，供水不足，与拌和料混合不均，既影响混凝土的强度，也使喷射时灰尘增大回弹量增多。

如输送距离在200m以上时，则需两台0.7MPa的压气机并联供气。转子的转向必须如箭头所示的方向回转。当发生堵管时，信号器可使压气机停车。

这种直筒料孔式转子式喷射机的缺点是：作为密封件的胶合板直径大而且要用上、下两块；胶合板易磨损，在更换时要整个拆开，很不方便。

4. U 形料孔转子式混凝土喷射机

U 形料孔转子式喷射机是转子料孔呈 U 形。如图 6－102 所示。转子在中央竖轴的带动下回转转子上周向地排列着一些 U 形孔（通常为 12～14 个），其靠近中心轴的为风孔，而外侧的为料孔。进风口及出料弯管皆与上壳体固定。拌和料在搅拌器、定量隔板及配料器的配合下，使之从漏斗进入转子的 U 形孔中。当这个 U 形孔转过 180°，U 形孔的二口分别与出料弯管及进风管口对接时，则 U 形孔的拌和料就被压送出去。显然，这种转子式喷射机的橡胶密封板比直筒式料孔转子喷射机的橡胶密封板尺寸要小得多，这对于密封效果和备件供应都比前一种要好；另外当橡胶板磨坏时，只要拆开上壳体即可进行更换，也比前一种方便。但这种喷射机的转子料孔，制造比较麻烦，当发生堵塞时对 U 形道的清理不够方便。

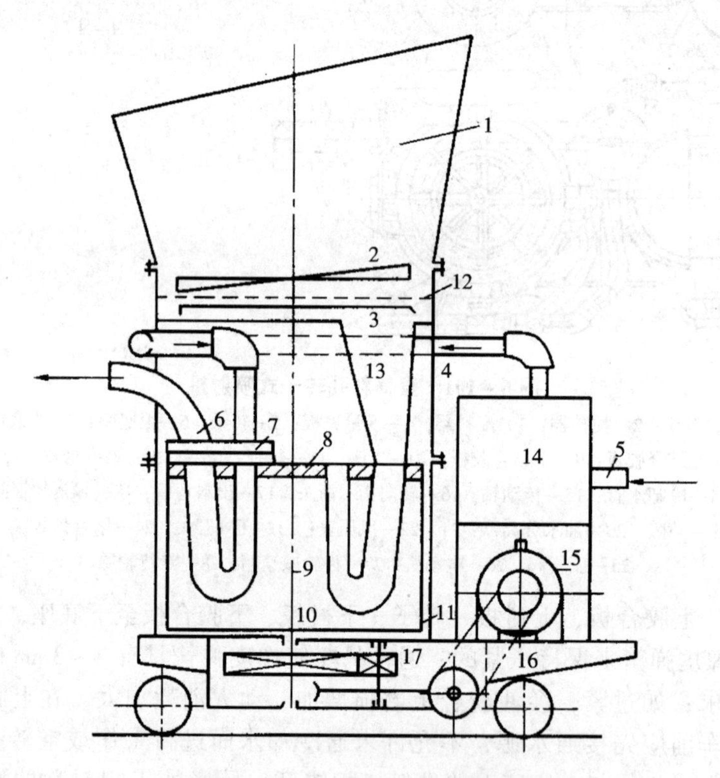

图 6－102 U 形料孔转子喷射机

1—贮料斗；2—搅拌器；3—配料器；4—上壳体；5—进风管；6—出料弯管；7—橡胶密封板；8—衬板；9—传动轴；10—转子；11—下壳体；12—定量隔板；13—下料斗；14—油水分离器；15—电动机；16—V 带；17—涡轮、齿轮箱

为了使出料流畅，料孔的中心线对转子轴的中心线作一些倾角，实践证明，以 10°最佳。料孔的断面积与风孔的断面积越接近，吹送的效果越好，但由于转子上 U 形孔外圈直径 D_1 大于内圈直径 D_2，如图 6－103 所示，因此料孔的直径 d_1 常大于风孔的直径 d_2，其断面积比，经试验得 2. 2∶1 较好。

5. 螺旋式混凝土喷射机

（1）构造。螺旋式混凝土喷射机是一种用螺旋件给料器、将从漏斗口下来的拌和料推挤到吹送室进行吹送的。如图6－104所示，电动机经减速器、轴承座而带动螺旋回转。螺旋的前部呈锥形，所以自贮料漏斗流入的拌和料被螺旋带着愈向前移动，就被挤得愈加密实，从而起了密封作用，而进入输送管后则松散开来。压缩空气由压风管引入，经风门、接风管通入中空的螺旋轴至锥形壳体的端部与拌和料混合、吹送进入输料软管。螺旋轴是由轴承座等悬臂地支承在壳体中的。整个设备安装在底座上，可以沿着轨道行走。

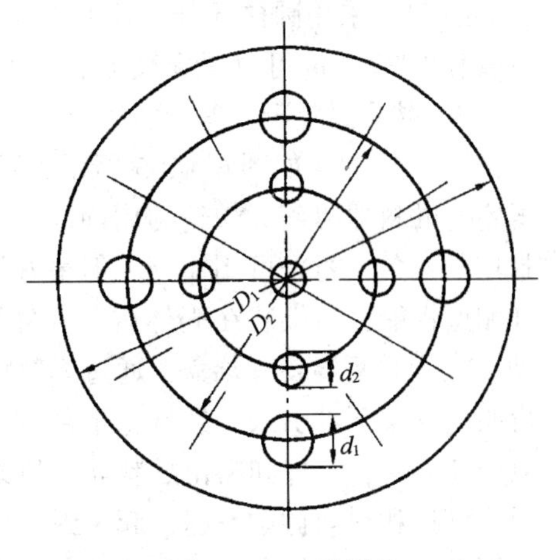

图6－103　配料孔

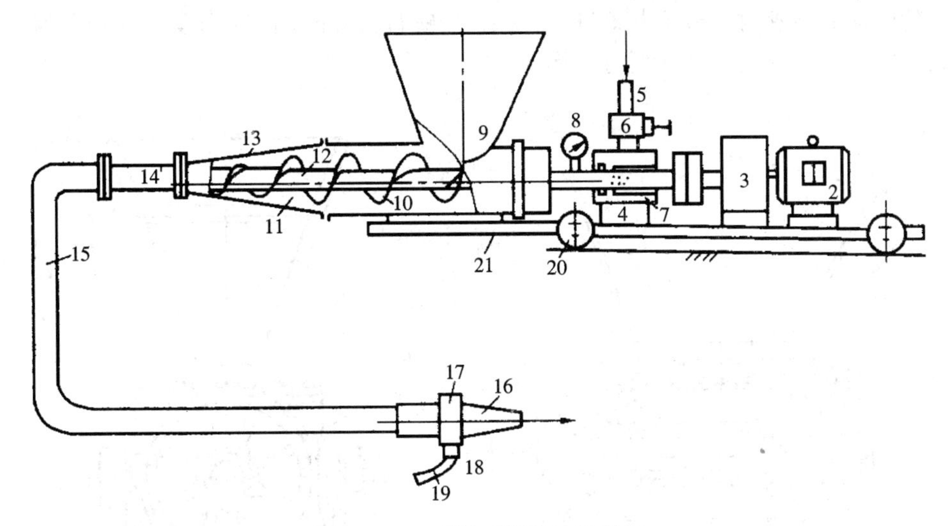

图6－104　螺旋式混凝土喷射机

1—接线盒；2—电动机；3—减速器；4—轴承座；5—压风管；6—风门；7—接风管座；8—压力表；9—加料斗；10—平直螺旋；11—锥形螺旋；12—螺旋轴；13—锥形壳体；14—接管；15—橡胶软管；16—喷嘴；17—混合室；18—水阀；19—把手；20—车轮；21—底座

（2）特点。造价低，结构简单、重量轻，只有300kg左右。上料高度低，操作方便，通常可不用皮带运输机上料，因机器高度只有70～80cm，所以可由人工直接加料。输送距离较短，通常只有十几米，因为它是靠螺旋及挤实的拌和料作密封装置的，如输送距离太远则需增加风压，会出现贮料器返风现象。这种喷射机的工作风压通常为0.15～0.25MPa。

（3）设计要点。

1）螺旋处于悬臂状态，如果自齿轮箱至螺旋为一条通轴，使安装和更换螺旋皆不方便，应该在齿轮箱出轴端与螺旋轴分段并用联轴器连接。

2）螺旋轴的悬臂较长时，对防止反风是有利的。但因螺旋有一定的重量，而螺旋下垂，会加剧螺旋及壳体的磨损，经不断试验，当圆柱部分的螺旋径为520mm、内径为

198mm 时，采用圆柱部分的长度在 500mm 左右，螺距为 120mm，锥形部分的锥度为 9°，锥管长度 390mm 可以得到最佳的输送效果。

6. 鼓轮式混凝土喷射机

(1) 结构。如图 6-105 所示，是一种鼓轮式喷射机，它是以鼓轮作为配料器并将吹送室与贮料器隔离。鼓轮的周向均布有 8 个 V 形槽，V 形槽的隔板（叶片）顶部镶以密封用的衬条，衬条可用锰钢，但最好用聚四氟乙烯、氯丁橡胶或是尼龙 60，以提高密封和耐磨性能，衬板装在壳体内。壳体通过丝杠支承在支架上，调整丝杠可使壳体左右移动。壳体的两端装有端盖，通过调整螺钉、压紧环而压端面密封环与鼓轮端面接触。进风弯头由支架下部引入，经鼓轮下部的 V 形槽至卸料弯头，即是吹送室。鼓轮轴带动鼓轮以低速回转，当拌和料由贮料斗经齿条筛进入鼓轮中时，如图 6-105 所示，有三个轮槽中充满拌和料与衬条一起，起密封作用，当转到最下方时即被压缩空气吹送出去。因轮叶的厚度较薄，鼓轮在不停地转动，所以输送管的送料是连续的。

鼓轮的端面与密封环板不断地进行摩擦，用螺钉可随时调整其压紧程度以防漏风。密封环板用胶质材料制成，磨坏后可更换。

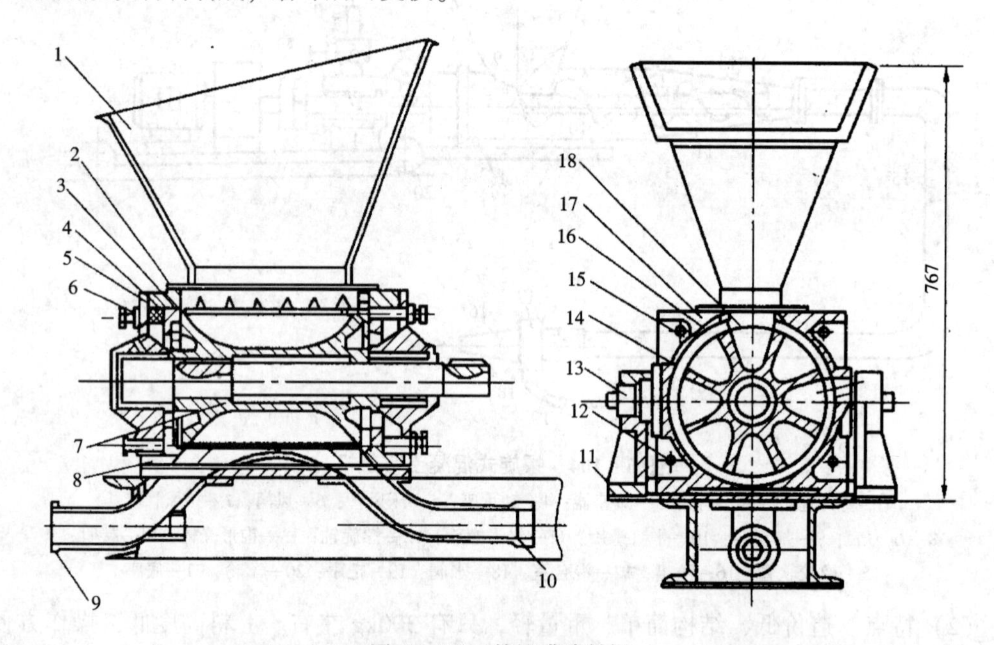

图 6-105 鼓轮式喷射机

1—料斗；2—端面密封环；3—端环；4—压紧环；5—端盖；6—调节螺栓；7—鼓轮；8—轴承座；9—卸料弯头；10—进风弯头；11—支架；12—拉杆；13—丝杠；14—衬条；15—衬板；16—弹性衬垫；17—壳体；18—齿条筛

(2) 鼓轮式混凝土喷射机有以下特点：

1）结构简单、体积小、质量轻（约 300~400kg）、移动方便。

2）连续出料、运转平稳、脉冲效应小。

3）上料高度低，仅 1m 左右，可以人工直接加料。

4）鼓轮控制了加料、卸料，故不易堵塞。

5）操作简单，劳动强度低。

6）易磨损零件（如衬条、密封环板）易于更换。

7）因为是靠衬条等进行密封的，密封能力不强，故输送距离最大不超过100m，通常以几十米以内为佳，否则压气漏损增大、容积效率降低，拌和料流速减慢，容易产生堵塞现象。

8）这种喷射机还可以在砂石原料中含有一定水分的情况下与水泥拌和进行工作，这样就可以无论是阴雨天气、砂子是干或湿，皆可开展喷射作业。实践证明，当拌和料中含有4% ~5% 的水分时，喷射工作面的粉尘浓度可降至12mg/m^3 以下，利于保护操作人员的健康，且不发生堵管现象。

7. 风动湿式混凝土喷射机

风动湿式喷射机是将已加水拌和好的混凝土，经喷射机压送至喷嘴又受压缩空气作用而进行喷射的设备。风动湿式喷射机大半是在干式喷射机的基础上发展起来的，通常都是正压式的。由于湿拌和料的重率较大，因此耗风量要比干式的多20% ~35%，而输送距离不及干式的远，通常为60 ~100m。

（1）立式双罐湿式喷射机。图6 -106 所示是一台搅拌机与一个喷射罐组成的湿式喷射机。混凝土干拌和料在搅拌机中加水得到良好的强制拌和后，打开球面阀落入到喷射罐中，再经拨料叶片送入螺旋输送机，使混凝土均匀流到出料口与压气混合后喷出。

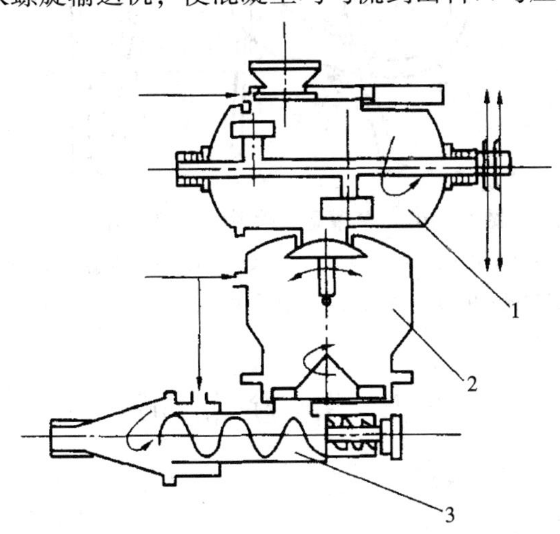

图6 -106 立式双罐式湿式喷射机

1—搅拌筒；2—喷射贮料罐；3—输送螺旋

在工作时，搅拌机及喷射罐皆通入压缩空气。搅拌机的加料口滑阀及喷射罐的球面阀皆由压缩空气控制其开闭。这种机型的缺点是上料高度大，比较笨重。

（2）单罐湿式喷射机。如图6 -107 所示，这种单罐湿式喷射机是周期式工作的，即每喷完一罐要停歇一段时间加料。打开球面阀，混凝土湿拌和料由受料斗落入罐中，加满后关闭球面阀打开快速风阀门，则压缩空气进入分风器，分别经6 个风嘴及风管进入锥体环向螺旋风嘴，这6 个风嘴焊在罐底锥体上，各嘴之间互成120°并与水平呈9°仰角，风嘴舌尖与锥面距离约9mm，因此送风后在罐内形成压气螺旋。并沿切线方向扫射罐壁且吹扫拌和料；当罐内压力与进风管的压力达到平衡时，压气螺旋由动压转为静压，则迫使拌和料流向输料管至喷嘴喷射。此时，分风器上的另一个风嘴经压气管接到速凝剂贮存器的底部，通过扩散栅将速凝剂经输送管吹送到喷嘴处与湿拌和料混合后喷出。这种具有螺旋布置的风嘴，既利于疏松拌和料防止堵管，又有清理罐体内壁的作用。

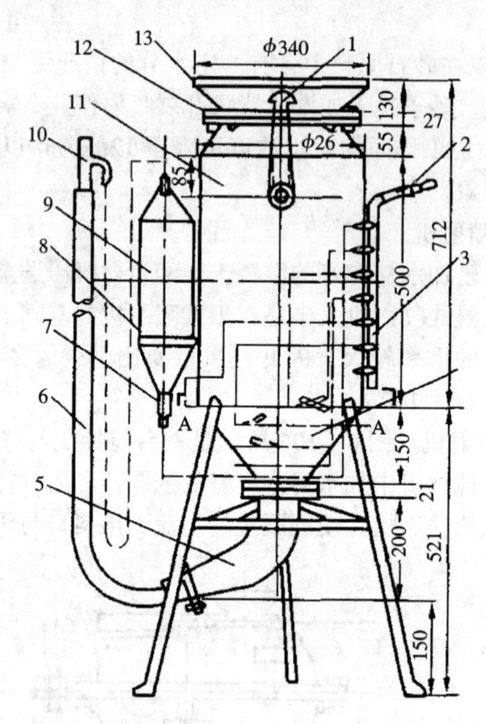

图 6-107 单罐湿式喷射机（单位 mm）

1—把手；2—快速开关阀；3—分风器；4—螺旋风环；5—输料弯管；6—输料软管；7—调节开关；8—扩散栅；9—速凝剂贮存器；10—喷嘴；11—罐体；12—球面阀；13—受料斗

6.5 钢筋机械

6.5.1 钢筋切断机

钢筋切断机是用于对钢筋原材或调直后的钢筋按混凝土结构所需要的尺寸进行切断的专用设备。

1. 分类

按照结构型式分为卧式和立式；按照传动方式分为机械式和液压式。机械式切断机分为曲柄连杆式和凸轮式。液压式分为电动式和手动式，电动式又分为移动式和手持式。

（1）曲柄连杆式钢筋切断机。图 6-108 所示的是曲柄连杆式钢筋切断机的外形和传动系统。曲柄连杆式钢筋切断机主要包括电动机、带轮、两对齿轮、曲柄轴、连杆、滑块、动刀片和定刀片等。曲柄连杆式钢筋切断机由电动机驱动，通过 V 带及两对齿轮传动使曲柄轴旋转。装在曲柄轴上的连杆带动滑块和动刀片在机座的滑道中作往复运动，与固定在机座上的定刀片相配合切断钢筋。

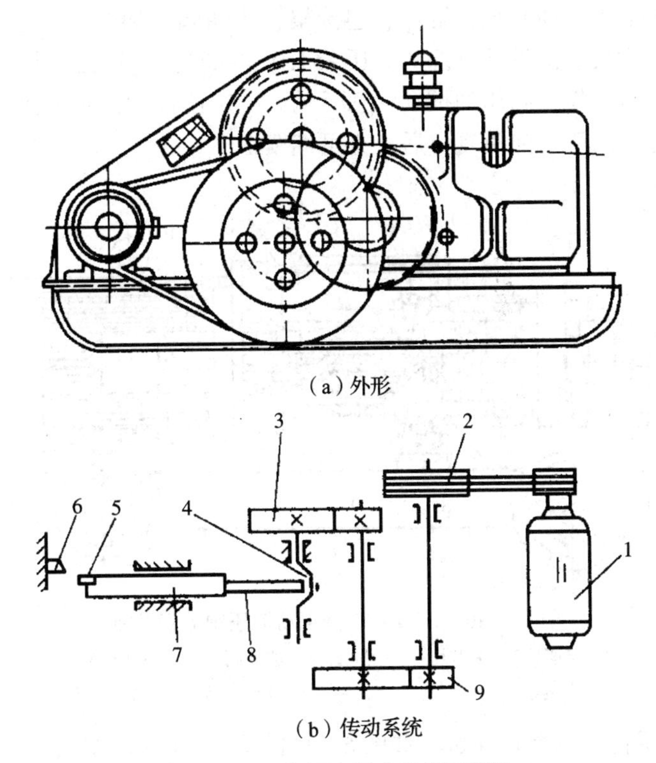

（a）外形

（b）传动系统

图 6－108 曲柄连杆式钢筋切断机

1—电动机；2—带轮；3、9—减速齿轮；4—曲柄轴；5—动刀片；6—定刀片；7—滑块；8—连杆

（2）凸轮式钢筋切断机。如图 6－109 所示为凸轮式钢筋切断机，主要由电动机、传动机构、操纵机构和机架等组成。

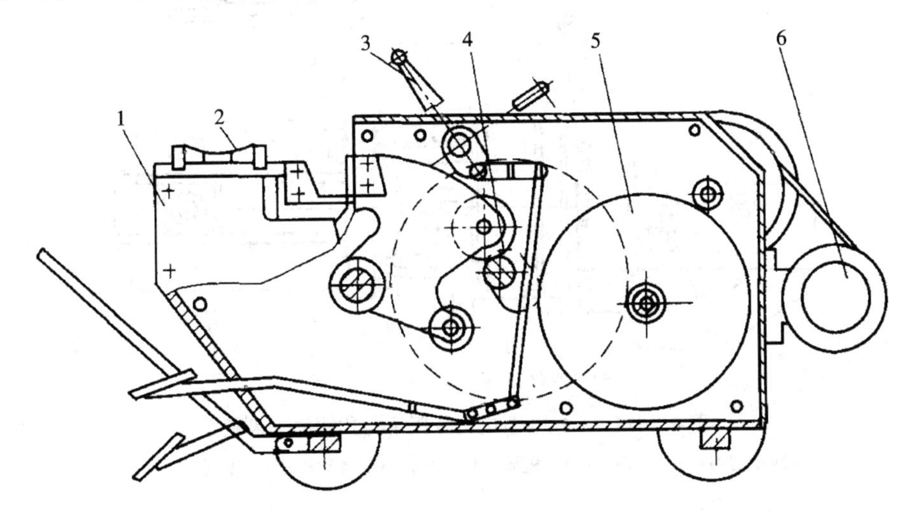

图 6－109 凸轮式钢筋切断机

1—机架；2—托料装置；3—操作机构；4、5—传动机构；6—电动机

（3）液压式钢筋切断机。

1）电动液压移动式钢筋切断机。图 6－110 所示为 DYJ－32 型电动液压钢筋切断机的结构，主要由电动机、油泵缸、缸体、连接架、放油阀、油箱、偏心轴、切刀等组成。其工作原理是：电动机直接带动柱塞式高压泵工作，泵产生的高压油推动活塞运动，从而推动动刀片实现切断动作。高压油推动活塞运动到一定位置时，两个回位弹簧被压缩而开启主阀，工作油开始回流。弹簧复位后，方可继续工作。

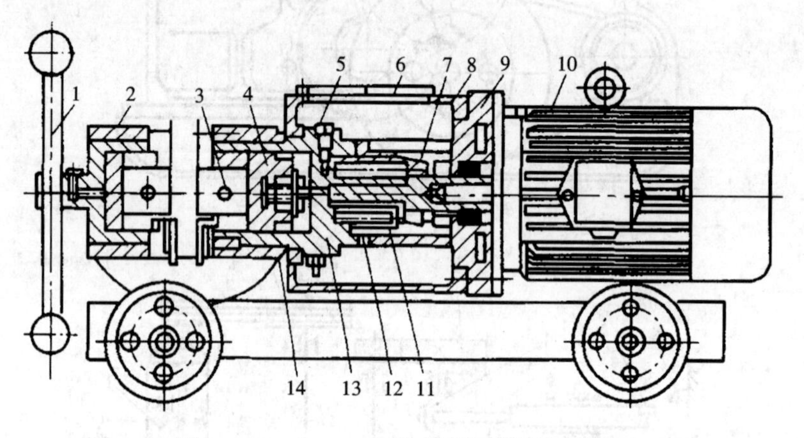

图 6－110 DYJ－32 型电动液压钢筋切断机

1—手柄；2—支座；3—主刀片；4—活塞；5—放油阀；6—观察玻璃；7—偏心轴；
8—油箱；9—连接架；10—电动机；11—柱塞；12—油泵缸；13—缸体；14—皮碗

2）电动液压手持式钢筋切断机。如图 6－111 所示为 GQ20 型电动液压手持式钢筋切断机，主要由电动机、油箱、工作头和机体等组成。电动液压手持式钢筋切断机自重轻，适用于高空和现场施工作业。

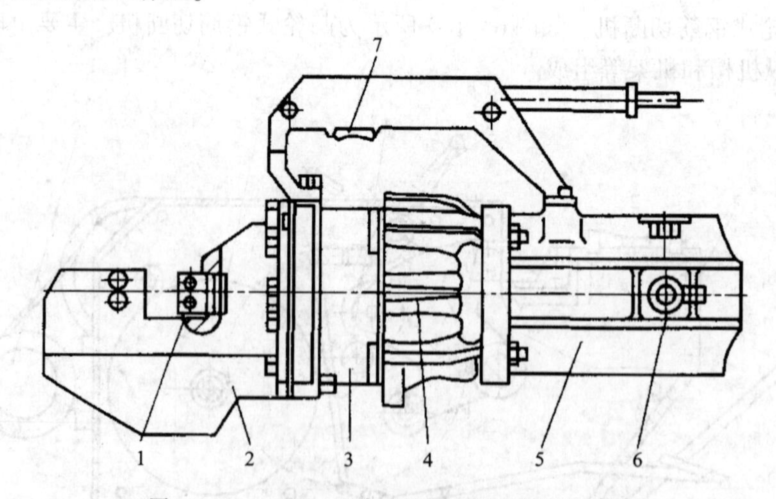

图 6－111 GQ20 型电动液压手持式钢筋切断机

1—活动刀头；2—工作头；3—机体；4—油箱；5—电动机；6—碳刷；7—开关

2．安全操作要点

（1）接送料的工作台面应和切刀下部保持水平，工作台的长度应根据加工材料长度确定。

（2）启动前，应检查并确认切刀不得有裂纹，刀架螺栓应紧固，防护罩应牢靠。应用手转动皮带轮，检查齿轮啮合间隙，并及时调整。

（3）启动后，应先空运转，检查并确认各传动部分及轴承运转正常后，开始作业。

（4）机械未达到正常转速前，不得切料。操作人员应使用切刀的中、下部位切料，应紧握钢筋对准刃口迅速投入，并应站在固定刀片一侧用力压住钢筋，防止钢筋末端弹出伤人。不得用双手分在刀片两边握住钢筋切料。

（5）操作人员不得剪切强度超过机械性能规定及直径超标的钢筋或烧红的钢筋。一次切断多根钢筋时，其总截面积应在规定范围内。

（6）剪切低合金钢筋时，应更换高硬度切刀，剪切直径应符合机械性能的规定。

（7）切断短料时，手和切刀之间的距离应大于150mm，并应采用套管或夹具将切断的短料压住或夹牢。

（8）机械运转中，不得用手直接清除切刀附近的断头和杂物。在钢筋摆动范围和机械周围，非操作人员不得停留。

（9）当发现机械有异常响声或切刀歪斜等不正常现象时，应立即停机检修。

（10）液压式切断机启动前，应检查并确认液压油位符合规定。切断机启动后，应空载运转，检查并确认电动机旋转方向应符合规定，并应打开放油阀，在排净液压缸体内的空气后开始作业。

（11）手动液压式切断机使用前，应将放油阀按顺时针方向旋紧，作业完毕后，应立即按逆时针方向旋松。

3. 维护要点

（1）作业完毕后，应清除刀具及刀具下边的杂物，清洁机体。检查各部螺栓的紧固度及V带的松紧度；调整固定与活动刀片间隙，更换磨钝的刀片。

（2）每隔400～500小时进行定期的保养，检查齿轮、轴承和偏心体磨损程度，调整各部间隙。

（3）按照规定部位和周期进行润滑。偏心轴和齿轮轴滑动轴承、电动机轴承、连杆盖及刀具用钙基润滑脂润滑，冬季用ZG－2号润滑脂，夏季用ZG－4号润滑脂。机体刀座用HG－11号气缸机油润滑。齿轮用ZG－S石墨脂润滑。

4. 常见故障及排除方法

钢筋切断机常见故障及排除方法见表6－65。

表6－65　钢筋切断机常见故障及排除方法

故障现象	故障原因	排除方法
剪切不顺利	刀片安装不牢固，刀口损伤	紧固刀片或修磨刀口
	刀片侧间隙过大	调整间隙

续表 6－65

故障现象	故障原因	排除方法
切刀或衬刀打坏	一次切断钢筋太多	减少钢筋数量
	刀片松动	调整垫铁，拧紧刀片螺栓
	刀片质量不好	更换
切细钢筋时切口不直	切刀过钝	更换或修磨
	上、下刀片间隙过大	调整间隙
轴承及连杆瓦发热	润滑不良，油路不通	加油
	轴承不清洁	清洁
连杆发出撞击声	铜瓦磨损，间隙过大	研磨或更换轴瓦
	连接螺栓松动	紧固螺栓
齿轮传动有噪声	齿轮损伤	修复齿轮
	齿轮啮合部位不清洁	清洁齿轮，重新加油

6.5.2　钢筋弯曲机

钢筋弯曲机是将钢筋弯曲成所要求的尺寸和形状的设备。

1. 分类

常用的台式钢筋弯曲机按照传动方式分为机械式和液压式两类。机械式钢筋弯曲机又有涡轮式和齿轮式。

(1) 涡轮式钢筋弯曲机。图 6－112 所示为 GW－40 型涡轮式钢筋弯曲机的结构，主要由电动机、涡轮箱、工作圆盘、孔眼条板和机架等组成。图 6－113 所示为 GW－40 型钢筋弯曲机的传动系统。电动机 1 经 V 带 2、齿轮 6 和 7、齿轮 8 和 9、蜗杆 3 和涡轮 4 传动，带动装在涡轮轴上的工作盘 5 转动。工作盘上通常有九个轴孔，中心孔用来插心轴，周围的 8 个孔用来插成型轴。当工作盘转动时，心轴的位置不变，而成型轴围绕着心轴作圆弧运动，通过调整成型轴位置，即可将被加工的钢筋弯曲成所需要的形状。更换相应的齿轮，可以使工作盘获得不同转速。钢筋弯曲机的工作过程如图 6－114 所示。将钢筋 5 放在工作盘 4 上的心轴 1 和成型轴 2 之间，开动弯曲机使工作盘转动，由于钢筋一端被挡铁轴 3 挡住，因而钢筋被成型轴推压，绕心轴进行弯曲，当达到所要求的角度时，自动或手动使工作盘停止，然后使工作盘反转复位。如果要改变钢筋弯曲的曲率，可以更换不同直径的心轴。

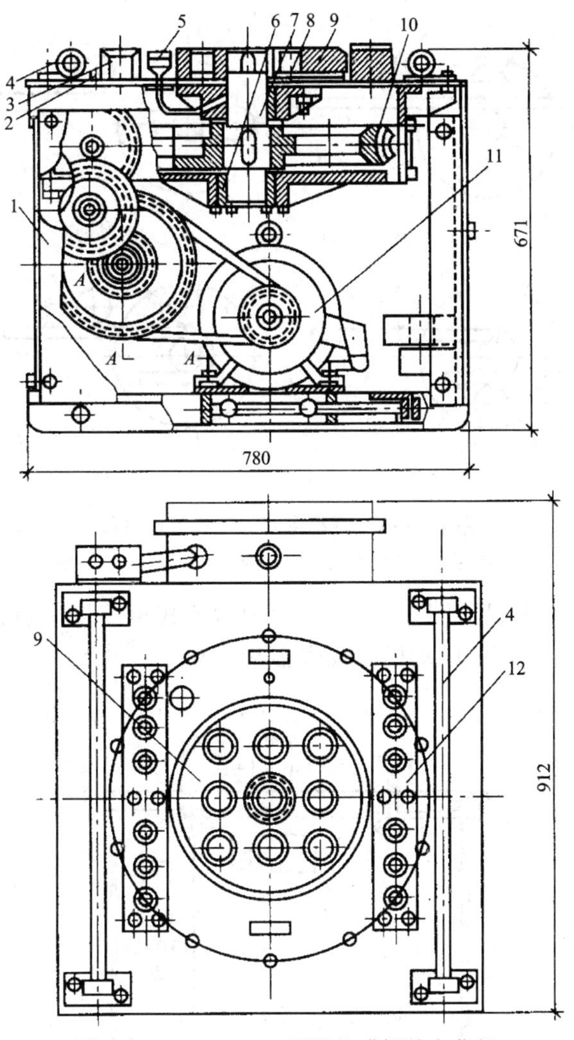

图 6－112　GW－40 型涡轮式钢筋弯曲机

1—机架；2—工作台；3—插座；4—滚轴；5—油杯；6—涡轮箱；7—工作主轴；8—立轴承；9—工作圆盘；10—涡轮；11—电动机；12—孔眼条板

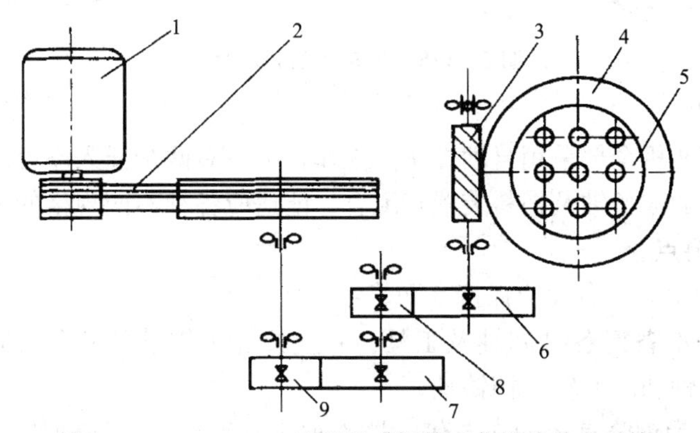

图 6－113　GW－10 型涡轮式钢筋弯曲机的传动系统

1—电动机；2—V 带；3—蜗杆；4—涡轮；5—工作盘；6、7、8、9—配换齿轮

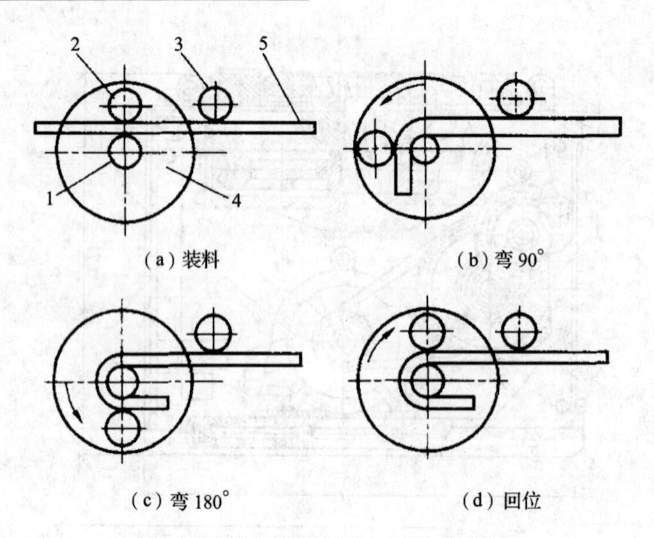

图 6-114　钢筋弯曲加工的工作过程

1—心轴；2—成型轴；3—挡铁轴；4—工作盘；5—钢筋

(2) 齿轮式钢筋弯曲机。图 6-115 所示为齿轮式钢筋切断机，主要由机架、工作台、调节手轮、控制配电箱、电动机和减速器等组成。

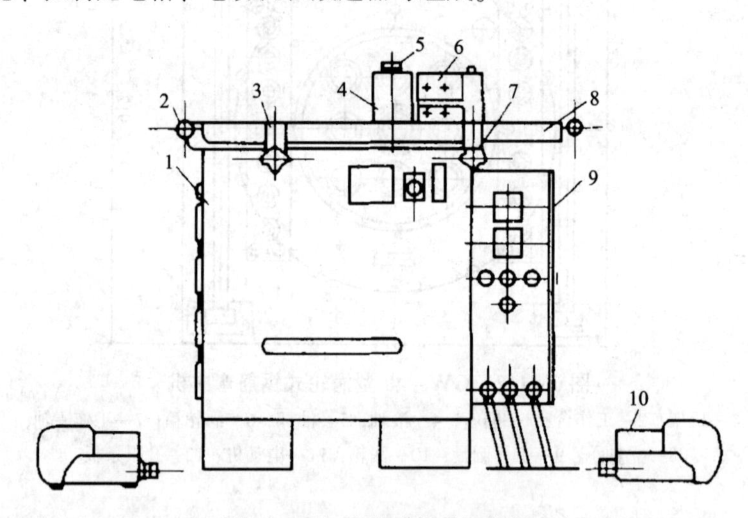

图 6-115　齿轮式钢筋切断机

1—机架；2—滚轴；3、7—调节手轮；4—转轴；5—紧固手轮；6—夹持器；8—工作台；9—控制配电箱

齿轮式钢筋弯曲机全部采用自动控制。工作台上左右两个插入座可以通过手轮无级调节，并与不同直径的成型轴及挡料装置相配合，能适应各种不同规格的钢筋弯曲成型。

2. 安全操作要点

(1) 工作台和弯曲机台面应保持水平。

(2) 作业前应准备好各种芯轴及工具，并应按加工钢筋的直径和弯曲半径的要求，装好相应规格的芯轴和成型轴、挡铁轴。

(3) 芯轴直径为钢筋直径的 2.5 倍。挡铁轴应有轴套。挡铁轴的直径和强度不得小于被弯钢筋的直径和强度。

（4）启动前应检查并确认芯轴、挡铁轴、转盘等不得有裂纹和损伤，防护罩应有效。在空载运转并确认正常后，开始作业。

（5）作业时，应将需弯曲的一端钢筋插入在转盘固定销的间隙内，将另一端紧靠机身固定销，并用手压紧，在检查并确认机身固定销安放在挡住钢筋的一侧后，启动机械。

（6）弯曲作业时，不得更换轴芯、销子和变换角度以及调速，不得进行清扫和加油。

（7）对超过机械铭牌规定直径的钢筋不得进行弯曲。在弯曲未经冷拉或带有锈皮的钢筋时，应戴防护镜。

（8）在弯曲高强度钢筋时，应进行钢筋直径换算，钢筋直径不得超过机械允许的最大弯曲能力，并应及时调换相应的芯轴。

（9）操作人员应站在机身没有固定销的一侧。成品钢筋应堆放整齐，弯钩不得朝上。

（10）转盘换向应在弯曲机停稳后进行。

3. 维护要点

（1）按照规定部位和周期进行减速器的润滑，冬季用 HE－20 号齿轮油，夏季用 HL－30 号齿轮油。传动轴轴承、立轴上部轴承及滚珠轴承冬季用 ZG－1 号润滑脂润滑，夏季用 ZG－2 号润滑脂润滑。

（2）连续使用三个月后，减速箱内的润滑油应当及时更换。

（3）长期停用时，应在工作表面涂装防锈油脂，并存放于室内干燥通风处。

4. 常见故障及排除方法

钢筋弯曲机常见故障及排除方法见表 6－66。

表 6－66 钢筋弯曲机常见故障及排除方法

故障现象	故障原因	排除方法
弯曲的钢筋角度不合适	运用中心轴和挡铁轴不合理	按规定选用中心轴和挡铁轴
弯曲大直径钢筋时无力	传动带松弛	调整带的紧度
弯曲多根钢筋时，最上面的钢筋在机器开动后跳出	钢筋没有把牢	将钢筋用力把牢并保持一致
立轴上部与轴套配合处发热	润滑油路不畅，有杂物阻塞，不过油	清除杂物
	轴套磨损	更换轴套
传动齿轮噪声大	齿轮磨损	更换磨损齿轮
	弯曲的直径大，转速太快	按规定调整转速

6.5.3 钢筋冷拉机

常用的钢筋冷拉机械包括卷扬机冷拉机械、阻力轮冷拉机械和液压冷拉机械等。其中卷扬机冷拉机械具有适应性强、设备简单、成本低、制造维修容易等特点。本节以卷扬机冷拉机械为例。

1. 构造组成

如图6－116所示，卷扬机冷拉机的主要组成部分包括电动卷扬机、滑轮组、地锚、导向滑轮、夹具和测力机构等。主机采用慢速卷扬机，冷拉粗钢筋时选用JM5型；冷拉细钢筋时选用JM3型。为了提高卷扬机牵引力，降低冷拉速度，以适应冷拉作业需要，常配装多轮滑轮组。如JM5型卷扬机配装六轮滑轮组后，其牵引力由50kN提高到600kN，绳速由9.2m/min降低到0.76m/min。

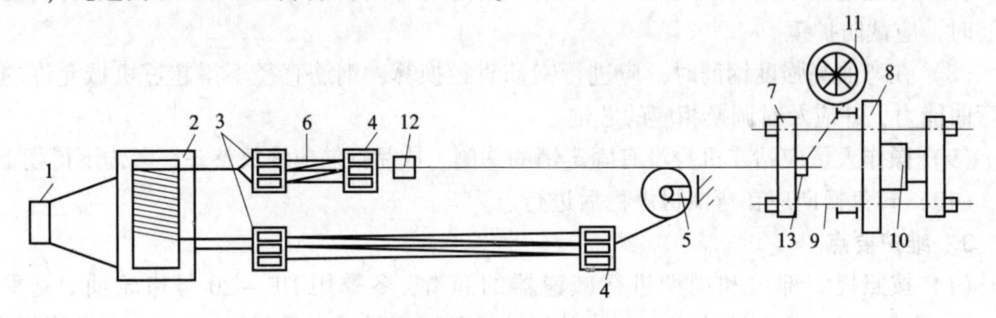

图6－116 卷扬机式钢筋冷拉机结构示意图

1—地锚；2—卷扬机；3—定滑轮组；4—动滑轮组；5—导向滑轮；6—钢丝绳；7—活动横梁；8—固定横梁；9—传力杆；10—测力器；11—放盘架；12—前夹具；13—后夹具

2. 工作原理

因卷筒上钢丝绳是正、反向穿绕在两副动滑轮组上，所以当卷扬机旋转时，夹持钢筋的一组动滑轮被拉向卷扬机，使钢筋被拉伸；而另一组动滑轮则被拉向导向滑轮，为下一次冷拉时交替使用。钢筋所受的拉力经传力杆、活动横梁传给测力装置，进而测出拉力的大小。拉伸长度可通过标尺测出或用行程开关来控制。

3. 性能指标

卷扬机式钢筋冷拉机主要技术性能见表6－67。

表6－67 卷扬机式钢筋冷拉机主要技术性能

项 目	粗钢筋冷拉	细钢筋冷拉
卷扬机型号规格	JJM－5（5t慢速）	JJM－3（3t慢速）
滑轮直径及门数	计算确定	计算确定
钢丝绳直径（mm）	24	15.5
卷扬机速度（m/min）	<10	<10
测力器型式	千斤顶式测力器	千斤顶式测力器
冷拉钢筋直径（mm）	12～36	6～12

4. 安全操作要点

（1）应根据冷拉钢筋的直径，合理选用冷拉卷扬机。卷扬钢丝绳应经封闭式导向滑轮，并应和被拉钢筋成直角。操作人员能见到全部冷拉场地。卷扬机与冷拉中心线距离不得少于5m。

（2）冷拉场地应设置警戒区，并应安装防护栏及警告标志。非操作人员不得进入警戒区。作业时，操作人员与受拉钢筋的距离应大于2m。

(3) 采用配重控制的冷拉机应有指示起落的记号或专人指挥。冷拉机的滑轮、钢丝绳应相匹配。配重提起时，配重离地高度应小于300mm。配重架四周应设置防护栏杆及警告标志。

(4) 作业前，应检查冷拉机，夹齿应完好；滑轮、拖拉小车应润滑灵活；拉钩、地锚及防护装置应齐全牢固。

(5) 采用延伸率控制的冷拉机，应设置明显的限位标志，并应有专人负责指挥。

(6) 照明设施宜设置在张拉警戒区外。当需设置在警戒区内时，照明设施安装高度应大于5m，并应加防护罩。

(7) 作业后，应放松卷扬钢丝绳，落下配重，切断电源，并锁好开关箱。

5. 保养与维护

外观检查冷拉钢筋时，其表面不应发生裂纹和局部缩颈；不得有沟痕、鳞落、砂孔、断裂和氧化脱皮等现象。液压式冷拉机还应注意液压油的清洁，要按期换油，夏季用HC－11，冬季用HC－8。对于冷拉设备和机具及电器装置等，在每班作业前要认真检查，并对各润滑部位加注润滑油。低于室温冷拉钢筋时，可以适当提高冷拉力。用伸长率控制的装置，必须装有明显的限位装置。进行钢筋冷拉作业前，应先检查冷拉设备的能力和钢筋的力学性能是否相适应，防止超载。成束钢筋冷拉时，各根钢筋的下料长度应一致，其互差不可超过钢筋长度的1‰，并不可大于20mm。冷拉钢筋时，如焊接接头被拉断，可重焊再拉，但重焊部位不可超过两次。作业后应对全机进行清洁、润滑等维护作业。

6.5.4 钢筋冷拔机

1. 分类及其构造

钢筋冷拔机又称为拔丝机，按其构造形式分为立式和卧式两种。立式按其作业性能可分为单次式（1/750型）、直线式（4/650型）、滑轮式（4/550型、D5C型）等；卧式构造简单，多用于施工现场拔钢丝，按其结构可分为单卷筒式和双卷筒式两种，后者效率较高。

(1) 立式钢筋冷拔机构造。图6－117为一台立式圆锥齿轮传动的拔丝机。

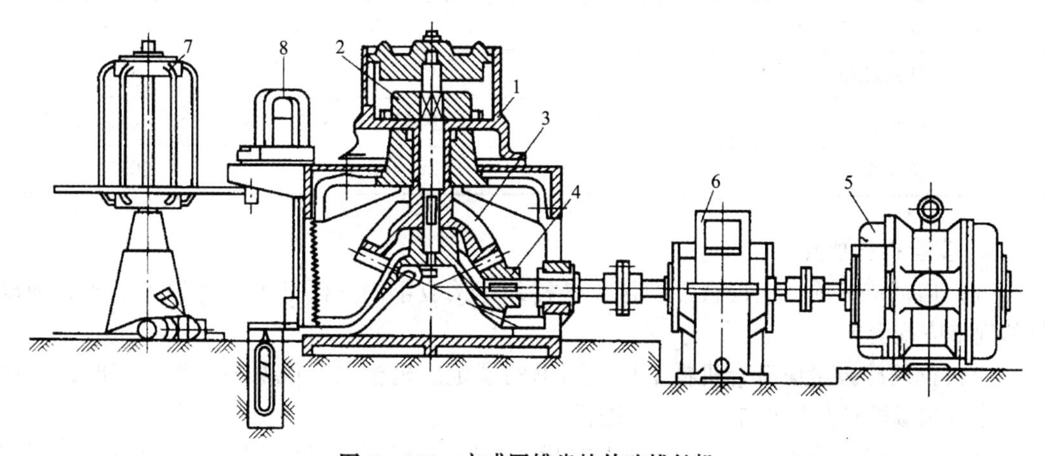

图6－117 立式圆锥齿轮传动拔丝机

1—拔丝卷筒；2—竖轴；3、4—圆锥齿轮；5—电动机；6—减振器；7—盘圈钢筋架；8—拔丝模架

(2) 卧式钢筋冷拔机构造。卧式钢筋冷拔机的卷筒是水平设置，有单筒、双筒之分，常用的为双筒，其构造如图 6－118 所示。

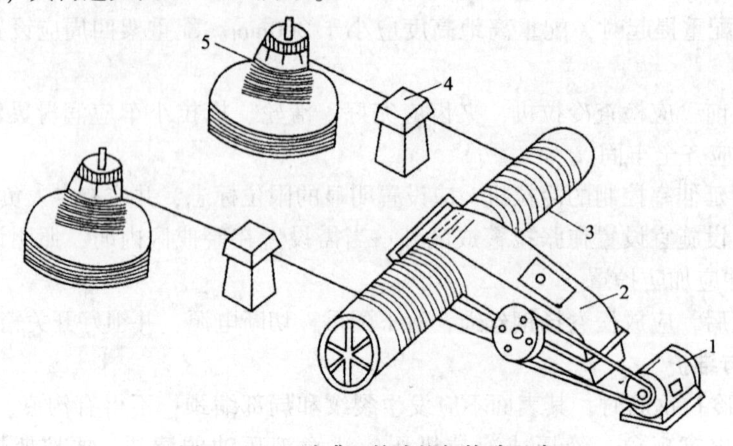

图 6－118 卧式双筒冷拔机构造示意

1—电动机；2—减速器；3—卷筒；4—拔丝模盒；5—承料架

2. 性能指标

拔丝机的技术性能见表 6－68。

表 6－68 拔丝机的技术性能

指 标	单位	1/750	4/650
卷筒个数	—	1	4
卷筒直径	mm	750	650
进/出钢筋直径	mm	9/4	7.1/3～5
卷筒转速	r/min	30	40～60
拔丝速度	m/min	75	80～160
功率/转速	kW/r/min	46/750	40/1000、2000
钢筋拉拔后强度极限	MPa	13000	14500
冷却水耗量	L/min	2	4.5
外形尺寸	m	9.55×3×3.7	1.55×4.15×3.7
总质量	kg	6030	20125

3. 安全操作要点

(1) 启动机械前，应检查并确认机械各部连接应牢固，模具不得有裂纹，轧头和模具的规格应配套。

(2) 钢筋冷拔量应符合机械出厂说明书的规定。机械出厂说明书未作规定时，可按每次冷拔缩减模具孔径 0.5～1.0mm 进行。

(3) 轧头时，应先将钢筋的一端穿过模具，钢筋穿过的长度宜为 100～150mm，再用夹具夹牢。

（4）作业时，操作人员的手与轧辊应保持300～500mm 的距离。不得用手直接接触钢筋和滚筒。

（5）冷拔模架中应随时加足润滑剂，润滑剂可采用石灰和肥皂水调和晒干后的粉末。

（6）当钢筋的末端通过冷拔模后，应立即脱开离合器，同时用手闸挡住钢筋末端。

（7）冷拔过程中，当出现断丝或钢筋打结乱盘时，应立即停机处理。

4．保养与维护

应按照润滑周期的规定注油，传动箱体内要保持一定的油位。齿轮副式涡轮副及滚动轴承处采用油泵喷射润滑。润滑油冬季用 HJ－20 号，夏季用 HJ－30 号机械油。润滑油由齿轮泵输出，通过单向阀分为两路：一路经安全阀和油箱通连，另一路经滤油器向外输出至各润滑点。冷拔机的卷筒由于局部受力集中磨损较快，应当定期检查，发现磨损严重时，可用锰钢焊条补平，然后用砂轮打光。或在磨损处加工出一条环形槽，镶上球墨铸铁制成的新衬套。

6.5.5　钢筋镦粗机

钢筋镦粗机是将钢筋或钢丝的端头，加工为灯笼形圆头，作为预应力钢筋的锚固头。钢筋镦粗的方法有冷镦和热镦两种。冷镦适合于小于 ϕ5mm 的钢丝，常用的机械包括电动钢丝冷敷机和液压钢丝冷镦机。热镦适合于较粗的钢筋，常用的设备有电热镦头机和对焊机。

1．电动钢丝冷镦机

电动钢丝冷镦机包括固定式和移动式两种。固定式电动钢丝冷镦机的构造和工作原理如图 6－119 所示。冷镦机主要由电动机 1、带轮 2、3、9、加压凸轮 5、顶镦凸轮 7、顶镦滑块 12 及加压杠杆 8 等组成。电动机经两级带传动减速后，带动凸轮轴 4 转动。凸轮轴上的加压凸轮与加压杠杆上的滚轮 6 相接触时，加压杠杆左端顶起，右端压下，使加压杠杆右端的压模 10 将钢丝压紧；同时顶镦凸轮很快与顶镦滑块左端的滚轮接触，使顶镦滑块沿水平滑道向右运动，滑块右端上的镦模 13 冲击钢丝端头，钢丝端头被冷镦成型。

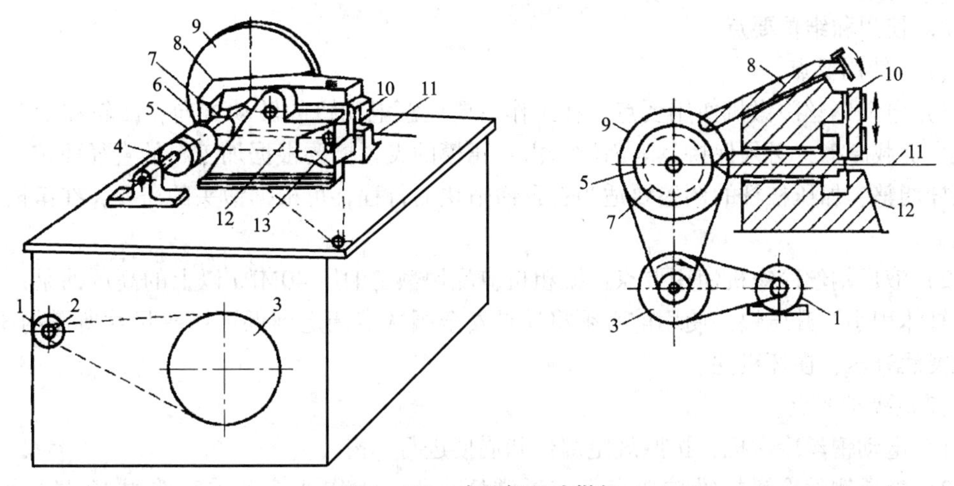

图 6－119　电动钢丝冷镦机

1—电动机；2、3、9—带轮；4—凸轮轴；5—加压凸轮；6—加压杠杆滚轮；7—顶镦凸轮；8—加压杠杆；10—压模；11—钢筋；12—顶镦滑块；13—镦模

2. 液压钢丝冷镦机

液压钢丝冷镦机的构造，如图6－120所示。冷镦机主要由缸体2、夹紧活塞11、镦头活塞10、顺序阀3、回油阀5、镦头模12、夹片15及锚环13等组成。在工作时，高压油泵供给的高压油，由油嘴1进入机体，推动夹紧活塞工作，带动夹片在锥形锚环中逐渐收拢，而将钢丝夹紧；继续进油。当油压高于顺序阀开启压力时，顺序阀自动开启，油压开始推动镦头活塞工作，将钢丝镦粗成型。

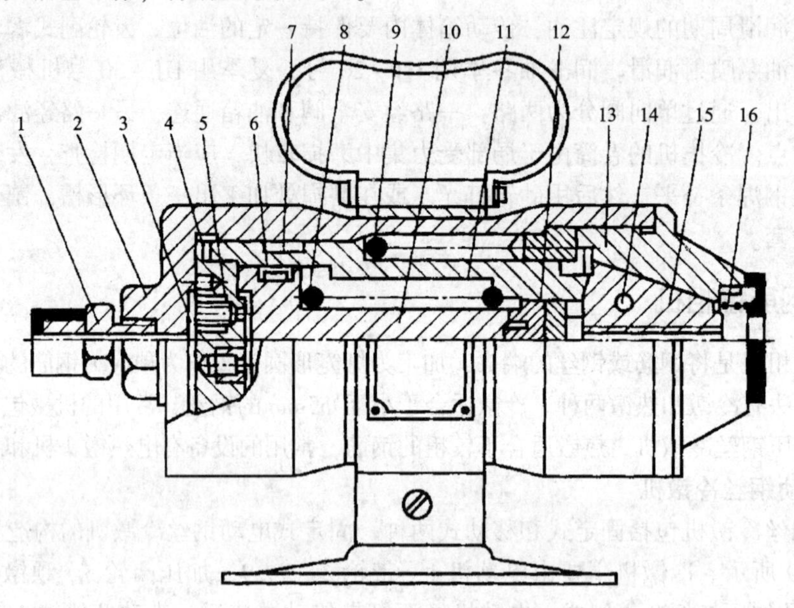

图6－120 液压钢丝镦粗机

1—油嘴；2—缸体；3—顺序阀；4、6、7—密封圈；5—回油阀；
8—镦头活塞回程弹簧；9—夹紧活塞回程弹簧；10—镦头活塞；11—夹紧活塞；
12—镦头模；13—锚环；14—夹片张开弹簧；15—夹片；16—夹片回程弹簧

3. 使用和维护要点

（1）使用要点。

1）电动钢丝冷镦机使用要点：在工作前要注意电动机的转动方向；凸轮和滚轮工作属强力负载摩擦，必须保持其表面的润滑；压模的夹紧槽要根据加工料的直径而定，行程由螺杆调整，加压杠杆的调整要适当；顶镦滑块的行程，可根据镦头的需要，在镦模上进行调节。

2）液压钢丝冷镦机使用要点：镦粗机应配用额定油压40MPa以上的高压油泵；镦粗机油缸体积小、升压快，使用前必须将油泵安全阀从零调定到保证镦头尺寸所需的压力，以免突然升压，损坏机件。

（2）维护要点。

1）电动钢丝冷镦机，按照规定部位和周期进行润滑。

2）液压钢丝冷镦机维护要点：在通常情况下，工作油液冬季宜选用10号机械油，夏季则选用20号机械油。要注意保持油液清洁，并定期更换；新油管应用轻油将管内清洁干净后再投入使用。油管接头部位应保持清洁；镦头部位各零件应经常保持清洁，定时拆洗除锈。夹片与锚环锥形接触面要经常加油润滑；夹片的相对位置不能互换，拆洗后应按规定记号次序位置装配。重装后应经过空载运行，夹片间的间隙均匀后再使用。

4. 常见故障及排除方法

液压钢丝冷镦机常见故障及排除方法见表6-69。

表6-69 钢丝冷镦机常见故障及排除方法

故障现象	故障原因	排除方法
钢丝镦头后取不出来	镦头过大	将锚环拧松几扣直至取出钢丝
镦粗机在运行时滑行不够平稳	机体留有空气	空运转数次后即会正常
漏油及渗油	连接处松动	检查连接处并拧紧
	密封件失效	换密封件

6.5.6 钢筋点焊机

1. 结构和工作原理

点焊是使相互交叉的钢筋，在其接触处形成牢固焊点的一种压力焊接方法，适用于钢筋预制加工中焊接各种形式的钢筋网。点焊机的种类很多，按照结构形式可分为固定式和悬挂式；按照压力传动方式可分为杠杆式、气动式和液压式；按照电极类型又可分为单头、双头和多头等型式。

图6-121和图6-122所示是杠杆弹簧式点焊机的外形和工作原理。杠杆弹簧式点焊机主要由焊接变压器次极线圈、变压器调节级数开关、断路器、电极和脚踏板等组成。在点焊时，将表面清理好的钢筋交叉叠合在一起，放于两个电极之间预压夹紧，使两根钢筋在交叉点紧密接触，然后踏下踏板，弹簧使上电极压到钢筋交叉点上，同时断路器接通电路，电流经变压器次极线圈至电极，两根钢筋的接触处在极短的时间里产生大量的电阻热，使钢筋的局部熔化，在电极压力作用下形成焊点。松开脚踏板时，电极松开，断路器断开电源，点焊结束。

2. 安全操作要点

（1）作业前，应清除上下两电极的油污。

（2）作业前，应先接通控制线路的转向开关和焊接电流的开关，调整好极数，再接通水源、气源，最后接通电源。

（3）焊机通电后，应检查并确认电气设备、操作机构、冷却系统、气路系统工作正常，不得有漏电现象。

（4）作业时，气路、水冷系统应畅通。气体应保持干燥。排水温度不得超过40℃，排水量可根据水温调节。

（5）严禁在引燃电路中加大熔断器。当负载过小，引燃管内电弧不能发生时，不得闭合控制箱的引燃电路。

（6）正常工作的控制箱的预热时间不得少于5min。当控制箱长期停用时，每月应通电加热30min。更换闸流管前，应预热30min。

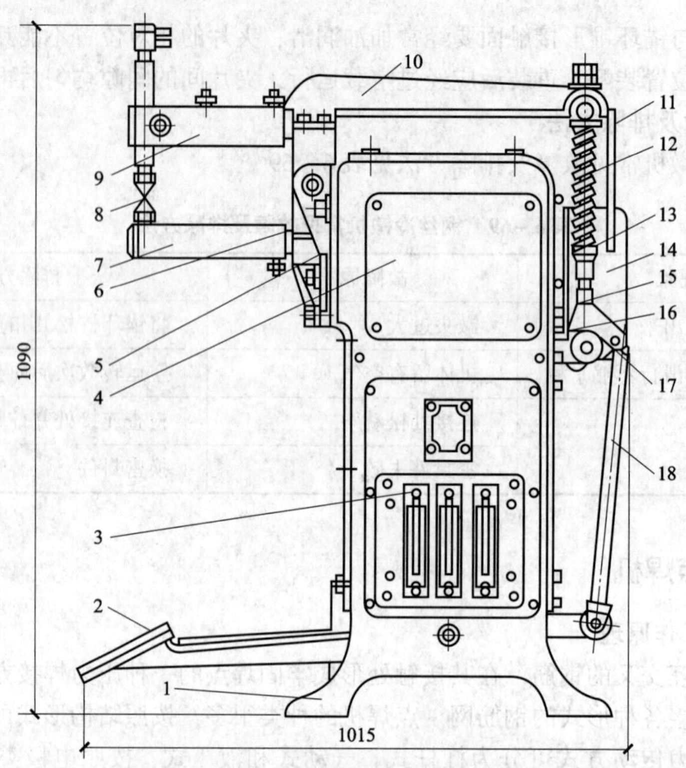

图 6－121 杠杆弹簧式点焊机（mm）

1—基座；2—踏脚；3—分级开关；4—变压器；5—夹座；6—下夹块；7—下电极臂；8—电极；9—上电极臂；10—压力臂；11—指示板；12—压簧；13—调节螺母；14—开关罩；15—转块；16—滚柱；17—三角形联杆；18—联杆

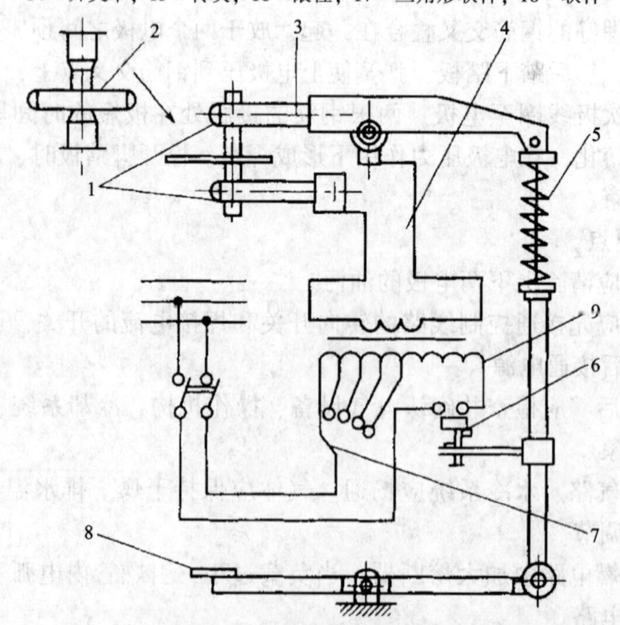

图 6－122 杠杆弹簧式点焊机工作原理

1—电极；2—钢筋；3—电极臂；4—变压器次级线圈；5—弹簧；6—断路器；7—变压器调节级数开关；8—脚踏板；9—变压器初级线圈

3. 维护要点

(1) 在工作前，必须清除油渍及污物，否则将降低电极的使用期限，影响焊接质量。

(2) 点焊机的轴承、铰链和气缸的活塞衬环、滑块、导轨等活动部位应当定期润滑。

(3) 经常检查电极触头磨损情况，如有磨损，可用砂布或细锉刀进行修复，电极触头不得偏斜。

(4) 点焊机在停止工作时，应当先切断电源和气源，最后关闭水源，清除杂物和焊渣。冬季停用时，在必须将冷却水排放干净，避免管路冻裂。

(5) 点焊机长期停用时，应在易锈部位涂装防锈油。

4. 常见故障及排除方法

钢筋点焊机常见故障及排除方法见表6－70。

表6－70 钢筋点焊机常见故障及排除方法

故障现象	故障原因	排除方法
焊接时无焊接电流	焊接程序循环停止	检查时间调节器电路
	继电器接触不良或电阻断路	清除接触点或更换电阻
	无引燃脉冲或幅值很小	逐级检查电路和管脚是否松动
	气温低，引燃管不工作	外部加热
焊件大，电流烧穿	电极下降速度太慢	检查导轨的润滑，气阀是否正常。气缸活塞是否胀紧
	焊接压力未加上	检查电极间距离是否太大，气路压力是否正常
	上下电极不对中	校正电极
	焊件表面有污尘或内部夹杂物	清理焊件
	引燃管冷却不良而引起温度增高	畅通冷却水
	继电器触点间隙太小或继电器接触不良	调整间隙，清理触点
引燃管失控，自动闪弧	引燃管不良	更换引燃管
	闸流管损坏	更换闸流管
	引燃电路无栅偏压	测量检查栅偏压
焊接时电极不下降	脚踏开关损坏	修理脚踏开关
	电磁阀卡死或线圈开路	修理和重绕线圈
	压缩空气压力调节过低	调高气压
	气缸活塞卡死	拆修气缸活塞

6.5.7 钢筋对焊机

1. 结构和工作原理

钢筋对焊机主要由焊接变压器、左电极、右电极、交流接触器、送料机构和控制元件等组成，如图6-123所示。

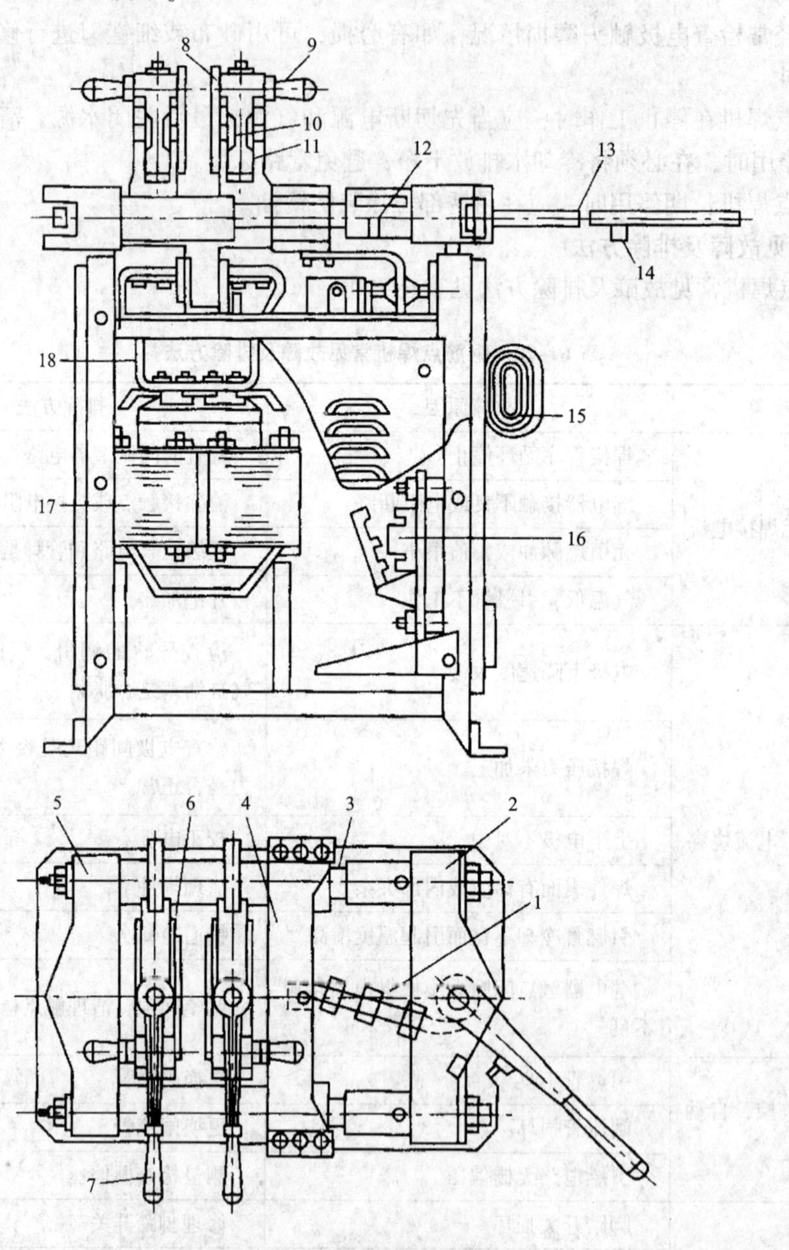

图6-123 钢筋对焊机

1—调节螺钉；2—导轨架；3—导轮；4—滑动平板；5—固定平板；6—左电极；7—旋紧手柄；8—护板；9—套钩；10—右电极；11—夹紧臂；12—行程标尺；13—操纵杆；14—接触器按钮；15—分级开关；16—交流接触器；17—焊接变压器；18—铜引线

钢筋对焊机的工作原理如图6－124所示，对焊机的电极分别安装在固定平板和滑动平板上，滑动平板可沿机身上的导轨移动，电流通过变压器次级线圈传到电极上。当推动压力机构使两根钢筋端头接触在一起后，造成短路电阻产生热量，加热钢筋端头，当加热至高塑性后，再加力挤压，使两端头达到牢固的对接。

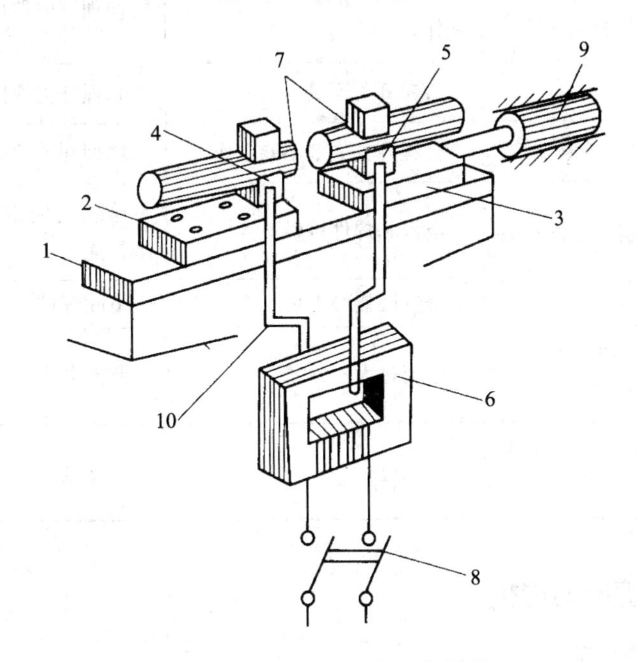

图6－124 钢筋对焊机工作原理

1—机身；2—固定平板；3—滑动平板；4—固定电极；5—活动电极；6—变压器；7—钢筋；8—开关；9—加压机构；10—变压器次级线圈

2. 安全操作要点

(1) 钢筋对焊机应安置在室内或防雨的工棚内，并应有可靠的接地或接零。当多台对焊机并列安装时，相互间的间距不得小于3m，并应分别接在不同相位的电网上，分别设置各自的断路器。

(2) 焊接前，应检查并确认对焊机的压力机构应灵活，夹具应牢固，气压、液压系统不得有泄漏。

(3) 焊接前，应根据所焊接钢筋的截面，调整二次电压，不得焊接超过对焊机规定直径的钢筋。

(4) 断路器的接触点、电极应定期光磨，二次电路连接螺栓应定期紧固。冷却水温度不得超过40℃；排水量应根据温度调节。

(5) 焊接较长钢筋时，应设置托架。

(6) 闪光区应设挡板，与焊接无关的人员不得入内。

(7) 冬期施焊时，温度不应低于8℃。作业后，应放尽机内冷却水。

3. 常见故障及排除方法

钢筋对焊机的常见故障及排除方法见表6－71。

表6－71 钢筋对焊机的常见故障及排除方法

故障现象	故障原因	排除方法
焊接时次级没有电流，焊件不能熔化	继电器接触点不能随按钮动作	修理继电器接触点，清除积尘
	按钮开关不灵	修理开关的接触部分或更换
焊件熔接后不能自动断路	行程开关失效不能动作	修理开关的接触部分或更换
变压器通路，但焊接时不能良好焊牢	电极和焊件接触不良	修理电极钳口，把氧化物用砂纸打光
	焊件间接触不良	清除焊件端部的氧化皮和污物
焊接时焊件熔化过快，不能很好接触	电流过大	调整电流
焊接时焊件熔化不好，焊不牢有粘点现象	电流过小	调整电压

6.5.8 钢筋电渣压力焊机

1．结构和工作原理

钢筋电渣压力焊因其生产率高、节约材料、施工简便、质量高、成本低而得到广泛应用。主要适用于现浇钢筋混凝土结构中竖向或斜向主筋的连接，焊接范围在ϕ14～40mm的钢筋。钢筋电渣压力焊实际是一种综合焊接方法，同时具有埋弧焊、电渣焊和压力焊的特点。电渣压力焊工作原理如图6－125所示，利用电源3提供的电流，通过上下两根钢筋2和4端面间引燃的电弧，使电能转化为热能，将电弧周围的焊剂8不断熔化，形成渣池（称之为电弧过程）。然后将上钢筋端部潜入渣池中，利用电阻热能使钢筋端面熔化并形成有利于保证焊接质量的端面形状（称之为电渣过程）。最后，在断电的同时，迅速进行挤压，排除全部熔渣和熔化金属，形成焊接接头。

钢筋电渣压力焊机按照控制方式分为手动式、半自动式和自动式；按照传动方式分为手摇齿轮式和手压杠杆式。主要由焊接电源、控制系统、夹具（机头）和辅件（焊接填装盒、回收工具）等组成。

2．使用和维护要点

（1）焊机操作人员必须经过培训合格后，方可上岗操作。

（2）在操作前，应当检查焊机各机构是否灵敏、可靠，电气系统是否安全。

（3）按照焊接钢筋的直径值选择焊接电流、焊接电压和焊接时间。

（4）正确安装夹具和钢筋，对接钢筋的两端面应保证平行，与夹具保证垂直，轴线基本保持一致。

（5）在焊接前，应当对钢筋端部进行除锈，并将杂物清除干净。

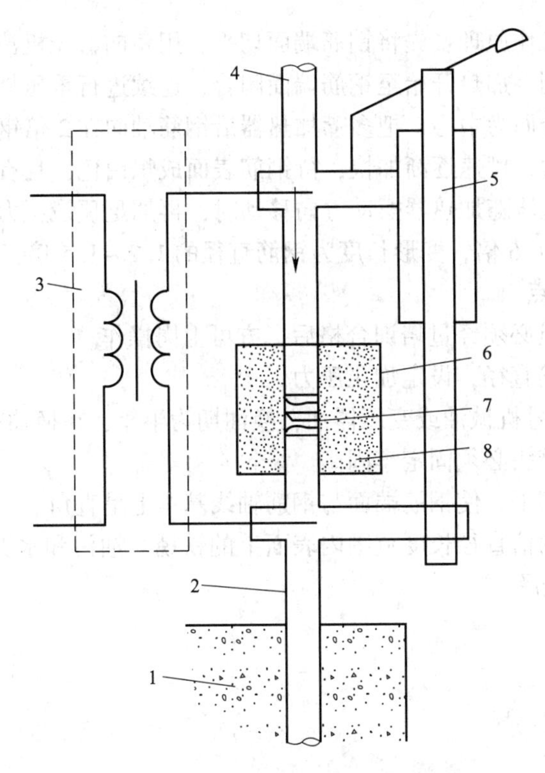

图 6－125 电渣压力焊工作原理

1—混凝土；2—下钢筋；3—电源；4—上钢筋；5—夹具；6—焊剂盒；7—铁丝球；8—焊剂

6.5.9 钢筋气压焊机

1. 结构和工作原理

钢筋气压焊机主要由氧气和乙炔供气装置、加热器、加压器及钢筋卡具等组成，其工作示意图如图 6－126 所示。

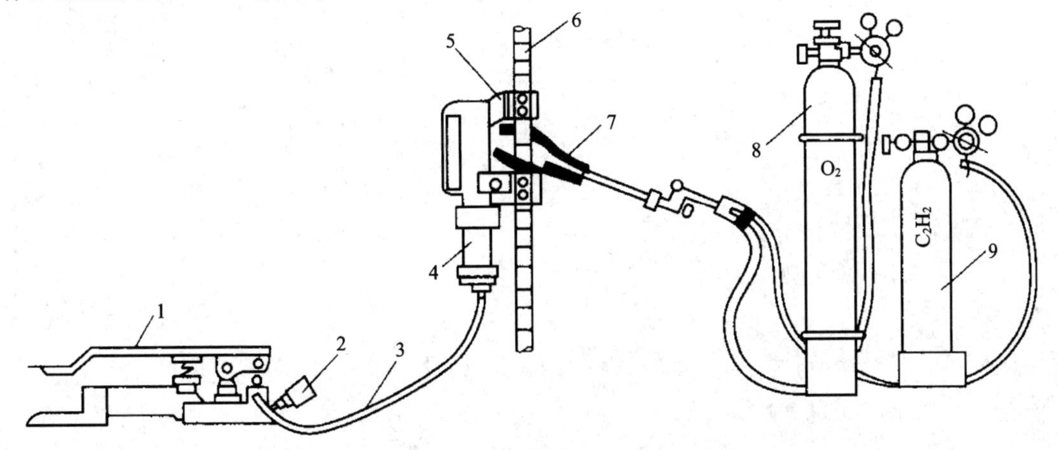

图 6－126 钢筋气压焊机工作示意图

1—脚踏液压泵；2—压力表；3—液压胶管；4—油缸；5—钢筋夹具；
6—被焊接钢筋；7—多火口烤钳；8—氧气瓶；9—乙炔瓶

钢筋气压焊机的工作原理：先将钢筋端面切平，用角向磨光机清除钢筋端头及端面上的脏物，倒掉边缘毛刺。加热开始至钢筋端面闭合，连续进行重压焊，将加热焰调成乙炔稍多的中性焰。以接合面为中心，把多嘴加热器沿钢筋轴向在2倍钢筋直径范围内均匀摆动加热，摆幅由小变大，摆速逐渐加快，待钢筋表面成炽白色，且有氧化物变成小粒灰白色球状物继而聚集成泡沫随加热器摆动方向移动时，再加足顶锻压力，并保持接合处均匀变粗，直径增大1.4～1.6倍，变形长度为钢筋直径的1.2～1.5倍，即可中断火焰。

2. 使用和维护要点

（1）焊机操作人员必须经过培训合格后，方可上岗操作。

（2）按照焊接钢筋直径，设定加压压力。

（3）液压泵用10号机械油或变压器油，换油期为半年，在换油时油需过滤。

（4）高压油管的接头必须固定牢固。

（5）把钢筋端面切平，使钢筋端面与钢筋轴线基本上呈直角。

（6）把钢筋端部两倍直径长度范围内表面上的铁锈、油污和水泥等附着物清除干净。钢筋端面打磨见金属光泽。

7 建筑起重及运输机械

7.1 履带式起重机

7.1.1 构造组成

履带式起重机是一种具有履带行走装置的转臂起重机，如图7-1所示。通常可以与履带挖掘机换装工作装置，也有专用的。其起重量和起升高度较大，常用的为10～50t，目前最大起重量达350t，最大起升高度达135m，吊臂一般是桁架结构的接长臂。由于履带接地面积大，机械能在较差的地面上行驶和作业，作业时不需支腿，可带载移动，并可原地转弯，因此在建筑工地得到较广泛的应用。但自重大，行走速度慢（<5km/h），转场时需要其他车辆搬运。

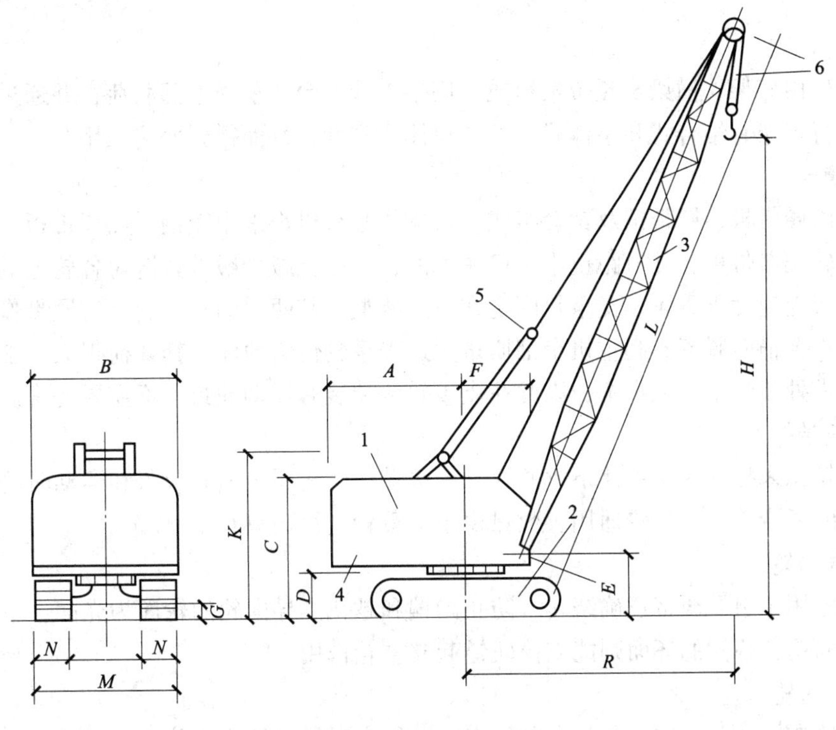

图7-1 履带式起重机

1—机身；2—行走装置（履带）；3—起重杆；4—平衡重；5—变幅滑轮组；6—起重滑轮组；*H*—起重高度；*R*—起重半径；*L*—起重杆长度

7.1.2 行走装置

液压式起重机的行走装置，如图7-2所示，由连接回转支承装置的行走架通过支重轮、履带将载荷传到地面。履带呈封闭环绕过驱动轮和导向轮、为减少履带上分支挠度，由1~2个托带轮支持。行走装置的传动是由液压马达经减速器传动驱动轮使整个行走装置运行。当履带因磨损而伸长时，可由张紧装置调整其松紧度。机械式起重机行走装置的结构和液压式起重机相似，其履带及履带架为开式结构。行走传动是由上部传动机构通过行走竖轴，经锥齿轮副通过左右链轮及链条，使驱动轮转动。

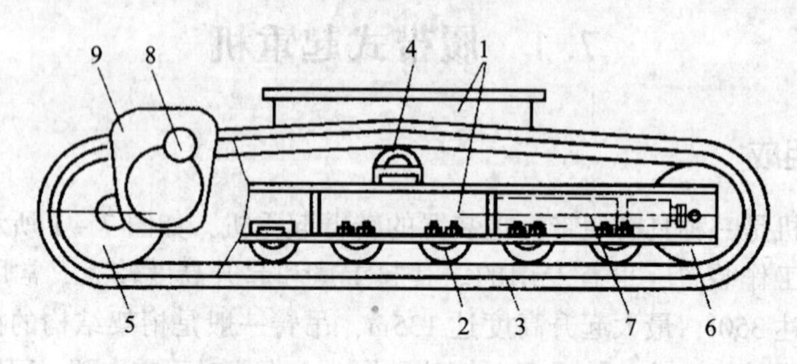

图7-2 液压式起重机行走装置

1—行走架；2—支重轮；3—履带；4—托带轮；5—驱动轮；6—导向轮；7—张紧装置；8—液压马达；9—减速器

1. 行走架

行走架由底架、横梁及履带架组成。底架连接平台，承受上部载荷，并通过横梁传给履带架。行走架有结合式和整体式两种，整体式刚性较好而得到普遍采用。

2. 履带

履带由履带板、履带销及销套组成。机械式起重机都采用铸钢平面履带板，液压式都采用短筋轧制履带板，其节距也小于机械式的，因此能减少履带轨链对各轮上的冲击和磨损，提高行走速度支重轮。支重轮固定在行走架上，其两边的凸缘起夹持履带作用，使履带行走时不会横向脱落。起重机全部质量通过支重轮传给地面，其载荷很大，工作条件又恶劣，经常处于尘土、泥水中，因此在支重轮两端装有浮动油封，不需要经常注油。

3. 托带轮

托带轮用来托住履带不使下垂并在其上滚动，防止履带横向脱落和运动时的振动。通常起重机的托带轮与支重轮通用，数量少于支重轮，每边只有1~2个。

4. 导向轮

导向轮用于引导履带正确绕转，防止跑偏和越轨。导向轮的轮面为光面，中间有挡肩环作为导向用，两侧的环面则能支撑轨链起支重轮作用。

5. 驱动轮

驱动轮在转动时，推动履带向前行走。在行走时导向轮应在前，驱动轮应在后，这样既可缩短驱动段的长度，减少功率损失，又可提高履带使用寿命。机械传动需要一套复杂的锥齿轮、离合器及传动轴等使驱动轮转动；液压传动只需要两个液压马达通过减速器分别使左、右驱动轮转动。由于两个液压马达可分别操纵，因此起重机的左右履带可以同步前进、后退、一条履带驱动、一条履带止动的转弯处，还可以两条履带相反方向驱动，实现起重机的原地旋转。

6. 张紧装置

履带张紧装置的作用是经常保持履带一定的张紧度，防止履带因销轴等磨损而使节距增大。机械式起重机张紧装置通常采用螺栓调整；液压式起重机都采用带辅助液压缸的弹簧张紧装置，调整时只要用油枪将润滑脂压入液压缸，使活塞外伸，一端推动导向轮，另一端压缩弹簧使之预紧。如果履带太紧需放松时，可以拧开注油嘴，从液压缸中放出适量润滑脂，如图 7－3 所示。

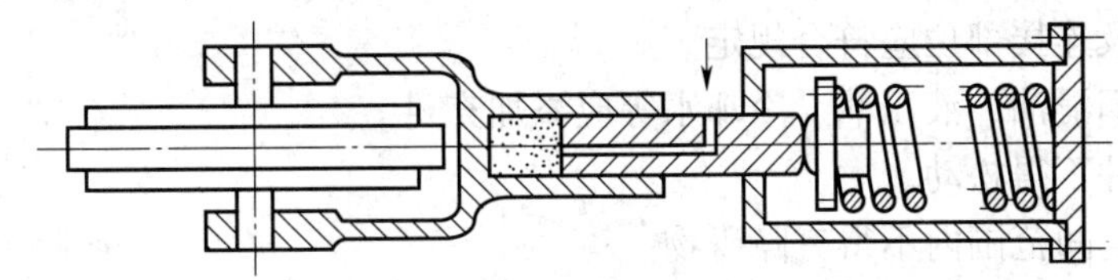

图 7－3 液压履带张紧装置

7.1.3 性能指标

履带式起重机的技术性能见表 7－1。

表 7－1 履带式起重机的性能指标

项目		起重机型号								
		W－501			W－1001			W－2001（W－2002）		
操纵形式		液压			液压			气压		
行走速度（km/h）		1.5～3			1.5			1.43		
最大爬坡能力（°）		25			20			20		
回转角度（°）		360			360			360		
起重机总量（t）		21.32			39.4			79.14		
吊杆长度（m）		10	18	18＋2①	13	23	30	15	30	40
回转半径	最大（m）	10	17	10	12.5	17	14	15.5	22.5	30
	最小（m）	3.7	4.3	6	4.5	6.5	8.5	4.5	8	10
起重量	最大回转半径时（t）	2.6	1	1	3.5	1.7	1.5	8.2	4.3	1.5
	最小回转半径时（t）	10	7.5	2	15	8	4	50	20	8
起重高度	最大回转半径时（t）	3.7	7.6	14	5.8	16	24	3	19	25
	最小回转半径时（t）	9.2	17	17.2	11	19	26	12	26.5	36

注：①18＋2 表示在 18m 吊杆上加 2m 鸟嘴。相应的回转半径、起重量、起重高度各数值均为副吊钩的性能。

7.1.4 安全操作

(1) 起重机应在平坦坚实的地面上作业、行走和停放。作业时，坡度不得大于3°，起重机械应与沟渠、基坑保持安全距离。

(2) 起重机械启动前重点检查下列项目，并应符合相应要求：

1) 各安全防护装置及各指示仪表应齐全完好。

2) 钢丝绳及连接部位应符合规定。

3) 燃油、润滑油、液压油、冷却水等应添加充足。

4) 各连接件不得松动。

5) 在回转空间范围内不得有障碍物。

(3) 起重机启动前应将主离合器分离，各操纵杆放在空挡位置。应按《建筑机械使用安全技术规程》JGJ 33—2012 第3.2节规定启动内燃机。

(4) 内燃机启动后，应检查各仪表指示值，应在运转正常后接合主离合器，空载运转时，应按顺序检查各工作机构及其制动器，应在确认正常后作业。

(5) 作业时，起重臂的最大仰角不得超过使用说明书的规定。当无资料可查时，不得超过78°。

(6) 起重机变幅应缓慢平稳，在起重臂未停稳前不得变换挡位。

(7) 起重机械工作时，在行走、起升、回转及变幅四种动作中，应只允许不超过两种动作的复合操作。当负荷超过该工况额定负荷的90%及以上时，应慢速升降重物，严禁超过两种动作的复合操作和下降起重臂。

(8) 在重物升起过程中，操作人员应把脚放在制动踏板上，控制起升高度，防止吊钩冒顶。当重物悬停空中时，既使制动踏板被固定，仍应脚踩在制动踏板上。

(9) 采用双机抬吊作业时，应选用起重性能相似的起重机进行。抬吊时应统一指挥，动作应配合协调，载荷应分配合理，起吊重量不得超过两台起重机在该工况下允许起重量总和的75%，单机的起吊载荷不得超过允许载荷的80%。在吊装过程中，两台起重机的吊钩滑轮组应保持垂直状态。

(10) 起重机械行走时，转弯不应过急；当转弯半径过小时，应分次转弯。

(11) 起重机械不宜长距离负载行驶。起重机械负载时应缓慢行驶，起重量不得超过相应工况额定起重量的70%，起重臂应位于行驶方向正前方，载荷离地面高度不得大于500mm，并应拴好拉绳。

(12) 起重机上、下坡道时应无载行走，上坡时应将起重臂仰角适当放小，下坡时应将起重臂仰角适当放大。下坡严禁空挡滑行。在坡道上严禁带载回转。

(13) 作业结束后，起重臂应转至顺风方向，并应降至40°~60°之间，吊钩应提升到接近顶端的位置，关停内燃机，并应将各操纵杆放在空挡位置，各制动器应加保险固定，操纵室和机棚应关门加锁。

(14) 起重机械转移工地时，应采用火车或平板拖车运输，所用跳板的坡度不得大于15°；起重机装上车后，应将回转、行走、变幅等机构制动，应采用木楔楔紧履带两端，并应绑扎牢固；吊钩不得悬空摆动。

（15）起重机自行转移时，应卸去配重，拆短起重臂，主动轮应在后面，机身、起重臂、吊钩等必须处于制动位置，并应加保险固定。

（16）起重机通过桥梁、水坝、排水沟等构筑物时，应先查明允许载荷后再通过。必要时应采取加固措施。通过铁路、地下水管、电缆等设施时，应铺设垫板保护，机械在上面不得转弯。

7.2 轮胎式起重机

7.2.1 分类

轮胎式起重机的特点是起重机装在轮胎式的底盘上，按照结构型式可从以下几个方面分类。

1. 按底盘的特点分类

按底盘特点可分为汽车起重机和轮胎起重机。汽车起重机的行驶速度高，机动灵活，接近汽车行使速度；轮胎起重机则具备转弯半径小、全轮转向、吊重行驶等特点。履带式起重机的行使速度 < 10km/h。轮胎起重机已逐步向汽车起重机靠近，部分行驶速度达50km/h。

2. 按起重量分类

按起重量可分为小型、中型、大型和超大型。小型——起重量在12t以下；中型——起重量在16t到40t；大型——起重量大于40t；超大型——起重量在100t以上。

3. 按起重吊臂形式分类

按照吊臂形式可分为桁架臂式和箱形臂式。桁架臂自重轻，可接长到数十米，主要适用于大型起重机。伸缩臂起重机吊臂在工作时逐节外伸到所需长度，但吊臂自重较大，在大幅度时起重性能较差，带有折叠式的副吊臂。

目前，100t以上的桁架吊臂的轮胎式起重机吊臂长度在60～70m左右，部分达100多米。起重量超过100t的箱形伸缩臂的轮胎式起重机（最大为250t），因受到结构、材料、行驶尺寸和臂端挠曲等限制，箱形吊臂长度通常在40m以内，个别的在50m左右。

4. 按传动装置的形式

按照传动装置形式起重机可分为机械传动式、电力—机械传动式和液压—机械传动式。机械传动式已逐步被淘汰，而电力—机械传动式仅在大型的桁架臂轮胎式起重机中采用。液压—机械传动式具有结构紧凑、传动平稳、操纵省力、元件尺寸小、重量轻等特点，成为轮胎式起重机的发展方向。

7.2.2 主要参数

轮式起重机的主要参数见表7－2。

表7-2 轮式起重机的主要参数

主要参数	说 明
起重量（Q）	轮式起重机的起重量是指吊钩重量在内的起重量称为总起重量（$Q+q$）。起重机的铭牌参数起重量，是指使用支腿、全周的（吊臂在任意方向的）最大额定起重量
工作幅度（R）	工作幅度是指在额定起重量下，起重机回转中心轴线至吊钩中心的水平距离。起重机工作幅度 R 与吊臂长度 L 和仰角有关，吊臂的工作角度通常在30°~75°
起重力矩（M）	起重力矩是指最大额定起重量和相应的工作幅度的乘积。起重力矩是比较起重机起重能力的主要参数
起升高度（H）	起升高度是指吊钩升至最高极限位置时，吊钩中心至支撑面的距离，与吊臂长度和仰角有关。在同一吊臂长度下，起升高度与起重量成正比，与幅度成反比
工作速度（V）	中、小型起重机的吊钩速度通常在8~13m/min，部分达15m/min。在大型起重机中，为降低功率，减小冲击，起升速度在5~8m/min。作为铭牌参数的起升速度，是指卷筒在最大工作速度下的第一层钢丝绳的单绳速度，或与此相应的吊钩速度。副吊钩速度为主吊钩速度的2~3倍。为了提高生产率，中型以上的起重机往往具备自由下钩（重力落钩）装置。回转速度受回转起动（制动）惯性力的限制，也就是受到回转时吊臂头部处（惯性力作用处）最大圆周速度（<180m/min）和启动时间（4~8s）的限制。当回转半径平均为10m时，回转速度限 $v<3$r/min以下。大型起重机的回转半径大，回转速度在1.5~2r/min。而起重机铭牌参数的回转速度是指回转机构的驱动装置，在最大工作转速下起吊额定起重量时的回转速度。变幅速度是指变幅小车沿吊臂水平方向移动的速度。平均速度在15m/min左右。在伸缩式吊臂的外伸速度为6~10m/min，缩回速度为外伸速度的一倍左右。液压支腿收放速度在15~50s之间。轮胎式起重机的行驶速度是主要的参数之一。转移行驶速度要快，汽车起重机的行驶速度可达50~70km/h以便与汽车编队行驶。由于轮胎起重机的轴距较短，重心高，无弹性悬挂的行驶速度通常在30km/h以下，有弹性悬挂的加长轴距，降低重心，行驶速度可以在50km/h，吊重行驶速度通常控制在5km/h以下
通过性参数	通过性参数是指轮式起重机正常行驶时能够通过各种道路的能力。轮胎式起重机的通过性几何参数基本上接近通常公路车辆。汽车起重机的通过性和所采用的汽车底盘的一致，经改装后，最大出入不要超过15%。车体通常长度控制在12m以内，宽在2.6m以内，总高不超过4m。汽车起重机的最大爬坡度应和汽车相近，在12°~18°左右。普通轮胎起重机的最大爬坡度为8°~14°左右。越野性轮胎起重机，最大爬坡度可达20°~30°左右。影响通过性的还有起重机的转弯半径（外轮的），与起重机的轴距、轮距、转向轮转角有关。轮胎式起重机的转弯半径在7~12m左右，并且与轮胎尺寸有关

7.2.3 安全操作

（1）起重机械工作的场地应保持平坦坚实，符合起重时的受力要求；起重机械应与沟渠、基坑保持安全距离。

（2）起重机启动前应重点检查下列项目，并应符合相应要求：

1）各安全保护装置和指示仪表应齐全完好。

2）钢丝绳及连接部位应符合规定。

3）燃油、润滑油、液压油及冷却水应添加充足。

4）各连接件不得松动。

5）轮胎气压应符合规定。

6）起重臂应可靠搁置在支架上。

（3）起重机械启动前，应将各操纵杆放在空挡位置，手制动器应锁死，并应按照《建筑机械使用安全技术规程》JGJ 33—2012 第 3.2 节有关规定启动内燃机。应在怠速运转 3 ~ 5min 后进行中高速运转，并应在检查各仪表指示值，确认运转正常后接合液压泵，液压达到规定值，油温超过 30℃时，方可作业。

（4）作业前，应全部伸出支腿，调整机体使回转支撑面的倾斜度在无载荷时不大于 1/1000（水准居中）。支腿的定位销必须插上。底盘为弹性悬挂的起重机，插支腿前应先收紧稳定器。

（5）作业中不得扳动支腿操纵阀。调整支腿时应在无载荷时进行，应先将起重臂转至正前方或正后方之后，再调整支腿。

（6）起重作业前，应根据所吊重物的重量和起升高度，并应按起重性能曲线，调整起重臂长度和仰角；应估计吊索长度和重物本身的高度，留出适当起吊空间。

（7）起重臂顺序伸缩时，应按使用说明书进行，在伸臂的同时应下降吊钩。当制动器发出警报时，应立即停止伸臂。

（8）汽车式起重机变幅角度不得小于各长度所规定的仰角。

（9）汽车式起重机起吊作业时，汽车驾驶室内不得有人，重物不得超越汽车驾驶室上方，且不得在车的前方起吊。

（10）起吊重物达到额定起重量的 50% 及以上时，应使用低速挡。

（11）作业中发现起重机倾斜、支腿不稳等异常现象时，应在保证作业人员安全的情况下，将重物降至安全的位置。

（12）当重物在空中需停留较长时间时，应将起升卷筒制动锁住，操作人员不得离开操作室。

（13）起吊重物达到额定起重量的 90% 以上时，严禁向下变幅，同时严禁进行两种及以上的操作动作。

（14）起重机械带载回转时，操作应平稳，应避免急剧回转或急停，换向应在停稳后进行。

（15）起重机械带载行走时，道路应平坦坚实，载荷应符合使用说明书的规定，重物离地面不得超过 500mm，并应拴好拉绳，缓慢行驶。

（16）作业后，应先将起重臂全部缩回放在支架上，再收回支腿。吊钩应使用钢丝绳挂牢；车架尾部两撑杆应分别撑在尾部下方的支座内，并应采用螺母固定；阻止机身旋转的销式制动器应插入销孔，并应将取力器操纵手柄放在脱开位置，最后应锁住起重操作室门。

(17) 起重机械行驶前，应检查确认各支腿收存牢固，轮胎气压应符合规定。行驶时，发动机水温应在80～90℃范围内，当水温未达到80℃时，不得高速行驶。

(18) 起重机械应保持中速行驶，不得紧急制动，过铁道口或起伏路面时应减速。下坡时严禁空挡滑行，倒车时应有人监护指挥。

(19) 行驶时，底盘走台上不得有人员站立或蹲坐，不得堆放物件。

7.2.4 常见故障及排除方法

1. 起重臂系统

起重臂系统的常见故障及排除方法见表7－3。

表7－3 起重臂系统的常见故障及排除方法

故障现象	故障原因	排除方法
起重臂伸缩速度缓慢、无力	1. 液压动力系统故障； 2. 手动控制中的溢流阀故障； 3. 伸缩臂控制阀中溢流阀的故障； 4. 分流器故障	1. 检查、调整； 2. 解体、清洗、调节或更换有损坏的零件的组件； 3. 解体、清洗、调节或更换损坏元件
吊臂自动回缩	1. 伸缩油缸故障； 2. 平衡阀故障	检查、调整、更换元件
起重臂伸缩振动(如发动机转速达到一定时，起重臂不再发生振动，则认为该吊臂是正常的)	1. 起重臂结构不合格； 2. 平衡阀阻尼堵死； 3. 滑动部位摩擦阻力过大	1. 起重臂箱体之间的润滑不充分，应涂抹润滑脂；滑块的表面变形太大或损坏，应更换有缺陷的滑块；起重臂滑动表面损坏，应更换有缺陷的吊臂节或研磨损伤了的表面； 2. 检查处理平衡阀
各节起重臂伸出长度无补偿	1. 液动阀（阀主体或电磁阀）、伸缩臂控制阀，特别是电磁阀故障； 2. 电路故障	1. 应清洗滤油器、更换电磁铁、解体更换阀总成； 2. 检查处理线路故障
伸臂时，起重臂垂向弯曲变形或侧向弯曲变形过大	1. 滑块磨损过多； 2. 滑块的磨损是调整垫已不够调整用； 3. 起重臂箱体的局部屈曲或变形	1. 更换滑块； 2. 增加调整垫； 3. 更换不合格的该节起重臂
桁架起重臂臂架几何尺寸和形状误差超过允许值	1. 组装起重架的接长架顺序错误； 2. 臂架连接螺栓未紧固； 3. 臂架变形	1. 调换； 2. 检查拧紧； 3. 检查各节臂，有永久变形的臂架修复，如不能修复，应报废

2. 起升机构

起升机构的常见故障及排除方法见表7－4。

表7－4 起升机构的常见故障及排除方法

故障现象	故障原因	排除方法
起升机构不动作或动作缓慢	1. 手动控制阀故障； 2. 液压马达故障； 3. 平衡阀过载溢流阀的故障； 4. 起升制动带故障	1. 检查处理； 2. 检查处理； 3. 调整、更换弹簧或总成； 4. 调整制动带或更换弹簧
在起升机构工作时运动间断	单向阀故障	清洗、更换
起升制动能力减弱	起升制动带调得不合适或弹簧故障	调整制动带或更换弹簧
落钩时载荷失去控制或反应迟缓	平衡阀故障	拆开清洗
在起升机构工作时，起升制动带打不开	1. 液压油外泄漏； 2. 由于锈蚀、卡住等原因时活塞的动作产生故障	1. 更换密封件； 2. 更换油缸总成

3. 变幅机构

变幅机构的常见故障及排除方法见表7－5。

表7－5 变幅机构的常见故障及排除方法

故障现象	故障原因	排除方法
变幅油缸自动缩回	1. 油缸本身故障； 2. 平衡阀故障	1. 检查处理； 2. 拆开清洗，更换组件、O形圈或阀芯阀座
变幅油缸推力不够	1. 手动控制阀内的溢流阀或油口溢流阀故障； 2. 油缸本身故障； 3. 液压动力系统故障	1. 解体、清洗、更换组件； 2. 检查处理； 3. 检查处理
变幅油缸动作不正常	平衡阀或手动控制阀内的油口溢流阀故障	解体清洗、更换组件
变幅油缸振动	1. 弹簧或平衡阀阀芯损坏； 2. 节流孔堵塞，缸内有气	1. 更换损坏的弹簧或平衡阀阀芯； 2. 拆开清洗各阻塞的节流孔
保压能力下降	单向阀故障	解体清洗，更换阀组件

4. 回转机构

回转机构的常见故障及排除方法见表7－6。

表7－6　回转机构的常见故障及排除方法

故障现象	故障原因	排除方法
回转能力不够充分	1. 手动控制阀内溢流阀的故障，或是单向阀的故障； 2. 回转驱动装置故障； 3. 流量控制阀故障； 4. 液压动力系统的故障	1. 手动控制阀内溢流阀的故障，或是单向阀的故障； 2. 回转驱动装置故障； 3. 流量控制阀故障； 4. 液压动力系统的故障
油冷却器功能减弱	1. 手动控制阀内溢流阀或单向阀的故障； 2. 流量控制阀的故障； 3. 液压动力系统的故障	1. 解体检查，更换； 2. 更换断了的弹簧； 3. 检查处理
在回转运动时有常见振动或噪声，回转运动时油压显著升高	1. 回转支承内圈的齿轮或驱动齿轮发生异常磨损； 2. 滚珠和垫片损坏或严重磨损； 3. 内圈齿轮和驱动齿轮或导轨内缺乏润滑	1. 更换回转支承或驱动齿轮； 2. 更换回转支承； 3. 加入润滑脂

5. 汽车起重机和轮胎起重机的支腿机构

汽车起重机和轮胎起重机的支腿机构常见故障及排除方法见表7－7。

表7－7　汽车起重机和轮胎起重机的支腿机构常见故障及排除方法

故障现象	故障原因	排除方法
升降油缸和伸缩油缸动作速度慢和力量不够	1. 手动控制阀中的溢流阀或单向阀动作不良； 2. 液压泵故障	1. 解体检查、处理； 2. 检查、处理
起重机行走时升降油缸或伸缩油缸已伸出	1. 手动控制阀内部的液控单向阀失灵； 2. 油缸本身故障，漏油	1. O形圈损坏，应更换；活塞和阀体之间因卡住而划伤，应解体。如有划伤，更换液控单向阀组件。 2. 检查处理
起重机工作时，升降油缸已缩回	1. 油缸本身故障； 2. 装在有故障的油缸上的液控单向阀失灵	1. 检查处理； 2. 弹簧损坏，应更换；单向阀和阀体之间的密封表面有灰尘或划伤。解体后清洗，有划伤应更换组件

续表 7-7

故障现象	故障原因	排除方法
前支腿油缸动作速度慢和力量不够	溢流阀故障	1. 弹簧损坏，应更换； 2. 调节螺钉松动，使调定的压力降低。应拧紧螺钉，重新调压。 3. 阀动作不正常，应更换阀芯部总成

6. 安全装置系统

安全装置系统的常见故障及排除方法见表 7-8。

表 7-8 安全装置系统的常见故障及排除方法

故障现象	故障原因	排除方法
当吊钩过卷或已经达到 100% 的力矩时，起重机未能自动停机	1. 电磁阀发生故障； 2. 配电系统故障； 3. 力矩限制器失灵	检查修理
起重臂的变幅、伸缩和起升机构的低速动作不能实现	单向阀故障	检查修理，由于弹簧损坏而使密封失灵，应重换弹簧

7. 操纵系统

操纵系统的常见故障及排除方法见表 7-9。

表 7-9 操纵系统的常见故障及排除方法

故障现象	故障原因	排除方法
液压控制操纵装置的起重机加速器功能失效	1. 主动油缸损坏； 2. 控制油缸损坏； 3. 连板的活动不灵活	1. 应修复或更换； 2. 应修复或更换； 3. 应施加润滑脂
用液压支腿的起重机，当推动直腿操纵杆时，泵的转速变化不平稳	1. 机械阀主体动作失灵； 2. 气缸故障	1. 应更换机械阀总成； 2. 缸筒和活塞之间发生卡滞，应更换气缸总成；活塞杆和缸盖之间卡滞，应更换活塞杆和缸盖；弹簧损坏，应更换
液压支腿完全外伸，安全系统出故障	1. 气缸故障，当活动支腿全部伸出时，限位块还未脱开或脱不合； 2. 电线破断； 3. 缸用电磁阀失灵； 4. 限位开关故障或未调整好	1. 缸筒和活塞卡滞，更换气缸总成；活塞杆和缸盖卡滞，更换活塞杆和缸盖；弹簧损坏，应更换； 2. 修复； 3. 应修复； 4. 更换或校正限位开关

续表 7 – 9

故障现象	故障原因	排除方法
液压轮胎起重机转向沉重	1. 油泵齿轮端口间隙过大； 2. 油箱液压油不足； 3. 液流安全阀柱塞卡滞； 4. 液压方向机失灵	1. 应更换； 2. 加油； 3. 清洗； 4. 检查修理
转向时左右轻重不等，直线行驶跑偏	控制滑阀位置不正	调整或更换
离合器控制操纵装置的起重机的起升、变幅、行走、回转操纵杆松动、振动，操纵杆弹回到中间	1. 离合器稳定装置故障； 2. 制动器稳定装置故障	1. 调整起升、变幅、行走的离合器的稳定装置； 2. 调整回转液压制动器的稳定装置

8. 液压系统

液压系统的常见故障及排除方法见表 7 – 10。

表 7 – 10　液压系统的常见故障及排除方法

故障现象	故障原因	排除方法
起重机没有动作或动作缓慢	1. 液压泵损坏； 2. 手动控制阀损坏； 3. 回转接头损坏； 4. 溢流阀失灵	检查修理
油温上升过快	1. 液压泵损坏或故障； 2. 液压油污染或油量不足	1. 更换或修理； 2. 应更换或补充液压油
液压泵不转动	1. 取力装置或操纵系统发生故障； 2. 底盘离合器故障	1. 应检查、修理或更换故障元件； 2. 应修理离合器
所有执行元件或某一执行元件动作缓慢无力	1. 液压泵损坏； 2. 回转接头故障； 3. 手动控制阀的溢流阀发生故障	检查修理
回油路压力高	滤油器（油箱或油路中的）堵塞	应更换滤芯
液压油外泄	1. 密封圈或密封环损坏； 2. 螺栓或螺母未拧紧； 3. 套筒或焊缝有裂纹； 4. 管路连接处有毛病； 5. 管损坏	1. 应更换； 2. 按规定的扭矩拧紧螺栓； 3. 修理或更换； 4. 拧紧接头或更换管路； 5. 更换

续表 7－10

故障现象	故障原因	排除方法
回转接头通电不良	1. 电刷与滑环接触不良； 2. 焊接处断开	1. 应修理； 2. 修理焊接处
离合器接合不良	1. 离合器损伤； 2. 弹簧损坏	应更换
离合器有异常噪声	轴承损坏	更换损坏的轴承
力矩限制器没有动作	限制开关没有调好或限位开关本身有毛病	重新调整或更换限位开关
油路系统噪声	1. 管道内存在空气； 2. 油温太低； 3. 管道及元件未紧固好； 4. 平衡阀失灵； 5. 滤油器堵塞； 6. 油箱油液不足	1. 排除液压元件及管路内部气体； 2. 低速运转油泵将油加温或换油； 3. 紧固，特别注意油泵吸油管不能漏气； 4. 调整或更换； 5. 清洗和更换滤芯； 6. 加油

7.3 塔式起重机

7.3.1 基本参数

1. 幅度

塔式起重机在空载时，其回转中心线至吊钩中心垂线的水平距离。表示起重机不移动时的工作范围，以 R 表示，单位为 m，如图 7－4 所示。

2. 起升高度

在空载时，对轨道塔式起重机，是吊钩内最低点到轨顶面的距离；对其他型式起重机，则为吊钩内最低点到支承面的距离，以 H 表示，单位为 m，如图 7－4 所示。对于动臂起重机，当吊臂长度一定时，起升高度随幅度的减少而增加。

3. 额定起升载荷

在规定幅度时的最大起升载荷，包括物品、取物装置（抓斗、吊梁、起重电磁铁等）的重量。以 F_Q 表示，单位为 N。

4. 轴距

同一侧行走轮的轴心线或一组行走轮中心线之间的距离，单位为 m，如图 7－5 所示。

5. 轮距

同一轴心线左右两个行走轮、轮胎或左右两侧行走轮组或轮胎组中心径向平面间的距离。单位为 m，如图 7－6 所示。轴距和轮距是塔式起重机的重要参数，它直接影响着整机的稳定性及起重机本身尺寸。其大小是由主参数——起重力矩值来确定的，随着主参数的增大，轴距和轮距也增大或增宽。

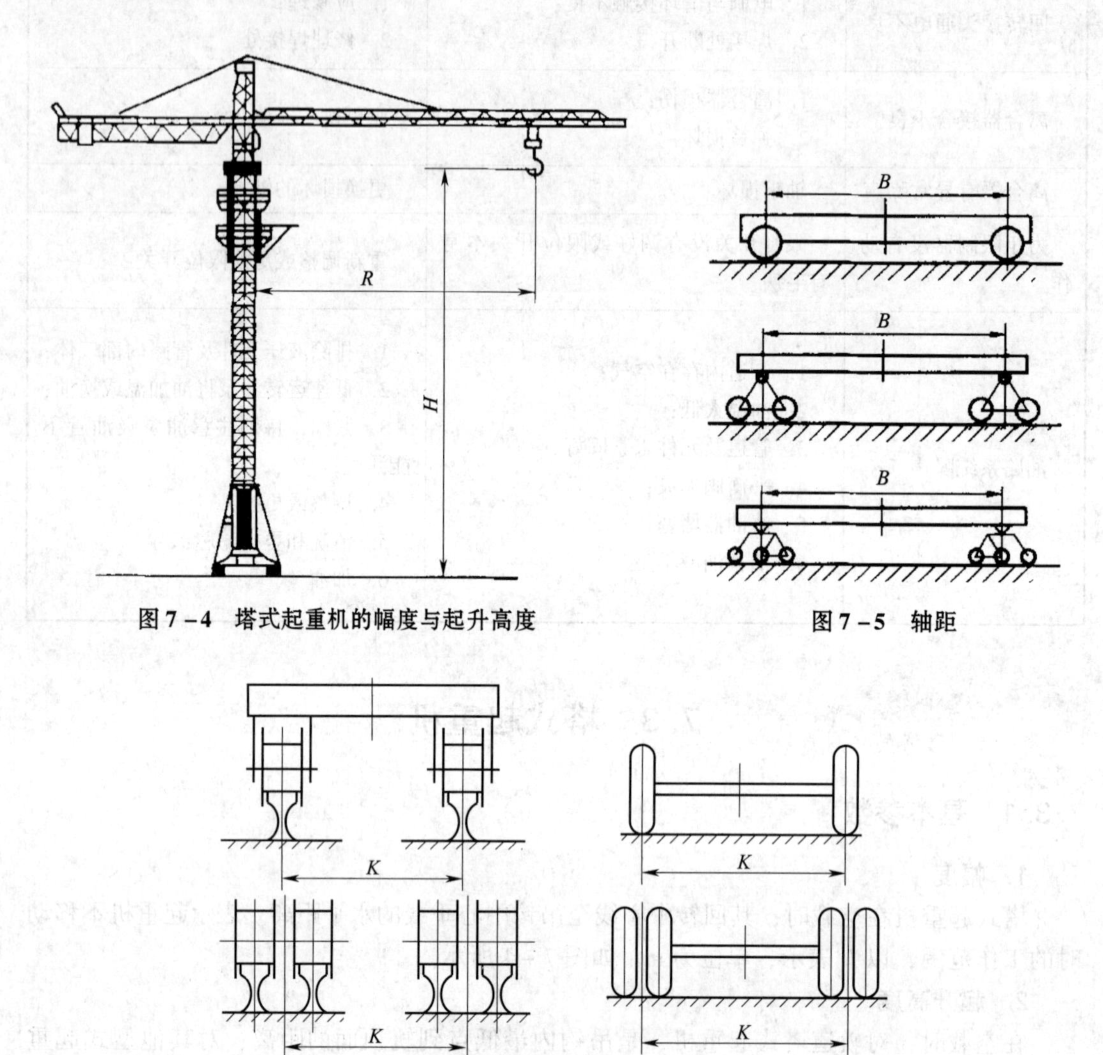

图 7－4 塔式起重机的幅度与起升高度

图 7－5 轴距

图 7－6 轮距

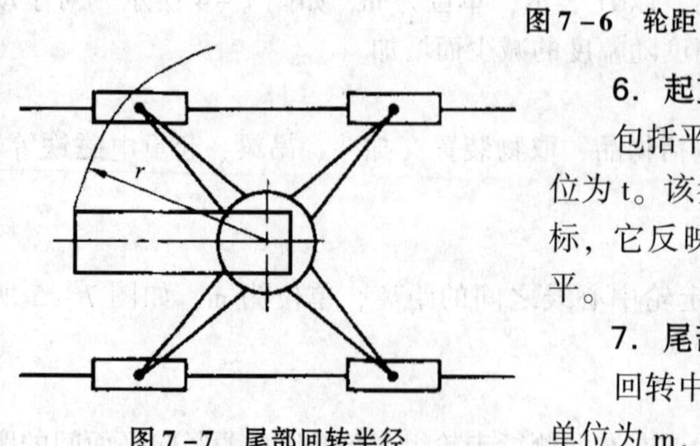

图 7－7 尾部回转半径

6. 起重机重量

包括平衡重、压重和整机重，以 G 表示，单位为 t。该参数是评价起重机的一个综合性能指标，它反映了起重机设计、制造和材料技术水平。

7. 尾部回转半径

回转中心至平衡重或平衡臂端部最大距离，单位为 m，见图 7－7。

8. 工作速度

(1) 工作速度内容。塔式起重机的工作速度主要包括：起升、变幅、回转和行走的速度。

1) 额定起升速度。在额定起升载荷时，对于一定的卷筒卷绕外层钢丝绳中心直径、变速档位、滑轮组倍率和电动机额定工况所能够达到的最大稳定起升速度。如果不指明钢丝绳在卷筒上的卷绕层数，即按照最外层钢丝绳中心计算和测量，以 V_q 表示，单位为 m/min。

2) 最低稳定速度。为了起升载荷安装就位的需要，起重机起升机构所具备的最小速度，以 V_d 表示，单位为 m/min。

3) 变幅速度是指吊钩自最大幅度到最小幅度时的平均线速度，以 V_b 表示，单位为 m/min。

4) 额定回转速度。带着额定起升载荷回转时的最大稳定转速，以 n 表示，单位为 m/min。

5) 行走速度。以 V_a 表示，单位为 m/min。

(2) 工作速度的选择。塔式起重机工作速度选择合理与否，对塔式起重机性能有很大影响。通常来说工作速度高，生产率也高。但速度高又会带来惯性增大，启动、制动时的动力载荷增大等一系列不利因素。因此在选择工作速度时要全面考虑与之有关的一系列因素，主要考虑以下几点：

1) 根据塔式起重机的用途考虑。例如对于料场装卸和集装箱港口用的塔式起重机，为了提高生产率通常要求工作速度快。但对于建筑安装工程使用的塔式起重机，则要求吊装平稳性好，工作速度相应地要低些，甚至要求能实现微动速度。

2) 根据运动行程考虑。行程小，工作速度小。因为合理的速度应是在正常工作时机构能达到稳定运动，否则在机构未达到等速稳定运动前就要制动，显然不合理。所以通常只有在运动行程大时才采用较高的速度，例如用于高层建筑的塔式起重机起升机构。

3) 根据机型考虑。如大起重力矩的塔式起重机，主要解决重件的吊装问题，工作并不频繁，工作速度不是主要问题，因此，为了降低驱动功率，减少动力载荷和增加工作平稳性，通常速度取得较低。

4) 不同机构的工作速度，应根据机构本身作业要求和运动性质进行选择。例如回转速度因受启动、制动惯性力的限制，通常取得很低。动臂变幅因对塔式起重机的平稳性和安全性有很大影响，速度不能取得很大，特别是带载变幅时速度应取得更低。但采用水平臂架小车变幅时，变幅速度可取得稍大一些。

综上所述，塔式起重机各机构工作速度的合理选择，应考虑的因素较多。一般新设计塔式起重机时，除仔细、全面地考虑上述因素外，还可根据同类型、同吨位和工作条件相类似的塔式起重机的相应速度作为选择时的参考依据。

7.3.2 分类、特点和适用范围

塔式起重机的分类、特点和适用范围见表 7-11。

表 7 – 11　塔式起重机的分类、特点和适用范围

类　型		主要特点	适用范围
按行走机构分类	固定式（自升式）	没有行走装置，塔身固定在混凝土基础上；随着建筑物的升高，塔身可以相应接高；由于塔身附着在建筑物上，能提高起重机的承载能力	高层建筑施工，高度可达 100m 以上；对施工现场狭窄、工期紧迫的高层施工，更为适用
	自行式（轨道式）	起重机可在轨道上负载行走，能同时完成垂直和水平运输，并可接近建筑物，灵活机动，使用方便，但需铺设轨道，装拆较为费时	起升高度在 50m 以内的中小型工业和民用建筑施工
按升高（爬升）方式分类	内部爬升式	起重机安装在建筑物内部（电梯井、楼梯间等），依靠一套托架和提升机构随建筑物升高而爬升。塔身短不需附着装置，不占建筑场地。但起重机自重及载重全部由建筑物承担，增加了施工的复杂性，竣工时起重机从顶部卸下较为困难	框架结构的高层建筑施工，特别适用于施工现场狭窄的环境
	外部附着式	起重机安装在建筑物的一侧，底座固定在基础上，塔身用几道附着装置和建筑物固定，随建筑物升高而接高，稳定性好，起重能力能充分利用，但建筑物附着点要适当加强	高层建筑施工中应用最广泛的机型，可以达到通常高层建筑需要的高度
按变幅方式分类	动臂变幅式	起重臂与塔身铰接，利用起重臂的俯仰实现变幅，变幅时载荷随起重臂升降。这种动臂具有自重小，能增加起重高度、装拆方便等特点，但变幅量较小，吊重水平移动时功率消耗大，安全性较差	适用于工业厂房重、大构件的吊装，这类起重机当前已较少采用
	小车变幅式	起重臂固定在水平位置，下弦装有起重小车，依靠调整小车的距离来改变起重幅度，这种变幅装置有效幅度大，变幅所需时间少、工效高、操作方便、安全性好，并能接近机身，还能带载变幅，但起重臂结构较重	自升式塔式起重机都采用这种结构，由于其作业覆盖面大，适用于大面积的高层建筑施工

续表 7－11

类型		主要特点	适用范围
按回转方式分类	上回转式	塔身固定，塔顶上安装起重臂及平衡臂，可简化塔身和底架的连接，底部轮廓尺寸较小，结构简单，但重心提高，需要增加底架上的中心压重，安装、拆卸费时	大、中型塔式起重机都采用上回转结构，适应性强，是建筑施工中广泛采用的型式
	下回转式	塔身和起重臂同时回转，回转机构在塔身下部，所有传动机构都装在底架上，重心低，稳定性好，自重较轻，能整体拖运；但下部结构占用空间大，起升高度受限制	适用于整体架设、整体拖运的轻型塔式起重机。由于具有架设方便，转移快的特点，故适用于分散施工
按起重量分类	轻型	起重量为 0.5～3t	5 层以下民用建筑施工
	中型	起重量为 3～15t	高层建筑施工
	重型	起重量为 20～40t	重型工业厂房及设备吊装
按起重机安装方式分类	整体架设式	塔身与起重臂可以伸缩或折叠后，整体架设和拖运，能快速转移和安装	工程量不大的小型建筑工程或流动分散的建筑施工
	组拼安装式	体积和质量都超过整体架设可能的起重机，必须解体运输到现场组拼安装	重型起重机都属于此式，适用于高层或大型建筑施工

7.3.3 主要工作机构

1. 变幅机构

变幅机构是与起升机构一样，也由电动机、减速器、卷筒和制动器等组成，但功率和外形尺寸较小。其作用是使起重臂俯仰以改变工作幅度。为防止起重臂变幅时失控，在减速器中装有螺杆限速摩擦停止器，或是采用涡轮蜗杆减速器和双制动器。水平式起重臂的变幅是由小车牵引机构实现，即电动机通过减速器转动卷筒，使卷筒上的钢丝绳收或放，牵引小车在起重臂上往返运行。

2. 回转机构

回转机构是由电动机带动减速器再带动回转小齿轮围绕大齿圈转动。通常塔式起重机只装一台回转机构，重型塔式起重机装有 2 台甚至 3 台回转机构。电动机用变极电动机，以获得较好调速性能。回转支承装置由齿圈、座圈、滚动体（滚球或滚柱）、保持隔离体及连接螺栓组成。由于滚球（柱）排列方式不同可分为单排式和双排式。因为回转小齿轮和大齿圈啮合方式不同，又可以分为内啮合式和外啮合式。塔式起重机大多采用外啮合双排球式回转支承。

3. 起升机构

起升机构是由电动机、减速器、卷筒和制动器等组成的。电动机通电后通过联轴器带动减速器进而带动卷筒转动。电动机正转时，卷筒放出钢丝绳，反转时卷筒回收钢丝绳，通过滑轮组及吊钩把重物提升或下降。为提高起重作业的速度，起升机构有多种速度，以适应起吊重物和安装就位时适当放慢，而在空钩时能快速下降，大部分起重机已具有多种起降速度。如采用功率不同的双电动机，主电动机适用于载荷作业，副电动机适用于空钩高速下降。另一种双电动机驱动是以高速多极电动机和低速多极电动机经过行星传动机构的差动组合获得多种起升速度，如图 7-8 所示。

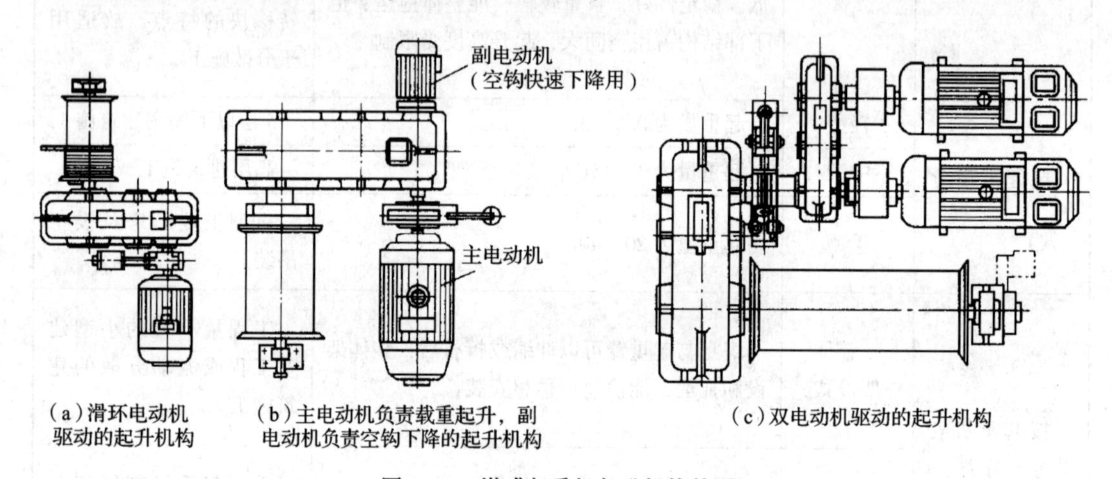

（a）滑环电动机驱动的起升机构　（b）主电动机负责载重起升，副电动机负责空钩下降的起升机构　（c）双电动机驱动的起升机构

图 7-8 塔式起重机起升机构简图

4. 大车行走机构

大车行走机构是起重机在轨道上行走的装置。它的构造按行走轮的多少而有所不同。通常轻型塔式起重机为 4 个行走轮，中型的装有 8 个行走轮，而重型的则装有 12 个甚至 16 个行走轮。4 个行走轮的传动机构设在底架一侧或前方，由电动机带动减速器通过中间传动轴和开式齿轮传动，带动行走轮而使起重机沿轨道运行。8 个行走轮的需要两套行走机构（两个主动台车），而 12 个行走轮的则需要 4 套行走机构（4 个主动台车）。大车行走机构通常采用涡轮蜗杆减速器，也有采用圆柱齿轮减速器或摆线针轮行星减速器的。通常不设制动器，也有的则在电动机另一端装设摩擦式电磁制动器。如图 7-9 所示为塔式起重机各种行走机构简图。

7.3.4 安全保护装置

塔式起重机塔身较高，突出的大事故包括："倒塔"、"折臂"以及在拆装时发生"摔塔"等。塔式起重机的安全事故绝大多数都是由于超载、违章作业及安装不当等引起的。因此国家规定塔式起重机必须设有安全保护装置，否则不得出厂和使用。塔式起重机常用的安全保护装置有以下几种。

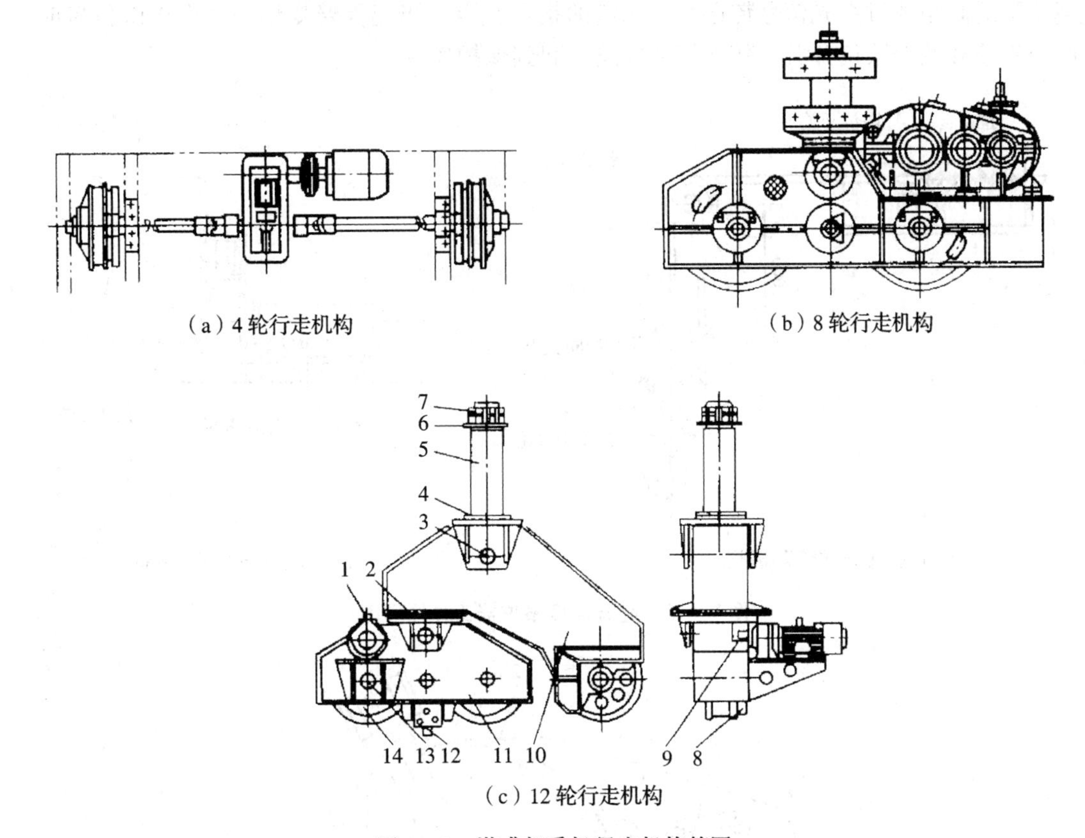

（a）4 轮行走机构　（b）8 轮行走机构

（c）12 轮行走机构

图 7－9　塔式起重机行走机构简图

1—电动机及减速器；2—叉架；3—心轴；4—铜垫；5—枢轴；6—圆垫；7—锁紧螺母；8—大齿圈；9—小齿轮；10—从动台车梁；11—主动台车梁；12—夹轨器；13—主动轴；14—车轮

1. 起升高度限位器

起升高度限位器用以防止起重钩起升过度而碰坏起重臂的装置。可使起重钩在接触到起重臂头部之前，起升机构自动断电并停止工作。常用的包括两种型式：一是安装在起重臂头端附近，如图 7－10（a）所示；二是安装在起升卷筒附近，如图 7－10（b）所示。

安装在起重臂端头的是以起重钢丝绳为中心，从起重臂端头悬挂重锤，当起重钩达到限定的位置时，托起重捶，在拉簧作用下，限位开关的杠杆转过一个角度，使起升机构的控制回路断开，切断电源，停止起重钩上升。

安装在起升卷筒附近的是，卷筒的回转通过链轮和链条或齿轮带动丝杆转动，并通过丝杆的转动使控制块移动到一定位置时，限位开关断电。

2. 幅度限位器

幅度限位器是用来限制起重臂在俯仰时不得超过极限位置（通常情况下，起重臂与水平夹角最大为 60°～70°，最小为 10°～12°）的装置，如图 7－11 所示。当起重臂接近限度之前发出警报，在达到限定位置时，自动切断电源。限位器由一个半圆形活动转盘、拨杆、限位器等组成。拨杆随起重臂转动，电刷根据不同的角度分别接通指示灯触点，将起重臂的倾角通过灯光信号传送至操纵室的指示盘上。当起重臂变幅到两个极限位置时，则分别撞开两个限位开关，随之切断电路，起到保护作用。

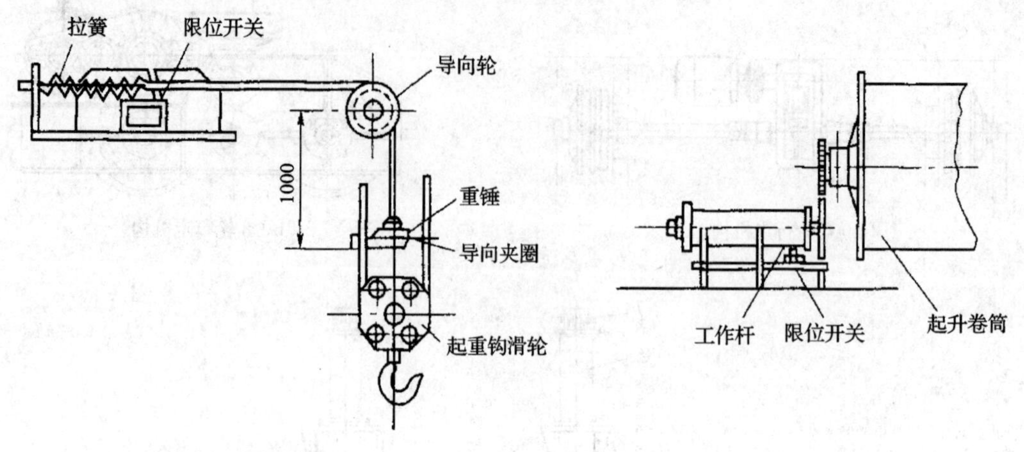

（a）安装在起重臂头端附近　　（b）安装在起升卷筒附近

图 7－10　起升高度限位器工作原理图

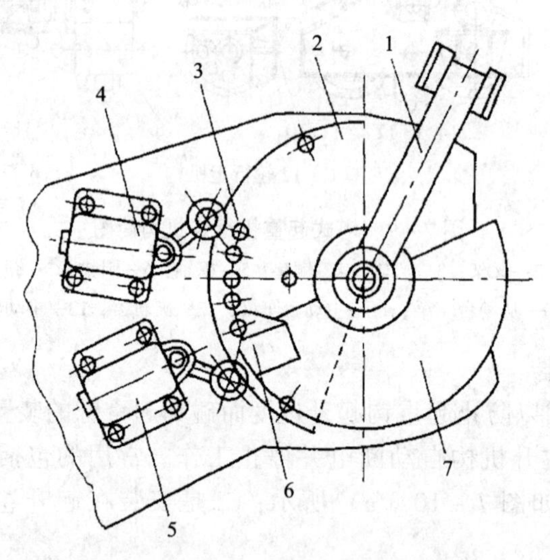

图 7－11　幅度限位器

1—拨杆；2—刷托；3—电刷；4、5—限位开关；6—撞块；7—半圆形活动转盘

3. 小车行程限位器

小车行程限位器设于小车变幅式起重臂的头部和根部，包括终点开关和缓冲器（常用的包括橡胶和弹簧两种），用来切断小车牵引机构的电路，防止小车越位而造成安全事故，如图 7－12 所示。

4. 大车行程限位器

大车行程限位器设于轨道两端，有止动缓冲装置、止动钢轨以及装在起重机行走台车上的终点开关，防止起重机脱轨事故的发生。如图 7－13 所示，示出的是塔式起重机较常采用的一种大车行程限位装置。当起重机沿图示箭头方向行进时，终点开关的杠杆即被止动断电装置（如斜坡止动钢轨）所转动，电路中的触点断开，行走机构则停止运行。

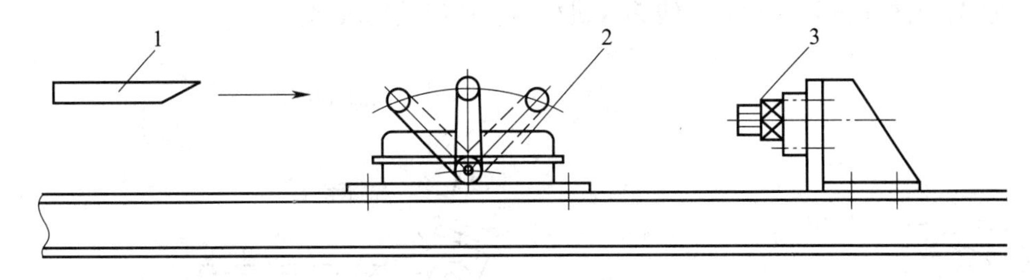

图 7-12 小车行程限位器

1—起重小车止挡块；2—限位开关；3—缓冲器

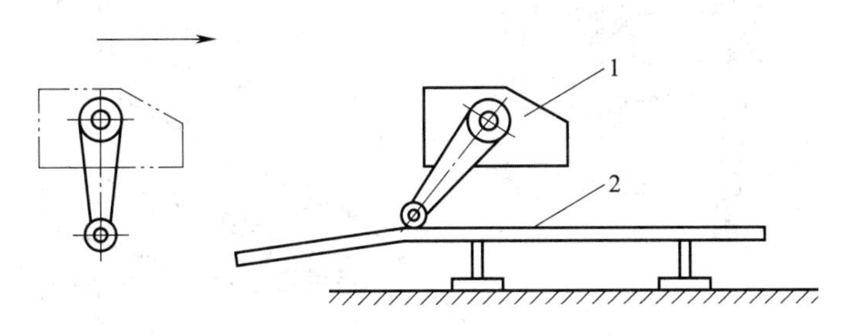

图 7-13 大车行程限位装置

1—终点开关；2—止动断电装置

5. 夹轨钳

夹轨钳装在行走底架（或台车）的金属结构上，用以夹紧钢轨，防止起重机在大风情况下被风力吹动。夹轨钳(图 7-14)由夹钳和螺栓等组成。在起重机停放时，拧紧螺栓，使夹钳紧夹住钢轨。

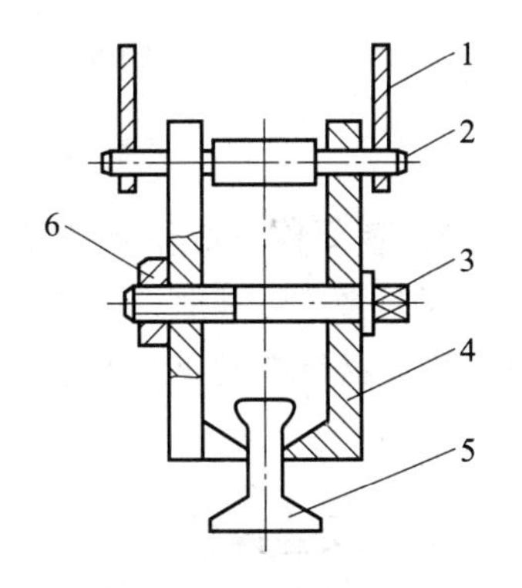

图 7-14 夹轨钳

1—侧架立柱；2—轴；3—螺栓；4—夹钳；5—钢轨；6—螺母

6. 起重量限制器

起重量限制器是用以限制起重钢丝绳单根拉力的一种安全保护装置。根据构造，可安装在起重臂根部、头部、塔顶以及浮动的起重卷扬机机架附近等位置。

7. 起重力矩限制器

起重力矩限制器是当起重机在某一工作幅度下起吊载荷接近、达到该幅度下的额定载荷时发出警报进而切断电源的一种安全保护装置。用来限制起重机在起吊重物时所产生的最大力矩不超越该塔机所允许的最大起重力矩。根据构造及塔式起重机形式（动臂式或小车式）的不同，可装在塔帽、起重臂根部和端部等位置。

机械式起重力矩限制器如图 7-15（a）所示，其工作原理主要是通过钢丝绳的拉力、滑轮、控制杆及弹簧进行组合，检测荷载，通过与臂架的俯仰相连的“凸轮”的转动检测幅度，由此再使限位开关工作。电动式装置如图 7-15（b）所示，其工作原理主要是，在起重臂根部附近，安装“测力传感器”以代替弹簧；安装电位式或摆动式幅度检测器以代替凸轮，进而通过设在操纵室里的力矩限止器合成这两种信号，在过载时切断电源。其优点是可在操纵室里的刻度盘（或数码管）上直接显示出荷载和工作幅度，并可事先把不同臂长时的几根起重性能曲线编入机构内，所以使用较多。

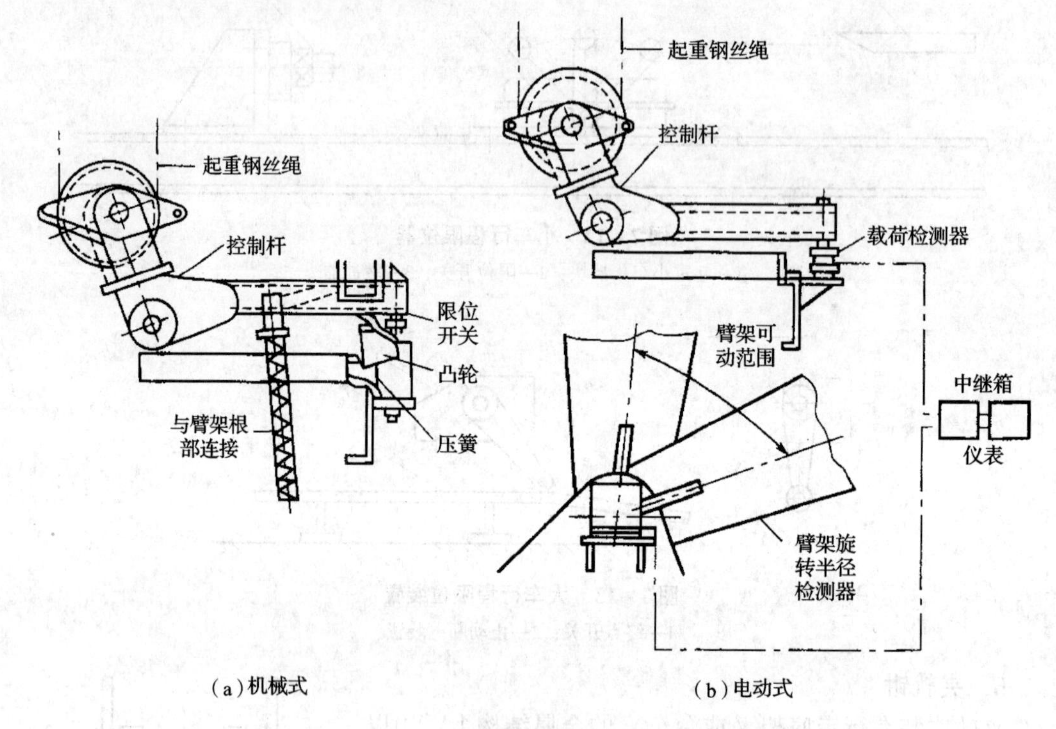

图 7－15 动臂式起重力矩限制器工作原理图

8. 夜间警戒灯和航空障碍灯

夜间警戒灯和航空障碍灯，由于塔式起重机的设置位置，通常比正在建造中的大楼高，因此必须在起重机的最高部位（臂架、塔帽或人字架顶端）安装红色警戒灯，以免飞机相撞。

7.3.5 安全操作

（1）行走式塔式起重机的轨道基础应符合下列要求：

1）路基承载能力应满足塔式起重机使用说明书要求。

2）每间隔 6m 应设轨距拉杆一个，轨距允许偏差应为公称值的 1/1000，且不得超过 ±3mm。

3）在纵横方向上，钢轨顶面的倾斜度不得大于 1/1000；塔机安装后，轨道顶面纵、横方向上的倾斜度，对上回转塔机不应大于 3/1000；对下回转塔机不应大于 5/1000。在轨道全程中，轨道顶面任意两点的高差应小于 100mm。

4）钢轨接头间隙不得大于 4mm，与另一侧轨道接头错开，错开距离不得小于 1.5m，接头处应架在轨枕上，两轨顶高度差不得大于 2mm。

5）距轨道终端 1m 处应设置缓冲止挡器，其高度不应小于行走轮的半径。在轨道上应安装限位开关碰块，安装位置应保证塔机在与缓冲止挡器或与同一轨道上其他塔机相距大于1m处能完全停住，此时电缆线应有足够的富余长度。

6）鱼尾板连接螺栓应紧固，垫板应固定牢靠。

（2）塔式起重机的混凝土基础应符合使用说明书和现行行业标准《塔式起重机混凝土基础工程技术规程》JGJ/T 187—2009的规定。

（3）塔式起重机的基础应排水通畅，并应按专项方案与基坑保持安全距离。

（4）塔式起重机应在其基础验收合格后进行安装。

（5）塔式起重机的金属结构、轨道应有可靠的接地装置，接地电阻不得大于4Ω。高位塔式起重机应设置防雷装置。

（6）拆装作业前应进行检查并应符合下列规定：

1）混凝土基础、路基和轨道铺设应符合技术要求。

2）应对所装拆塔式起重机的各机构、结构焊缝、重要部位螺栓、销轴、卷扬机构和钢丝绳、吊钩、吊具、电气设备、线路等进行检查，消除隐患。

3）应对自升塔式起重机顶升液压系统的液压缸和油管、顶升套架结构、导向轮、顶升支撑（爬爪）等进行检查，使其处于完好工况。

4）拆装人员应使用合格的工具、安全带、安全帽。

5）装拆作业中配备的起重机械等辅助机械应状况良好，技术性能应满足装拆作业的安全要求。

6）装拆现场的电源电压、运输道路、作业场地等应具备装拆作业条件。

7）安全监督岗的设置及安全技术措施的贯彻落实应符合要求。

（7）指挥人员应熟悉装拆作业方案，遵守装拆工艺和操作规程，使用明确的指挥信号。参与装拆作业的人员，应听从指挥，如发现指挥信号不清或有错误时，应停止作业。

（8）装拆人员应熟悉装拆工艺，遵守操作规程，当发现异常情况或疑难问题时，应及时向技术负责人汇报，不得自行处理。

（9）装拆顺序、技术要求、安全注意事项应按批准的专项施工方案执行。

（10）塔式起重机高强度螺栓应由专业厂家制造，并应有合格证明。高强度螺栓严禁焊接。安装高强螺栓时，应采用扭矩扳手或专用扳手，并应按装配技术要求预紧。

（11）在装拆作业过程中，当遇天气剧变、突然停电、机械故障等意外情况时，应将已装拆的部件固定牢靠，并经检查确认无隐患后停止作业。

（12）塔式起重机各部位的栏杆、平台、扶杆、护圈等安全防护装置应配置齐全。行走式塔式起重机的大车行走缓冲止挡器和限位开关碰块应安装牢固。

（13）因损坏或其他原因而不能用正常方法拆卸塔式起重机时，应按照技术部门重新批准的拆卸方案进行。

（14）塔式起重机安装过程中，应分阶段检查验收。各机构动作应正确、平稳，制动可靠，各安全装置应灵敏有效。在无载荷情况下，塔身的垂直度允许偏差应为4/1000。

（15）塔式起重机升降作业时，应符合下列要求：

1）升降作业应有专人指挥，专人操作液压系统，专人拆装螺栓。非作业人员不得登上顶升套架的操作平台。操纵室内应只准一人操作。

2）升降作业应在白天进行。

3）顶升前应预先放松电缆，电缆长度应大于顶升总高度，并应紧固好电缆。下降时应适时收紧电缆。

4）升降作业前，应对液压系统进行检查和试机，应在空载状态下将液压缸活塞杆伸缩3～4次，检查无误后，再将液压缸活塞杆通过顶升梁借助顶升套架的支撑，顶起载荷100～150mm，停10min，观察液压缸载荷是否有下滑现象。

5）升降时，应调整好顶升套架滚轮与塔身标准节的间隙，并应按规定要求使起重臂和平衡臂处于平衡状态，将回转机构制动。当回转台与塔身标准节之间的最后一处连接螺栓（销轴）拆卸困难时，应将最后一处连接螺栓（销轴）对角方向的螺栓重新插入，再采取其他方法进行拆卸。不得用旋转起重臂的方法松动螺栓（销轴）。

6）顶升撑脚（爬爪）就位后，应及时插上安全销，才能继续升降作业。

7）升降作业完毕后，应按规定扭力紧固各连接螺栓，应将液压操纵杆扳到中间位置，并应切断液压升降机构电源。

（16）塔式起重机的附着装置应符合下列规定：

1）附着建筑物的锚固点的承载能力应满足塔式起重机技术要求。附着装置的布置方式应按使用说明书的规定执行。当有变动时，应另行设计。

2）附着杆件与附着支座（锚固点）应采取销轴铰接。

3）安装附着框架和附着杆件时，应用经纬仪测量塔身垂直度，并应利用附着杆件进行调整，在最高锚固点以下垂直度允许偏差为2/1000。

4）安装附着框架和附着支座时，各道附着装置所在平面与水平面的夹角不得超过10°。

5）附着框架宜设置在塔身标准节连接处，并应箍紧塔身。

6）塔身顶升到规定附着间距时，应及时增设附着装置。塔身高出附着装置的自由端高度，应符合使用说明书的规定。

7）塔式起重机作业过程中，应经常检查附着装置，发现松动或异常情况时，应立即停止作业，故障未排除，不得继续作业。

8）拆卸塔式起重机时，应随着降落塔身的进程拆卸相应的附着装置。严禁在落塔之前先拆附着装置。

9）附着装置的安装、拆卸、检查和调整应有专人负责。

10）行走式塔式起重机作固定式塔式起重机使用时，应提高轨道基础的承载能力，切断行走机构的电源，并应设置阻挡行走轮移动的支座。

（17）塔式起重机内爬升时应符合下列规定：

1）内爬升作业时，信号联络应通畅。

2）内爬升过程中，严禁进行起重机的起升、回转、变幅等各项动作。

3）塔式起重机爬升到指定楼层后，应立即拔出塔身底座的支承梁或支腿，通过内爬升框架及时固定在结构上，并应顶紧导向装置或用楔块塞紧。

4）内爬升塔式起重机的塔身固定间距应符合使用说明书要求。

5）应对设置内爬升框架的建筑结构进行承载力复核，并应根据计算结果采取相应的加固措施。

（18）雨天后，对行走式塔式起重机，应检查轨距偏差、钢轨顶面的倾斜度、钢轨的平直度、轨道基础的沉降及轨道的通过性能等；对固定式塔式起重机，应检查混凝土基础不均匀沉降。

（19）根据使用说明书的要求，应定期对塔式起重机各工作机构、所有安全装置、制动器的性能及磨损情况、钢丝绳的磨损及绳端固定、液压系统、润滑系统、螺栓销轴连接处等进行检查。

（20）配电箱应设置在距塔式起重机 3m 范围内或轨道中部，且明显可见；电箱中应设置带熔断式断路器及塔式起重机电源总开关；电缆卷筒应灵活有效，不得拖缆。

（21）塔式起重机在无线电台、电视台或其他电磁波发射天线附近施工时，与吊钩接触的作业人员，应戴绝缘手套和穿绝缘鞋，并应在吊钩上挂接临时放电装置。

（22）当同一施工地点有两台以上塔式起重机并可能互相干涉时，应制定群塔作业方案；两台塔式起重机之间的最小架设距离应保证处于低位塔式起重机的起重臂端部与另一台塔式起重机的塔身之间至少有 2m 的距离；处于高位塔式起重机的最低位置的部件（吊钩升至最高点或平衡重的最低部位）与低位塔式起重机中处于最高位置部件之间的垂直距离不应小于 2m。

（23）轨道式塔式起重机作业前，应检查轨道基础平直无沉陷，鱼尾板、连接螺栓及道钉不得松动，并应清除轨道上的障碍物，将夹轨器固定。

（24）塔式起重机启动应符合下列要求：

1）金属结构和工作机构的外观情况应正常。

2）安全保护装置和指示仪表应齐全完好。

3）齿轮箱、液压油箱的油位应符合规定。

4）各部位连接螺栓不得松动。

5）钢丝绳磨损在规定范围内，滑轮穿绕应正确。

6）供电电缆不得破损。

（25）送电前，各控制器手柄应在零位。接通电源后，应检查并确认不得有漏电现象。

（26）作业前，应进行空载运转，试验各工作机构并确认运转正常，不得有噪声及异响，各机构的制动器及安全保护装置应灵敏有效，确认正常后方可作业。

（27）起吊重物时，重物和吊具的总重量不得超过塔式起重机相应幅度下规定的起重量。

（28）应根据起吊重物和现场情况，选择适当的工作速度，操纵各控制器时应从停止点（零点）开始，依次逐级增加速度，不得越挡操作。在变换运转方向时，应将控制器手柄扳到零位，待电动机停止运转后再转向另一方向，不得直接变换运转方向突然变速或制动。

(29) 在提升吊钩、起重小车或行走大车运行到限位装置前，应减速缓行到停止位置，并应与限位装置保持一定距离。不得采用限位装置作为停止运行的控制开关。

(30) 动臂式塔式起重机的变幅动作应单独进行；允许带载变幅的动臂式塔式起重机，当载荷达到额定起重量的90%及以上时，不得增加幅度。

(31) 重物就位时，应采用慢就位工作机构。

(32) 重物水平移动时，重物底部应高出障碍物0.5m以上。

(33) 回转部分不设集电器的塔式起重机，应安装回转限位器；在作业时，不得顺一个方向连续回转1.5圈。

(34) 当停电或电压下降时，应立即将控制器扳到零位，并切断电源。如吊钩上挂有重物，应重复放松制动器，使重物缓慢地下降到安全位置。

(35) 采用涡流制动调速系统的塔式起重机，不得长时间使用低速挡或慢就位速度作业。

(36) 遇大风停止作业时，应锁紧夹轨器，将回转机构的制动器完全松开，起重臂应能随风转动。对轻型俯仰变幅塔式起重机，应将起重臂落下并与塔身结构锁紧在一起。

(37) 作业中，操作人员临时离开操作室时，应切断电源。

(38) 塔式起重机载人专用电梯不得超员，专用电梯断绳保护装置应灵敏有效。塔式起重机作业时，不得开动电梯。电梯停用时，应降至塔身底部位置，不得长时间悬在空中。

(39) 在非工作状态时，应松开回转制动器，回转部分应能自由旋转；行走式塔式起重机应停放在轨道中间位置，小车及平衡重应置于非工作状态，吊钩组顶部宜上升到距起重臂底面2~3m处。

(40) 停机时，应将每个控制器拨回零位，依次断开各开关，关闭操作室门窗；下机后，应锁紧夹轨器，断开电源总开关，打开高空障碍灯。

(41) 检修人员对高宅部位的塔身、起重臂、平衡臂等检修时，应系好安全带。

(42) 停用的塔式起重机的电动机、电气柜、变阻器箱及制动器等应遮盖严密。

(43) 动臂式和未附着塔式起重机及附着以上塔式起重机桁架上不得悬挂标语牌。

7.3.6 维护保养

1. 日常保养

(1) 检查并添加各工作机构减速器的油量。

(2) 检查配电机箱及电缆各接头是否牢固，保险丝接头是否松动，电缆是否擦伤或损坏。

(3) 检查各安全保护装置是否正常，当挡位控制器接到工作位置时，继电器、接触器均应灵敏可靠，检查各限位开关的动作是否良好。

(4) 检查并紧固各连接螺栓，检查钢丝绳的磨损及断丝情况。

(5) 检查制动器是否灵敏可靠，各连接部位不得存在歪斜、卡死现象，弹簧、电力液压杆、活塞等均应作用良好，不得有漏油现象。检查并调整制动带、制动瓦块与制动轮之间隙。

（6）工作后应当清扫司机室，清除机身下部、电动机及各传动机构外部的灰尘和污垢。

（7）按照润滑规定作好润滑工作。

（8）每隔6个工作班应对电气部分和传动装置集中保养一次，主要内容包括：检查并调整各个工作机构传动齿轮的啮合情况；检查各连接螺栓有无松动；检查控制器与集电环，并用细砂布清除触头和铜环接触面伤所有烧焦的痕迹及滑块元件上的脏物；调整碳刷与滑环的压力，如果碳刷磨损应及时更换；检查滑轮及钢丝绳的接头，紧固滑轮挡圈的顶丝及钢丝绳卡环。

2. 一、二级保养

塔式起重机工作一段时间后应进行一级和二级保养。不同的起重机保养周期不同，保养的主要内容包括：

（1）检查钢结构部分，焊缝是否出现裂纹，螺栓、销钉和铆钉等连接件是否松动或短缺，杆件、栏杆、扶梯、支承、防护罩等是否存在变形现象。如发现问题，应进行补焊、添配和修复。

（2）清洗各传动机构的减速器，更换已损零件，按照润滑规定更换减速器和液压推杆制动器等的油料。

（3）检查各部齿轮的磨损情况，如果磨损过大，应予修复或更换。

（4）紧固卷扬机底座、减速器箱体及其他各连接部位的螺栓。

（5）拆检制动器，清除制动带与制动轮上的油污，检查制动带的磨损情况，调整间隙，更换杠杆上的连接销及开口销。

（6）拆检回转支承装置的情况，更换已损的零件并调整间隙。

（7）检查各安全装置及限位开关，用细砂布清除限位开关触头上的焦痕，调整弹簧压力及杠杆角度。

（8）清除全部机构的灰尘及油污。

（9）按照润滑规定作好润滑工作。

7.3.7 常见故障及排除方法

塔式起重机的常见故障及排除方法见表7－12。

表7－12 塔式起重机的常见故障及排除方法

故障部位	故障现象	故障原因	排除方法
滚动轴承	油温过高	润滑油过多	减少润滑油
		油质不符合要求	清洗轴承并换油
		轴承损坏	更换轴承
	噪声过大	有油污	清洗轴承并换新油
		安装不正确	重新安装
		轴承损坏	更换轴承

续表 7－12

故障部位	故障现象	故障原因	排除方法
块式制动器	制动器失灵	间隙过大	调整间隙
		有油污	用汽油清洗油污
		弹簧松弛或推杆行程不足	调节弹簧张力
	制动瓦发热冒烟	间隙过小	调整制动瓦间隙
		制动瓦未脱开	调整制动瓦间隙
	电磁铁噪声高或线圈温升过高	衔铁表面太脏造成间隙过大	除去脏物，并涂上一层薄机油调整间隙
		硅钢片未压紧	压紧硅钢片
		电磁铁有一线圈断路	接好线圈或重绕
钢丝绳	磨损太快	滑轮不转动	更换或检修滑轮
		滑轮槽与绳的直径不符	更换或检修滑轮
	脱槽	滑轮偏斜或移位	调整滑轮安装位置
		钢丝绳规格不对	更换钢丝绳
滑轮	轮槽磨损不均匀	滑轮受力不均匀	更换滑轮
		滑轮加工质量差	更换滑轮
	轴向产生窜动	轴上定位件松动	调整、紧固定位件
吊钩	产生疲劳裂纹	使用过久或材质不佳	更换吊钩
	挂绳处磨损过大	使用过久	更换吊钩
卷筒	卷筒壁产生裂纹	材质不佳，受过大载荷冲击	更换卷筒
		筒壁磨损过大	更换卷筒
	键磨损或松动	装配不合要求	换键
减速器	噪声大	齿轮啮合不良	修理并调整啮合间隙
	温升高	润滑油过少或过多	加、减润滑油至标准油位
	产生振动	联轴器安装不正，两轴并不同心	重新调整中心距和两轴的同心度
滑动轴承	温度过高	轴承偏斜	调整偏斜
		间隙过小	适当增大轴承间距
		缺油或油中有杂物	清洗轴承，更换新油
	磨损严重	缺油或油中有脏物	清洗、换油、换轴承
行走轮	轮缘磨损严重	轨距不对	检查、调整轨距
		行走枢轴间隙过大	调整枢轴间隙

续表 7－12

故障部位	故障现象	故障原因	排除方法
回转支承	跳动或摆动严重	滚动体磨损过大	减少垫片或换修
		小齿轮和大齿圈的啮合不正确	检修
金属结构	永久变形	超载	禁止超载、调直并加固
		拆运时碰撞或吊点不正确	禁止超载、调直并加固
	焊缝严重裂纹	超载或疲劳破坏	检修、焊补
	工作时变形过大	超载或各节接头螺栓松动，或螺栓孔过大	禁止超载，更换螺栓并紧固
电动机	接电后电动机不转	保险丝断路	更换保险丝
		定子回路中断	检查定子回路
		过电流继电器动作	检查过电流继电器的整定值
	接电后，电动机不转并有嗡嗡声	断了一根电源线	查处断线处接牢
	转向不对	接线顺序不对	任意对调两根火线
	运转声音不正常	电动机接法错误	改正接法
		轴承磨损过大	更换轴承
		定子硅钢片未压紧	压紧硅钢片
	电动机温升过高	超负荷运转	禁止超负荷
		工作时间过长	缩短工作时间
		线路电压过低	暂停工作
		通风不良	改善通风条件
	电动机局部温升过高	电源缺相，电动机单相运行	查找断头并排除
		某一绕组与外壳短路	查找短路部位并排除
		转子与定子相碰	检查转子与定子间隙，换轴承
	电动机停不住	控制器触头被电弧焊住	检查控制器间隙，清除弧疤或更换触头

7.4 卷 扬 机

7.4.1 分类与型号

1. 卷扬机的分类

（1）按照钢丝绳牵引速度分为：快速、慢速、调速等三种。

（2）按照卷筒数量分为：单筒、双筒、三筒等三种。

（3）按照机械传动型式分为：直齿轮传动、斜齿轮传动、行星齿轮传动、内胀离合器传动、涡轮蜗杆传动等多种。

（4）按照传动方式分为：手动、电动、液压、气动等多种。

（5）按照使用行业分为：用于建筑、林业、矿山、船舶等多种。

2. 卷扬机的型号

目前国产卷扬机一般型号的编制方法表示如下：

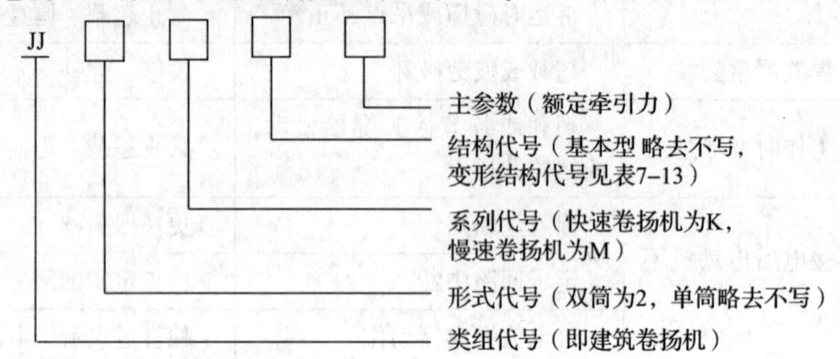

卷扬机型号分类和表示方法见表 7－13。

表 7－13 卷扬机型号分类和表示方法

形式	特性	代号	代号含义	主参数	
				名称	单位表示法
单卷筒式	K	JK	单筒快速卷扬机	额定静拉力	$kN\times10^{-1}$
	KL	JKL	单筒快速溜放卷扬机		
	M	JM	单筒慢速卷扬机		
	ML	JML	单筒慢速溜放卷扬机		
	T	JT	单筒调速卷扬机		
	S	JS	手摇式卷扬机		
双卷筒式	K	2JK	双筒快速卷扬机		
	M	2JM	双筒慢速卷扬机		
	T	2JT	双筒调速卷扬机		
三卷筒式	K	3JK	三通快速卷扬机		

7.4.2 基本构造

快速卷扬机一般采用单筒式。如图 7－16 所示，为 JJKX1 型单卷筒快速卷扬机，采用行星齿轮传动，牵引力为 10kN。传动系统安装在卷筒内部和端部，采用带式离合器和制动器进行操纵。主要由电动机、传动装置、离合器与制动器、基座等组成。

图 7－17 所示为传动系统简图。电动机通过第一级内齿轮，传动第二级内齿轮，在通过连轴齿轮（太阳齿轮）传动两个行星齿轮绕齿轮公转，并与大内齿轮相啮合，因行星

齿轮的轴与卷筒9紧固连接，即可带动卷筒旋转。带式离合器11（启动器）安装于大内齿轮8的外缘，由启动手柄操纵，按下启动手柄，使带式离合器接合，大齿轮停止转动，行星齿轮7即沿大齿轮滚动，带动卷筒旋转。在按下另一端的带式制动器手柄（同时须松开启动手柄）时，卷筒被制动停转，与卷筒相连接的行星齿轮无法再绕太阳齿轮作公转运动，此时电动机的动力通过行星齿轮的自转而驱动大内齿圈仅作空转运动。

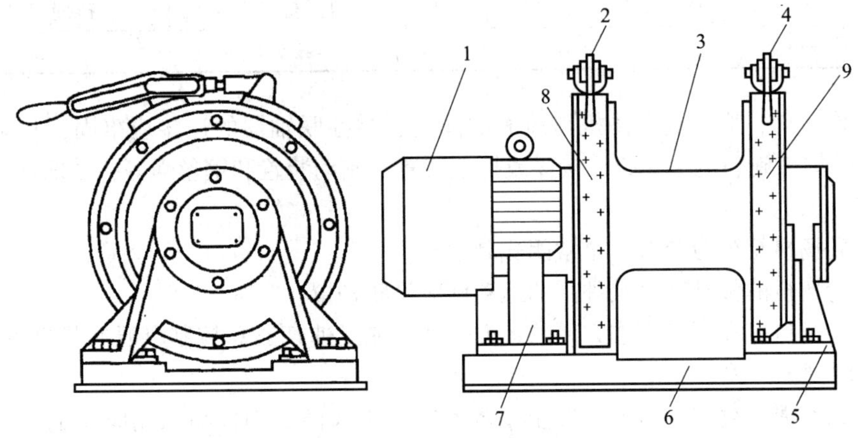

图7-16 JJKX1型单卷筒快速卷扬机

1—电动机；2—制动手柄；3—卷筒；4—启动手柄；5—轴承支架；6—机座；7—电动机托架；8—带式制动器；9—带式离合器

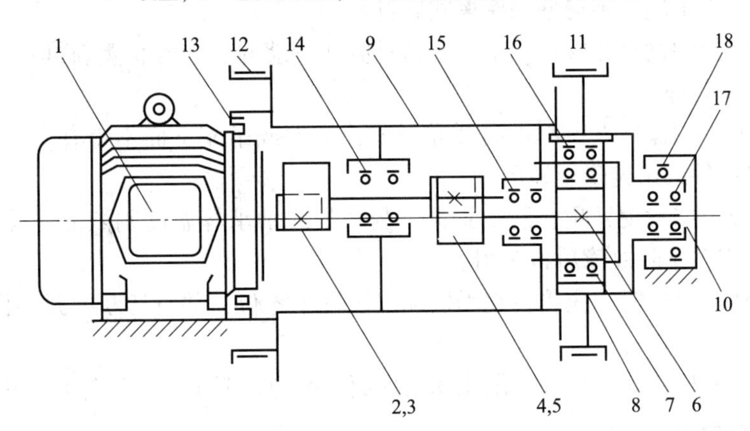

图7-17 传动系统简图

1—电动机；2—圆柱齿轮；3、4—内齿圈；5、6—连轴齿轮；7—行星齿轮；8—大内齿轮；9—卷筒；10—轴承架；11—带式离合器；12—带式制动器；13～18—滚动轴承

因传动系统全部布置在卷筒内部和端面，电动机又伸入卷筒的另一端，使卷扬机的机体小，结构紧凑，运转灵活，操作简便。

7.4.3 安全操作

（1）卷扬机地基与基础应平整、坚实，场地应排水畅通，地锚应设置可靠。卷扬机应搭设防护棚。

（2）操作人员的位置应在安全区域，视线应良好。

（3）卷扬机卷筒中心线与导向滑轮的轴线应垂直，且导向滑轮的轴线应在卷筒中心位置，钢丝绳的出绳偏角限值应符合表 7－14 的规定。

表 7－14 卷扬机钢丝绳出绳偏角限值

排绳方式	槽面卷筒	光面卷筒	
		自然排绳	排绳器排绳
出绳偏角	≤4°	≤2°	≤4°

（4）作业前，应检查卷扬机与地面的固定、弹性联轴器的连接应牢固，并应检查安全装置、防护设施、电气线路、接零或接地装置、制动装置和钢丝绳等，并确认全部合格后再使用。

（5）卷扬机至少应装有一个常闭式制动器。

（6）卷扬机的传动部分及外露的运动件应设防护罩。

（7）卷扬机应在司机操作方便的地方安装，能迅速切断总控制电源的紧急断电开关，并不得使用倒顺开关。

（8）钢丝绳卷绕在卷筒上的安全圈数不得少于 3 圈。钢丝绳末端应固定可靠。不得用手拉钢丝绳的方法卷绕钢丝绳。

（9）钢丝绳不得与机架、地面摩擦，通过道路时，应设过路保护装置。

（10）建筑施工现场不得使用摩擦式卷扬机。

（11）卷筒上的钢丝绳应排列整齐，当重叠或斜绕时，应停机重新排列，不得在转动中用手拉脚踩钢丝绳。

（12）作业中，操作人员不得离开卷扬机，物件或吊笼下面不得有人员停留或通过。休息时，应将物件或吊笼降至地面。

（13）作业中如发现异响、制动不灵、制动带或轴承等温度剧烈上升等异常情况时，应立即停机检查，排除故障后再使用。

（14）作业中停电时，应将控制手柄或按钮置于零位，并应切断电源，将物件或吊笼降至地面。

（15）作业完毕，应将物件或吊笼降至地面，并应切断电源，锁好开关箱。

7.4.4 维护保养

1. 每班保养

（1）检查润滑情况，按照规定进行润滑。

（2）检查卷筒轴承架、离合器、操纵杆等各部的连接是否可靠，并紧固连接螺栓。

（3）检查钢丝绳，断丝不得超过规定值；钢丝绳在卷筒上排列要整齐。

（4）检查制动器工作情况，操纵要灵活，制动要可靠，制动带要保持清洁、没有油污。

（5）工作后清洁机体。

2. 一级保养

卷扬机通常每隔 300 工作小时进行一级保养，除包括每班进行保养的全部工作外，还包括：

（1）检查、调整制动器及离合器，清除油污，按照规定调整各部间隙。

（2）检查、调整电磁制动器，如销孔与销轴磨损过大有松旷时，应当更换销轴。调整制动瓦与制动轮之间的间隙，并达到规定数值。

（3）检查传动装置，开式齿轮的轮齿不允许有损坏和断裂现象。

3. 二级保养

通常每隔600工作小时需对卷扬机的轮齿进行二级保养，包括一级保养的全部工作，还包括：

（1）检查制动器并清除油污。当制动器带磨损过大且铆钉头接近外露时，应当及时更换。制动带与制动轮之间的间隙应保持均匀，接触面积不应小于80%。

（2）检查齿轮、轴与轴承的磨损，齿厚磨损不得超过20%，轴颈和铜套的间隙不大于0.4mm，滚动轴承的径向间隙不大于0.2mm，否则应当修复和更换。

（3）减速器齿面的磨损程度，侧向间隙不大于1.8mm，各轴承间隙不得大于规定值。

（4）检查油封是否完好。

（5）检查并清洗操纵机构。

7.4.5 常见故障及排除方法

卷扬机的常见故障及排除方法见表7－15。

表7－15 卷扬机的常见故障及排除方法

故障现象	故障原因	排除方法
卷筒不转或达不到额定转速	超载作业	减载
	制动器间隙过小	调整间隙
	电磁制动器没有脱开	检查电源电压及线路系统，排除故障
	卷筒轴承缺油	清洗后加注润滑油
制动器失灵	制动带（片）有油污	清洗后吹干
	制动带与制动鼓的间隙过大或接触面过小	调整间隙，修整制动带，使接触面达到80%
	电磁制动器弹簧张力不足或调整不当	调整或更换弹簧
减速器温升过高或有噪声	齿轮损坏或啮合间隙不正常	修复损坏齿轮，调整啮合间隙
	轴承磨损过甚或损坏	更换轴承
	超载作业	减载
	润滑油过多或缺少	使润滑油达到规定油面
	制动器间隙过小	调整间隙
轻载时吊钩下降阻滞	制动器间隙过小	调整间隙
	导向滑轮转动不灵	清洗并加注润滑油
	卷筒轴轴承缺油	清洗并加注润滑油

7.5 施工升降机

7.5.1 分类及结构特点

施工升降机是作为垂直或倾斜方向输送人员和物料的机械，主要用于建筑施工、装修与维修，还可作为仓库、码头、船坞、高塔等长期使用的垂直运输机械。按照传动形式分为齿轮齿条式、钢丝绳式和混合式。

1. 齿轮齿条式

如图7－18所示出的齿轮齿条式是一种通过布置在吊笼上的传动装置中的齿轮与布置在导轨架上的齿条相啮合，吊笼沿导轨架运动，完成人员和物料输送的施工升降机。其结构特点包括：传动装置驱动齿轮，使吊笼沿导轨架的齿条运动；导轨架为标准拼接组成，截面形式分为矩形和三角形，导轨架由附墙架与建筑物相连，增加刚性，导轨架加节接高由自身辅助系统完成。吊笼分为双笼和单笼，吊笼上配有对重来平衡吊笼重量，以提高运行平衡性。

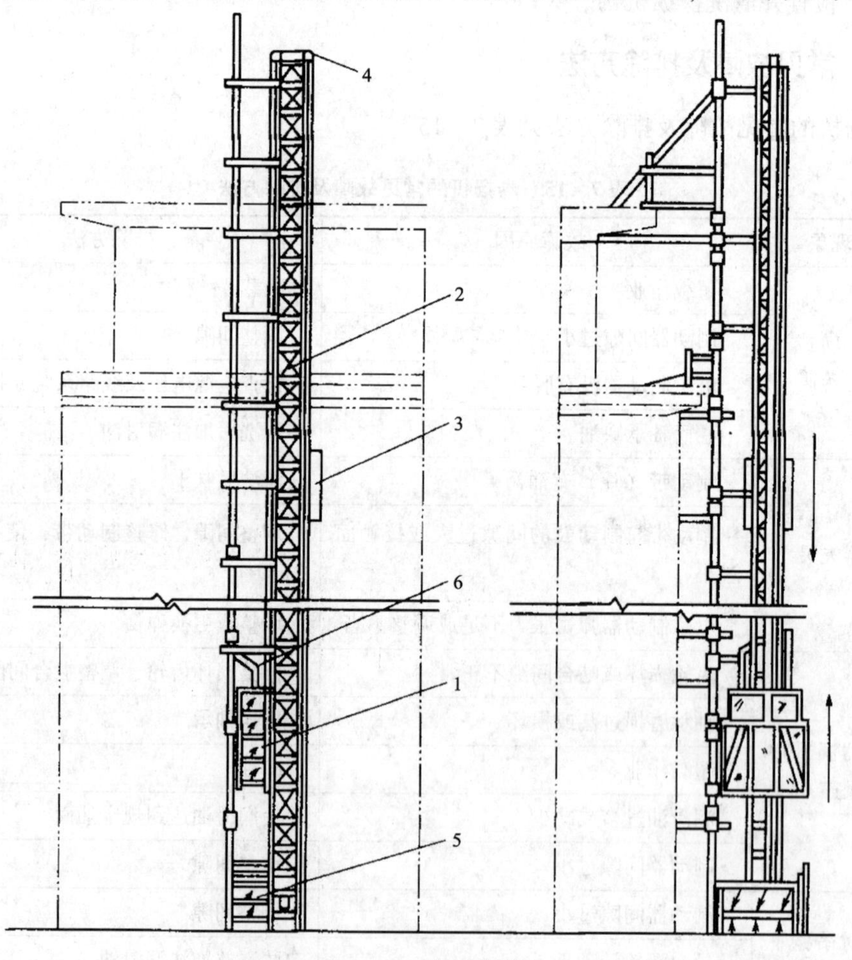

图7－18 施工电梯

1—吊笼；2—导轨架；3—平衡重箱；4—天轮

2. 钢丝绳牵引式

如图 7－19 所示，钢丝绳牵引式是由提升钢丝绳通过布置在导轨架上的导向滑轮，用设置于地面的卷扬机使吊笼沿导轨架作上下运动，导轨架分单导、双导和复式井架等形式。单导和双导轨架由标准节组成，类似塔式起重机的塔身机构。复式井架为组合式拼接形式，无标准节，整体拼接，一次性达到架设高度。吊笼可以分为单笼、双笼和三笼等。导轨架可由附墙架与建筑物相连接，也可采用缆风绳形式固定。

3. 混合式

混合式是一种将齿轮齿条式和钢丝绳式升降机组合为一体的施工升降机。一个吊笼由齿轮齿条驱动，另一个吊笼采用钢丝绳提升。这种结构的特点是工作范围大，速度快，由单根导轨架、矩形截面的标准节组成，有附墙架。

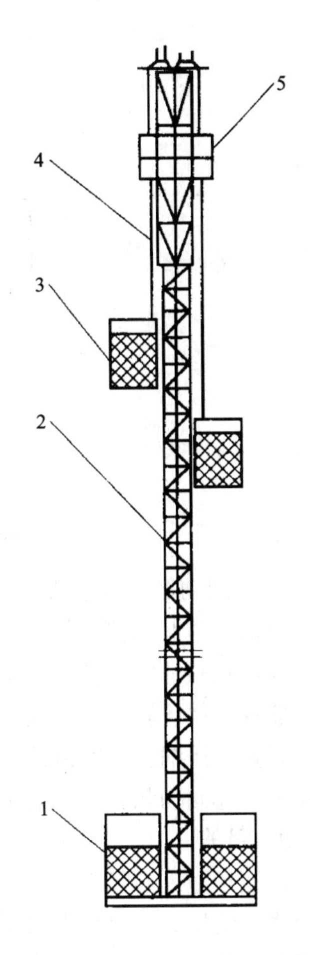

图 7－19 钢丝绳牵引式升降机

1—底笼；2—导轨架；3—吊笼；4—外套架；5—工作平台

7.5.2 金属结构及主要零部件

1. 导轨架

施工升降机的导轨架是该机的承载系统，通常由型钢和无缝钢管组合焊接形成格构式桁架结构。截面形式分为矩形和三角形。导轨架由顶架（顶节）、底架（基节）和标准节组成。顶架上布置有导向滑轮，底架上也布置有导向滑轮，并与基础连接。标准节具有互换性，节与节之间采用销轴连接或螺栓连接。导轨架的主弦杆用作吊笼的导轨。SC 型施工升降机的齿条布置在导轨架的一个侧面上。

为确保施工升降机正常工作，导轨架的强度、刚度和稳定性，当导轨架达到较大高度时，每隔一定距离要设置横向附墙架或锚固绳。附墙架的间隔通常约为 8～9m，导轨架顶部悬臂自由高度为 10～11m。

2. SC 型施工升降机的传动装置

（1）传动形式。SC 型施工升降机上的传动装置即是驱动工作机构，通常由机架、电动机、减速机、制动器、弹性联轴器、齿轮、靠轮等组成。随着液压技术的不断发展，在施工升降机上也出现了原动机液压传动方式的传动装置。液压传动系统具有可无级调速、启动制动平稳的特点。

（2）布置方式。传动装置在吊笼上的布置方式分为：内布置式、侧布置式、顶布置式和顶布置内布置混合式四种。

（3）传动装置的工作原理。如图 7－20 所示，由主电动机，经联轴器、蜗杆、涡轮、齿轮、传到齿条上。因齿条固定在导轨架上，导轨架固定在施工升降机的底架和基础上，齿轮的转动带动吊笼上下移动。

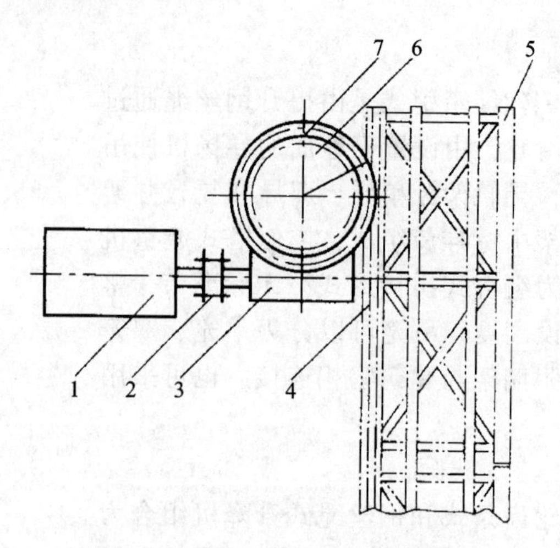

图7-20 施工升降机传动系统图

1—主电机；2—联轴器；3—蜗杆；4—齿条；5—导轨架；6—涡轮；7—齿轮

（4）制动器。制动器采用摩擦片式制动器，安装于电动机尾部，也有用电磁式制动器。摩擦片式制动器，如图7-21所示。内摩擦片与齿轮联轴器用键连接，外摩擦片经过导柱与涡轮减速箱连接。失电时，线圈无电流，电磁铁与衔铁脱离，弹簧使内外摩擦片压紧，联轴器停止转动，传动装置处于制动状态。在通电时，线圈有电流，电磁铁与衔铁吸紧，弹簧被压缩，外摩擦片在小弹簧作用下与内摩擦片分离，联轴器处于放开状态，传动装置处于非制动状态，吊笼可运行。

3. 吊笼

吊笼是施工升降机中用以载人和载物的部件，为封闭式结构。吊笼顶部及门之外的侧面应当有围护。进料和出料两侧设有翻板门，其他侧面由钢丝网围成。SC型施工升降机在吊笼外挂有司机室，司机室为全封闭结构。吊笼与导轨架的主弦杆通常有四组导向轮连接，如图7-22所示，保证吊笼沿导轨架运行。

4. 对重

在齿轮齿条驱动的施工升降机中，通常均装有对重，用来平衡吊笼的重量，降低主电动机的功率，节省能源；同时改善导轨架的受力状态，提高施工升降机运行的平稳性。

5. 附墙架

为保证稳定性和垂直度，每隔一定距离用附墙架将导轨架和建筑物连接稳固起来。附墙架通常包括连接环、附着桁架和附着支座组成。附着桁架常见的是两支点式和三支点式附着桁架。

6. 导轨架拆装系统

施工升降机通常都具有自身接高加节和拆装系统，常见有类似自升式塔机的自升加节机构，主要由外套架、工作平台、自升动力装置、电动葫芦等组成。另一种是简易拆装系统，由滑动套架和套架上设置的手摇吊杆组成。工作原理如图7-23所示。转动卷扬机收放钢丝绳，即可吊装标准节。吊杆的立柱在套架中既可转动，也可上下滑动，以确保标准节方便就位。待标准节安装后，通过吊笼将吊杆和套架一起顶升到新的安装工作位置，以准备下一个标准节的安装。安装工作完毕，利用销轴将其固定在导轨架上部。

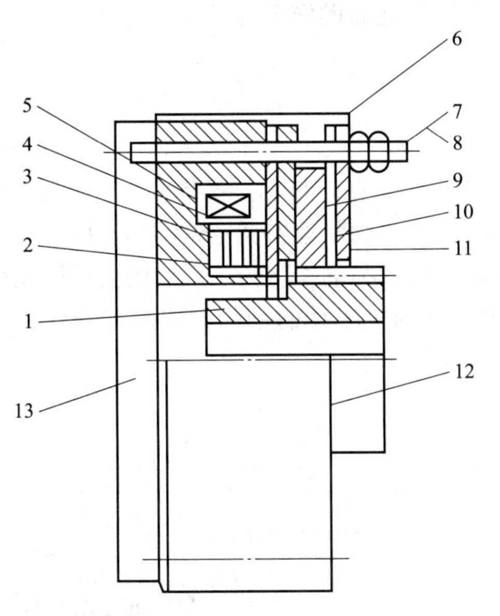

图 7-21　摩擦片式制动器

1—联轴器；2—衔候；3、6—弹簧；4—磁线圈；5—电磁铁；7—螺栓；8—螺母；9—内摩擦片；10—外摩擦片；11—端板；12—罩壳；13—涡轮减速

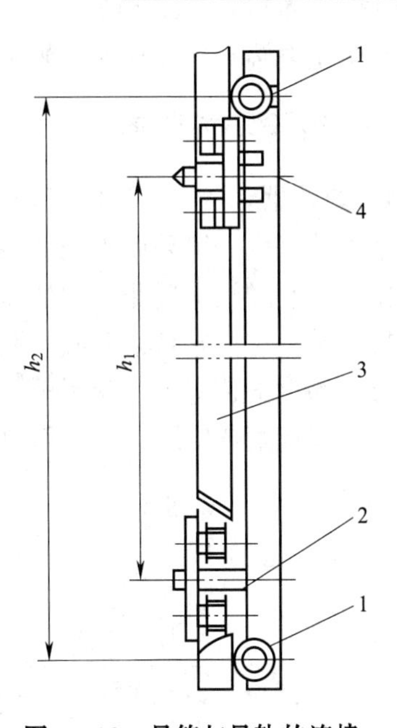

图 7-22　吊笼与导轨的连接

1—两侧导向轮；2—后导向轮支点；3—导轨架主弦杆；4—前导向轮支点

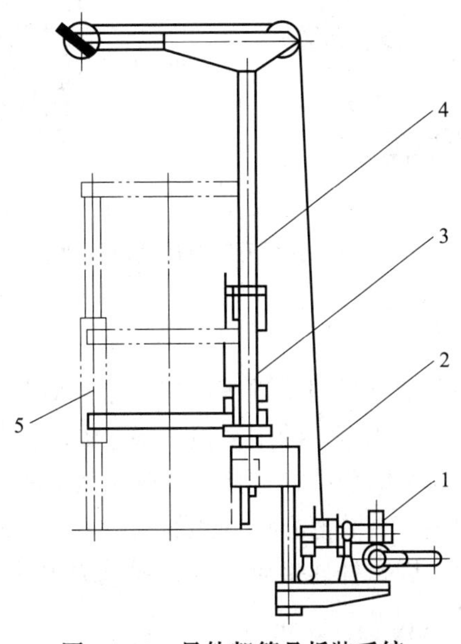

图 7-23　导轨架简易拆装系统

1—卷扬机；2—钢丝绳；3—销轴；4—立柱；5—套架

7．基础围栏

基础围栏设置在施工升降机的基础上，用以防护吊笼和对重的意外坠落。在进料口上部设有坚固的顶棚，能承受重物打击。围栏门装有机械或电气连锁装置，围栏内有电缆回

收筒，防止电缆乱绕和损坏，施工升降机的附件和地面操作箱置于围栏内部。

7.5.3 安全防护装置

1. 限速器

施工升降机一律采用机械式限速器，不得采用手动、电气、液压或气动控制等形式的限速器。当升降机出现非正常加速运行，瞬时速度达到限速器调定的动作速度时，迅速制动，将吊笼停止在导轨架上或缓慢下降。同时行程开关动作将传动系统的电控回路断开。

(1) 瞬时式限速器。这种限速器主要用于卷扬机驱动的钢丝绳式施工升降机上，与断绳保护装置配合使用。其工作原理如图 7－24 所示。

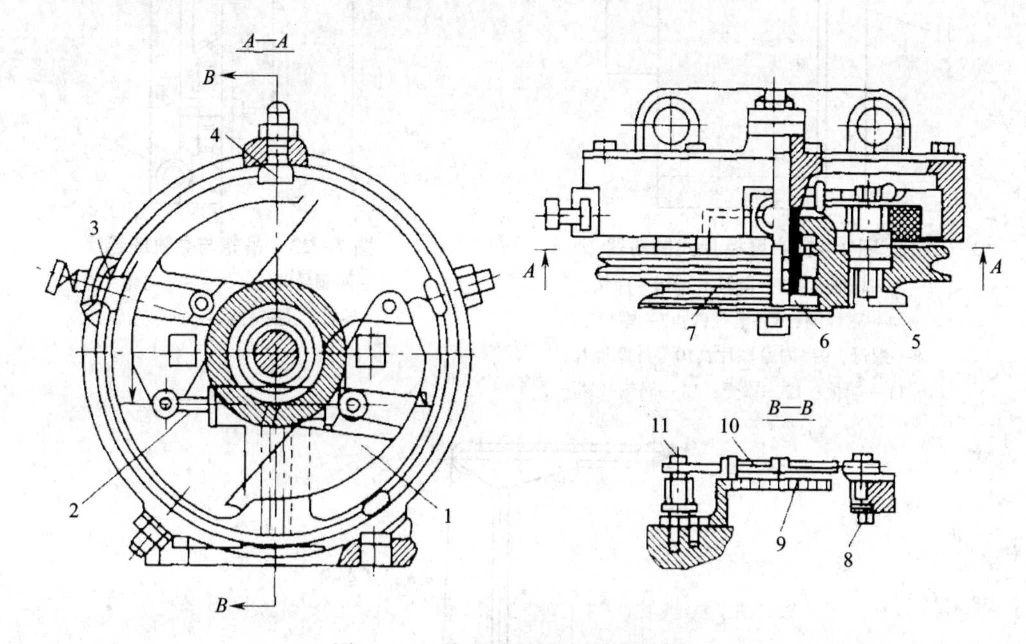

图 7－24 施工升降机的瞬时限速器

1—离心块；2—拉杆；3—活动挡块；4—固定挡块；5—销轴；6—悬臂轴；7—槽轮；8、11—销；9—支架；10—弹簧

在外壳上固定悬臂轴，限速钢丝绳通过槽轮装在悬臂轴上。槽轮包括两个不同直径的沟槽，大直径的用于正常工作，小直径的用来检查限速器动作是否灵敏。固定在槽轮上的销轴上装有离心块，两离心块之间用拉杆铰接，以确保两离心块同步运动。通过调节拉杆的长度可改变销子之间的距离，在装离心块一侧的槽轮表面上固定有支架，在支承端部与拉杆螺母之间装有预压弹簧。因拉杆连接离心块，弹簧力迫使离心块靠近槽轮旋转中心，固定挡块突出在外壳内圆柱表面上。

当槽轮在与吊笼上的断绳保护装置带动系统杆件连接的限速钢丝绳以额定转速旋转时，离心块产生的离心力还不足以克服弹簧力张开，限速器随同正常运行的吊笼而旋转；提升钢丝绳拉断或松脱，吊笼以超过正常的运行速度坠落时，限速钢丝绳带动限速器槽轮超速旋转，离心块在较大的离心力作用下张开，并抵在挡块上，停止槽轮转动。吊笼继续坠落时，停转的限速器槽轮靠摩擦力拉紧限速钢丝绳，通过带动系统杆件驱动断绳保护装置制停吊笼。

在瞬时限速器上还装有限位开关。限速器动作时，能同时切断施工升降机动力电源。瞬时式限速器的制动距离短，动作猛烈，冲击较大，制动力大小无法控制。

（2）渐进式限速器。这种限速器制动力是固定的，或逐渐增加，制动距离较长，制动平稳，冲击力小，主要用于齿轮齿条式施工升降机。渐进式限速器按照施工升降机有无对重可分为两种，无对重的采用单向限速器，有对重的采用双向限速器。这种限速器本身具有制动器功能，因此也叫限速制动器。单向限速器应用离心块来实现限速，随着离心块绕轴旋转时所处位置的不同，重力和离心力的夹角时刻变化。两者重合时，离心块摆动幅度最大。单向限速器的制动部分是一个带式制动器，升降机在正常运行时，制动轮内的凸齿不与离心块接触，轮上没有制动力矩。当吊笼超速时，离心块甩出，与制动轮内凸齿相嵌，迫使制动轮与制动带摩擦产生制动力矩。

2. 断绳保护装置

安全保护装置只允许采用机械式控制方式，主要用于钢丝绳牵引式施工升降机上。当吊笼的提升钢丝绳或对重悬挂钢丝绳裂断时，迅即产生制动动作，将吊笼或对重制停在导轨架上。按照结构形式分为瞬时式和阻尼式两种。

（1）瞬时式断绳保护装置的布置方式取决于施工升降机构的形式。对于整体架设的施工升降机，断绳保护装置的布置方式如图 7－25 所示。限速器装在导轨架基础节上不动，限速钢丝绳一端绕过导轨架上部导向滑轮通过夹块与杠杆相连，另一端绕过限速器槽

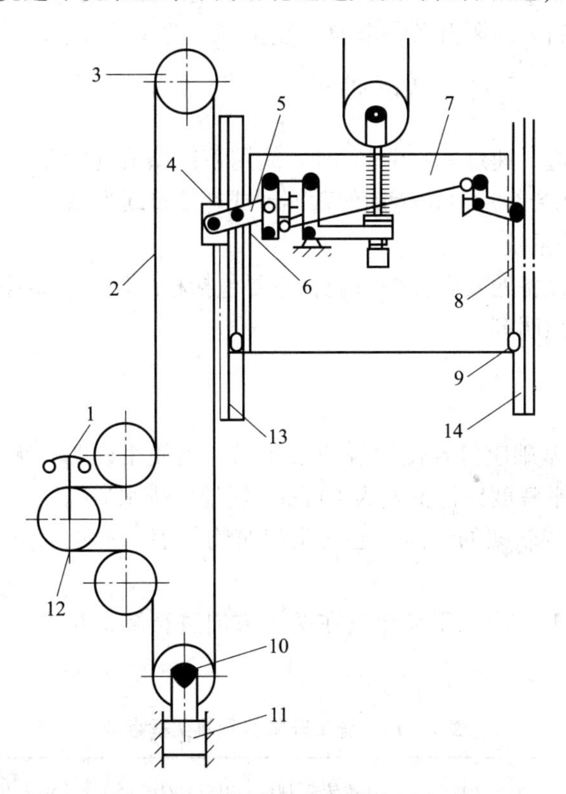

图 7－25 断绳保护装置的布置方式

1—限速器；2—驱动绳；3—上导向滑轮；4—夹块；5—杠杆；6—弹簧；7—吊笼；8—楔块拉杆；9—楔块；10—下导向滑轮；11—张紧锤；12—槽轮；13、14—导轨

轮再通过连接张紧锤的导轨架下部导向滑轮回到夹块与杠杆相连。吊笼超速坠落时，与装在吊笼上的杠杆相连的夹块通过限速钢丝绳带动限速器超速旋转，甩开离心块，将限速器槽轮制动。吊笼继续坠落时，制动的限速器槽轮反过来通过限速钢丝绳牵动杠杆克服弹簧的拉力，顺时针旋转，再通过杠杆系统和捕捉器楔块的拉杆向上提升楔块，楔紧导轨，停止吊笼坠落。

（2）阻尼式断绳保护装置又称偏心轮式捕捉器，按照弹簧激发方式可分为扭转弹簧激发式和压缩弹簧激发式两种。

3．连锁开关和终端开关

施工升降机上多处设有连锁开关，例如：吊笼的进料门、出料门处，当吊笼门完全关闭后，吊笼才能启动。其他部位有基础防护围栏门（底笼）、吊笼顶部的安全出口、司机室门、限速器和断绳保护装置上。通常还装有终端开关，包括强制减速开关、限位开关及极限开关。

强制减速开关安装在导轨架的顶端和底部，当吊笼失控后，冲向导轨架顶部或底部时，经过强制减速开关，此时迅速动作，确保吊笼有足够的减速距离。

限位开关由上限位开关和下限位开关组成。若强制减速开关未能使吊笼减速、停止，继续运行，限位开关动作，迫使吊笼停止。

极限开关由上下极限开关组成，当吊笼运行超过限位开关和越程后，极限开关将切断总电源使吊笼停止运行。极限开关是非自动复位的，动作后需手动复位才能使吊笼重新启动。

4．缓冲器

施工升降机额定起升速度≤1.6m/s 时，使用蓄能型或耗能型缓冲器；额定起升速度大于 1.6m/s 时，使用带缓冲复位运动的蓄能型或耗能型缓冲器。

5．电气安全保护系统

施工升降机电气设备的安全保护系统，主要包括相序保护、急停开关、短路保护、零位保护、报警系统、照明等。

7.5.4　安全操作

（1）施工升降机基础应符合使用说明书要求，当使用说明书无要求时，应经专项设计计算，地基上表面平整度允许偏差为 10mm，场地应排水通畅。

（2）施工升降机导轨架的纵向中心线至建筑物外墙面的距离宜选用使用说明书中提供的较小的安装尺寸。

（3）安装导轨架时，应采用经纬仪在两个方向进行测量校准。其垂直度允许偏差应符合表 7－16 的规定。

表 7－16　施工升降机导轨架垂直度

架设高度 H（m）	$H\leqslant70$	$70<H\leqslant100$	$100<H\leqslant150$	$150<H\leqslant200$	$H>200$
垂直度偏差（mm）	$\leqslant1/1000H$	≤70	≤90	≤110	≤130

(4) 导轨架自由高度、导轨架的附墙距离、导轨架的两附墙连接点间距离和最低附墙点高度不得超过使用说明书的规定。

(5) 施工升降机应设置专用开关箱，馈电容量应满足升降机直接启动的要求；生产厂家配置的电气箱内应装设短路、过载、错相、断相及零位保护装置。

(6) 施工升降机周围应设置稳固的防护围栏。楼层平台通道应平整牢固，出入口应设防护门。全行程不得有危害安全运行的障碍物。

(7) 施工升降机安装在建筑物内部井道中时，各楼层门应封闭并应有电气连锁装置。装设在阴暗处或夜班作业的施工升降机，在全行程上应有足够的照明，并应装设明亮的楼层编号标志灯。

(8) 施工升降机的防坠安全器应在标定期限内使用，标定期限不应超过一年。使用中不得任意拆检调整防坠安全器。

(9) 施工升降机使用前，应进行坠落试验。施工升降机在使用中每隔 3 个月，应进行一次额定载重量的坠落试验，试验程序应按使用说明书规定进行，吊笼坠落试验制动距离应符合现行行业标准《施工升降机齿轮锥鼓形渐进式防坠安全器》JG 121—2000 的规定。防坠安全器试验后及正常操作中，每发生一次防坠动作，应由专业人员进行复位。

(10) 作业前应重点检查下列项目，并应符合相应要求：

1) 结构不得有变形，连接螺栓不得松动。

2) 齿条与齿轮、导向轮与导轨应接合正常。

3) 钢丝绳应固定良好，不得有异常磨损。

4) 运行范围内不得有障碍。

5) 安全保护装置应灵敏可靠。

(11) 施工升降机启动前，应检查并确认供电系统、接地装置安全有效，控制开关应在零位。电源接通后，应检查并确认电压正常。应试验并确认各限位装置、吊笼、围护门等处的电气连锁装置良好可靠，电气仪表应灵敏有效。作业前应进行试运行，测定各机构制动器的效能。

(12) 施工升降机应按使用说明书要求进行维护保养，并应定期检验制动器的可靠性，制动力矩应达到使用说明书要求。

(13) 吊笼内乘人或载物时，应使载荷均匀分布，不得偏重，不得超载运行。

(14) 操作人员应按指挥信号操作，作业前应鸣笛示警。在施工升降机未切断总电源开关前，操作人员不得离开操作岗位。

(15) 施工升降机运行中发现有异常情况时，应立即停机并采取有效措施将吊笼就近停靠楼层，排除故障后再继续运行。在运行中发现电气失控时，应立即按下急停按钮，在未排除故障前，不得打开急停按钮。

(16) 在风速达到 20m/s 及以上大风、大雨、大雾天气以及导轨架、电缆等结冰时，施工升降机应停止运行，并将吊笼降到底层，切断电源。暴风雨等恶劣天气后，应对施工升降机各有关安全装置等进行一次检查，确认正常后运行。

(17) 施工升降机运行到最上层或最下层时，不得用行程限位开关作为停止运行的控制开关。

(18) 当施工升降机在运行中由于断电或其他原因而中途停止时，可进行手动下降，将电动机尾端制动电磁铁手动释放拉手缓缓向外拉出，使吊笼缓慢地向下滑行。吊笼下滑时，不得超过额定运行速度；手动下降应由专业维修人员进行操纵。

(19) 当需在吊笼的外面进行检修时，另外一个吊笼应停机配合；检修时应切断电源，并应有专人监护。

(20) 作业后，应将吊笼降到底层，各控制开关拨到零位，切断电源，锁好开关箱，闭锁吊笼门和围护门。

7.5.5 常见故障及排除方法

施工升降机的常见故障及排除方法见表7-17。

表7-17 施工升降机的常见故障及排除方法

故障现象	故障原因	排除方法
电动机不启动	控制电路短路，熔断器烧毁；开关接触不良或折断；开关继电器线圈损坏或继电器触点接触不良；有关线路出了毛病	更换熔断器并查找短路原因；清理触点，并调整接点弹簧片，如接点折断，则更换；逐段查找线路毛病
吊笼运行到停层站点不减速停层	导轨架上的撞弓或感应头设置位置不正确；杠杆碰不到减速限位开关；选层继电器触点接触不良或失灵；有关线路断线或接线松开	检查撞弓和感应头安装位置是否正确；更换继电器或修复调整触点；用万用表检查线路
吊笼上和底笼上的所有门关闭后，吊笼不能启动运行	连锁开关接触不良；继电器出现故障或损坏；线路出现毛病	用导线短接法检查确定，然后修复；排除继电器故障或更换；用万用表检查线路是否通畅
吊笼在运行中突然停止	外电网停电或倒闸换相；总开关熔断器烧断或自动空气开关跳闸；限速器或断绳保护装置动作	如停电时间过长，应通知维修人员更换保险丝，重新合上空气开关；断开总电源使限速器和断绳保护装置复位，然后合上电源，检查各部分有无异常
吊笼平层后自动溜车	制动器制动弹簧过松或制动器出现故障	调整和修复制动器弹簧和制动器
吊笼冲顶、撞底	选层继电器失灵；强迫减速开关、限位开关、极限开关等失灵	查明原因，酌情修复或更换元件
吊笼启动和运行速度有明显下降	制动器抱闸未完全打开或局部未打开；三相电源中有一相接触不良；电源电压过低	调整制动器；检查三相电线，紧固各接点。调整三相电压，使电压值不小于规定值的10%

续表 7－17

故障现象	故障原因	排除方法
吊笼在运行中抖动或晃动	减速箱涡轮、蜗杆磨损严重，齿侧间隙过大；传动装置固定松动；吊笼导向轮与导轨架有卡阻和偏斜挤压现象；吊笼内重物偏载过大	调整减速箱中心距或更换涡轮蜗杆，检查地脚螺栓、挡板、压板等，发现松动要拧紧；调整吊笼内载荷重心位置
传动装置噪声过大	卤轮齿条啮合不良，减速箱涡轮、蜗杆磨损严重；缺润滑油；联轴器间隙过大	检查齿轮、齿条啮合状况，齿条垂直度，涡轮、蜗杆磨损状况；必要时应修复或更换，加润滑油，调节联轴器间隙
局部熔断器经常烧毁	该回路导线有接地点或电气元件有接地；有的继电器绝缘垫片击穿，熔断器容量小，且压接松、接触不良；继电器、接触器触点尘埃过多；吊笼启动制动时间过长	检查接地点，加强绝缘，加绝缘垫片或更换继电器，按额定电流更换保险丝并压接紧固，清理继电器、接触器表面尘埃，调整启动制动时间
吊笼运行时，吊笼内听到摩擦声	导向轮磨损严重，安全装置楔块内卡入异物；由于断绳保护装置拉杆松动等原因，使楔块与导轨发生摩擦现象	检查导向转磨损情况，必要时应更换导向轮，清除楔块内异物。调整断绳保护装置拉杆距离，保证卡板与导轨架不发生摩擦
吊笼的金属结构有麻电感觉	接地线断开或接触不良；接零系统零线重复接地线断开；线路上有漏电现象	检查接地线，接地电阻不大于4Ω；接好重复接地线；检查线路绝缘，绝缘电阻不应低于0.5MΩ
牵引钢丝绳和对重钢丝绳磨损严重，断丝剧增	导向滑轮安装偏斜，平面误差大；导向滑轮有毛刺等缺陷；卷扬机卷筒无排绳装置，绳间互相挤压；钢丝绳与地面及其他物体有摩擦现象	调整导向滑轮平面度，检查导向滑轮的缺陷，必要时应更换，保证钢丝绳与其他物体不发生摩擦
制动轮发热	调整不当，制动瓦在松闸状态设有均匀地从制动轮上离开；制动轮表面有灰尘，线圈中有断线或烧毁；电磁力减少，造成松闸时闸带未完全脱离制动轮；电动机轴窜动量过大，使制动轮窜动且产生跳动，开车时制动轮磨损加剧	调整制动瓦块间隙，使在松闸时均匀离开制动轮，以保证间隙<0.7mm。调整电动机轴的窜动量。保证制动轮清洁

续表 7－17

故障现象	故障原因	排除方法
吊笼启动困难	载荷超载，导轨接头错位差过大，导轨架刚度不好，吊笼与导轨架有卡阻现象	保证起升额定载荷，检查导轨架的垂直度及刚度，必要时加固。用锉刀打磨接头台阶
导轨架垂直度超差	附墙架松动，导轨架刚度不够；导轨架架设有缺陷	用经纬仪检查垂直度，紧固附墙架，必要时加固处理

7.6 机动翻斗车

7.6.1 类型和运用特点

机动翻斗车按照载重量来分，包括 1t、1.2t、1.5t 和 2t 等型级（普遍使用的是 1t 级）；按照底盘结构来分，有整体式车架和铰接式车架两种，前者采用前轮驱动，后轮转向；后者采用后轮驱动，丝杠（或液压缸）转向。按照传动系统的结构特点来分，有变速箱、差速器分开（普通汽车传动）式和“三合一”式（变速箱、主降速器、差速器组装在一个箱体中）；按照车斗的倾翻方式来分，有手动脱钩自重翻斗和液压翻斗两种；按照驾驶室的形状来分，有敞开式、半篷式、全篷式、封闭式。

整体车架的翻斗车，普遍采用滚轮面蜗杆转向器和扇齿蜗杆转向器，利用梯形机构偏转后轮转向。两吨铰接式翻斗车则采用液压缸转向。

机动翻斗车由于载重量较小，多采用单缸或双缸柴油机作动力装置，可用人力摇转曲轴启动（摇把启动）或启动电动机启动。机动翻斗车的结构较为简单，结构部件尺寸小，拆卸、安装和调整较为方便，维修保养工作量不大。因车速不高（最高速度不超过 30km/h），驾驶操作比较容易掌握，易于使用管理。同时由于机型较小，机动性大，适用于施工现场的狭窄场地中作业。机动翻斗车广泛用于施工现场短距离运输各种散碎物料，配合搅拌机运输混凝土和砂浆，是替代人力车进行水平运输的良好工具。

7.6.2 基本结构

机动翻斗车的基本组成与汽车类似。装有发动机、离合器、变速箱、传动轴、驱动桥、及转向桥、转向器、制动器、车轮和车厢等机构。大多数机动翻斗车的发动机的输出轴与离合器的输入轴用 V 带轮连接，因翻斗车的车体较短，发动机安装在机架上部，离合器、变速箱及驱动部分在机架下部，由于采用 V 带连接，前轮驱动桥差速器的输入轴与减速箱输出轴轴线存在一定的偏差，采用普通十字万向节连接，即可满足。图 7－26 所示的为一般机动翻斗车采用的底盘结构。

翻斗车的车架与车桥的连接大多采用三点连接，即车架与前轮的驱动桥用螺旋弹簧作左、右两点弹性悬挂（也有刚性连接的），后轮转向桥用销作一点刚性铰接，如图

7－27 所示。这样可以保持车架与发动机在后轮通过凸凹不平地面时，仍能保持水平状态。因大部分荷载由前桥负担，后桥主要承受发动机和驾驶室重量。前轮为驱动轮，所以前轮大部分采用较大的人字形轮胎，后轮采用较小的并较软环型平纹轮胎。因轮胎充气后具有一定的弹性，在凹凸不平的地面上行驶能够吸收一部分振动，所以后桥采用了刚性悬挂。

为了满足翻斗车可在施工现场的泥泞道路上行驶，前桥驱动轮都装用横向深槽大花纹轮胎，用以增加附着力，以利驱动，后桥装用深环形槽纹的轻型轮胎，深环形槽可防止车体的侧向滑移。

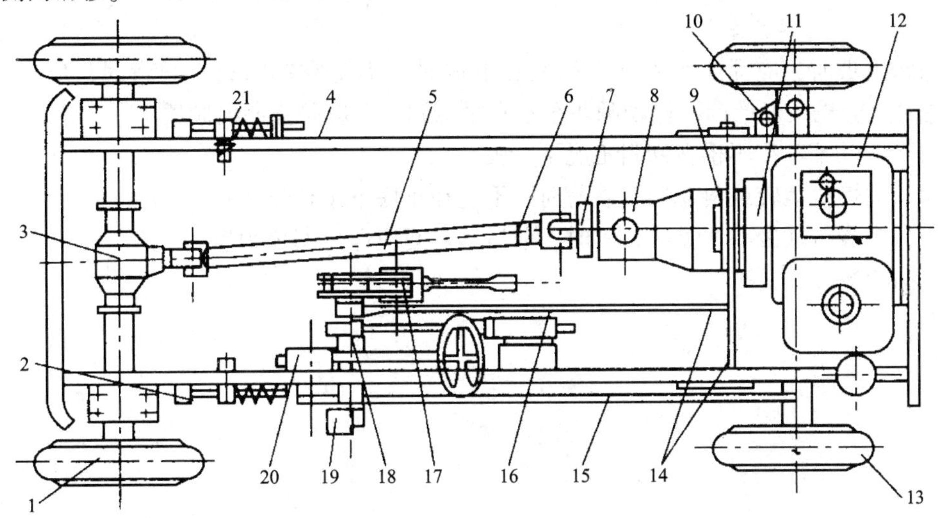

图 7－26 机动翻斗车底盘的基本结构

1—驱动轮；2—翻斗拉杆箱；3—驱动桥；4—车架；5—传动轴；6—十字轴万向节；7—手制动器；8—变速箱；9—离合器带轮；10—转向梯形结构；11—飞轮；12—发动机；13—转向轮；14—离合器分离拉杆；15—转向纵拉杆；16—制动总泵；17—车斗锁定机构；18—制动踏板；19—离合器踏板；20—转向器；21—翻斗拉杆

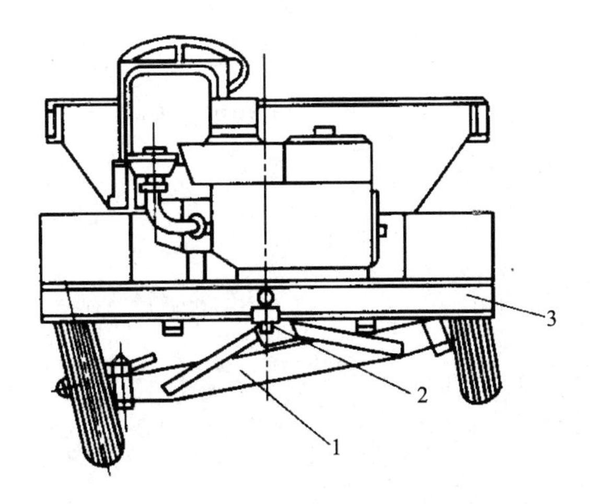

图 7－27 翻斗刚性铰接支承

1—后桥（转向桥）；2—中间平衡支承座（支承销未绘出）；3—车架

7.6.3 安全操作

（1）机动翻斗车驾驶员应经考试合格，持有机动翻斗车专用驾驶证上岗。

（2）机动翻斗车行驶前，应检查锁紧装置，并应将料斗锁牢。

（3）机动翻斗车行驶时，不得用离合器处于半结合状态来控制车速。

（4）在路面不良状况下行驶时，应低速缓行。机动翻斗车不得靠近路边或沟旁行驶，并应防止侧滑。

（5）在坑沟边缘卸料时，应设置安全挡块。车辆接近坑边时，应减速行驶，不得冲撞挡块。

（6）上坡时，应提前换入低挡行驶；下坡时，不得空挡滑行；转弯时，应先减速；急转弯时，应先换入低挡。机动翻斗车不宜紧急刹车，应防止向前倾覆。

（7）机动翻斗车不得在卸料工况下行驶。

（8）内燃机运转或料斗内有载荷时，不得在车底下进行作业。

（9）多台机动翻斗车纵队行驶时，前后车之间应保持安全距离。

8 常用装修机械

8.1 砂浆拌和机

8.1.1 工作原理和型式结构

1. 砂浆拌和机的型式代号

砂浆拌和机的型式代号如图8－1所示。

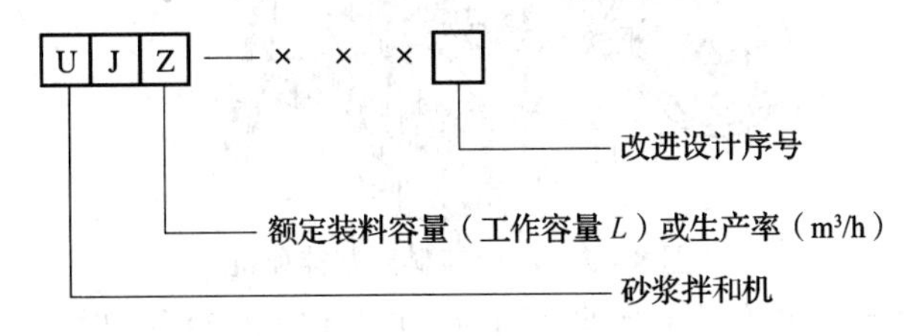

图8－1 砂浆拌和机的型式代号

2. 活门卸料砂浆拌和机

（1）工作原理及运用特点。砂浆拌和机是搅拌砂浆的专用机械，它是按照强制搅拌原理设计的，在搅拌时，搅拌筒固定不动，由转轴带动筒内带条形叶片旋转，使物料受到强制性的翻转搅动，从而达到均匀拌和。

砂浆拌和机的卸料包括两种方式：一种是料筒倾翻式，筒口朝下，物料靠自重流出；另一种是固定式，料筒不动，打开筒底侧的活门，由叶片的旋转将物料推出。

活门卸料的砂浆拌和机，卸料比较干净，操纵省力，但活门密封要求比较严格。

（2）主要型式及其结构。活门卸料砂浆机主要规格是325L（料容量），并安装铁轮或轮胎形成移动式。如图8－2所示为这种砂浆机中比较有代表性的一种，具有自动进料斗和量水器，机架既为支撑又是进料斗的滚轮轨道，料筒内沿其中心纵轴线方向装有一根转轴，转轴上装有搅拌叶片，叶片的安装角度除了能够保证均匀地拌和以外，还须使砂浆不因拌叶的搅动而飞溅。量水器为虹吸式，可自动量配拌和用水。转轴由筒体两端的轴承支承，并与减速器输出轴相连，由电动机通过V带驱动。卸料活门由手柄来启闭，拉起手柄可使活门开启，推压手柄可使活门关闭。

进料斗的升降机构由上轴、制动轮、卷筒、离合器等组成，并由手柄操纵。如图8－3所示为料斗升降机构。当推压升降手柄时，臂杆通过拉杆使斜边滑套转动。此滑套抵靠在轴承座的斜边上，故滑套一经转动便向外移动。离合器鼓外缘有链齿，通过传动链与减速器输出轴外端的主动链轮相连，而离合器鼓为主动鼓，被滑套推动而压紧从动鼓时，离合器即处于接合状态，从动鼓是用键与上轴连接在一起的，这样就可以使卷筒被驱动旋转而收绕钢丝绳，使料斗上升。上轴另一端的制动轮，因制动带在推压升降手柄时，已由制动臂放松，不能阻止上轴的旋转。当放松手柄时，滑套在弹簧的作用下而回位，使离合器鼓离开从动鼓呈空转状态，同时另一端的制动轮则因制动臂的回转而被制动带抱紧，使上轴能立即停止转动，料斗便停留在所达位置处。料斗在下降时，只需轻压手柄（有的是轻拉手柄）使制动带稍松即可，这时料斗靠自重下降。

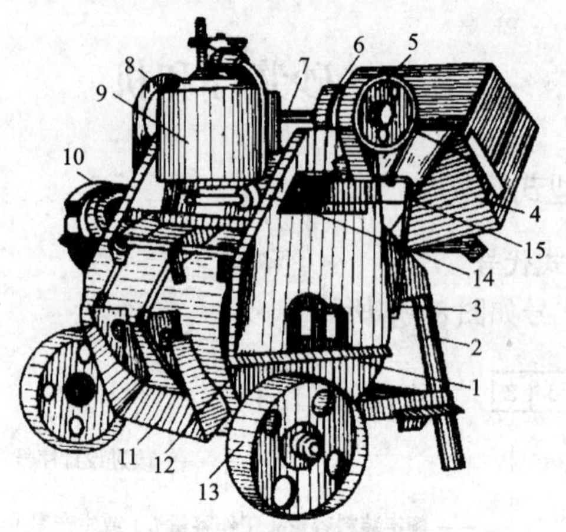

图 8-2 活门卸料砂浆拌和机

1—装料筒；2—机架；3—料斗升降手柄；4—进料斗；5—制动轮；6—卷筒；7—上轴；8—离合器；9—量水器；10—电动机；11—卸料门；12—卸料手柄；13—行走轮；14—三通阀；15—给水手柄

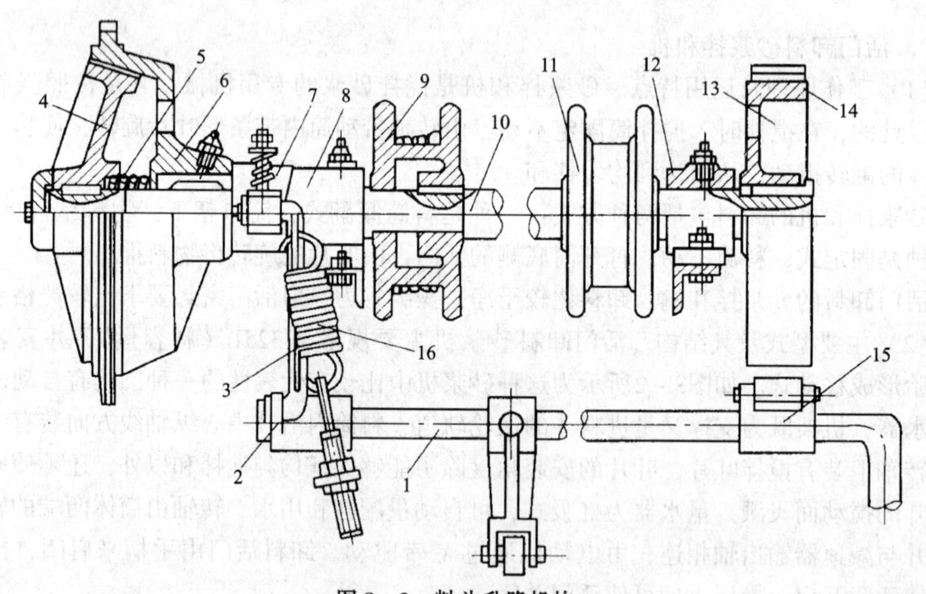

图 8-3 料斗升降机构

1—升降手柄；2—臂杆；3—拉杆；4—从动鼓；5—回位弹簧；6—离合器主动鼓；7—斜边滑套；8—带斜边的轴承座；9—卷筒；10—上轴；11—卷筒；12—轴承座；13—制动轮；14—制动带；15—制动臂；16—回位弹簧

3. 倾翻卸料式砂浆拌机

倾翻卸料式砂浆机的常用规格是 200L（装料容量），包括固定式或移动式两种，均不配备量水器和进料斗，加料和给水由人工进行。如图 8-4 所示，卸料时摇动手柄，手柄轴端的小齿轮即推动装在筒侧的扇形齿条使料筒倾倒，筒内砂浆由筒边的倾斜凹口排出。

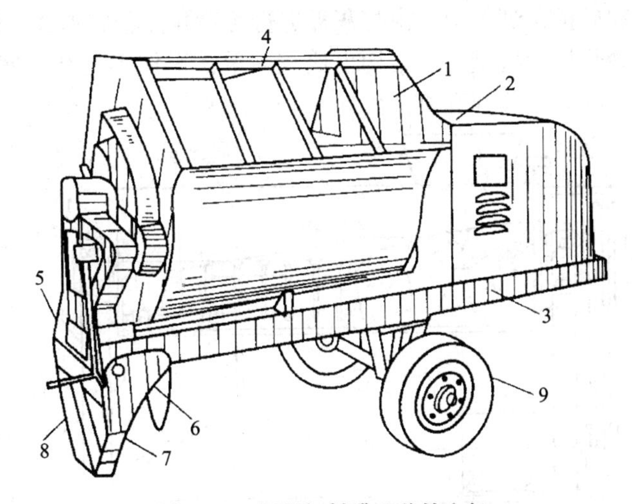

图 8 -4 倾翻卸料式砂浆拌和机

1—装料筒；2—电动机与传动装置；3—机架；4—搅拌叶；5—卸料手柄；6—固定插销；7—支撑架；8—销轴；9—支撑轮

4. 立式砂浆拌和机

立式砂浆拌和机是一种较为特殊的砂浆机，与强制式搅拌机相似。如图 8 -5 所示，电动机经行星摆线针轮减速器直接驱动安装在筒体上方的梁架上的搅拌轴，具有结构紧凑、操作方便、搅拌均匀、密封性好、噪声小等特点，适用于实验室和小型抹灰工程。因搅拌轴在筒内是垂直悬挂安装，所以消除了筒底漏浆现象。

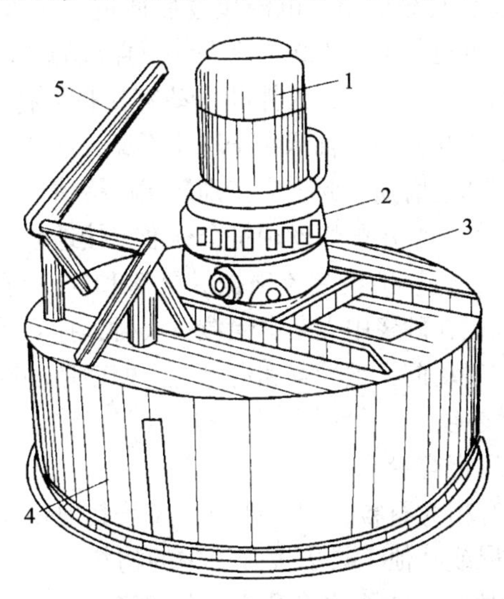

图 8 -5 立式砂浆拌和机

1—电动机；2—行星摆线针轮减速器；3—搅拌筒；4—出料活门；5—活门启闭手柄

5. 纤维质灰浆机

纤维质灰浆机是用来拌和建筑抹灰工程所用的各种纤维灰浆的，如图 8 -6 所示。纸筋、麻刀或其他纤维质材料以及灰膏掺合物等由进料斗加入，水管向筒内适量加水。物料经螺旋叶片初步拌和后推送到前部，由打灰板进行粉碎并拌和成糊浆，最后由刮料板刮进卸料斗排出。这种砂浆机的机型小，结构也比较简单，操作不复杂，使用维护均较方便，是目前应用最多的纤维质灰浆拌和机。

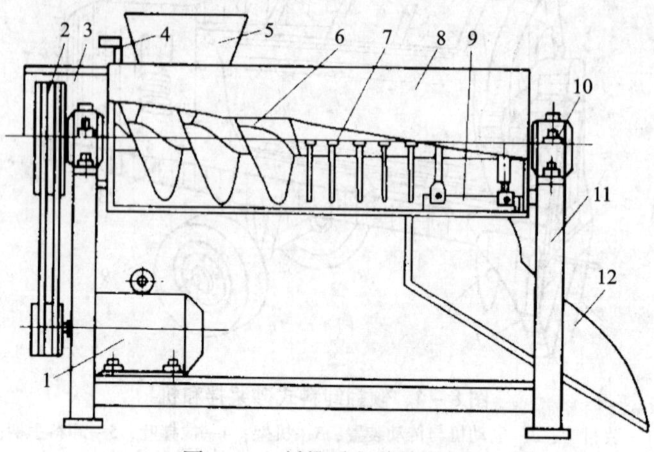

图 8-6 纤维质灰浆拌和机

1—电动机；2—带传动装置；3—护罩；4—加水管；5—进料斗；6—螺旋叶片；7—打灰板；8—装料筒；9—刮料板；10—轴承；11—机架；12—卸料斗

8.1.2 使用与维护

1. 工作前的检查工作

通常砂（灰）浆机的操作比较简单，电源接通后便进入工作状态，如果运转正常，按规定要求加入物料和水，即可进行搅拌工作。为保证搅拌机的正常工作，使用前应认真检查拌叶是否存在松动现象。如有应予紧固，因拌叶松动容易打坏拌筒，甚至损坏转轴。另外，还须检查整机的润滑情况，拌和机的主轴承由于转速不高，通常均采用滑动轴承，由于轴承边口易于侵入尘屑和灰浆而加速磨损，此处应特别注意保持清洁。拌和机的电器线路连接要牢固，开关接触情况应该良好，装用的熔丝须符合标准，接地装置或电动机的接零亦应安全可靠。V 带的松紧度要适度，进、出料装置须操纵灵活和安全可靠。倾翻卸料的砂浆拌和机，当筒壁内粘有砂浆硬块或在砂浆中夹杂有粗粒石块时，拌叶易被卡塞，使拌筒在运转后被拖翻而造成事故。所以在启动前，须检查和清除筒内壁残留的砂浆硬块。

2. 搅拌工作中的注意事项

（1）加料量不得超过规定容量。

（2）物料中不得夹杂有粗大石粒，同时严防铁棒及其他物体进入拌筒内。

（3）工作中不准用木棍或其他工具去拨翻筒中的物料。

（4）电动机和轴承的温度，轴承的温升不应超过 40～60℃，电动机温度不应超过铭牌规定值，否则应停机冷却或检查电动机。

（5）带有防漏浆密封装置的砂浆拌和机，在工作间隔时应当检查调整转轴的密封状况，如有漏浆，应当及时旋紧压盖螺母压紧密封填料。

（6）拌叶与筒壁应保持有 3～6mm 的间隙，如磨损超过 10mm，拌制质量和效率将会降低，应当及时调整或修理。

（7）在正常时，如发生中途停电或停机，在重新启动运转之前，须将筒内物料倒出，避免增加启动负荷。

（8）拌筒上的挡条不能随便拆除，否则将会失去一道安全保护措施。

（9）倾翻出料的砂浆拌和机，卸料时应使用摇转手柄，不得用手推转拌筒。

（10）工作结束后要进行全面的清洗工作及日常保养工作。

3．维护保养

砂（灰）浆拌和机维护保养工作内容，见表 8－1。

表 8－1 砂（灰）浆拌和机维护保养工作内容

保养类型（工作小时）	工作内容	备注
日常保养（每班）	进行机械的清洁、紧固、润滑、调整等工作，具体内容如下： 1. 清除机体上的污垢和黏结的砂浆； 2. 检查各润滑处的油料； 3. 检查电路系统和防护装置； 4. 检查出料装置的密封性和启闭情况； 5. 检查 V 带的松紧度和轴端密封状况	使机械符合使用要求。必要时进行调整、紧固或修理
一级保养（100h）	1. 进行日常保养的全部工作； 2. 检查减速器的油面高度，要求油面能浸没涡轮的 1/3； 3. 检查并调整叶片与筒壁的间隙，以 3～6mm 为宜，否则刮料不净，影响拌和质量和给清洗工作增加困难； 4. 检查并紧固各部螺栓、螺母； 5. 检查行走轮是否转动灵活； 6. 检修各部的密封装置，必要时更换密封盘根、毡垫或胶圈等	过小易造成卡塞
二级保养（700h）	1. 进行一级保养的全部工作； 2. 拆检和清洗减速器、传动轴承，并补加或更换润滑油； 3. 检查校正出料装置、拌叶和行走机构； 4. 检修卸料门，使其不漏浆和能灵活启闭； 5. 拆检电动机并检测绝缘电阻，在运行温度下电阻值不应低于 0.3MΩ	滑动轴承间隙最大不应超过 0.3mm；采用轴瓦时，其间隙增大后可加垫调整使其为 0.04～0.09mm
大修理（5600h）	1. 进行二级保养的全部工作； 2. 更换全部密封装置和润滑油； 3. 更换磨损的轴承、轴套或轴瓦； 4. 更换卸料门橡胶垫； 5. 修理或补焊搅拌叶片或其他断裂处； 6. 重新油漆外表	大修后应能恢复机械原有技术性能

8.1.3 主要故障及排除方法

砂浆拌和机在使用中易于发生的故障及其排除方法见表8-2。

表8-2 灰（砂）浆拌和机主要故障及其排除方法

故障现象	产生原因	排除方法
拌叶和筒壁摩擦甚至碰撞	拌叶和筒壁的间隙过小	调整间隙
	螺栓松动	紧固螺栓
刮不净砂浆	拌叶与筒壁间隙过大	调整间隙为3~6mm
主轴转数不够或不转	V带松弛	调整电动机底座螺栓
传动不平稳	涡轮蜗杆或齿轮啮合间隙不当	修换或调整中心距、垂直度与平行度
	传动键松动	修换键
	轴承磨损	更换轴承
拌筒两侧轴孔漏浆	密封盘根不紧	旋进压盖螺栓，压紧盘根
	密封盘根失效	更换盘根
主轴承过热或有杂音	渗入砂浆颗粒	拆卸清洗并加注新油（脂）
	发生干磨	润滑油（脂）质量不佳
减速器过热或有杂音	齿轮（或涡轮）啮合不良	拆卸调整，必要时加垫或更换
	齿轮损坏	修换
	发生干磨	补加润滑油至规定高度

8.2 灰浆泵和喷浆泵

8.2.1 灰浆泵

1. 灰浆泵的分类

灰浆输送泵按照结构划分为柱塞泵、挤压泵等。

（1）柱塞式灰浆泵的主要结构。柱塞式灰浆泵分为直接作用式及隔膜式。柱塞式灰浆泵又称柱塞泵或直接作用式灰浆泵，单柱塞式灰浆泵结构如图8-7所示。柱塞式灰浆泵是由柱塞的往复运动和吸入阀、排出阀的交替启闭将灰浆吸入或排出。在工作时，柱塞在工作缸中与灰浆直接接触，构造简单，但柱塞与缸口磨损严重，影响泵送效率。

隔膜式灰浆泵是间接作用灰浆泵，其结构如图 8－8 所示。柱塞的往复运动通过隔膜的弹性变形，实现吸入阀和排出阀交替工作，将灰浆吸入泵室，通过隔膜压送出来。因柱塞不接触灰浆，能延长使用寿命。

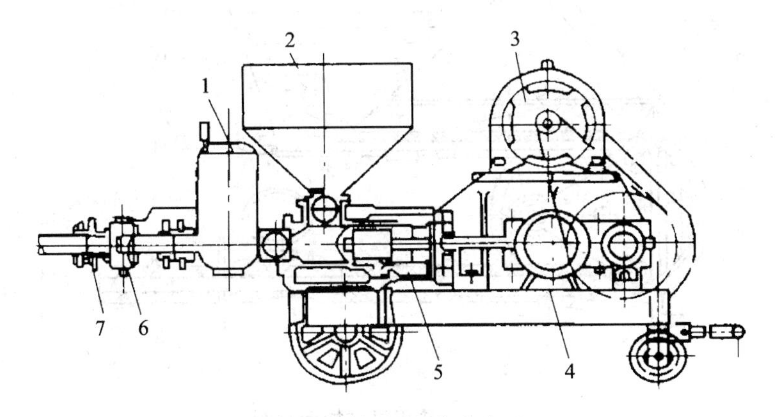

图 8－7 单柱塞式灰浆泵

1—气缸；2—料斗；3—电动机；4—减速箱；
5—曲柄连杆机构；6—柱塞缸；7—吸入阀

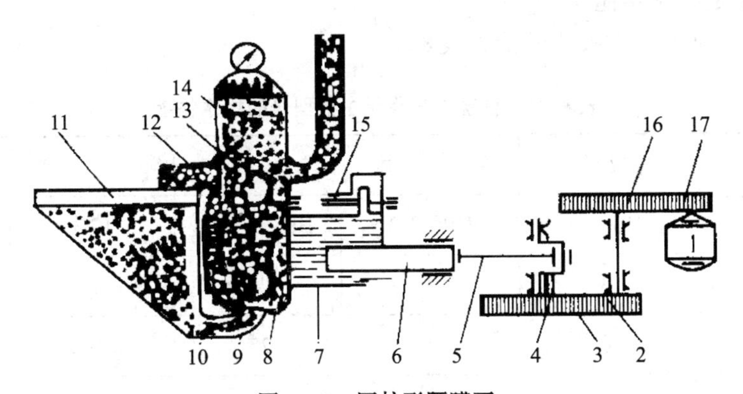

图 8－8 圆柱形隔膜泵

1—电动机；2—齿轮减速箱；3—齿轮减速箱；4—曲轴；5—连杆；6—活塞；
7—泵室；8—隔膜；9—球形阀门；10—吸入支管；11—料斗；
12—回浆阀；13—球形阀门；14—气罐；
15—安全阀；16、17—齿轮减速箱

（2）挤压式灰浆泵的主要结构。挤压式灰浆泵无柱塞和阀门，是靠挤压滚轮连续挤压胶管，实现泵送灰浆。在扁圆的泵壳和滚轮之间安装有挤压滚轮，轮架以箭头方向开始回转时，进料口处被滚轮挤扁，管中空气被压，长出料口排入大气，随之转来的调整轮把橡胶管整形复原，并出现瞬时的真空；料斗的灰浆在大气的作用下，由灰浆斗流向管口，从此滚轮开始挤压灰浆，使灰浆进入管道，流向出料口，周而复始动作就实现了泵送灰浆的目的。挤压式灰浆泵结构简单，维修方便，但挤压胶管因折弯而容易损坏。各型挤压泵结构相似，结构示意如图 8－9 所示。

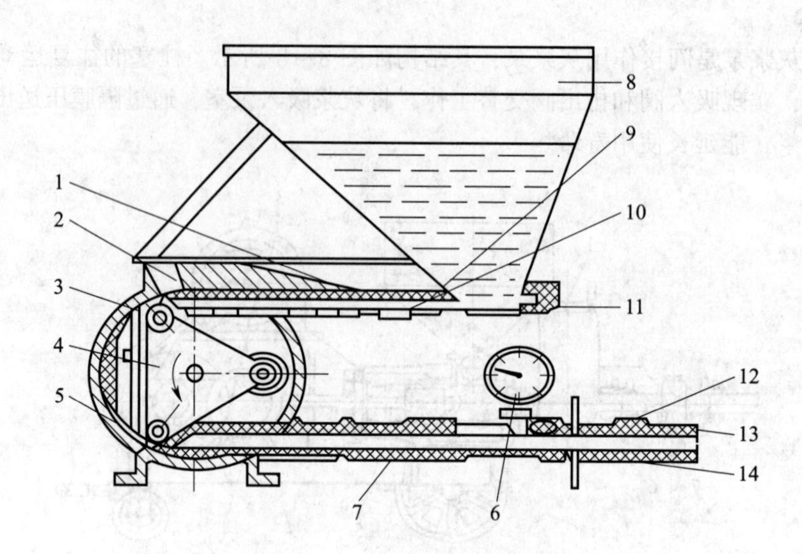

图8-9 挤压泵结构示意图

1、5、7—胶管；2—泵体；3—滚轮；4—轮架；6—压力表；8—料斗；9—进料管；10—连接夹；11—堵塞；12—卡头；13—输浆管；14—支架

2. 灰浆泵的技术性能

（1）柱塞式灰浆泵的技术性能见表8-3。

表8-3 柱塞式灰浆泵主要型号的技术性能

型式	立式	卧式		双缸	
型号	HB6-3	HP-013	HK3.5-74	UB3	8P80
泵送排量（m^3/h）	3	3	3.5	3	1.8~4.8
垂直泵送高度（m）	40	40	25	40	>80
水平泵送距离（m）	150	150	150	150	400
工作压力（MPa）	1.5	1.5	2.0	0.6	5.0
电动机功率（kW）	4	7	5.5	4	16
进料胶管内径（mm）	64	—	62	64	62
排料胶管内径（mm）	51	50	51	50	—
质量（kg）	220	260	293	250	1337
外形尺寸（mm）长×宽×高	1033×474×890	1825×610×1075	550×720×1500	1033×474×940	2194×1600×1560

(2) 挤压式灰浆泵的技术性能见表8-4。

表8-4 挤压式灰浆泵主要型号的技术性能

技术参数		型号					
		UBJ0.8	UBJ1.2	UBJ1.8	UBJ2	SJ-1.8	JHP-2
泵送排量 (m^3/h)		0.2、0.4、0.8	0.3~1.5	0.3、0.9、1.8	2	0.8~1.8	2
泵送距离	垂直 (m)	25	25	30	20	30	30
	水平 (m)	80	80	80	80	100	100
工作压力 (MPa) 挤压胶管内径 (mm) 送脱管内径 (mm)		1.0 32 25	1.2 32 25/32	1.5 38 25/32	1.5 38 —	0.4~1.5 38/50 —	—
功率 (kW)		0.4~1.5	0.6~2.2	1.3~2.2	2.2	2.2	3.7
外形尺寸 (mm) 长×宽×高		1220×662×960	1220×662×1035	1270×896×990	1200×780×800	800×500×800	—
整机自重		175	185	300	270	340	500

3. 灰浆泵的使用要点

(1) 柱塞式灰浆泵的使用操作要点。

1) 柱塞式灰浆泵必须安装在平稳的基础上。输送管路的布置尽量短直，弯头愈少愈好。输送管道的接头连接必须紧密，不得渗漏。垂直管道要固定牢靠，所有管道上不得踩压，以防造成堵塞。

2) 在泵送前，应检查球阀是否完好，泵内是否有干硬灰浆等物；各部件、零件是否紧固牢靠；安全阀是否调整到预定的安全压力。检查完毕应当先用水进行泵送试验，以检查各部位有无渗漏。如有渗漏，应立即排除。

3) 泵送时一定要先开机后加料，先用石膏润滑输送管道，再加入12cm稠度的灰浆，最后加进8~12cm的灰浆。

4) 泵送过程要随时观察压力表的泵送压力是否正常，如泵送压力超过预调的1.5MPa时，要反向泵送，使管道的部分灰浆返回料斗，再缓幔泵送。若无效，要停机卸压检查，不可强行泵送。

5) 泵送过程不宜停机。必须停机时，每隔4~5min要泵送一次，以防灰浆凝固。如灰浆供应不及时，应当尽量让料斗装满灰浆，然后将三通阀手柄扳到回料位置，使灰浆在泵与料斗内循环，保持灰浆的流动性。如灰浆在45min内仍不能连续泵送出去，必须用石灰膏把全部灰浆从泵和输送管道里排净，待送来新灰浆后再继续泵送。

6) 每天泵送结束时，一定要用石灰膏将输送管道里的灰浆全部泵送出来，然后用清水将泵和输送管道清洗干净。并及时对主轴承加注润滑油。

(2) 挤压式灰浆泵的使用操作要点。

1) 挤压式灰浆泵应安装在坚实平整的地面上，输送管道应支撑牢固，并尽可能减少弯头，作业前应检查各阀体磨损情况及连接件状况。

2）在使用前要作水压试验。方法为：接好输送管道，往料斗加注清水，启动挤压泵，当输送胶管出水时，把其折起来，让压力升到 2MPa 时停泵，观察各部位有无渗漏现象。

3）向料斗加水，启动挤压泵润滑输送管道。待水泵停转时，启动振动筛和料斗搅拌器，向料斗加适量白灰膏，润滑输送管道，待白灰膏快送完时，向振动筛里加灰浆，并启动空压机开始作业。

4）料斗加满后，停止振动。待灰浆从料斗泵送完时，再重复加新灰浆振动筛料。

5）整个泵送过程要随时观察压力表，如出现超压迹象，说明有堵管的可能，此时要反转泵送 2 ~ 3 转，使灰浆返回料斗，经料斗搅拌后再缓慢泵送。如经过 2 ~ 3 次正反泵送还无法顺利工作，应当停机检查，排除堵塞物。

6）工作间歇时，应当先停止送灰，后停止送气，以防气嘴被灰浆堵塞。

7）停止泵送时，对整个泵机和管路系统要进行清洗。

4. 灰浆泵的常见故障及排除方法

（1）柱塞式灰浆泵在使用中常见故障及其排除方法见表 8 – 5。

表 8 – 5 柱塞式灰浆泵常见故障及排除方法

<table>
<tr><th>故障现象</th><th>产生原因</th><th>排除方法</th></tr>
<tr><td rowspan="6">输送管道堵塞</td><td>砂浆过稠或搅拌不均</td><td rowspan="6">当输浆管路发生阻塞时，可用木榧敲击使其通顺，如敲击无效，须拆开弯管、直管和三通阀，并进行清洗；同时亦须清洗泵体内部，然后安装好，放入清水，用泵自行冲刷整个管路。冲刷时可先将出口阀关闭，待压力达到 0.5MPa 时开放，使管路中的砂浆能在压力水的作用下冲刷出来</td></tr>
<tr><td>砂浆不纯，夹有干砂、硬物</td></tr>
<tr><td>泵体或管路堵塞</td></tr>
<tr><td>胶管发生硬弯</td></tr>
<tr><td>停机时间过长</td></tr>
<tr><td>开始工作时未用稀浆循环润滑管道</td></tr>
<tr><td rowspan="3">缸体及球阀堵塞</td><td>料斗内混入较大石子或杂物</td><td>拆开泵体取出杂物。装料时注意不要混入石子、杂物等</td></tr>
<tr><td>砂浆沉淀并堆积在吸入阀口处</td><td>及时搅拌料斗内的砂浆不使其沉淀，并拆洗球阀</td></tr>
<tr><td>泵体合口处或盘根漏浆</td><td>重新密封</td></tr>
<tr><td rowspan="2">压力表指针不动</td><td>球阀处堵塞</td><td>拆下球阀清洗</td></tr>
<tr><td>压力表损坏</td><td>更换压力表</td></tr>
<tr><td rowspan="2">出浆减少或停止</td><td>输浆管道和球阀堵塞</td><td>用上述疏通方法排除</td></tr>
<tr><td>吸入或压出球阀关闭不严</td><td>拆卸检查，清洗球阀。必要时修理或更换阀座、球等，检查时注意不能损坏或拆掉拦球钢丝网</td></tr>
</table>

续表 8－5

故障现象	产生原因	排除方法
泵缸与活塞接触间隙处漏水	密封盘根磨损	更换盘根
	密封没有压紧	旋进压盖螺栓
	活塞磨损过度	更换活塞
压力表指针剧烈跳动	压出球堵塞或磨损过大	将压力减到零，检查和清洗球阀或更换球座和球
	压力表接头过大	旋紧接头或加一层密封材料后再旋紧接头
压力突然降低	输浆管破裂	立即停机修理或更换管道
泵缸发热	密封盘根压得太紧	酌情放松压盖，以不漏浆为准

（2）挤压式灰浆泵在工作中易于发生的故障及排除和检修方法见表 8－6。

表 8－6 挤压式灰浆泵的常见故障及排除方法

故障现象	产生原因	排除方法
压力表指针不动	挤压滚轮与鼓筒壁间隙大	缩小间隙使其为 2 倍挤压胶管壁厚
	料斗灰浆缺少，泵吸入空气	泵反转排出空气，加灰浆
	料斗吸料管密封不好	将料斗吸料管重新夹紧、排净空气
	压力表堵塞或隔膜破裂	排除异物或更换瓣膜
压力表示值突然上升	喷枪的喷嘴被异物堵塞或管路堵塞	泵反转、卸压停机，检查并排除异物
泵机不转	电气故障或电动机损坏	及时排除；如超过 1h，应拆卸管道，排除灰浆，并用水清洗干净
压力表的压力下降或出灰量减少	挤压胶管破裂	更换新挤压胶管
	压力表已损坏	拆修更换压力表
	阀体堵塞	拆下阀体，清洗干净
	泵体内空气较多	向泵室内加水

8.2.2 喷浆泵

1. 喷浆泵的构造与分类

喷浆泵包括手动和自动两种，在压力作用下喷涂石灰或大白粉水浆液，也可以喷涂其他色浆液。同时还可以喷洒农药或消毒药液。

（1）手动喷浆泵。这种喷浆泵体积小，可一人搬移位置，在使用时一人反复推压摇杆，一人手持喷杆来喷浆，因无须动力装置，具有较大的机动性。其工作原理，如图

8－10所示。当推拉摇杆时，连杆推动框架使左、右两个柱塞交替在各自的泵缸中往复运动，连续将料筒中的浆液逐次吸入左、右泵缸和逐次压入稳定罐中。稳压罐使浆液获得8～12个大气压（1MPa左右）的压力。在压力的作用下，浆液由出浆口经输浆管和喷雾头呈散状喷出。

（2）自动喷浆机。喷浆原理和手动的相同，不同的是柱塞往复运动由电动机经涡轮减速器和曲柄连杆机构（或偏心轮连杆）来驱动，如图8－11所示。

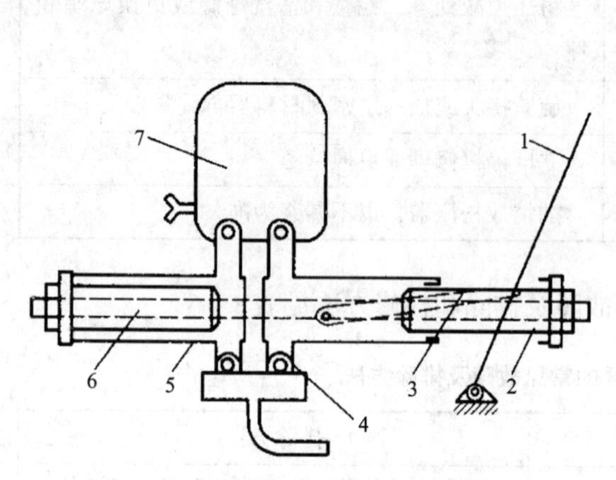

图8－10 手动喷浆泵的工作原理

1—摇杆；2—右柱塞；3—连杆；4—进浆阀；5—泵体；6—左柱塞；7—稳压塞

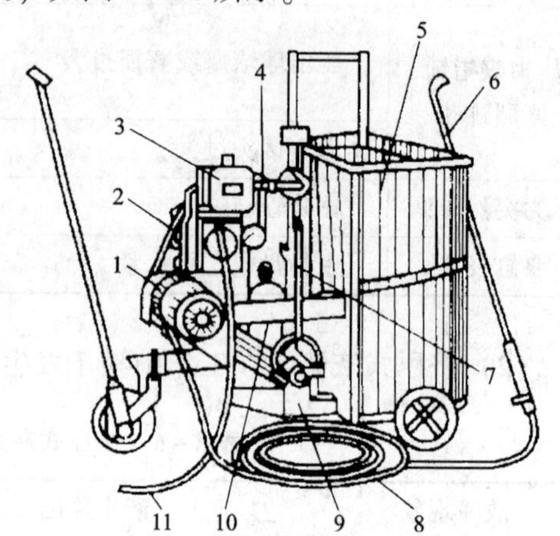

图8－11 自动喷浆泵

1—电动机；2—V带传动装置；3—电控箱和开关盒；4—偏心轮连杆机构；5—料筒；6—喷杆；7—摇杆；8—输浆胶管；9—泵体；10—稳压罐；11—电力导线

这种喷浆机有自动停机电气控制装置，在压力表内安装电接点，当泵内的压力超过最大工作压力时（一般为1.5～1.8MPa），表内的停机接点啮合，控制线路使电动机停止。压力恢复常压后，表内的启动接点接合，电动机又恢复运转。

2．喷浆泵的操作要点

（1）石灰浆的密度应该在1.06～1.1g/cm³之间。小于1.06cm³时，喷浆效果差；大于1.1g/cm³时，机器振动喷不成雾状。

（2）在喷涂前，对石灰浆必须用60目筛网过滤两遍，防止喷嘴孔堵塞和叶片磨损加快。

（3）喷嘴孔径应当在2～2.8mm之间，大于2.8mm时，应及时更换。

（4）严禁泵体内无液体干转，避免磨坏尼龙叶片，在检查电动机的旋转方向时，一定要先打开料桶开关，让石灰浆先流入泵体内后，再让电动机带泵旋转。

（5）每班工作结束之后的清洁工作：向料斗里注入清水，开泵清洗到水清洁为止；卸下输浆管，从出（进）浆口倒出泵内积水；卸下喷头座及手把中滤网，进行清洗并疏通各网孔；清洗干净喷枪及整机，并擦洗干净。

（6）长期存放前，要清洗前后轴承座内的石灰浆积料，堵塞进浆口，从出浆口注入机油约50mL，在堵塞出浆口，开机运转约半分钟，防止生锈。

3．喷浆泵的常见故障及排除方法

喷浆泵常见故障及排除方法见表8－7。

表 8 – 7 喷浆泵常见故障及排除方法表

故障现象	故障原因	排除方法
不出浆或流量小	进、回浆管路漏气	检查漏气部位，重新密封
	枪孔堵塞	卸下喷嘴螺母及滤网，排除堵塞
	密封间隙过大	松开后轴承座，调整填料盒压盖
噪声大、机体振动	叶片与槽的间隙太大	更换叶片
	泵体发生气蚀	降低泵和灰浆温度
	石灰浆密度过大	加水降低密度
填料盒发热	填料位置不正，与轴严重摩擦	重新调整
转子卡死	轴弯曲	校直轴或更换新轴
	叶片卡死	更换叶片

8.3 电动雕刻机

8.3.1 主要机构及工作原理

电动雕刻机主要由动力部分（单向串励直流电动机）、工作部分和底板及导向柱、切削深度调整部分、附件及夹紧螺母、工作手柄组成，如图 8 – 12 所示。其工作原理是：电动机的高速转动带动夹套一起转动，夹套内安装各种铣刀。它就可以在木制面上铣出各种形状的槽或花边来。

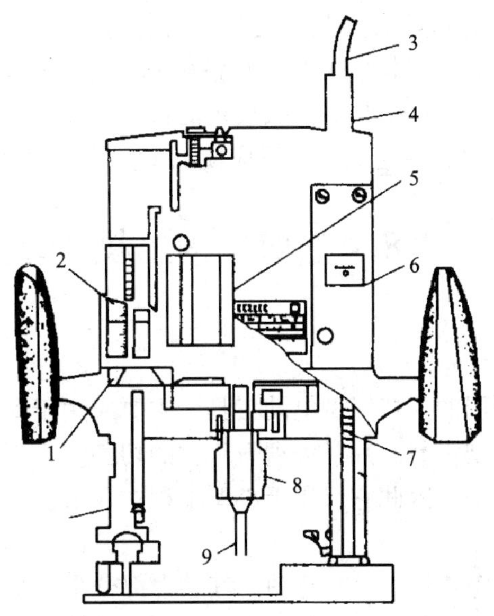

图 8 – 12 电动雕刻机构造示意图

1—柱；2—刻尺；3—电缆；4—机壳；5—电枢；6—开关；7—弹簧；8—夹套；9—刀具

8.3.2 主要技术性能

各种型号雕刻机的主要技术性能见表8－8。

表8－8 各种型号雕刻机的性能

国别厂商	型号	夹头量(mm)	冲刻量(mm)	刀具转速(r/min)	输入功率(W)	净重
日本良田	R－150	8	0～60	24000	750	2.8
	R－150	12	0～60	22000	1500	5.0
日本日立	TR－8	8	—	24000	730	2.9
	TR－12	12	—	22000	1300	5.0
日本牧田	3600B	12	0～60	22000	1800	5.0

8.3.3 操作要点

（1）将工具底板放置于加工件上方而不使刀头有任何接触，然后打开工具开关并且等到刀头获得最大速度后，贴着加工件表面向前推进工具，此时要求保持工具底板齐而均匀前进直到最后完成切削。

（2）控制匀速前进。在操作时，如果速度太快会导致切削质量不良，损坏刀头或马达；移动得太慢则可能会发热而使切削效果不良。匀速取决于刀头的尺寸、加工件的种类及切削深度，开始在实际工件上切削之前最好先在不要的碎木料上做一次试切，确定匀速。

（3）为了防止切割过深可能会引起马达超负荷使得工具操作困难。因此在切割沟槽时，一次不超过15mm（5/8英寸）以上。如想切割深于15mm（5/8英寸）的沟槽时，要分数次进行切割，而每次要逐渐加深刀头设定的位置。

（4）当进行边缘切削时，从送进方向看应使加工件位于刀头的右边。

8.4 切 割 机

8.4.1 瓷片切割机

瓷片切割机是一种专用的手持轻型电动工具，主要应用于瓷片、瓷板、面砖等装饰性材料的切割，也适用于小型水磨石片、大理石片材的切割。它不同于石材切割机，它功率小、体积小、切割厚度也小，因此它仅用于小型工程中。换上砂轮，尚可进行小型切割。

1. 主要构造

如图8－13所示，为瓷片切割机构造图。其动力部分是一个单相串励式电动机，装于机壳内，并具有双重绝缘性。其工作部分是由工作头、刀片、导尺等构成。传动部分是通过一对弧齿锥齿轮组成，它们即起到减速作用。

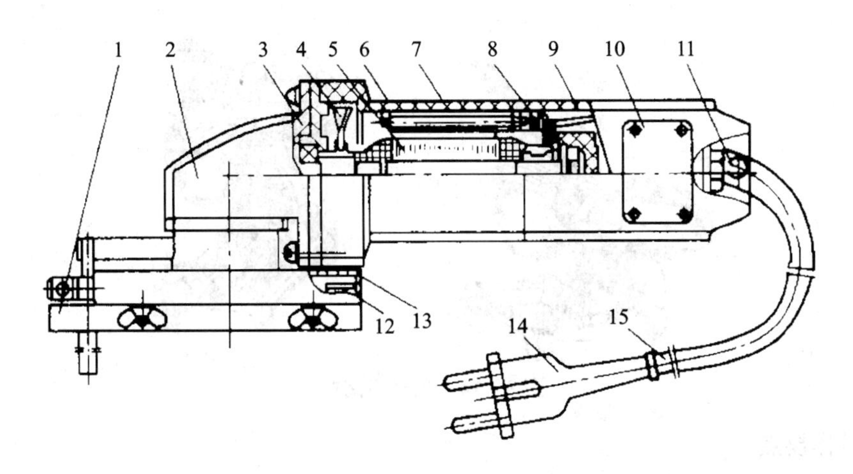

图 8 – 13　瓷片切割机构造示意图

1—导尺；2—工作头；3—中间盖；4—风叶；5—电枢；6—电动机定子；
7—机壳；8—电刷；9—手柄；10—标牌；11—电源开关；
12—刀片；13—护罩；14—插头；15—电缆线

2. 操作要点

（1）在使用前，应先空转片刻，检查有无异常振动、气味和响声，确认正常后方可作业。

（2）刀片安装方向要正确，并且牢固可靠，运转要平稳，开关要灵活可靠。

（3）使用过程要防止杂物、泥尘混入电动机，并随时注意机壳温度和炭刷火花等情况。

（4）切割过程用力要均匀适当，在推进刀片时，不可施力过猛。如发生刀片卡死时，应当立即停机，慢慢退出刀片，重新对正后再切割。

（5）在停机时，必须等刀片停止旋转后方可放下机器，严禁未切断电源时将机器放在地上。

（6）本机不宜长期在有腐蚀性气体的环境中使用或存放，并注意避免接触“芳香族”化学物质。

（7）每使用二、三个月之后，应当清洗一次机体内部，更换轴承内润滑脂。

8.4.2　型材切割机

1. 主要构造

型材切割机是一种多功能高效率的电动工具，它根据砂轮磨削原理，利用高速度旋转的薄片砂轮来切割多种型材。该机特点是切割速度快、生产效率高、切割面平整并且垂直度好、光洁度高，在现代建筑装饰中，可用以裁切多种金属型材，且裁切时可调整切割角度，可切直口，也可切斜口。型材切割机根据构造的不同有单速型材切割和双速型材切割，如图 8 – 14 所示。由电动机、切削部分、可转夹钳、转位中心调整结构等组成。

图 8－14　型材切割机

2．操作要点

（1）在作业前，应对型材切割进行全面检查紧固、连接件、电源接头等是否符合运转要求。

（2）在切割工件时，首先应当固定加紧工件，长工件应在两头用材料块支承起来以使其与台面保持水平。紧握把手起动机具并等达到最大速度，慢慢放低机具使切割片逐渐接触到被加工件，并施加适当的压力以切断工件。

（3）当达到需要切割深度或已经切断后，立即松开扳机按钮，停止机具运转，然后逐渐抬起把手到升起位置。

（4）切割角度的调整：使用附带的套口扳手旋松导板固定螺栓，此时导板即可任意调整成所需要的斜角度，然后再旋紧固定螺栓即成。

3．注意事项

（1）使用前检查绝缘电阻，检查各接线柱是否接牢，接好地线。

（2）使用前检查电源是否与铭牌额定的电压相符，不得在超过或低于额定电压 10% 的电压上使用。

（3）使用前检查各部件、各紧固件是否松动，如果有松动须紧固。

（4）砂轮转动方向是否与防护罩壳上标着的旋转方向一致，如果发现相反，应当立即停机，将插头中两支电线其中一支对调互换，切不可反向旋转。

（5）使用的砂轮片或木工圆锯片规格不能大于铭牌上规定的规格，避免电动机过载。绝对不能使用安全线速度低于切割速度的砂轮片。

（6）操作要均匀平稳，不得用力过猛，以免过载或引起砂轮片崩裂，操作人员握手柄开关，身体侧向一旁，避免发生意外。

（7）使用中发现异常杂声，要停车检查原因，排除后方可继续使用。

（8）切割机不得在有易燃或腐蚀气体条件下操作使用，以确保各电气元件正常工作，不用时宜存放在干燥和没有腐蚀性气体的地方。

（9）切割机电缆必须用四芯电缆线，有效长度不应少于 3.5m，其中应有一根黑色芯线作地接线，并与接地装置电气连接。

（10）全新或长期搁置不用的型材切割机，开箱后装好手柄座，用 500V 兆欧表测量所有带电零件与可触及的金属零件之间绝缘电阻，在接近工作温度时不低于 2MΩ（此项工作应由专业电工人员进行测试）。

8.4.3 铝合金切割机

铝合金切割机是台式机具，它在结构上与普通型材切割机基本一样，但普通型材切割机不能切割铝合金型材，因其使用的锯片是采用高强度树脂黏结的砂粒片（又称无齿锯片），铝合金型材切割机的锯片是采用的有齿锯片（如同木工锯片），为了增加锯片的耐久性，也无须进行锯齿的修磨，通常采用硬质合金锯片。铝合金型材切割机，没有精确刻度的转台（也称转台式斜断锯），切割精度高，能确保切割件的角度、垂直度和尺寸精度，因此在现场制作各种规格的铝合金门窗、装饰柜等过程中，它是不可缺少的机具。

1. 主要构造

如图 8－15 所示，为铝合金型材切割机构造图，由动力部分、刀具、夹紧装置、机架等组成。

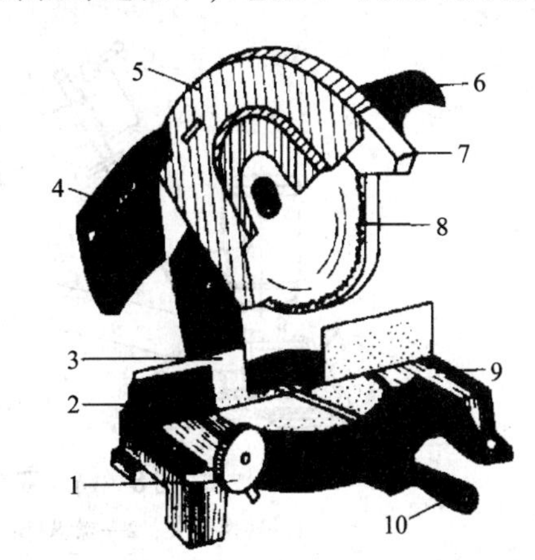

图 8－15 铝合金型材切割机

1—手轮；2—夹紧装置；3—垂直导板；4—集尘袋；5—金属安全罩；6—手柄；7—安全罩；8—刀具；9—机架；10—旋转台手柄

2. 操作要点

（1）在作业前，应对机具进行全面检查，检查连接件是否牢固，合格后方可使用。

（2）在操作时先将转台牢牢固定，防止切割工作时会发生移动，造成被切断工件成为废品。

（3）在切割工件时，要牢牢地握住工具手柄，在电源开关接通前，刀具不能与切断部位相接触。

（4）启动后要等刀具全速转动后方可开始切断工件。

（5）为获得一个无损的清洁表面和加工程度，应经常清除工作台面的切屑和碎片。

3. 注意事项

（1）在使用工具前，应仔细检查刀具是否有断裂或破损，如发现有断裂或破损，应立即更换，以免发生意外。

（2）在接通电源开关前，要确认主轴锁定装置处于非锁定状态，否则就会造成机械损坏。

（3）在安装刀具时，一定要注意刀具的锯齿方向，否则就无法进行切削，甚至发生危险。

（4）本机具除设有固定金属安全罩外，还在金属安全罩内装有可活动的有机玻璃安全罩。

当刀具接触工件并开始切割时，安全罩将自动抬高，当切割工作完毕之后将返回原来的位置。决不能将安全罩固定使其不能动，否则将容易发生事故。

当安全罩被弄脏或粘有锯屑而无法清楚地看到刀具或工件时，要用湿布小心谨慎地清扫掉。

8.5 地面抹光机

8.5.1 主要结构

双头地面抹光机外形结构如图 8-16 所示。电动机通过 V 带驱动转子，转子是一个十字架形的转架，其底面装有 2~4 把抹刀，抹刀的倾斜方向与转子的旋转方向一致，并能紧贴于所修整的水泥地面上。抹刀随着转子旋转，对水泥地面进行抹光工作。抹光机由操纵手柄控制行进方向，由电气开关控制电动机的开停。

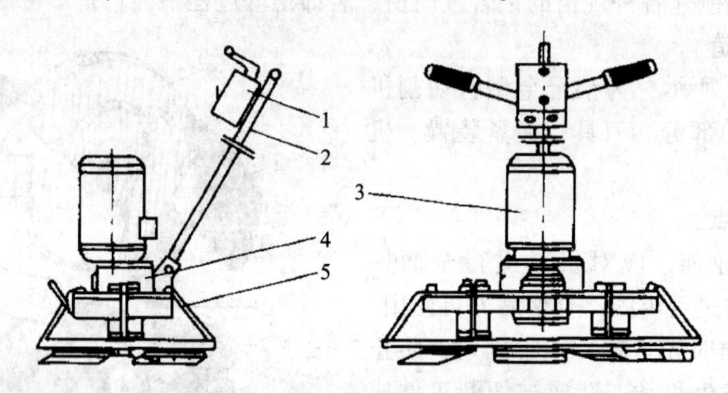

图 8-16 双头地面抹光机外形结构

1—转换开关；2—操纵杆；3—电动机；4—减速器；5—安全罩

8.5.2 主要型号的技术性能

地面抹光机主要型号的技术性能见表 8-9。

表 8-9 抹光机的性能参数

性　能	单转子型	双转子型
抹刀数	3/4	2/3
抹刀回转直径（cm）	40~100	抹刀盘宽：68
抹刀转数（r/min）	45~140	快：200/120 慢：100
抹刀可调角度（°）	0~15	0~15
生产率（m^2/h）	100~300	100~200/80~100
发动机功率（kW） 转速（r/min）	2.2~3（汽油机） 3000	0.55/0.37 —
质量（kg）	40/80	30/40

8.5.3 使用与维护

底层细石混凝土摊铺平整合乎质量要求后，铺洒面层水泥干砂浆并括平，当干砂浆渗湿后稍具硬度，将抹刀板旋转时地面不呈明显刀片痕迹，方可开机运转。在操作时应有专人收放电缆线，防止被抹刀板划破或拖坏已抹好的地面。第一遍抹光时，应从内角往外纵横重复抹压，直至压平、压实、出浆为止。第二遍抹光时，应由外墙一侧开始向门口倒退抹压，直至光滑平整无抹痕为止。抹压过程如地面较干燥，可均匀喷洒少量水或水泥浆再抹，并用人工配合修整边角。

作业结束后，用水洗掉黏附在抹光机上的砂浆。存放前，应在抹板与连接盘螺钉上涂抹润滑脂。使用一定时期后，应在抹板支座上的四个油嘴加注润滑脂。减速器齿轮油应随季节变化更换。

8.6 水磨石机

8.6.1 主要结构

水磨石机是修整地面的主要机械。根据不同的作业对象、要求，有单盘旋转式和双盘对转式，主要用于大面积水磨石地面的磨平、磨光作业。

(1) 单盘水磨石机的外形结构如图 8 - 17 所示。主要由传动轴、夹腔帆布垫、连接盘及砂轮座等组成。磨盘为三爪形，有三个三角形磨石均匀地装在相应槽内，用螺钉进行固定。橡胶垫使传动具有缓冲性。

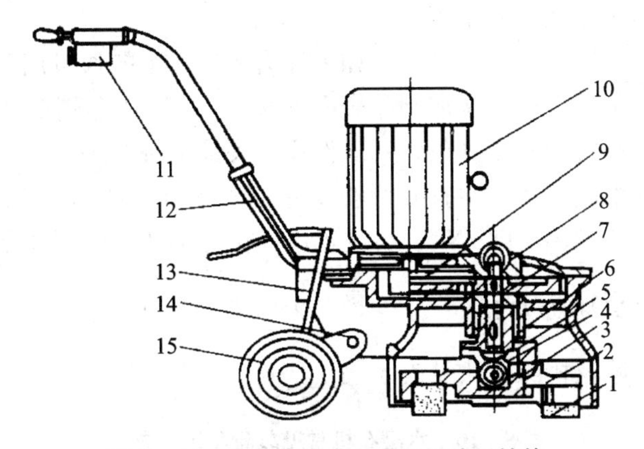

图 8 - 17 单盘旋转式水磨石机外形结构

1—磨石；2—砂轮座；3—夹腔帆布垫；4—弹簧；5—连接盘；6—橡胶密封；7—大齿轮；8—传泵轮；9—电动机齿轮；10—电动机；11—开关；12—扶手；13—升降齿条；14—调节架；15—走轮

(2) 双盘水磨石机的外形结构如图 8 - 18 所示。其适用于大面积磨光，具有两个转向相反的磨盘，由电动机经传动机构驱动，结构与单盘式类似。与单盘相比，耗电量增加不到 40%，而工效可提高 80%。

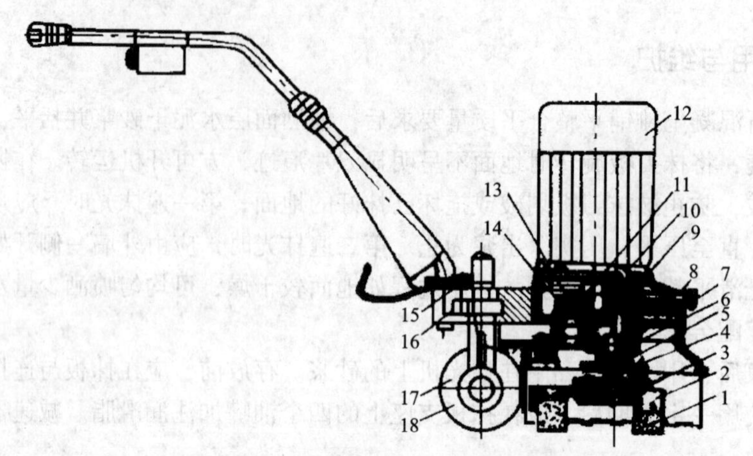

图 8-18 双盘对转式水磨石机外形结构

1—砂轮；2—磨石座；3—连接橡皮；4—连接盘；5—接合密封圈；6—油封；7—主轴；8—大齿轮；9—主轴；10—闷头盖；11—电动机齿轮；12—电动机；13—中间齿轮轴；14—中间齿轮；15—升降齿条；16—齿轮；17—调节架；18—行走轮

8.6.2 使用与维护

当混凝土强度达到设计强度的 70% ~80% 时，为水磨石机最适宜的磨削时机，强度达到 100% 时，虽能正常有效工作，但磨盘寿命会有所降低。在使用前，要检查各紧固件是否牢固，并用木棰轻击砂轮，应发出清脆声音，表明砂轮无裂纹，方能使用。接通电源、水源，检查磨盘旋转方向应与箭头所示方向相同。手压扶把，使磨盘离开地面后启动电动机，待运转正常后，缓慢地放下磨盘进行作业。在作业时必须经常通水，进行助磨和冷却，用水量可调至工作面不发干为宜。

根据地面的粗细情况，应更换磨石。如去掉磨块，换上蜡块可用于地面打蜡。更换新磨块应先在废水磨石地坪上或废水泥制品表面先磨 1 ~2h，待金刚石切削刃磨出后再投入工作面作业，否则会有打掉石子现象。每班作业后关掉电源开关，清洗各部位的泥浆，调整部位的螺栓涂上润滑脂。及时检查并调整 V 带的松紧度。使用 100h 后，拧开主轴壳上的油杯，加注润滑油；使用 1000h 后，拆洗轴承部位并加注新的润滑脂。

8.6.3 常见故障及排除方法

水磨石机常见故障及排除方法见表 8-10。

表 8-10 水磨石机常见故障及排除方法

故障现象	故障原因	排除方法
效率降低	V 带松弛，转速不够	调整 V 带松紧度
磨盘振动	磨盘底面不水平	调整后脚轮
磨块松动	磨块上端缺皮垫或紧固螺母缺弹簧垫	加上皮垫或弹簧垫后紧固螺母
磨削的地面有麻点或条痕	地面强度不够 70%	待强度达到后再作业
	磨盘高度不合适	重新调整磨盘高度

8.7　地板刨平机和地板磨光机

8.7.1　地板刨平机的结构

木地板铺设后，首先进行大面积刨平，刨平工作通常采用刨平机。刨平机的构造，如图 8－19 所示。电动机与刨刀滚筒在同一轴上，电动机启动后滚筒旋转，在滚筒上装有三片刨刀，随着滚筒的高速旋转，将地板表面刨削及平整。

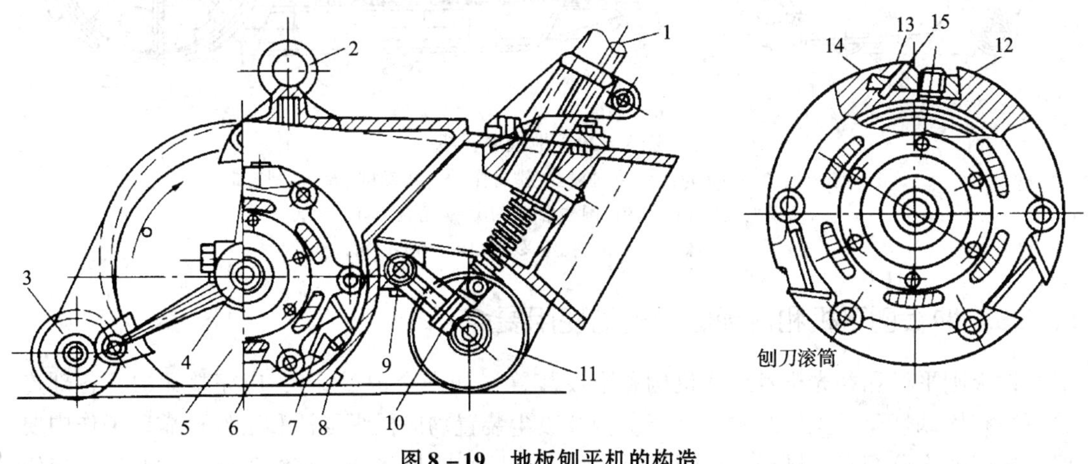

图 8－19　地板刨平机的构造

1—操纵杆；2—吊环；3—前滚轮；4—电动机轴；5—侧向盖板；6—电动机；7—刨刀滚筒；8—机架；9—轴销；10—摇臂；11—后滚轮；12—螺钉；13—滑块；14—螺钉；15—刨刀

刨平机在工作中进行位置移动，移动装置由两个前轮和两个后轮组成；刨刀滚筒的上升或下降是靠后滚轮的上升与下降来控制的。操纵杆上有升降手柄，扳动手柄可使后滚轮升降，从而控制刨削地板的厚度。刨平机在工作时，可分两次进行，即顺刨和横刨。顺刨厚度通常不超过 2～3mm，横刨厚度不超过 0.5～1mm，刨平厚度应根据木材的性质来决定。刨平机的生产率为 12～20m^2/h。

刨削木地板也可用木工六用刨，这种刨还能进行磨光工作。将六用刨倒置，卸去台面，使刀滚朝下，并加装滚轮和刀罩，推拉机架即可进行刨削工作。将备用的磨削工作装置装上，放松升降手柄，使磨光滚筒下降即可进行磨光。

8.7.2　地板磨光机的结构

地板刨光后应进行磨光，地板磨光机如图 8－20 所示，主要由电动机、磨削滚筒、吸尘装置、行走装置等构成。电动机转动之后，通过圆柱齿轮带动吸尘机叶轮转动，以便吸收磨屑。磨削滚筒由圆锥齿轮带动，滚筒周围有一层橡皮垫层，砂纸包在外面，砂纸一端挤在滚筒的缝隙中，另一端由偏心柱转动后压紧，滚筒触地旋转便可磨削地板。托座叉架通过扇形齿轮及齿轮操纵手柄控制前轮的升降，以便滚筒适应工作状态和移动状态。磨光机的生产率通常为 20～35m^2/h。

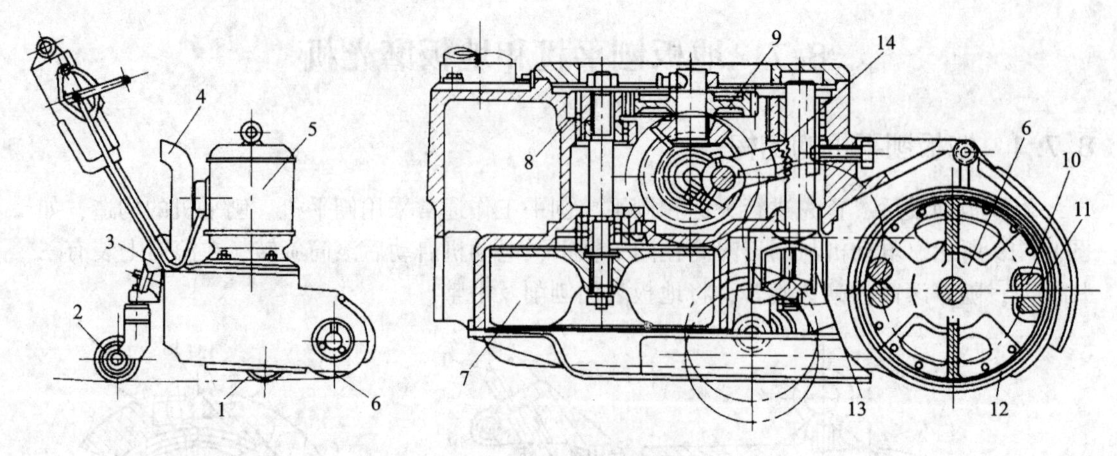

图 8-20　地板磨光机

1—前滚轮；2—后滚轮；3—托座；4—排屑管；5—电动机；6—磨削滚筒；7—吸尘机叶片；8、9—圆柱齿轮；10—偏心柱；11—砂纸；12—橡皮垫；13—托座叉架；14—扇形齿轮

8.7.3　地板刨平机和地板磨光机的使用要点

地板刨平机和磨光机各组成机构和附设装置（如安全护罩等），应完整无缺，各部连接不得有松动现象，工作装置、升降机构及吸尘装置均应操纵灵活和工作可靠。工作中要保证机械的充分润滑。操作中应当平缓、稳定，防止尘屑飞扬。连续工作 2～6h 后，应停机检查电动机温度，如果超过铭牌标定的标准，待冷却降温后再继续工作。电器和导线均不得有漏电现象。刨平机和磨光机的工作装置（刨刀滚筒和磨削滚筒）的轴承和移动装置（滚轮）的轴承每隔 48～50 工作小时进行一次润滑，吸尘机轴承每隔 24 工作小时进行一次润滑。这两种机械在工作 400 小时左右后进行一次全面保养，拆检电动机、电器、传动装置、工作装置和移动装置，清洗机件和更换润滑油（脂），并测试电动机的绝缘电阻，其绝缘标准与水磨石机相同。

8.8　木工带锯机和木工圆锯机

8.8.1　木工带锯机

木工带锯机主要适用于加工板材、方材的直线口、曲线口及小于 30°～40°斜面口或加工木质零件，锯轮直径为 630mm。锯机结构比台式木工带锯机简单，大部分采用手工进料。以 MJ346B 型为例，介绍细木工带锯机的构造及原理。

1. 木工带锯机的主要构造及原理

MJ346B 型细木工带锯机的构造，如图 8-21 所示。由机体、上锯轮、下锯轮、回转工作台、锯卡子、防护罩、电动机、制动装置等组成。上锯轮支承在机身的骨架上、转动手轮上锯轮可沿机身导轨上下移动，从而改变上下锯轮的中心距离，以适应锯条长度的改变，使锯条能够适当地紧张在两个锯轮上，锯条的张紧程度，通过锯条张紧弹簧的作用，能够自行补偿调节。转动小手轮可以使上锯轮和轴承座倾斜，以调整锯条在锯轮上的位置，使锯齿露在锯轮轮缘端下面。下锯轮为主动轮，通过V带轮由电动机驱动。

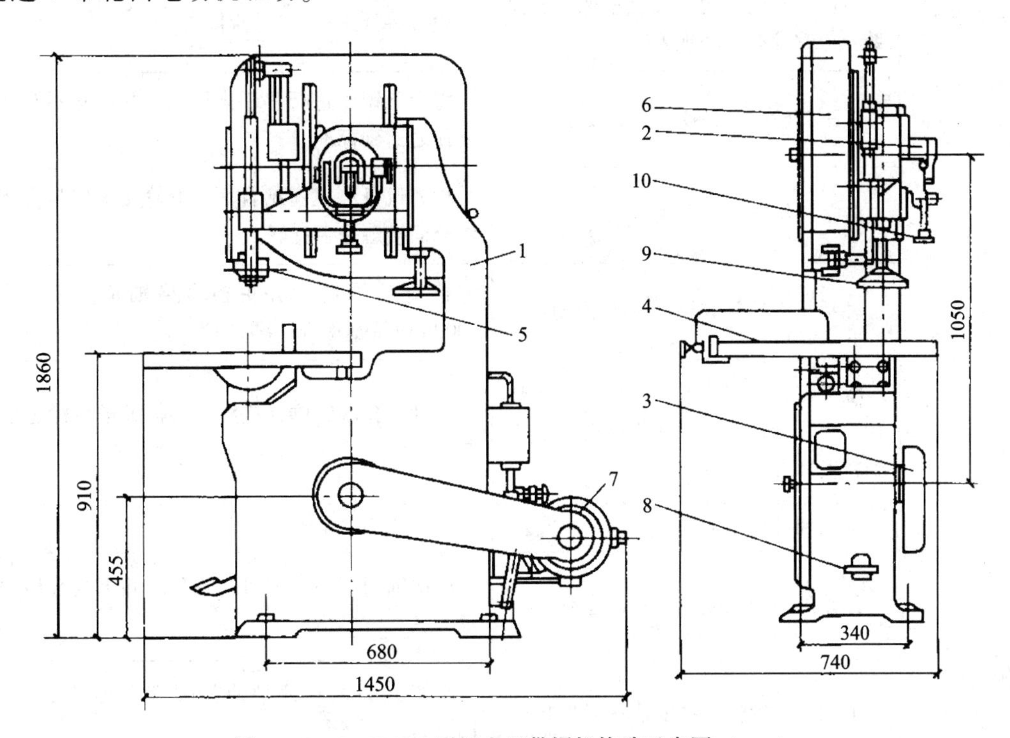

图8-21 MJ346B型细木工带锯机构造示意图（mm）

1—机体；2—上锯轮；3—下锯轮；4—回转工作台；5—锯卡子；6—防护罩；7—电动机；8—制动脚踏板；9—上锯轮升降及锯条张紧装置调整手轮；10—上锯轮倾斜装置调整手轮

2. 木工带锯机常见的故障及排除方法

木工带锯机的常见故障及其排除方法见表8-11。

表8-11 木工带锯机的常见故障及其排除方法

故障现象	故障原因	排除方法
锯条常折断	锯轮外轮缘磨损不均	检查磨损程度，重新磨平轮缘
	导引装置中夹板磨损过大	检查调整夹板，减小磨损
	锯条厚度不均	将锯条焊接处调直
	锯条拉得太紧	将锯条放松，将使其行程均匀
	锯条过分被挤压	张紧锯条，调整靠盘，消除对锯条的挤压力
	锯条焊接宽度和厚度不均	检查焊缝处，并仔细修理平整
	锯齿开得不好，锯齿槽太小	检查锯齿的张开情况，增大锯齿槽
	锯过钝	将锯齿锉锐

续表 8－11

故障现象	故障原因	排除方法
机体振动	机座与基础结合，下支承架与机座结合等螺栓有松动现象	检查各处螺栓，并紧固
	上下锯轮的静平衡达不到要求	将上下锯轮进行静平衡试验，并消除不平衡度使之达到标准
	各部件结合面不严密	检查机身和机座结合面，下轮支承架与支座结合面接触是否良好
	轴承精度超差或经长期使用磨损	检查轴承精度并更换合格轴承，每工作2000h应特别检查一次
	上下锯轮径向跳动、端面跳动超过精度标准。轮孔与轴承锥度配合达不到精度标准	按轴与孔圆锥磨，接触面的标准进行涂色检查
	轴颈和轴承已损伤	修正达到严密配合
锯条运动呈窜动	锯轮外径圆锥度超过允许范围	应按轴颈磨损情况进行修理，并更换合格轴承
	上轮与下轮安装精度达不到要求	精车或磨锯轮外径使其圆锥度小于 1.5×10^{-5}mm
	锯条修正不良	重新校正下上锯轮的位置偏差

8.8.2　木工圆锯机

木工圆锯机的种类较多，按照其进给方式分，包括手动进料和机动进料两种类型。锯机的构造比较简单，主要由机架、工作台、锯轴、切割刀具、导尺、传动机构和安装装置等组成。制材使用的大型圆锯机还配有注水装置（冷却锯片）、锯卡及送料装置等。圆锯机上的圆锯片，按照其断面形状可分为圆锯片、锯形锯片和刨削锯片三种形式。

1. MJ104 型手动进料木工圆锯机

如图 8－22 所示，工作台与垂直溜板上的圆弧形滑座相结合，可保证工作台倾斜度在0°～45°范围内任意调节，并由螺钉锁紧。为了适应锯片直径和锯解厚度的变化，溜板通过手轮可沿床身导轨移动，使工作台获得垂直方向的升降，并用手把螺钉锁紧。安装在摆动板上的电动机，通过带传动使装在锯轴上的锯片旋转。为加工不同宽度的木材工件，纵向导尺与锯片之间的距离可以调整，并由螺钉固定。横向导尺可沿工作台上的导轨移动，以便对工件进行截头加工；为锯截有一定角度的工件，导尺与锯片之间的相对角度可调整，并用螺钉锁紧。此外机床上还设有导向分离刀、排屑罩和防护罩等。

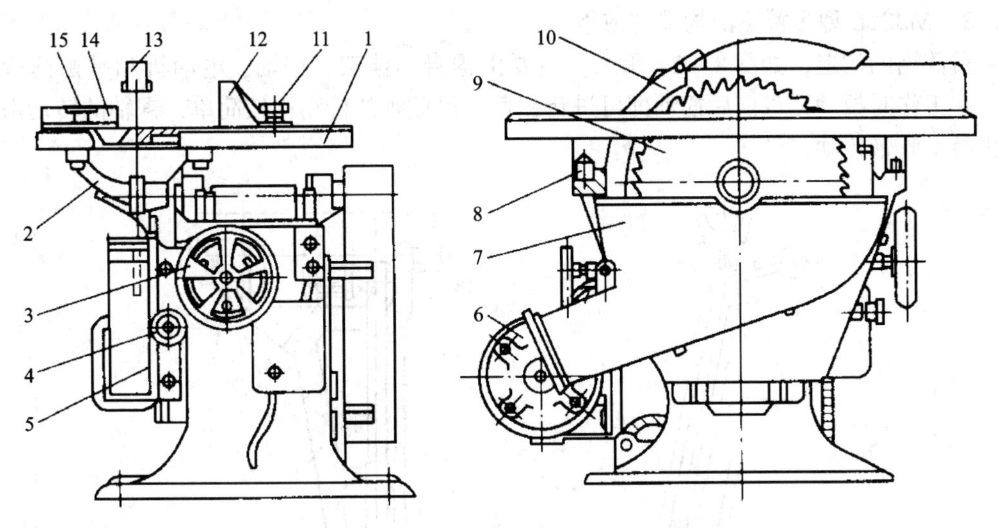

图 8－22 MJ104 型手动进料木工圆锯机

1—工作台；2—圆弧形滑座；3—手轮；4—锁紧螺钉；5—垂直溜板；6—电动机；7—排屑罩；8—锁紧螺钉；9—锯片；10—导向分离刀；11—锁紧螺钉；12—纵向导尺；13—防护罩；14—横向导尺；15—锁紧螺钉

2．MJ224 型万能木工圆锯机

如图 8－23 所示，MJ224 型万能木工圆锯机主要由机架、工作台、立柱、横臂和带电动机的移动架等组成。锯机的横臂可以沿立柱轴线转动，与工作导向板呈垂直及左右各呈 45°角的三种位置，各个位置均有专用定位器定位。电动机可水平旋转 360°，每 90°位置的固定也有定位器定位，电动机的轴线可以自平行于工作台面开始，在 0°～90°范围内与工作台面之间呈各种角度。电动机和工作台面高度的调整可用手摇升降机构进行，电动机还可以沿横臂的导轨移动。用手操纵移动架可以进行各种制件的锯割加工。

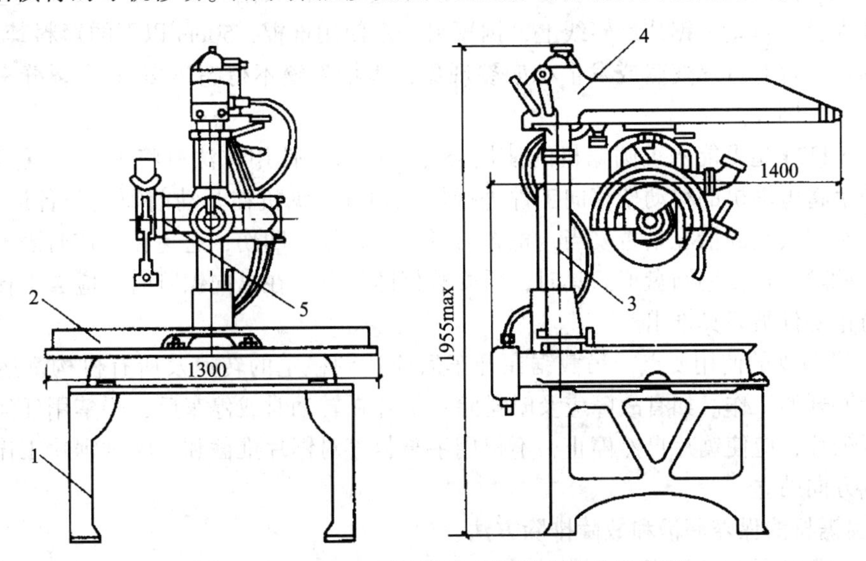

图 8－23 MJ224 型万能木工圆锯机构造示意图

1—机架；2—工作台；3—立柱；4—横臂；5—移动架

3. MJ256 型吊截锯的构造与使用

吊截锯的构造，如图 8－24 所示，主要由锯身、挂架、锯轴、电动机和平衡锤所组成。在工作时拉动锯身前后摆动即可进行锯截。吊截锯的传动比较简单，锯轴的转动由电动机经平胶带传动。

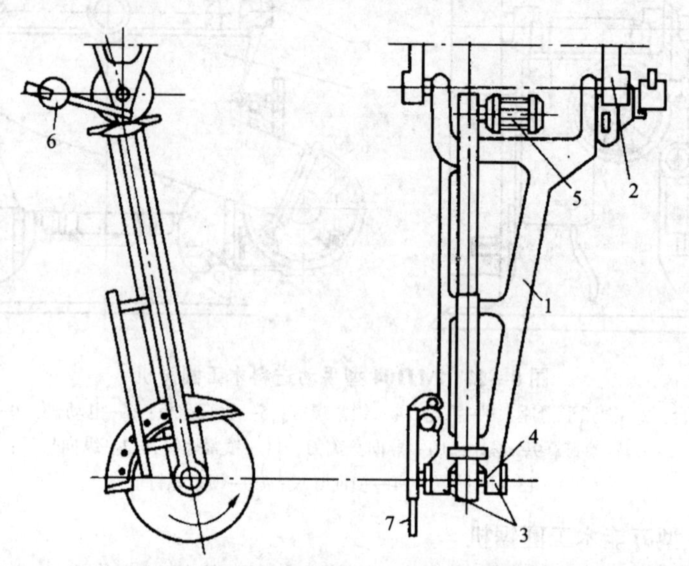

图 8－24 吊截锯外形及构造示意图

1—锯身；2—挂架；3—轴承；4—锯轴；5—电动机；6—平衡锤；7—锯片

4. 圆锯机的使用要点

（1）MJ104 型手动进料圆锯机的使用要点。锯齿的方向由锯轴运动方向必须一致，锯片要平整，齿要尖锐，并应有适当锯路，不得连续缺齿。一定要罩好安全罩，开车前必须清除锯机周围的障碍物，夹紧锯片的夹板螺母应该一次紧固好，并在开车前检查是否拧紧。操作人员不得站在锯片旋转线上，锯短料一定使用推棍，50cm 以下的短料禁止上锯。圆锯机锯片不得有过热变蓝或发生小崩裂现象，齿槽裂缝不得超过 20cm，裂缝末端要钻防应力集中的圆孔。

（2）MJ224 型万能木工圆锯机的使用要点。该机的使用方法有将工件移近刀具进行加工和用手将电动机的移动架移向工件进行加工两种。锯机在开动前须检查各运动机构、锁紧机构及刀具紧固情况是否妥当，检查刀具有无裂纹、凹伤，避免在工作时因刀具的破裂而发生危险。在使用圆盘形刀具时，需安装好防护罩，在纵向锯割时，应放下梳形逆止器，以防止工件被刀具推出。

（3）吊截锯的使用要点。吊截锯在开车后应达到稳定的转速及所有机构都运转正常后，才能够开始工作。如有故障应及时排除；锯片在转动时或停车后，严禁用任何物件闸卡、刹压锯片，应使锯片自然停止；不得用手拿料直对锯片推截和手跨过锯片工作，以及沿锯片线方向站立。

5. 圆锯机的保养润滑和故障排除方法

（1）圆锯机的保养润滑。

1）MJ104 型圆锯机的润滑见表 8－12。

表 8－12 MJ104 型圆锯机的润滑

润滑部位	润滑点数	润滑剂种类	润滑周期	备注
移动导向板手轮轴承	1	46 号机械油	每天一次	压注油杯
工作台升降手轮轴承	2	46 号机械油		压注油杯
升降丝杠止推轴承	1	46 号机械油		手工注油
工作台升降丝杠	1	46 号机械油		手工注油
工作台升降滑板导板	1	46 号机械油		手工注油
移动导向板齿条轴	1	46 号机械油		手工注油
锯片轴滚轴承	2	1 号钙基润滑脂		旋盖式油杯

2）MJ224 型万能木工圆锯机润滑见表 8－13。

表 8－13 MJ224 型万能木工圆锯机润滑

润滑部位	润滑点数	润滑剂种类	润滑周期	备注
横臂立柱升降手柄	1	32 号机械油	50h	油枪注入
横臂立柱丝杠轴颈及止推滚动轴承	1	32 号机械油	50h	油枪注入
横臂立柱升降螺母	1	32 号机械油	100h	油枪注入
横臂立柱丝杠	1	32 号机械油	100h	油枪注入
电动机滚动轴承	2	1 号钙基润滑脂	6 个月	手填入

3）MJ256 型吊截锯润滑见表 8－14。

表 8－14 MJ256 型吊截锯润滑

润滑部位	润滑点数	润滑剂种类	润滑周期	备注
锯轴滚动轴承	2	3 号钙基润滑脂	90d	—
枢轴与锯身	2	3 号钙基润滑脂	每班一次，每次将盖拧一圈	旋盖式油杯
链轮轴与挂架	1			

（2）圆锯机常见故障及其排除方法见表 8－15。

表 8－15 圆锯机常见故障及其排除方法

故障现象	故障原因	排除方法
锯截时锯缝太宽	锯片端面有摇摆	必须磨据片端面并用千分表检验
工作时锯片发热	锯齿已钝或据片体的预应力不均	前者刃磨锯齿，后者另作预应力处理

续表 8－15

故障现象	故障原因	排除方法
锯末堵塞了锯齿	齿槽有锐角	消除齿槽内的锐角
锯齿易钝，齿尖易崩裂	齿顶尖不在同一圆周上	刃磨齿形
锯盘上靠近齿槽有裂缝	齿槽不够大	为了防止裂缝继续蔓延，在裂缝末端钻直径 1.5～2mm 的孔

参 考 文 献

［1］全国起重机械标准化技术委员会．GB/T 3811—2008 起重机设计规范［S］．北京：中国标准出版社，2008.

［2］建设部建筑机械设备与车辆标准技术．GB/T 9142—2000 混凝土搅拌机［S］．北京：中国标准出版社，2000.

［3］中华人民共和国住房和城乡建设部．JGJ 33—2012 建筑机械使用安全技术规程［S］．北京：中国建筑工业出版社，2012.

［4］中华人民共和国住房和城乡建设部．JGJ/T 250—2011 建筑与市政工程施工现场专业人员职业标准［S］．北京：中国建筑工业出版社，2012.

［5］刘庆山，刘屹立，刘翌杰．机械设备安装工程［M］．北京：中国建筑工业出版社，2007.

［6］姚继权．机械员速学手册［M］．北京：化学工业出版社，2012.

［7］华玉洁．起重机械与吊装［M］．北京：化学工业出版社，2006.

［8］韩实彬，曹丽娟．机械员（第2版）［M］．北京：机械工业出版社，2011.

［9］钟汉华，张智涌．施工机械［M］．北京：中国水利水电出版社，2009.